琴路拾粹

——青岛市城市规划设计研究院交通规划作品集（2002—2012年）

马清　万浩　主编

中国建筑工业出版社

图书在版编目（CIP）数据

琴路拾粹——青岛市城市规划设计研究院交通规划作品集（2002—2012年）/ 马清，万浩主编．—北京：中国建筑工业出版社，2013.11

ISBN 978-7-112-15847-8

Ⅰ．①琴…　Ⅱ．①马…②万…　Ⅲ．①城市交通－交通规划－作品集－青岛市－现代　Ⅳ．①TU984.191

中国版本图书馆CIP数据核字（2013）第222364号

本书简要回顾了青岛市城市交通的发展历程，重点对近十年来青岛市城市规划设计研究院完成的城市交通规划成果进行系统总结，主要包括综合交通规划、交通调查、交通专项规划、模型预测、交通详细规划、交通研究、交通影响分析、工程咨询和勘察设计、青岛交通规划展望等内容。以此可以更好地把握城市交通发展的脉络，为今后交通规划提供参考。

本书可供交通规划、城市规划设计人员、研究人员使用，也可供相关专业人员参考使用。

责任编辑：姚荣华　张文胜
责任设计：董建平
责任校对：刘梦然　关　健

琴路拾粹
——青岛市城市规划设计研究院交通规划作品集
（2002—2012年）
马清　万浩　主编
*
中国建筑工业出版社出版、发行（北京西郊百万庄）
各地新华书店、建筑书店经销
北京京点图文设计有限公司制版
北京顺诚彩色印刷有限公司印刷
*
开本：850×1168毫米　1/16　印张：18½　字数：540千字
2013年11月第一版　2013年11月第一次印刷
定价：133.00元
ISBN 978-7-112-15847-8
（24596）

本书编委会

主　　编：马　清　万　浩

编委成员：徐泽洲　刘淑永　董兴武　张志敏　李传斌
李勋高　雒方明　李国强　杨　文　王田田
李　良　于莉娟　高洪振　汪莹莹　房　涛
殷国强　高　鹏　秦　莉　顾帮全

前 言

胶州湾畔有一座名为“小青岛”的岛屿，形似古琴，又名“琴岛”，青岛因此而得名。青岛原为默默无闻的小渔村，1891 年，清政府议决在胶澳设防，青岛建置开始。1898 年，德国与清政府签订《胶澳租界条约》，胶澳沦为殖民地。德国殖民当局先后于 1898 年和 1900 年编制最初的《青岛城市规划》。当时城市建设区域选址于主城区西南角，西临胶州湾，拥有良好的港口建设条件；南邻黄海，礁石和沙滩岸线相间，有优美的海湾岬角，具有良好的人居环境。德国人在青岛修建了港口和铁路，规划建设了前海一带的别墅区、中山路一带的商业区、青岛路一带的办公区等，配套建设了城市道路、市政基础设施。1910 年德国殖民当局制定了《青岛市区扩张规划》。1914 年日本取代德国第一次占领青岛，城市建设基本延续了德国人原来的规划进行，1922 年青岛主权收回，1929 年南京国民政府将青岛提升为特别市，1935 年由青岛市工务局制定了《青岛市施行都市计划方案初稿》，明确了青岛作为中国 5 大经济区之一、黄河区出海口的功能定位，提出了青岛市城市空间与区域交通相结合的发展大框架。日本第二次占领青岛后，于 1940 年由日本在青岛的兴亚院青岛都市计划事务所编制了《青岛特别市地方计划、母市计划设定纲要》，把沿胶济铁路周边区域规划为工业仓储区，南部地区为居住商业区，同时还作出了东扩的规划。解放后，市政府于 1950 年编制了《青岛都市计划纲要（初稿）》，1956 年编制了《青岛市发展远景轮廓的估计》，1958 年建筑工程部在青岛召开城市规划工作座谈会，专门研究了青岛城市规划，1957 年编制了《青岛市初步规划》，1960 年编制了青岛历史上第一个《青岛市城市总体规划》，直至改革开放前，城市空间都没有明显的变化，发展相对缓慢。1981 年编制的《青岛市城市总体规划》于 1984 年经国务院批复，确定了 2000 年城市人口规模为 115 万人，用地规模为 115 平方公里；城市分为南、中、北三个组团。1989 年青岛市政府对城市总体规划进行了修编，增加了东组团和胶州湾西岸的西组团，城市空间由原来的带形向环绕胶州湾方向发展。20 世纪 90 年代初期，青岛市行政中心东迁，拉开了东部开发建设的序幕，黄岛经济技术开发区依托前湾港优良的建港条件迅速发展，为城市规划确定的空间架构的形成提供了动力支撑。1995 年编制的《青岛市城市总体规划（1995—2010 年）》确定的城市布局为“两点一环”，即胶州湾东岸为主城，西岸为辅城，环胶州湾区域形成发展组团环。至此城市跳出原有的发展空间，形成了组团式的发展格局。经过 120 余年的发展，青岛已成为我国东部沿海重要的中心城市、国际港口城市、国家历史文化名城和风景旅游城市。青岛市域面积 11282 平方公里，市域常住人口 870 万人、市区 370 万人。2012 年实现地区生产总值 6615.6 亿元。由此可见，青岛是一个依据规划逐步发展起来的城市。

青岛城市的建立和发展在很大程度上是依托交通区位和港口资源优势，以港兴市、港城共荣的发展模式贯穿始终。从青岛发展的过程分析，城市交通对城市空间的拓展方向起到了明显的导向作用。城市依海而建，港口是城市产生的先导因素，随后沿胶州湾东岸和胶济铁路这一交通走廊向北发展形成带形结构；20 世纪 80 年代，为利用前湾港良好的建港条件，发展港口运输和贸易，成立经济技术开发区。新世纪伊始，青岛市政府将西海岸作为城市未来经济发展的重心，其标志是将青岛港外贸货物运输由原来位于主城的大港区迁移到位于西海岸的前湾港区，城市形成环绕胶州湾发展的态势。1995 年环胶州湾公路的建成，缩短了青岛与黄岛之间及与环湾区域的时空距离，加快了环胶州湾地区的城市化进程，初步形成了红岛、河套、上马、棘洪滩、营海、红石崖六个相对集中的发展组团。与此同时，城市东部区域依托优越的滨海自然条件和资源，成为城市新行政办公、旅游、商务商贸中心，城市沿香港路、东海路自西向东展开，滨海区域成为城市东扩的首选区域，东部区域的发展不仅适应了城市在新时代的发展要求，同时为旧城区城市风貌和历史文化名城的保护提供了保障。红瓦绿树、碧海蓝天的城市历史风貌得以较好的保留，这与城市空间向东部跳跃式发展是密不可分的。

青岛市近年来交通建设取得了巨大成就。青岛港已成为东北亚国际航运枢纽、山东省的龙头港口和我国北方主要港口。2011 年，港口吞吐量达到 3.79 亿吨（全国第五、世界第七），集装箱吞吐量 1302 万标箱（全国第五、世界第八）。进口铁矿石吞吐量居世界第一位，进口原油吞吐量居全国第一位。位于胶南西南部的董家口地区规划建设国际大型港区，按照第四代港口的标准，建设吞吐能力 3.7 亿吨的综合港区，主要提供散杂货、液体化工、集装箱货物运输服务。青岛港在全国沿海港口中的重要地位和山东沿海港口群中的核心作用日益突出。青岛流亭国际机场是区域性枢纽机场，2011 年底开通国内航线 107 条，国际航线 9 条，港澳地区航线 3 条。航空旅客吞吐量达到 1171.6 万人次（全国排名第 16 位），货邮吞吐量 16.65 万吨（列全国第 14 位）。青岛是国家公路主枢纽城市之一，高速公路通车里程为 702 公里，居全省首位、全国副省级城市第一位。铁路方面，已有百年历史的胶济铁路为城市及区域发展发挥了重要作用，沿胶济线已成为产业和人口聚集的主要区域。青岛市域现状铁路由胶济铁路、蓝烟铁路、胶黄铁路、胶新铁路、胶济客运专线五条线路组成，铁路线网总长度约 473 公里，旅客发送能力 1500 万人次 / 年，2011 年完成旅客到发量 1693 万人次，完成货运量 5297.1 万吨。2011 年 6 月胶州湾大桥、胶州湾隧道（团岛—薛家岛）建成通车，进一步拉近了青岛和黄岛、红岛的时空距离，为胶州湾东西两岸联动发展提供了良好的交通条件。在胶州湾大桥和胶州湾隧道开通之前，轮渡是联系青岛与黄岛的主要交通方式之一，为东西两岸客流往来发挥了重要作用。随着胶州湾隧道的开通，轮渡的客运功能逐渐被穿越胶州湾海底隧道的 8 条隧道公交线路所替代，隧道公交已经成为联系东西两岸的主要客运方式之一。截至 2011 年，青岛市中心城区道路总里程 3544 公里；拥有公交营运车辆 5419 辆，拥有公交线路约 227 条，公交线路总里程达到 3670 公里，公交线网密度为 2.24 公里 / 平方公里。城市轨道交通于 2008 年开始启动建设，一期建设 M3 号线（青岛火车站—铁路青岛北站），全长约 25 公里，预计 2015 年建成通车。

青岛市城市规划设计研究院自 1981 年创立以来，为青岛市城市规划建设提供了大量规划设计咨询成果，其中城市交通规划作为重要的组成部分，在三十余年的时间里，编制完成了百余个项目。从 20 世纪 80 年代起，青岛先后编制了多轮城市综合交通规划，为指导城市交通建设发挥了重要作用。1988 ~ 1991 年由市科委牵头，市规划局、市建委等共同组织开展的“青岛市交通现状分析和综合治理方案研究”，首次进行了全市交通调查，利用当时居民身份证登记信息，获取了居民工作出行的起讫点，建立了交通分析模型，在当时达到了国内先进水平，完成了城市道路、公共交通、交通管理等 10 余项专题研究，为青岛市政府决策提供了重要的参考依据，该项研究获得了全国优秀科技情报成果三等奖、山东省科技进步三等奖、青岛市科技进步二等奖。1992 ~ 1994 年，由北京市城市规划设计研究院和青岛市城市规划设计研究院联合编制《青岛市区交通规划》，经青岛市政府批复，作为支撑 1995 年城市总体规划的专项规划。规划对全市快速路系统提出了规划方案，奠定了青岛城区“三纵四横”快速路骨架，为之后实施的东西快速路、青黄跨海通道、杭鞍快速路、环湾大道、新疆路高架快速路提供了规划建设和控制的依据，该项目获得山东省优秀勘察设计（城市规划）成果一等奖。2002 ～ 2004 年我院与上海市城市综合交通规划研究所联合编制了《青岛市城市综合交通规划（2002—2020 年）》，开展了全市第一次系统的交通出行调查，提出了城市交通发展战略，对交通体系进行了系统规划，该项目获得了“山东省优秀规划设计成果二等奖”、“建国 60 周年山东省优秀城市规划设计成就奖”。2008 年，结合轨道交通建设规划及“环湾保护、拥湾发展”战略，完成了《青岛市城市综合交通规划修编（2008—2020 年）》，明确了城市交通要以公共交通优先发展、建设和管理并重、与土地使用相结合以及发展绿色交通等为主的发展战略，进一步从青岛全域范围构建了城市综合交通体系，为轨道交通规划建设和城市路网等重大交通基础设施建设发挥了重要指导作用，该规划获得了山东省优秀城市规划设计成果一等奖。2010 年又开展了第二次青岛市交通调查，为城市轨道交通建设客流预测工作奠定了良好的基础，同时获取了城市交通发展的指标数据，为当今城市交通规划建设管理提供基础数据平台。2011 ～ 2012 年，在青岛市城市总体规划修编中，对综合交通规划的内容进行了补充完善，为适应新一轮城市空间发展战略要求，着手准备新一轮综合交通规划的修编工作。

随着城市化、机动化进程加快，城市交通问题逐步显现，为适应城市交通发展需要，为青岛市城市交通建设和管理提供更好的决策技术服务，2002 年青岛市城市规划设计研究院成立了交通规划研究所，强化了交通规划设计研究工作，科学组织并有序开展了各层次交通规划编制工作，经过十年的努力，交通规划成果体系已基本建立，项目类型包括城市综合交通规划、交通出行调查报告、公共交通专项规划、停车场专项规划、轨道交通规划、城市对外交通规划、道路详细规划、交通流量预测分析、重点区域交通规划、道路交通近期建设规划、交通影响分析及优化研究、工程咨询及勘察设计等。在胶州湾隧道及其接线工程、胶州湾大桥及其接线工程、轨道交通、铁路青岛北站、城市快速路等重大工程规划建设上发挥了重要作用。

科学合理的交通规划成果，在全面系统地实施以后，将对城市交通系统良性发展起到至关重要的作用，在世界城市中不乏成功案例，如日本的交通枢纽与地下空间的综合利用、新加坡的城市交通一体化管理体系、我国香港的轨道交通和用地使用的高度融合、丹麦哥本哈根城市空间和交通系统结合的“指状”结构等，经常被交通规划工作者作为经验加以引用。这些典范城市成功的共同特点首先是有适合城市发展的城市交通规划作为指导，其次是按照规划的要求，在设施建设、交通管理、综合运输等多方面持续实施。这些成功的经验将给予我们重要的启示，我们也将持续探索城市交通规划的成功之路。

本书简要回顾了青岛市城市交通的发展历程，以成果集的形式，重点对近十年来青岛市城市规划设计研究院完成的城市交通规划成果进行系统总结，以此更好地把握城市交通发展的脉络，为今后交通规划提供前车之鉴。

马清 副院长、应用研究员

2013 年 6 月于青岛

目　录

第一篇

青岛交通发展历程

念奴娇

胶莱马濠，漕运引、骡马车道相通。时空漫转，六百载、胶澳栈桥苦影。
海上土木，胶济台柳，港城看初兴。鸿烈蓝图，沧浮轨道行。
团岛海波粼粼，灯塔青朦，映照今时影。无数英雄，汗泪里、壮志迸射激情。
港口西移，网络纵横，漫游青黄红。多少雄颜，惊看桥龙隧风。

一、概述

青岛地区在古代就有先民在这片土地上繁衍生息，琅琊、板桥镇等港口曾一度繁荣，为了漕运需要，先后开辟了胶莱运河和马濠运河，对区域发展发挥了重要作用。

元朝定都北京后，经海路从南方输粮进京。元世祖忽必烈为缩短南粮北调的航程，于至元十七年（1280 年）下诏开挖胶莱运河。胶莱运河历时 2 年后修通，元朝设胶莱海道万户府，辖水手、兵士 2 万，船千艘，管理河务，8 年后河运废止。

明嘉靖十四年（1535 年），山东按察副使王献在对胶莱运河旧道进行全面勘察后，奏请朝廷重开胶莱运河，得到嘉靖皇帝批准。明嘉靖二十年（1541 年），疏浚胶莱运河河道，导引张鲁河、白河、现河、五龙河以增加运河水量，修复元代所建 8 闸，新建海仓口等闸。后因明朝着力于京杭大运河的漕运，嘉靖皇帝以“妄议生扰”为由，诏罢胶莱河工。胶莱运河自此彻底废弃。

明嘉靖十六年（1537 年），马濠运河竣工，北通胶州湾，南至唐岛湾入海，缩短了航程，避开了礁石林立的淮子口，促进了青岛地区的航运和商业贸易发展。

青岛地区在清末时期隶属莱州府，1891 年清兵驻防胶澳，是为青岛建置之始。1897 年德国强迫清政府签订《胶澳租借条约》，胶澳地区始以独立政区出现，面积 551 平方公里。经过 100 余年变迁，青岛市辖区面积已达 11282 平方公里。

1898 年 10 月 12 日，德国命名胶澳租借地市区为“青岛”，青岛始以政区名称出现于地图。从青岛城市化的发展来看，与中国近现代历史有着密切的联系。前期先后经历过德国、日本等帝国主义国家的殖民统治，后又经历北洋政府、国民政府、新中国建国初期、改革开放等几个阶段，城市不断壮大。

德国侵占青岛前（见图 1），青岛延续着传统的农业文明，仅有通往崂山、即墨等地的骡马车道 4 条，共 37.5 公里；独轮车道 6 条，共 30.5 公里。德国侵占青岛的 17 年，“着眼于经济方面，首先把它发展成为一个商业殖民地，即发展成为德国在东亚的销售市场”（1898 年德国官方《胶州地区发展备忘录》），在占领青岛期间，大兴土木，先后建设港口、铁路等对外交通设施和城市道路体系，服务于殖民统治的需要，无形中也奠定了百年青岛城市发展的基础。

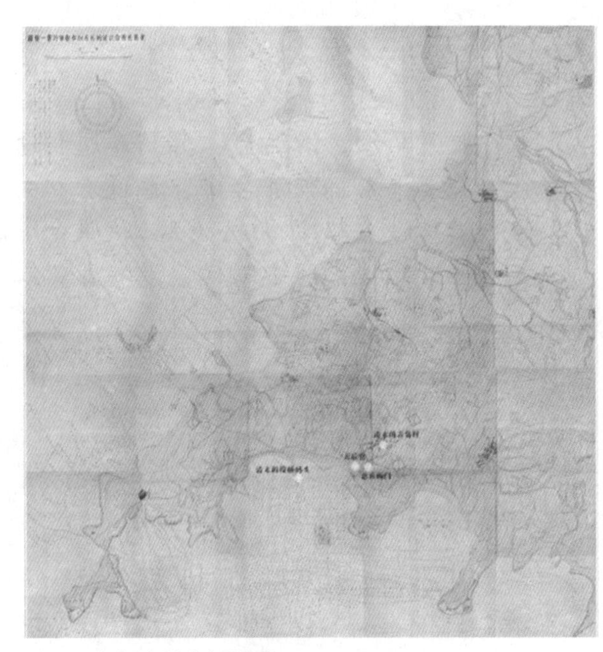

图 1　青岛建制之初地图

之后，经过不同时期的发展，青岛城市地位发生了很大变化，城市化呈现出波动式发展的特点，城市空间逐步成长，城市规模逐步扩大，城市综合实力逐步增强。在整个发展历程中，城市规划和重大事件对城市产生了重要的影响。

二、青岛市道路交通发展特点和历程

1. 青岛道路交通建设和发展的总体特点

在青岛建置之前，社会生产力发展缓慢，交通十分落后。海上运输主要在胶州湾的塔埠头、青岛口、女姑口、沧口、沙子口一带有山东沿海和江、淮、闽、浙等地的民船，从事着当地一些土特产品的贸易往来，陆上交通运输既无铁路，也未形成正式的公路，青岛周围的即墨、胶县（今胶州市）以及各集镇之间虽有道路相连，但多为邮递公文、传送行旅、商品交换的驿道和官马大道，交通运输始终没有脱离人畜力车的传统落后方式。从1891年青岛建置开始，在百余年的时间里，青岛交通事业发生了翻天覆地的变化。先后经历了德、日侵占和北洋政府、国民政府统治等发展阶段。新中国成立后，尤其是十一届三中全会以来，青岛的交通事业在“改革、开放”总方针的指引下，获得突飞猛进的发展，并已初步形成以港口为枢纽，公路、铁路、水路、航空、管道五种运输方式相互衔接、协调发展的现代化综合运输体系。同时，城市道路体系不断完善，对支撑城市社会经济快速发展产生了重要作用。

从整个历史上来看，青岛交通的建设发展从肇始到形成完善的体系，始终与青岛城市成长和发展相伴，并服务于青岛城市社会经济发展。在120余年城市成长的历程中，交通设施发挥了极其重要的作用，尤其是港口、铁路等设施的建设，成为一定时期青岛发展的成长核心，城市布局围绕港口展开，并沿着铁路自南向北扩张，奠定了城市的基本格局。通过港口、铁路带动城市功能扩张和空间的成长，围绕居住区、行政区、工业区、度假区等，建立了一套与城市功能相适应的城市道路系统。直到今天这些道路交通设施仍然在发挥着重要作用。

纵观青岛发展的历程，道路交通设施的建设经历了三个高潮期：一是德国侵占时期，建设了港口和铁路两大对外交通设施，同时建设了大量城市道路满足城市发展需要，这一时期的海、陆交通发展对青岛空间格局的形成产生了重要影响。二是20世纪30年代国民政府统治时期，青岛地位提升，沈鸿烈主政青岛时期制定了宏伟的城市规划，为开发旅游事业，逐步完善了对外交通和城市道路建设，开辟了空中航线，初步形成了海陆空为一体的交通格局，由于受日本第二次侵略的影响，规划没能得到进一步实施。三是改革开放后，尤其是20世纪90年代以后，青岛交通获得全面快速发展。改革开放后，青岛被国家列为对外开放城市，随着城市空间结构的多次变迁，从南北发展带状组团，到东部开发、港口西移、滨海公路带动的海岸带开发、全域统筹和板块化经济发展（各类园区和功能区的建设）等，城市交通发展呈现出区域化、网络化、综合化、多样化等特点，支撑城市快速发展的城市综合交通体系逐步建立。青岛已经形成了便捷的对外交通体系，从原来的尽端型城市向枢纽型城市转变。在市域内通过铁路、公路形成对外辐射的陆路交通体系，与周边城市可以实现快速联系。海上形成了以前湾港区、黄岛港区、董家口港区、老港区等港区构成的港口体系，港口的吞吐能力不断提升。围绕胶州湾目前已经构筑了青岛、红岛、黄岛三个城区既独立又相互联系的道路交通体系，同时完善了城市道路与对外交通设施的有机衔接。随着机动化时代的来临，交通问题逐步显现，给原来的路网体系带来巨大冲击，传统的路网交通体系已经难以满足机动化交通的需求，亟待转方式、调结构，使得轨道交通等大容量交通设施建设提上了重要日程。适应以人为本、低碳时代的来临，城市内部近年来建设了一批步行道、绿道等慢性交通体系。

2. 各时期交通发展情况

（1）建置之初，德国侵占青岛后进行了大规模建港筑路活动，服务于殖民掠夺的需要

1897年德国侵占青岛后，为了殖民统治和经济掠夺的需要，开始在青岛兴建港口、铁路。随着青岛港和胶济铁路的建成，德、日、英、美等国的轮船相继涌入青岛港，将由胶济铁路运到青岛的煤炭、矿石、土特产品等物资装船运往国外，大肆掠夺中国的资源。同时，向中国倾销“洋货”，牟取暴利，胶济铁路和航运主权沦于德国殖民统治者和外国列强之手。随之，德国殖民统治者将汽车引入青岛，并在市内、市外修筑道路，从而进一步把持公路运输权力。

1）对外交通方面，主要是建设了青岛港和胶济铁路（含青岛车站），奠定了青岛对外交通设施发展的基础。德国侵占青岛后，设置了胶澳总督府等完整的殖民地机构，以胶澳总督为最高长官，使青岛成为海外殖民地中唯一直隶德国海军部的军事殖民地（见图2）。1898年4月，德国国会通过法案，拨款修筑青岛港，同年9月宣布青岛港是自由港，对世界各国开放。1899年，德

国开始兴建胶州湾内防波堤。1901年建成小港。1904年建成大港一号码头5个泊位，并铺设专用铁路与胶济铁路相接。1905年建成大港二号、五号码头，并在五号码头建成当时世界一流、亚洲最大的1.6万吨浮船坞。1908年，又建成以运输石油为主的四号码头，并修建了一些仓库、货场、航标等设施。小港及大港的一、二、五、四号码头相继建成，为青岛作为港口城市和贸易城市奠定了基础，青岛港的吞吐量迅速上升（见图3）。1913年青岛对外贸易额6044万两白银，比1900年增长15.22倍。

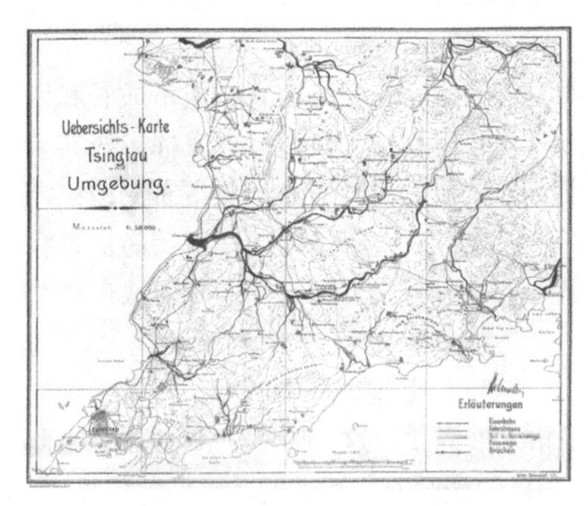

图2　德国侵占时期青岛及周边概况图（约1904年）

图3　繁忙的码头

1899年6月，德国政府批准成立德华山东铁路公司和德华山东矿务公司，筹资建设胶济铁路，1899年9月胶济铁路动工兴建，1904年全线通车。胶济铁路当时全长394公里，共设55个车站（见图4和图5），成为横贯山东的交通大动脉。港、路建成后，德国垄断了港路大权，路港一体化的先进港口设施，使青岛港很快成为华北大港，其中贸易收入跻身中国36个海关前列。以青岛为据点和贸易口岸，从广大的山东腹地掠夺资源。

1903年，台东镇至柳树台的公路开工，1904年修通，全长30.3公里。此路为山东省第一条公路，成为当时进出青岛，联系崂山的重要通道。

图4　胶济铁路线上的青岛火车站

图5　胶济铁路线上的张店火车站

2）突出规划引导。在进行基础设施建设的同时，制定了相关规划，突出规划引导。德国侵占时期先后两度对青岛市区进行城市规划。1898年，德国胶澳督署开始制定城市规划（见图6），1900年完成的《青岛城市规划》是青岛历史上第一个城市规划（见图7），定位青岛城市性质为军事基地、进出口贸易港、殖民地行政经济中心，开始着手城市中心街区的放射式路网、地下排水系统和环海堤坝建设。规划将青岛港设在胶州湾内，与修建中的胶济铁路及其编组站直接联系，客运站深入市区前海。

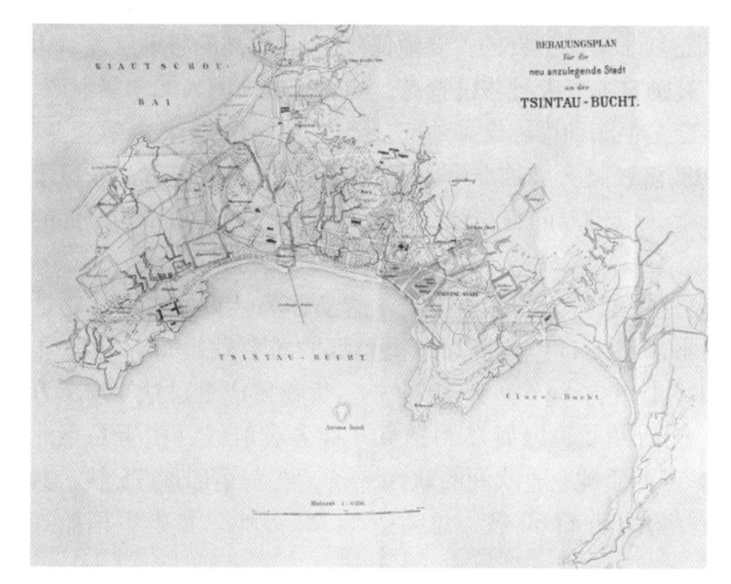

图 6　1898 年拟在青岛湾新建城市的建设规划图

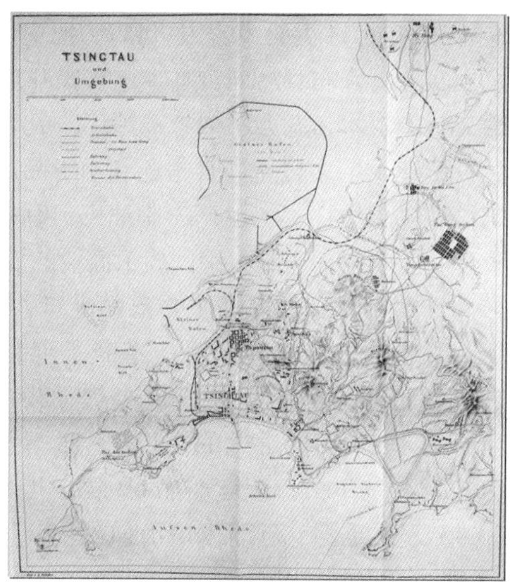

图 7　1900 年青岛城市规划

3）加强了道路建设，城市路网雏形显现。在德国侵占青岛时期开展了大规模的市政建设，主要是道路、桥涵、上下水管道、路灯、防洪设施等。德国殖民者首先在前海海滨的欧人居住区以总督府大楼为中心，以市内的德县路、保定路、大沽路三条路为横线，以馆陶路、中山路为纵线，修建城市道路。广西路、太平路、沂水路等也相继建成（见图 8）。这些道路的宽度都在 20 米左右，车行道与人行道分开，并铺装了沥青路面，架设路灯。在华人居住的大鲍岛、台西镇、台东镇等地修建了一些道路，这些道路路面较窄，一般 6 ~ 7 米，多是土路。到 1914 年，德国共建成市内道路 75 条，长 80.65 公里。有 20 条道路种有行道树。德国当局所修市区道路采用欧洲标准，中央为车行道，两侧为人行道。为防雨水冲损和载重车辆压毁，特设雨水沟（下水道）和车轨石。

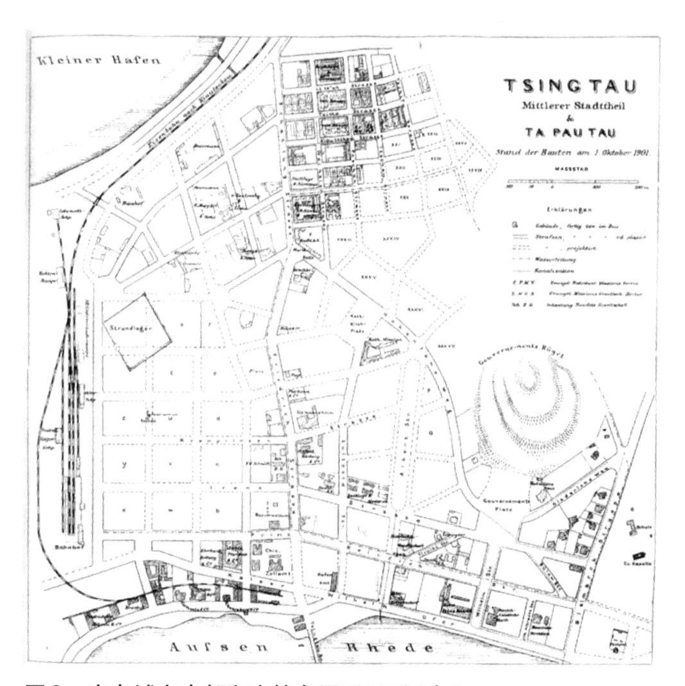

图 8　青岛城市中部和大鲍岛区图(1901 年)

4）交通运输方式开始出现多元化。1901 年青岛开始出现两轮人力车。德国侵占时期的交通方式主要有：机动车、骡马车、人力车。1907 年，德商费理查德商号在青岛开始经营汽车客运，开办了从市区到崂山柳树台的运营线路，定时定点发车，青岛城市公共交通已具雏形。

5）海上交通方面，为了适应青岛港作为自由港的特殊地位，设立了团岛灯塔和海上浮标，德国人在胶州湾内设立了 14 个浮标，以标明湾内的暗礁和浅滩，指引进出胶州湾的船只安全航行。1901 年，青岛开辟了第一条远洋运输航线，即从欧洲到青岛的航线。1908 年，开辟了日本到青岛的远洋航线。

6）道路交通管理方面，为加强青岛道路交通管理，德国殖民当局颁布了一系列法规章程，如《静洁街道章程》、《禁止用有响小车章程》、《青岛内界街道往来各种车辆条规》等。

(2) 日本第一次侵占期间（1914—1922年），交通设施建设缓慢

1914年11月日本侵占青岛，"把实业利益置于对华方针的首要地位"，利用青岛的腹地资源着力发展实业。宣布青岛向日本本土居民开放，鼓励日本人大批移民青岛。同时抢占中国人的房屋财产，输入日本资本，开办了内外棉纱厂、大康纱厂、中渊纱厂、宝来纱厂、隆兴纱厂、富士纱厂等企业，总投资达1亿多日元。日本还利用青岛港和胶济铁路大肆掠夺中国的财富。此外，还在青岛开设了制粉厂、火柴厂、缫丝厂、制油厂、制盐厂等，以雄厚的资金和技术力量，并凭借守备军司令部的军事高压政策，压制中国民族工商业的发展。

日本对青岛的掠夺主要依赖港口、铁路这些载体，无形中突出了青岛作为港口的重要战略地位。日本侵占青岛港口后，垄断了港口贸易，将港口作为掠夺中国资源的重要输出口，1918年进出青岛港的总船数是1700余艘，其中日本船就占86%。到1921年，货物发送量已达197.1万吨，为1913年发送量的2.1倍。日本殖民统治期间，以青岛为据点开辟各类航线，由青岛至北美的航线有7条，营运船舶69艘，共54.8万载重吨；通欧洲的航线8条，有营运船舶75艘，共53.43万载重吨；至国内沿海航线有11条，营运船舶62艘，总吨达11.27万吨，其中中国船舶19艘、19750吨。

为了从内陆掠夺资源，日本在接管胶济铁路后，马上进行增修和扩建，进一步提高运输能力，从山东内陆掠夺资源，在青岛开工厂、办企业，再向日本输出产品，将青岛作为侵略中国的桥头堡。在日本第一次侵占期间，将精力主要放在经济掠夺上，道路建设较少。为了便于统治需要，将德国侵占时期的路名改为日文名。

(3) 北洋政府和国民政府统治时期（1922—1937年），交通设施取得一定发展，制定了当时非常先进的规划

1）青岛地位提升

1922年12月，北洋政府接管青岛，将胶澳租界地改为胶澳商埠，直接隶属于中央。1925年划归山东省政府管辖，1929年4月南京国民政府接管青岛，取消胶澳之名，正式定名为青岛特别市，直属南京国民政府行政院管辖，成为当时全国六大院辖市（北平、天津、西安、上海、南京、青岛）之一。其中青岛、南京、西安三座城市1930年曾一度改为省辖市，抗战胜利后，又重恢复院辖市（特别市）地位。这一时期，青岛在全国的政治、经济、军事地位特别重要。

2）青岛交通发展情况

北洋政府收回青岛后，将青岛作为一等口岸，青岛港口的开放度逐步增大，成为向世界开放的商埠和窗口。青岛港和胶济铁路的经营也得到一定发展。青岛港1922年经营额度居全国沿海口岸第九位，而到1929年则一跃上升至全国第六位。1923年1月，北洋政府以4000万日元从日本人手中赎回胶济铁路。胶济铁路继续发挥其进出青岛和内陆的交通大动脉作用，仅1924年全年就载货223万吨，其中煤和焦炭就达130万吨。

在这之后的15年中，青岛先后处在北洋政府和南京国民政府的统治下。这一时期，青岛的交通运输特别是海上运输和公路运输都有一定发展。

① 海上运输和港口建设方面

1928年8月，南京国民政府轮船招商局在青岛建立办事处。至20世纪30年代，青岛的沿海运输船行已达32个，有营运船舶52艘，总计6.1万载重吨。

1929年5月，南京国民政府接管青岛，但青岛仍未摆脱外国帝国主义的经济控制。在青岛港对外航线上，行驶的主要是外轮；在青岛港码头上，靠泊启离的也主要是外轮。20世纪30年代青岛的17条近海航线，外国垄断了11条；16条远洋航线则全部被外国垄断。但中国招商局等近20条船只

坚持在青岛近海航行，抵制外国对青岛近海航线的垄断。这一时期社会比较安定，为港口发展提供了有利条件。1930 年货物吞吐量为 190 余万吨，1936 年达到 280 余万吨，贸易额有六年达到 2 亿元以上；船舶进出口最低为 3600 多艘次，最高 1936 年达到 4800 余艘次。

港口建设亦有所发展。1932 年 7 月～ 1936 年 2 月，投资 390 万元兴建了第三码头，该码头是大港兴建 20 余年来最大的建筑工程。新建的三号码头位于二号、四号码头之间，由德国工程师设计，为重力式突堤码头。建筑工程疏浚面积达 113680 平方米，填筑面积为 65250 平方米，回填土、石方 609537 立方米。码头北岸长 593 米，南岸长 445 米，西岸（宽）100 米，总高度从海底至岸壁顶端为 15.5 米，水深最低潮为 9.5 米。三号码头时为煤炭专用码头，亦用于装卸木材，计有 1.6 万吨存煤场 8 个，2.7 万吨存煤场 1 个，2.5 万吨存煤场 1 个，总贮煤能力达 18 万吨。当时三号码头可同时靠泊 6000 吨级轮船 8 艘。

1932 ～ 1934 年是青岛港在全国地位上升时期，1932 年、1933 年贸易额为第五位，1934 年超过广州港，居第四位。年进出港口的货轮逐年增加，船舶总吨 1934 年比 1932 年增加 41.23 万吨，增加吨数超过 1932 年的进出口船舶总吨。这一时期，青岛的民族经济得以发展。近海民族航运业已有船行 10 余家。期间，港口收入仍是青岛财政收入的重要来源。1933 年青岛财政收入总计 540 余万元，其中港口收入 190 余万元，占总收入的 35%。

② 公路运输方面

20 世纪 30 年代中期，青岛的民营汽车行也发展到 30 多家，拥有客货营运车 150 多辆。长途汽车客运的线路主要有青岛至平度沙河、即墨城、即墨金口、莱阳、栖霞、潍县（今潍坊市）等；公路货运量也有较大增长，但是公路运输所占的比重仍很小。

③ 铁路运输方面

这一时期，铁路还是依托胶济铁路与内陆进行联系，铁路的年客货发送量趋于平稳，大体维持在 300 万～ 400 万人次和 200 万～ 300 万吨之间。

④ 交通管理方面

1922 年 12 月北洋政府收回青岛后，对青岛港的管理“一切都依照从前德国及日本的规模制度办理”，虽然对码头业务、搬运业务、小港的管理等制定了一些必要的规章制度，但港口混乱的现象仍难以改变。1929 年 7 月，南京国民政府接管青岛港，陆续制定和颁发了《青岛港务规则》、《青岛市码头规则》、《青岛市引水规则》、《青岛市码头临时作业简则》等数十种规章制度。

1930 年 8 月，青岛在市区各主要路口设交通信号灯，绿灯放行，红色示停。

⑤ 沈鸿烈主政青岛时期，青岛交通快速发展

这一时期交通设施的建设发展主要服务于旅游业的繁荣。旅游设施的不断完善，直接刺激了交通事业的发展，开辟了空中航线，1933 年 1 月，沧口飞机场建成并投入使用，同年 11 月，中国航空公司的上海—南京—海州—青岛—天津—北平航线正式开通，成为中国航空公司当时开辟的国内三条主要干线之一，也是青岛市第一条民用航空运输线。海上运输方面，沈鸿烈在任期间掀起了青岛港建设的第二个高潮。自 1931 年开始，青岛港增加码头费率，以收入的 1/3 作为码头建设基金，筹建三号码头。除此之外，还重建薛家岛码头工程，在小港码头添筑第二浮码头，建设青岛船坞。这些都便利了青岛海上运输的发展，中外轮船可驶往大阪、神户、广岛、门汀、洪基、安东（今丹东）、海州、广州、香港、厦门、汕头、上海、天津、大连、烟台、威海等国内外港口。陆路交通在原有基础上，进一步发展，胶济铁路连接津浦铁路贯通全国，长途汽车通达铁路所不及的区域，市区开辟了 10 条公共交通线路，使滨海主要景区均有公共交通通达。

⑥ 城市规划对交通发展提出了新的要求

1931 ～ 1937 年，沈鸿烈任青岛市市长，沈鸿烈主政青岛期间，广泛筹资，大兴土木，建设了一批市政工程。期间，大力发展旅游业和城市规划。在他的主持下，1932 年，青岛市政府颁布了《青

岛市暂行建筑规划》，该规划十分注重青岛城市风貌的美化，对特别区域建筑的高度、面积、建筑密度、道路宽度与建筑高度之比等均作了详细规定，为青岛城市建筑规划提供了比较科学的依据。1935 年，沈鸿烈主持制定了《青岛市施行都市计划案》，明确将青岛定位为“中国五大经济区中黄河区的出海口，工商、居住、游览城市”，规划人口规模 100 万人，市区面积 137.7 平方公里(见图 9 ~图 11)。

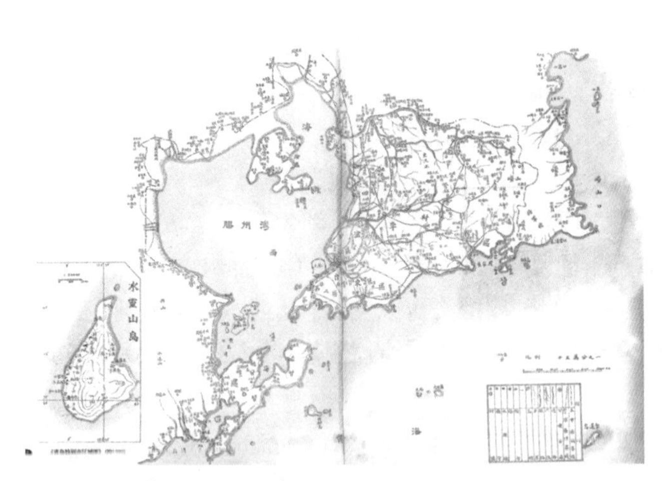

图 9 青岛市区域图

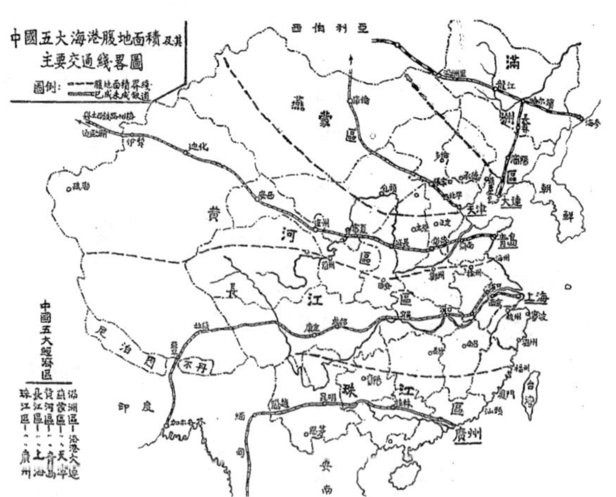

图 10 中国五大海港腹地面积及其主要交通线路图

图 11 大青岛市发展计划图

1935 年的规划中，青岛对外交通规划基本以高治枢的研究为蓝本。根据国家水陆交通布局的宏观走势，规划预测，到该规划末期，将至少有 4 条铁路干线通往青岛，分别为胶济线、胶徐铁路（今胶州临沂至徐州）、青烟线、环海铁路（青岛日照至连云港）。缘于地形关系，这四条铁路进出青岛市区，只能依靠原有的胶济铁路，因此必须设立一综合交通枢纽，而车站位置选址十分重要。规划考察认为，胶州东部平原最适合（见图 12）。

规划认为，城市分区和交通配置是都市计划两大主干，而交通配置又依据各分区性质而定。基于此，规划大量参考当时纽约、伦敦、巴黎、柏林等欧美城市的经验，结合青岛的实际，提出在不同区域规划不同的路网模式（见图 13）。比如，市中心区域，采用棋盘式路网；离市中心区较远的仲家洼、小村庄、吴家村则采用当时流行的蛛网式；在更远的浮山所、沧口等处则采用细胞式，各部分均用干道连接。

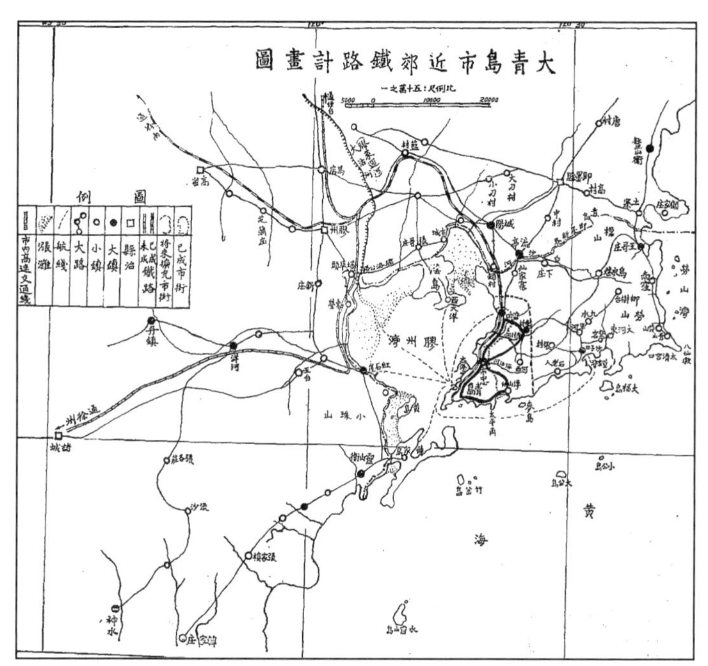

图 12　大青岛市近郊铁路计划图

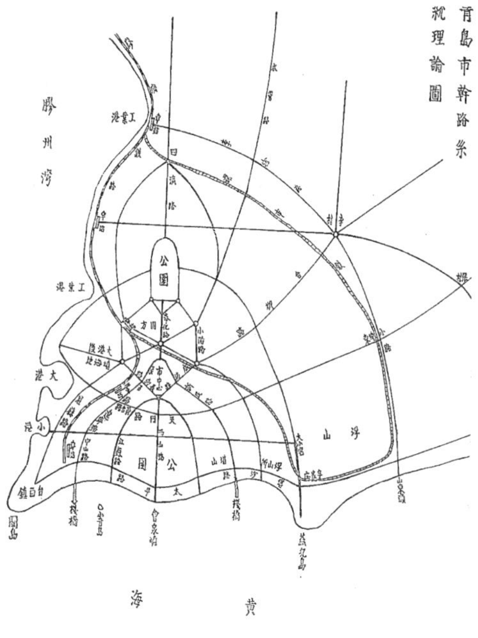

青島市幹路系統理論圖

图 13　青岛市干路系统理论图

规划还预测，青岛市发展到一定程度，必须有地铁与地面交通相互配合，当时把地铁交通叫作“市内高速交通”。这次规划考察世界各大都市的发展经验，推算人口超过 100 万人，即需要发展地铁交通。青岛未来人口增加，决不会在百万以下。规划据此提出，青岛应及早谋划，不能因当时离“需要高速交通之时期甚远，遂置之不问也”。规划对地铁网布局做了初步设想，采用从市中心向四处放射，互相环绕的 8 字形（见图 14）。地铁线北连沧口、李村，中经台东，西达中山路，沿前海东抵浮山所，总里程 42 公里。在市中心区为地下铁，而不用轻轨，主要考虑高架有

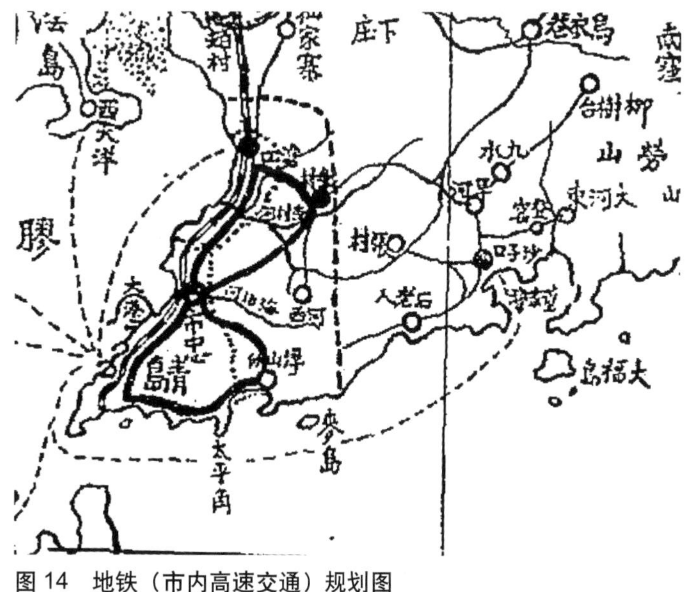

图 14　地铁（市内高速交通）规划图

碍地面交通，且破坏城市美观。市中心区之外，则采用高架轻轨，机车则全部用电力机车，以保持城市清洁卫生。

规划还提出在胶州建机场。飞机作为一种新式交通工具，“进步之速，一日千里，将来成为普及化之交通工具，实意中事”。故青岛应及早筹划航空港。机场占地面积大，净空要求高，起飞降落需要有广大平原，四周必须没有高山和丛林的阻碍。青岛多山，平原又少，在沧口原有一处机场，20世纪30年代已开通至上海、北京的航线，虽然机场面积暂时能满足飞行之用，但安全地带不足。规划提出，塔埠头东南一带海滩，接近未来的铁路交通枢纽，与青岛中心都市和陆向腹地交通便利，将来可在此填筑大飞机场，满足青岛全盛时期的巨大需求。

该规划还未来得及实施，青岛就陷入日本第二次侵占之中。

(4) 第二次日本侵占时期（1938—1945年），日本全面垄断青岛交通并为其统治服务

1938年1月，日本第二次侵占青岛。在日本第二次侵占青岛期间，编制了《青岛母市计划》（见图15），对整个青岛的铁路运输、海上航运和公路运输实行全方位控制，并通过胶济铁路和青岛港掠夺中国资源、运送军用物资、扩大战争、支撑其国内日益严重的经济危机。1942年，胶济铁路货物的发送量达到500万吨以上，海上货运量达300万吨。这一时期，日本在青岛建立了华北交通株式会社青岛自动车事务所，下设8个自动车营业所，大量日本汽车进入青岛，基本垄断了青岛的公路客货运输。

图15 青岛母市计划图

日军严密控制港口，青岛港处在日本侵占之下。1940年，青岛港的31个码头泊位，被日军占用8个；8座前方仓库，被日军占用2座；16座后方仓库，被日军占用11座。日本为了扩大掠运，适应“以战养战”的需要，于1939年12月到1943年9月建成六号码头2个泊位，于1940年3月至1943年末建成一号码头南岸3个泊位。日本占领8年间，为了扩大战争，支撑国内日益严重经济危机，通过胶济铁路疯狂地掠运山东物资。1940～1943年，日本船只进出青岛港占各国总数的80%以上。1939～1945年，港口吞吐量每年均大幅度出超。日本的垄断和掠夺，使青岛港的吞吐量和贸易额呈现病态的增长。

(5) 国民政府后期的统治（1945—1949年），交通发展停滞

解放战争时期，由于国民党发动全面内战，使青岛的铁路、公路客货运输通阻无常，胶济铁路近于瘫痪。至新中国成立前夕，公路总通车里程不足800公里，并且全部是标准低、路况差的等外公路。青岛大港一、二、四、五号码头年久失修，破坏甚重，多不堪用。

(6) 新中国成立至改革开放（1949—1978年）

1949年6月青岛解放，交通事业开始进入一个崭新的时代。在三年国民经济恢复时期，抢修由于战争破坏和连年失修的胶济铁路和公路设施，全面恢复交通运输，确保了人民生活必需品和生产物资的需要。

“一五”期间，交通运输增长较快。铁路建设投资6637.82万元，建成蓝（村）烟（台）铁路，其中青岛境内71.6公里，新建公路110.6公里，新增运输船舶25艘、3280吨位。至1957年铁路旅客发送量突破1000万人次，货物发送量达716.8万吨；公路客货运量分别达149万人次和548万吨；海上客运量13.3万人次，货运量118万吨。1958～1965年，第二个五年计划和三年国民经济调整时期，交通运输波动较大。1966～1968年，交通运输一度受到“文化大革命”的干扰和影

响。1970 年后，交通运输生产开始走上正轨（见图 16）。

新中国成立后至 1959 年，与青岛港通航的国家和地区已有 24 个，年进出港船舶达 2000 余艘次，年吞吐量从 1950 年的 126 万吨增至 556 万吨。青岛港口建设和生产仍有较大的发展。1966 ～ 1968 年，青岛港自力更生建成了中国第一座机械化煤炭专用码头，并对一号码头南岸进行了技术改造。1973 年，港口吞吐量达到 1000 万吨。20 世纪 70 年代以后，随着国家对外关系的改善和对外经济贸易的发展，港口滞压船只的局面亟待解决。为了适应国家建设和外贸需要，周恩来总理发出了“三年改变港口面貌”的号召。从此，青岛港进入了大规模的建设时期。青岛市成立了港口建设指挥部，组织领导青岛的港口建设。至 1976 年，建成原油输出能力在 1000 万吨以上的黄岛一期油码头。1975 年，青岛港通航贸易国家和地区已达到 90 余个，港口年吞吐量增至 1542 吨。1978 年，港口吞吐量突破 2000 万吨。

图 16　1964 年青岛市区图

20 世纪 60 年代，中国远洋运输船队组建。1964 年 6 月由青岛通航日本，成为新中国成立后国轮开辟的青岛第一条国际贸易运输航线。此后，中国远洋运输公司船队成为青岛外贸远洋运输的主要力量。1977 年，青岛远洋运输公司成立，共有船舶 21 艘、62 万载重吨，使青岛的海运事业步入一个新的发展阶段。

1973 年，东营—黄岛输油管线正式开工建设，1974 年 9 月建成投产。该管线由东营胜利油田起，经惠民、潍坊至青岛市黄岛区止，全长 248 公里。管线建成后，胜利油田生产的原油经广饶、寿光、潍县（今潍坊市）、昌邑、胶县（今胶州市）5 座热泵站输送到黄岛油库，再由管道将油库的原油输至油码头装船外运，当年实现输油量 270.8 万吨。

1958 年 7 月，中国民用航空青岛站组建。同年 8 月 16 日，北京—济南—青岛通航，使用海军沧口机场。1961 年 9 月，因客货不足和战备需要等原因停航，保留航站，经营陆空联运业务。

（7）改革开放以后（1978 年以来）

十一届三中全会后，在“改革、开放”总方针的指引下，青岛的交通事业进入了一个全面发展的时期，对外交通和城市交通都获得了较快发展。

1）对外交通体系不断完善

① 铁路建设速度加快

至 1986 年底，铁路运输部门共投资 8.63 亿元，建成胶济铁路复线一期工程和部分二期工程，开通济南至蓝村段双线。双线里程为 339.2 公里，结束了胶济铁路单线运行的历史。2003 年 2 月 19 日，胶济铁路开始进行电气化改造工程，该工程已经于 2005 年 6 月全面竣工，成为山东省第一条实现电气化的铁路线。至 2011 年，青岛境内现有铁路 5 条，分别是胶济铁路、胶济客运专线、胶新铁路（胶州至江苏新沂）、蓝烟铁路和胶黄铁路（胶州至黄岛），铁路营运里程共 252 公里。

② 公路建设对引领区域发展发挥了重要作用

至 1986 年底，累计投资 4 亿元，拓宽改造干线公路及重要县（区）公路 1140 公里，其中改造一级公路 41.2 公里，二级公路 232.1 公里，全市总通车里程达 2668 公里。在之后的发展中，公路等级和通车里程逐年提升，逐步形成了以高速公路为骨架，各类公路为补充的交通体系。1993 年 12 月，济青高速公路建成通车，横贯山东半岛 17 个县市区，全长 318 公里，工程总投资 31 亿元。1991 年 12 月开工，1996 年 1 月正式通车的环胶州湾高速公路，将青岛和黄岛联系起来，全长 85 公里。2000 年底青银高速公路青岛段建成通车，全长 39.44 公里。

到 2011 年底，全市公路通车里程达到 16208 公里，其中高速公路 12 条，共计通车里程 702 公里，一级公路通车里程 1044 公里，居副省级城市首位。连接青岛和黄岛的胶州湾大桥、胶州湾隧道，于 2011 年 6 月 30 日实现通车，成为青岛城市建设的里程碑，有力拓展了城市发展空间。

③ 海上交通和港口建设，将青岛与世界上众多港口紧密联系起来

海港和海运发展规模不断壮大。1985 年，青岛修建了青岛—黄岛轮渡，并于 1986 年 12 月建成通航，对实现青岛与黄岛的便利联系发挥了重要作用。

改革开放后，青岛大港进入了更大规模的建设时期。1976 年 6 月开工兴建的八号码头，在国家“五五”、“六五”、“七五”计划期间均列入“交通能源重点工程项目”。因工程规模大，采取了分年投资，分年建设，逐步建成投产的方式。1985 年 12 月 17 日竣工验收，投入使用。该工程计有 2 ~ 5 万吨级泊位 8 个，码头岸壁总长 1842.1 米，库场面积 325619 平方米，年通过能力 400 万吨，工程投资 2 亿多元。

2002 年 11 月 4 日，青岛港外贸集装箱航线西移到前湾新港区。72 条国际航线、310 个航班、40 余家船东、10 余家场站、数以千计的代理和货主全部西移，并新增航线 30 多条，全球前 20 强船公司亦悉数登陆，青岛港四大王牌货种由老港区向新港区的战略大转移画上了圆满句号，创造了世界港口史上新老港区转移的奇迹。港口的西移带动了城市空间的西拓，为港口的快速发展提供了空间。但随着黄岛的崛起，港城矛盾日益突出，城市包围港口现象逐步显现。为了进一步做大青岛港，2009 年 3 月 1 日，交通部与山东省人民政府联合批复了《青岛港董家口港区总体规划》，将部分功能向董家口港转移，将董家口港区定位为：“国家枢纽港青岛港的重要组成部分，是青岛港优化港口布局和实现可持续发展的重要依托。以大宗散货、液体化工品及杂货运输为主，逐步发展成为服务腹地物资运输和临港产业开发的大型综合性港区。”从此拉开了董家口港建设的序幕。

目前，青岛港已经成为山东省的龙头港口和我国北方主要港口，形成由老港区、黄岛港区、前湾港区和董家口港区所组成的港口群。2011 年港口吞吐量达到 3.79 亿吨，全国排名第五位（宁波港 6.94 亿吨，上海港 6.24 亿吨，天津港 4.33 亿吨，广州港 4.31 亿吨）、世界排名第七位。集装箱吞吐量 1302 万标箱，增长 8.41%，全国排名第五位（上海港 3173 万标箱，深圳港 2257 万标箱，宁波港 1471 万标箱，广州港 1425 万标箱）、世界排名第八位。

2011 年，全市万吨级以上泊位 68 个，其中老港区 20 个、黄岛港区 9 个、前湾港区 37 个、董家口港区 2 个，港口通过能力 2.16 亿吨。集装箱泊位 24 个，其中前湾港区 22 个、老港区 2 个，通过能力 1145 万标准箱。在青岛注册航运企业达到 72 家，拥有航线 161 条，其中，国际（地区）航线 147 条、国内航线 14 条，通航 150 多个国家。

④ 航空发展迅速

为适应全市对外开放和经济建设的需要，青岛航空于 1982 年 8 月 5 日复航，使用海军流亭机场。1985 年 5 月对青岛流亭机场进行扩建。1985 年 11 月跑道扩建竣工后，边扩建边复航，改建后的机场可以降落除波音 747 外的各种大中型客机。1986 年，民航运输完成客运量 7.76 万人次，货运量 1297 吨。

截至 2011 年，青岛国际机场拥有 107 条航线，其中，国内航线 95 条，国际（地区）航线 12 条，机场日航班 430 班次。成功开通青岛至洛杉矶空中货运航线，改写了青岛市航空没有洲际航线的历史。2012 年完成旅客吞吐量 1260 万人次，国内排名第 17 位。已经超过了青岛机场的原设计旅客吞吐能

力（1200 万人）。

随着青岛地位的逐步提升，原有机场容量已经接近饱和，受多方面因素影响，机场迁建工作已提上议事日程，青岛新机场的功能定位为：华东机场群区域枢纽机场之一，面向日韩的门户机场。服务范围以青岛市为主，兼顾山东半岛。《中国民航“十二五”发展规划》将青岛机场列为“十二五”期间的迁建机场之一，目前新机场相关规划建设正在推进中。

2）城市道路建设进程加快

在 20 世纪 80 年代，为适应城市交通与对外交通的顺畅衔接，先后建设了多个大型市内立交桥工程。如 1984 年开工建设，1986 年 10 月建成的杭州路立交桥，为青岛港八号码头配套工程；1986 年 11 月开工，1987 年 9 月建成的人民路立交桥；1989 年 9 月开工，1990 年 9 月通车的小白干路、山东路立交桥；1989 年 4 月开工，1991 年 6 月通车的流亭立交桥；1999 年 8 月建成的澳柯玛立交桥等。

为了构筑畅达快捷的市区道路，缓解交通拥堵，20 世纪 90 年代青岛市以东海路和香港路建设改造工程为样板，对全市道路进行了大规模综合整治和改造。先后建成了东西快速路一期工程和杭鞍快速路工程。截至 2011 年，青岛中心城区道路总长度约 3705 公里，其中高快速路约 181 公里，主干路约 730 公里，次干路约 660 公里，支路约 2138 公里。建成区道路网总密度为 5.73 公里 / 平方公里；建成区道路面积率为 10.2%；建成区道路密度等级比例为快：主：次：支 = 0.28：1.12：1.02：3.3。

青岛地铁工程在经过近 30 年的酝酿、多轮规划和研究，于 2009 年开工建设第一条地铁线 M3 号线。这也开启了青岛市大容量公交系统的建设。2011 年 6 月，胶州湾海湾大桥和胶州湾隧道开通，成为联系东西岸城区的重要通道。

各类道路工程的建设和交通体系的完善，为青岛城市发展提供了重要支撑。

3）规划对城市交通发展的引领作用日益突出

从 20 世纪 80 年代起，青岛先后组织编制了多轮城市综合交通规划，为指导城市交通建设发挥了重要作用。其中，这一时期比较有代表性规划研究有：1988 ～ 1991 年由市科委牵头，市规划局、市建委等共同组织开展的“青岛市交通现状分析和综合治理方案研究”；1992 ～ 1994 年编制的《青岛市区城市交通规划》（奠定了青岛城区“三纵四横”快速路骨架）；2002 ～ 2004 年编制的《青岛市城市综合交通规划（2002—2020）》等。这些规划设计和研究成果对指导青岛市道路系统的构筑产生了重要指导作用和影响。

进入新世纪后，随着交通问题的日益突出，青岛的交通规划和研究力量逐步加强，逐步编制和完善了各类交通规划，对指导青岛市未来交通发展将产生十分重要的积极作用。

本篇参考文献

[1] 青岛市档案馆 . 青岛通鉴 . 北京：中国文史出版社，2010.

[2] 青岛市史志办公室 . 青岛市志（1978-2005）大事记卷 . 北京：方志出版社，2011.

[3] 青岛市档案馆 . 青岛地图通鉴 . 济南：山东省地图出版社，2002.

[4] 青岛市史志办公室 . 青岛市志（海港志）. 北京：新华出版社，1994.

[5] 青岛市史志办公室 . 青岛市志（交通志）. 北京：新华出版社，1995.

[6] 青岛市档案馆 . 青岛市百年图志，2010.

[7] [德] 托尔斯泰 . 华纳，（青岛市档案馆编译）. 近代青岛的城市规划与建设 . 南京：东南大学出版社，2011.

[8] 宋连威 . 青岛城市的形成 . 青岛：青岛出版社，1998.

[9] 120 年，一座城市的版图 . 青岛日报（2011.4.12）.

[10] 陆安 . 青岛近现代史 . 青岛：青岛出版社，2001.

[11] 董鉴泓 . 中国城市建设史 . 北京：中国建筑工业出版社，2001.

[12] 朱建君 . 殖民地经历与中国近代民族主义：德占青岛（1897-1914）. 北京：人民出版社，2010.

[13] 李东泉等，青岛城市发展史上的三次飞跃 . 城市规划汇刊，2003，1.

[14] 李东泉 . 青岛城市规划与发展研究（1897-1937）——兼论现代城市规划在中国近代的产生与发展 . 北京：中国建筑工业出版社，2012.

第二篇

综合交通规划

少年游

曾经蹒跚，如婴懵懂，拜师京沪宁。十年春秋，谈轨议路，同筑交通情。
今朝琴路通空海，港隆轨欲行。举樽四海邀一饮，一体化、共征程。

青岛市城市综合交通规划（2002–2020 年）

委 托 单 位：青岛市规划局

编 制 单 位：上海市城市综合交通规划研究所、青岛市城市规划设计研究院

本院参加人员：马　清　万　浩　徐泽洲　李勋高　雒方明

完 成 时 间：2004 年

获 奖 情 况：山东省 2004 年度优秀规划设计二等奖

建国 60 周年山东省城市规划设计成就奖

青岛市 2004 年度优秀规划设计一等奖

一、规划背景

从 20 世纪 90 年代初到新世纪初的十年间，城市活力不断增强，居民活动空间不断扩大，加之汽车产业化进程加快，青岛市机动化出行率由 35% 增长到 51%，自行车出行率由 18% 降低到 10%，步行由原来的 47% 降低到 39%，车辆数量增长了 3.5 倍，城市交通拥堵、停车难等问题逐步显现，缓解城市交通出行难成为政府工作的重点之一。

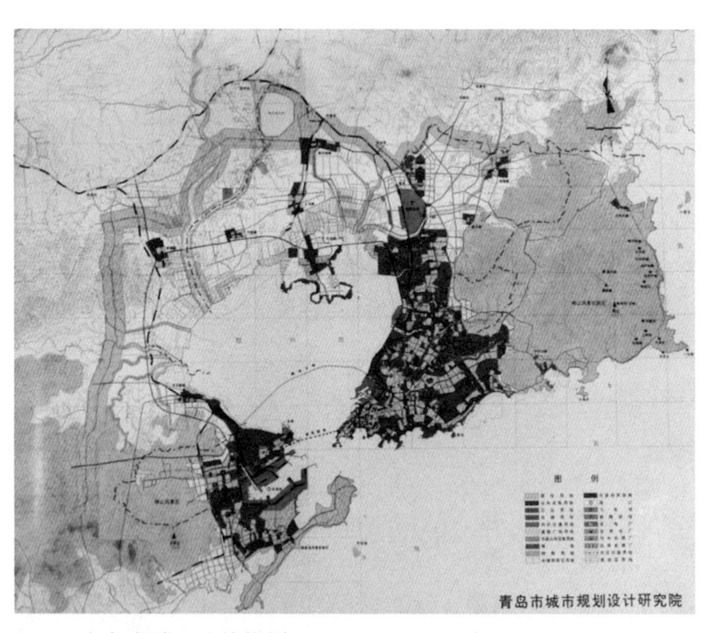

图 1　青岛市城市总体规划图（1995—2010 年）

《青岛市城市总体规划（1995—2010 年）》于 1999 年经国务院批复实施后，城市建设在总体规划的指导下有序展开，城市逐步由一个半岛型城市向环绕胶州湾的方向发展，建立有效支撑环湾城市的城市道路交通系统就成为重要课题（见图 1）。

在 1995 版总体规划的指导下，城市交通系统持续向好发展，但是城市道路骨架层次不清，快速路网骨架尚未形成，制约了城市交通效率的发挥。2001 年，青岛市委市政府做出了“挺进西海岸，构建青岛新的经济发展重心”的战略决策，老港区货运功能逐渐变弱，黄岛区前湾港将承担主要货运功能，港城关系成为影响城市发展的重要因素。此外，青岛市作为 2008 北京奥运会帆船比赛举办城市，借助奥运契机加快城市交通建设，为奥帆赛提供良好的交通保障，也是刻不容缓的重要任务。本轮综合交通规划在此背景下，历时两年时间编制完成。

二、现状主要问题

（1）2002 年虽然城市机动化程度不高，但增长势头迅猛，且未来潜在增长空间很大。当前缺乏抑制小汽车快速增长的有关政策措施，城市交通正面临严峻的挑战。

（2）区域内城镇间交通连接不便捷，制约了区域一体化、城乡一体化进程，难以形成同城效应。胶州湾东西两岸之间仅依托轮渡和胶州湾高速公路连接，且轮渡受制于天气的影响较大，胶州湾高速全长 68 公里，出行时间接近 1 小时，"青黄不接"的现实问题抑制了两岸互动发展。据调查，黄岛区与东岸城区之间的出行量仅占黄岛区总出行量的 3%。

（3）城市主城区交通矛盾集中体现在"东西不通、南北不畅"，道路网络结构矛盾没有根本性转变，快速通道系统没有建立，制约了城市效率的发挥。交通分布呈"重锤型"，南北通道重庆路和 308 国道接近饱和（高峰饱和度 0.75 以上）；东西通道胶宁高架快速功能在逐渐丧失（平均车速 35 公里）。

（4）机动车停车泊位严重匮乏，市区路内、外停车泊位总量 4.5 万～ 4.7 万个，公共停车场为 2.5 万～ 2.9 万个，缺口约 2.7 万个，普遍占路停车，影响动态交通。部分项目未按规划配建、挪作他用和现有停车泊位使用效率不高，导致停车难的问题加剧。

（5）旅游季节，旅游交通骤增，加之旅游交通体系不完备，没有延伸至整个滨海区域，制约了旅游客流分散，加重了中心区交通压力，影响了青岛滨海旅游资源的有效利用。

（6）公交结构体系不完善，缺乏大容量的快速轨道交通和大型客运枢纽。公交出行结构在全方式中的比重仅为 19.6%，而其他机动化出行比重达到了 29.9%。七区公交线网密度仅为 1.7 公里 / 平方公里，站点 300 米半径覆盖率为 47.1%；停车站场严重不足，40% 的车辆露宿街头。部分集散点客流量很大，但无大型综合换乘枢纽。

（7）对外交通设施和需求发展迅速，而衔接枢纽建设相对滞后，政策措施不匹配导致内外交通衔接不便，影响了青岛的对外辐射能力。港口西移后，虽然已有快速疏港通道，但由于疏港通道、物流园区、管理措施等方面不配套，致使现有设施不能得到充分利用。城市间高速公路网络自成体系，城市内部缺乏快速大容量的城市道路与高速公路相衔接。

三、规划目标与战略

1. 交通预测

规划到 2020 年青岛市区机动车总量达到 88 万辆（2002 年 31 万辆），其中小汽车达到 60 万辆（2002 年 8.5 万辆），千人拥有率达到 120 辆（2002 年 31 辆）。

居民出行总量由 2002 年的 538 万人次增加至 1280 万人次，出行距离由 4—5 公里增长到 6—7 公里。机动化出行比重由 51% 提高至 76%，公交出行比重由 19.6% 提高至 38%。

青黄跨海交通潜在需求量为 26 ～ 30 万 puc/ 日（现状 2.5 万 puc/ 日），需要 18 条车道的通行能力与之匹配。

2. 战略目标

全面融入全省综合交通体系，构建一体化交通网络，最终达到朝发夕归的目标；全面提升青岛与半岛都市圈交通联系，最终达到 2 小时半岛经济都市圈；缩短中心城区与五个次中心城区和滨海组团的时空距离，最终整个市域实现 1 小时交通圈；发挥交通先导作用，突出城市特色，完善旅游交通、疏港交通体系，适应城市化和机动化发展，最终市区范围出行时耗控制在 45 分钟以内。

3. 交通总体布局

两网：快速道路网络，大容量公共交通网络；

三核：以市中心区、西城（西海岸）、北城（红岛）为整个城市核心，形成三核为原点的放射状对外交通网络；

三条走廊：向西联系潍坊、淄博、泰安、济南、天津、北京方向；向北联系威海、烟台、大连方向；向南联系日照、临沂、连云港、上海方向；

四大枢纽：航空枢纽、港口枢纽、铁路枢纽、公路客货运枢纽；

五大连接：青岛市区与五个卫星城。

六大系统：综合道路运行系统、城市客运服务系统、内外衔接系统、城市货运物流系统、停车系统、城市交通智能化管理系统。

四、规划方案

1. 对外交通规划

规划建设一个“海陆空”三位一体的对外交通运输系统。以国际化空港、现代化海港、高速铁路、高速公路为骨干，市域道路系统与客货运系统为后盾，多式联运的综合枢纽为纽带，充分发挥综合性立体化运输的优势，能保证人流、物流快速、安全的流动（见图 2）。

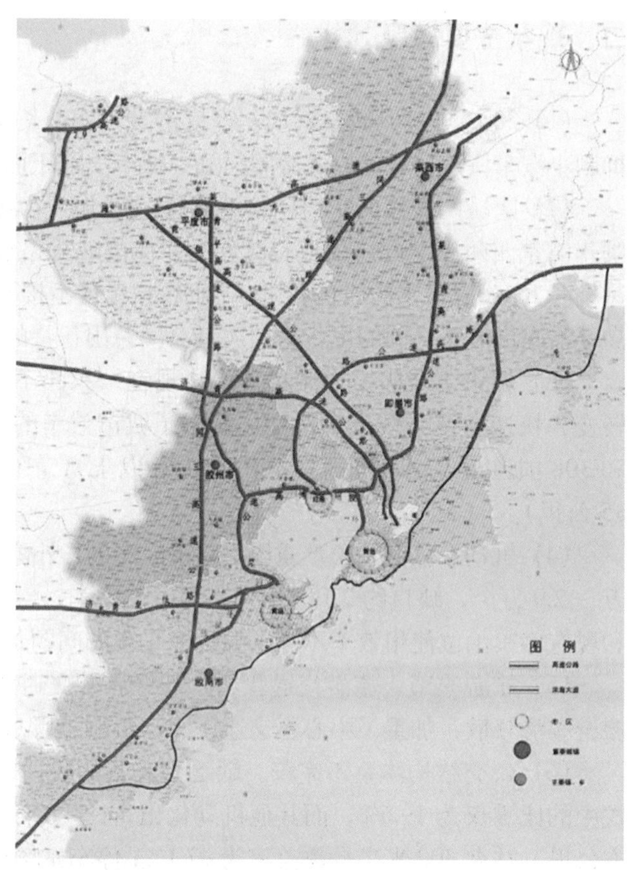

图 2 对外高速公路网规划方案图

2. 道路网规划

规划建设一个设施完善的综合道路运行系统。以快速路和干道网络为道路网络骨架，支路为道路网基础，功能分明、层次合理的道路网络体系。市区道路网络总体布局为“三环围绕，三点放射，两连横跨，一线展开”，环间和放射线间通过快速路和干道联络。“三环围绕”是指改建环胶州湾高速公路为内环，新增环湾主干路环为中环，市区青银段与 204 环湾段构成外环；“三点放射”是结合青岛市环湾“品”字形城市布局，市区路网的三个主要径向放射源为青岛、黄岛和红岛；“两连横跨”是指东西岸跨海通道联系为两条；“一线展开”是指滨海交通通道市区段。城市快速路系统构成为：主城区“四横三纵”，黄岛区“四横两纵”（见图 3 ～图 6）。

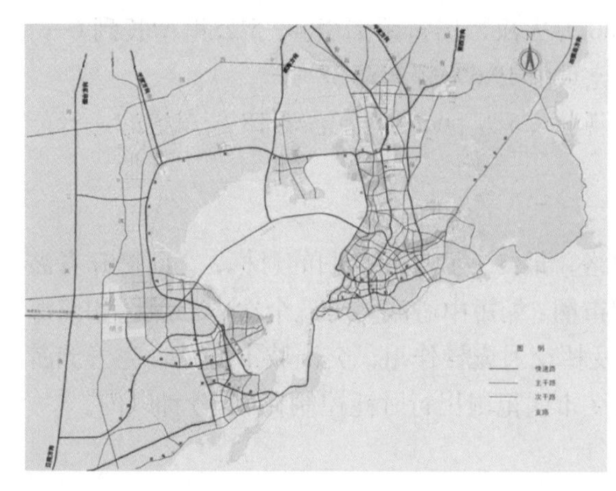
图 3 道路网规划图

图 4 青岛胶州湾大桥

图 5　青岛胶州湾隧道

图 6　杭鞍高架路

3. 公共交通规划

构筑城市轨道系统，完善地面公交系统，充分发挥出租车的补充作用，实现客运系统整合发展，实现公共交通“易达性、低价性、舒适性”。至 2020 年,公交方式（不含出租车）出行比重要达到 38% 以上,公交(含轨道交通）承担的日出行总量为 600 万人次左右。规划市区轨道交通线网由 8 条线路组成（见图 7)，线网总长度 195 公里,总体呈“放射状”格局。规划市域轨道网有三条线构成（见图 8)，线网总长 197.3 公里。

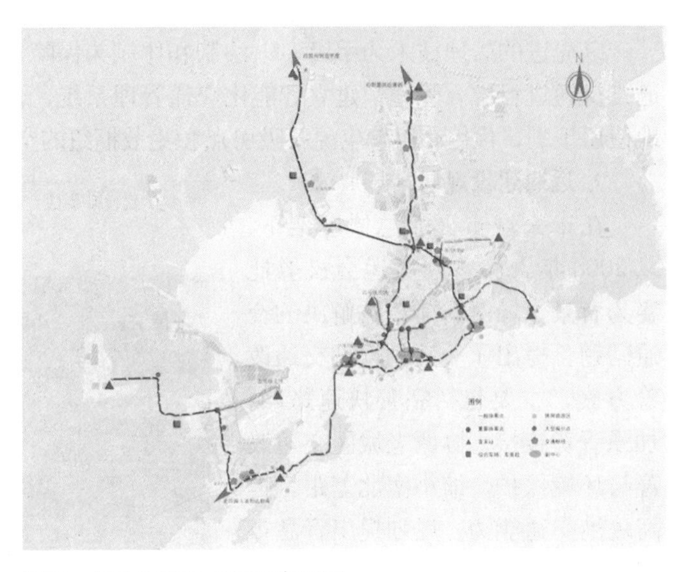

图 7　市区轨道交通线网布局图

4. 物流系统规划

规划建成一个高效的城市物流运输系统。以物流园区、物流中心和物流配送中心为主要物流节点，规划建设物流快速集散通道，满足城市对货物集疏运不断增长的需求。规划物流枢纽总体布局为“两个园区，四个中心，若干配送中心”（见图 9)。

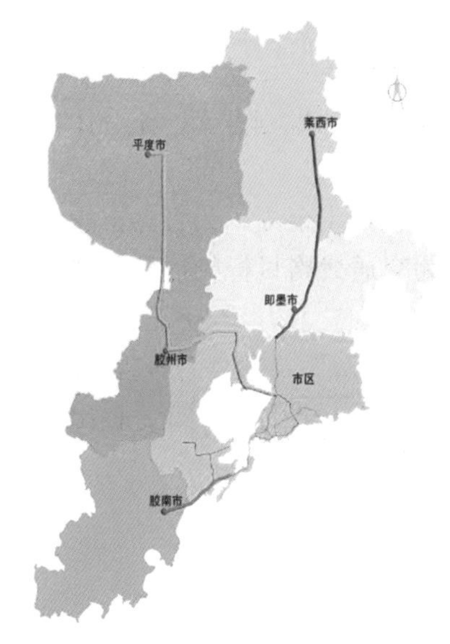

图 8　市域轨道交通网布局图

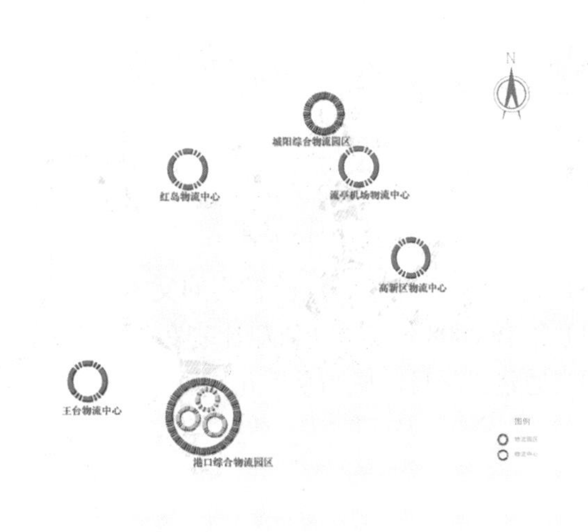

图 9　物流枢纽规划图

5. 停车系统规划

缓解现状严重的停车供需矛盾，基本保证“自备车位”的要求；社会停车泊位与机动车拥有量的比例达到 15% 左右，达到国外先进城市的一般标准；提高停车服务水平，其中，CBD 地区停车步行距离控制在 150 米以内，市中心区控制在 200 米以内；与交通需求管理结合，综合考虑道路容量和用地要求，适当控制中心区停车供应；路外停车设施应成为供应的主体，路内停车只作为有限的补充，并且从近期到远期逐步降低路内停车泊位的比重（见图 10）。

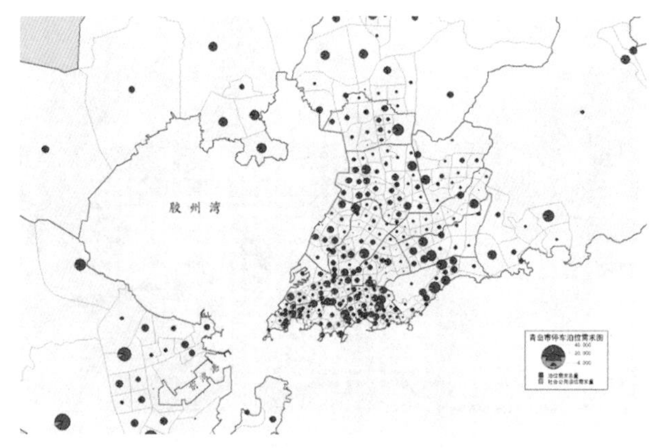

图 10　规划远期停车需求分布图

6. 交通管理规划

以先进的管理技术为手段，以法制和体制为保障，以易达、安全、环保、高效为目标，对城市道路交通进行综合管理，建立智能化交通管理系统，营造宽松自然的城市交通环境。通过合理的土地使用规划，优化交通发生源、吸引点和集散枢纽的空间布局。

7. 近期建设规划

在未来城市交通总体框架下，以 2008 年青岛承办奥运会帆船比赛为背景，针对当前急需解决的交通问题，提出了一系列近期交通改善方案，主要包括完善快速路网，加强青黄连接，协调老城区交通改善与环境保护，缩小南北差距，提高疏港交通能力。规划提出青岛市 2007 年前后开始建设轨道交通比较适宜（见图 11）。

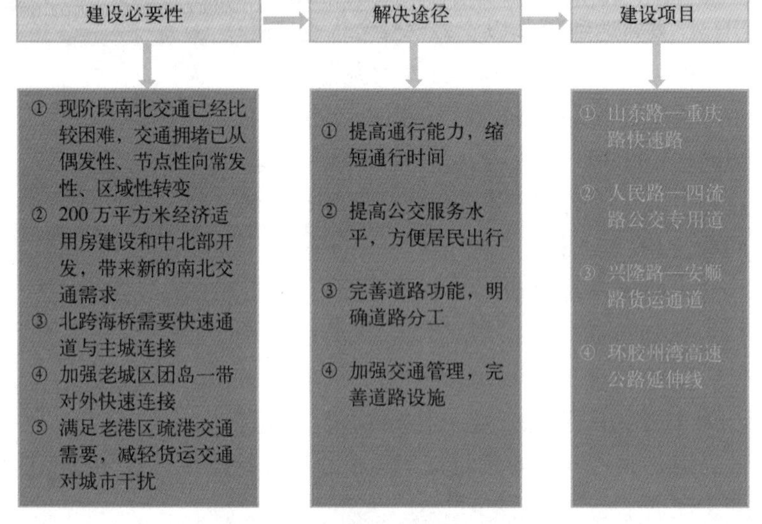

图 11　近期缩小“南北差距”的交通策略图

五、成果特色

（1）首次从七区角度系统论证了城市轨道交通网络，规划构建以轨道交通为骨架、各级客运枢纽为衔接点的公共交通体系，并从全市域角度提出了市域轨道交通概念规划方案，充分体现了公共交通为主导的规划理念。

（2）开展了青岛市历史上规模最大的交通大调查，调查内容包括十余项，为青岛市建立了基础交通数据库。在青岛市首次运用交通预测模型进行定量分析，为交通战略目标的提出和规划方案的制定提供了详实的数据基础和支撑。

（3）成果体系构成全面，除常规的文本、说明书和图则外，还包括四个交通专题报告和综合报告。

（4）结合 2008 年奥运会帆船比赛在青岛举办，形成了比较完善的近期建设方案，提出了一批可实施的交通建设项目，成为今后几年重大交通设施建设的重要指导依据。

青岛市城市综合交通规划（2008–2020 年）

委 托 单 位：青岛市规划局

编 制 单 位：青岛市城市规划设计研究院、上海市城市综合交通规划研究所

本院参加人员：马 清 万 浩 徐泽洲 刘淑永 董兴武 李勋高 张志敏 李国强

完 成 时 间：2008 年

获 奖 情 况：山东省 2009 年度优秀城市规划设计一等奖

一、规划背景

2002 版综合交通规划于 2004 年经青岛市政府批复之后，有效指导了城市交通建设。胶州湾海底隧道工程于 2006 年 1 月获得国家发展改革委核准，2007 年 8 月正式开工，隧道全长 7.8 公里，跨海部分 3.95 公里。青黄跨海大桥于 2007 年 5 月开工建设，全长 41 公里。胶州湾海底隧道和青黄跨海大桥均于 2011 年 6 月 30 日建成通车，结束了“青黄不接”的历史。青岛城区胶州湾高速公路改建为城市快速路——环湾大道；杭鞍快速路、金水路、长沙路等一批城市骨干道路的建设，有效改善了“东西不通、南北不畅”的道路网现状。青岛火车站改造、铁路青岛北站选址建设等大型综合交通枢纽建设步伐加快。在 2002 版综合交通规划的指导下，推进了河马石、王村路、宁德路等一批公交停车场建设，有效缓解了公交车辆占路停放问题。

虽然在 2002 版综合交通规划指导下，城市交通建设和发展取得了一定成就。但城市的快速发展及机动化的爆炸式增长等仍然成为困扰城市发展的重要难题。首先，以小汽车出行为主的交通需求增长快于预期，交通需求管理措施未得到有效落实。其次，城市轨道交通建设滞后，城市客运交通出行结构中公交与小汽车相比处于明显劣势，优先发展城市公共交通的策略未得到充分贯彻落实。第三，缺乏鼓励公共停车场建设的政策，公共停车场仅靠政府投入，杯水车薪，在老城区、城市中心区、部分居住区停车难问题仍十分突出。

2008 年青岛市委提出“环湾保护、拥湾发展”战略，经国家批复的青岛高新技术产业区落户胶州湾北岸城区，与此同时，青岛市城市总体规划修编工作同步展开，城市规划布局由“两点一环”向以胶州湾东岸、西岸、北岸城区组成的“三点布局”转变。北岸城区的综合交通系统需要纳入到整个城市综合交通系统。另外一个促使综合交通规划修编的因素是 2008 年初青岛市政府明确提出要启动轨道交通建设，在上报国家发展改革委核准轨道交通建设规划时，需要同步提报城市综合交通规划。

二、现状主要问题

（1）大容量快速公交系统缺位，公交分担比例增长缓慢。小汽车拥有量为 35 万辆，年增长率 21.7%，五年间出行比重由 10.6% 提高到 17.8%。但是，五年来公交出行比重仅增长 2%，运行速度由 22.8 公里 / 小时下降到 17.3 公里 / 小时，居民公交出行时间由 42 分钟增加到 49 分钟。

（2）道路网络级配不合理，存在结构性缺陷。西部区域往北方向的车辆缺乏便捷通道，约 30% 的车辆需绕行东西快速路；城市中北部缺少东西向连通道路，导致重庆路和 308 国道等额外承担了区域内部的迂回交通；城市对外交通过度集中在流亭立交桥上。

（3）机动车增长迅速，供需矛盾日益突出。与 2002 年相比，道路面积增长了 1.08 倍，但汽车拥有量增长了 1.7 倍，道路建设速度跟不上车辆发展和交通机动化发展速度；机动车停放总泊位数在 5.5 万～ 5.7 万个（不包括住宅区内停车泊位数），其中公共停车泊位（含对外开放的配建停车泊位）3.2 万～ 3.8 万个。目前单就与业务出行、生活、文化娱乐、购物等出行目的有关的停车需求泊位为 9.2 万～ 10.3 万个，供需之间的缺口进一步拉大。

（4）交通投资总量不足，分配结构有待调整。市区交通固定资产投资从 2002 年的 11.28 亿元增至 2007 年的 33.2 亿元，年均增长率达到 24.1%，但是占同期 GDP 的比例即使在最高的 2006 年也仅为 2.13%。另一方面，同期的公共交通投资徘徊不前，部分年份不增反降。

（5）交通管理科技含量有待提高，智能交通系统的应用亟待加速。缺少能对全市交通状况进行全面监视、控制的手段，利用现代化技术全面监视、控制和管理城市交通未形成一定的规模；交通信息服务现代化水平比较低，交通信息管理较为落后，全市没有建立横跨各相关交通行业部门的统一信息平台；智能收费系统发展缓慢，制约了交通设施效率的发挥。

三、发展目标与战略

1. 需求预测

根据预测，2020 年，中心城区常住人口将达到 500 万人左右，就业岗位将达到 275 万个。2020 年居民日出行率为 2.55 次 / 日，流动人口出行率按 3 次 / 日计算，2020 年居民日出行总量 1276 万人次，流动人口 300 万人次（见图 1、图 2）。

图 1　2020 年市区人口密度分布图　　图 2　2020 年市区岗位密度分布图

2020 年公共交通出行比重由现状的 21.5% 增长到 35%，非机动化出行将下降到 24%，其他机动化出行比重达到 41%。

2020 年在正常态势下机动车保有量将达到 120 万辆左右，千人拥有率 220 ～ 280 辆（现状 149 辆），小汽车将达到 90 万辆左右。

2. 交通发展战略

（1）公共交通优先策略。从城市可持续发展的要求出发，按照效率优先、兼顾公平的原则，合理分配交通设施资源。实施公共交通“五优先”：大容量公共交通设施建设优先、用地配置优先、公交路权优先、政策支持优先、科技投入优先。

（2）交通与用地协调策略。充分体现城市交通与用地布局整体协调发展，发挥交通对城市更新与空间拓展的引导和支撑作用。以公共交通为导向，引导土地利用优化调整，以综合交通模式引导城市空间拓展，以公共交通支持中心区发展，注重交通系统建设与周边环境的协调。

（3）交通建设与管理并重策略。针对交通体系尚需完善的现状，继续加大交通基础设施投资力度，交通投资总额保持在 GDP 总量的 3%以上。交通投资逐步向公共交通倾斜，力争在较短时间内将轨道交通一期工程建成运营。在加大交通基础设施建设的同时，加强交通系统管理和需求管理，力争达到交通的供需平衡。

（4）促进和倡导"绿色交通"。在优先发展公共交通的基础上，在有条件的区域鼓励自行车的使用，优化自行车和步行系统，创造有青岛特色的宜人交通环境；加强文明出行和健康出行的宣传和引导；严格执行机动车尾气排放标准，减少污染物排放总量，控制交通噪声。

四、规划方案

1. 对外交通系统规划

大力发展对外交通设施，构建以港口为中心，海陆空一体化的对外交通体系，实现市域内一小时、与半岛都市群主要城市之间两小时、与省内主要城市之间三小时的通行目标（见图3）。具体措施为：形成以胶州湾港口综合运输枢纽为核心，鳌山湾和董家口港区为两翼，地方小型港站、综合旅游港点为补充的多层次港口发展体系；打造国内重要的区域性枢纽机场和国际性机场；构筑由太青客运专线、胶济客专线、青荣城际铁路、青连铁路、胶济铁路、胶新铁路、胶黄铁路、蓝烟铁路等组成的铁路网络；形成以高速公路和一级公路为骨干，二级、三级、四级公路为补充，功能完善、层次分明的市域公路网络体系。

图 3　对外交通系统规划图

2. 道路网系统规划

规划远期道路网满足 2020 年高态势下日交通量 6000 万标准车公里的交通需求，高峰时段车速中心区不低于 20 公里 / 小时，外围区不低于 35 公里 / 小时的发展目标。顺应城市空间发展需要，构筑城市快速路系统（见图 4）。青岛城区形成"四横三纵"的构架，其中"四横"为仙山路、青黄跨海大桥连接线（胶州湾高速公路—银川路）、辽阳路—鞍山路及其延长线、延安路—宁夏路—银川路；"三纵"为湾口隧道青岛端连接线—胶州湾高速公路城区段、山东路～重庆路、青银高速公路城区段（见图 5）。黄岛城区形成"四横两纵"的构架，其中"四横"为青兰高速公路黄岛段、同三连络线、前湾港路、嘉陵江路—湾口隧道黄岛端连接线；"两纵"为昆仑山路及向北延长线（至青兰高速）、江山路（嘉陵江路以北段）。红岛城区形成"三横三纵"的构架，其中"三横"为胶州湾高速公路湾底段、正阳路主干路、204 国道城区段；"三纵"为青威高速公路城区段、滨河路主干路、双元路快速路。青黄联系为"一桥一隧"，其中"一桥"指北部青黄跨海大桥（红石崖—李村河口）；"一隧"指南部湾口隧道（团岛—薛家岛）。

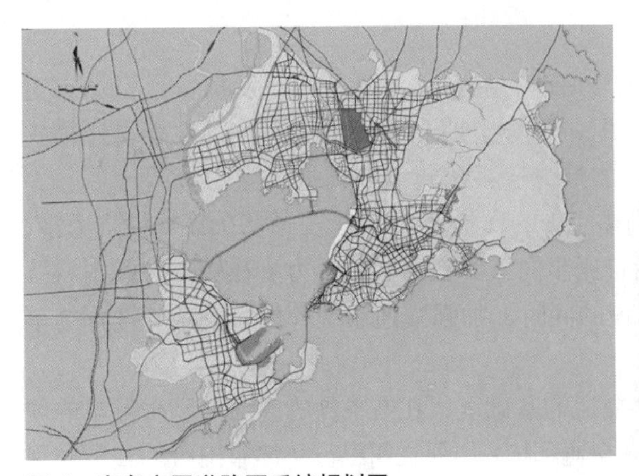

图4　青岛市区道路网系统规划图

图5　青岛城区三纵之一——环湾大道

3. 公共交通系统规划

远期规划形成以轨道交通为骨干，地面常规公交为基础，出租车、海上交通等为补充的城市公共交通体系。规划至2020年，公共交通出行比重提高到35%以上，完全确立公共交通在城市交通中的主导地位。市域轨道交通线网由4条线构成，线网总长287.9公里（见图6）；市区轨道交通线网由8条线构成，线网总长231.5公里（见图7）。远期地面常规公交仍是城市客运交通的承担主体，至2020年承担83%左右的公共客运量。规划了11处对外换乘客运枢纽、4处停车换乘枢纽和16处公交换乘枢纽，串联各种交通方式。

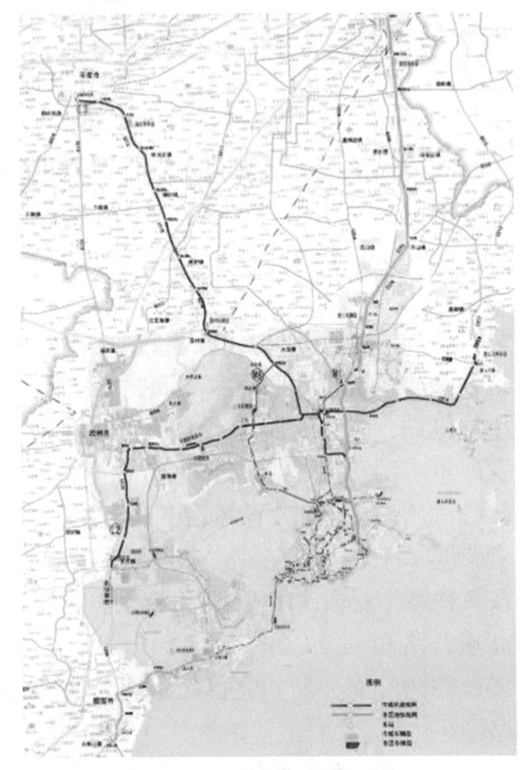

图6　市域轨道交通线网布局图

4. 物流系统规划

物流枢纽规划包括综合物流园区、区域物流中心和物流配送中心三个层面，总体布局为“三个园区，四个中心，若干配送中心”。其中“三个园区”为前湾港综合物流园区、胶州湾国际物流园区、城阳综合物流园区；“四个中心”为空港物流中心、王台物流中心、胶南临港物流中心、红岛出口加工保税物流中心。

5. 停车系统规划

按照泊位资源化、投资多元化、管理法制化、经营市场化、技术智能化、成本内部化进程，缓解停车难问题。坚持以配建停车场建设为主，公共停车场建设为辅，路内停车为补充的原则，加强停车场建设，提高泊位配比率（见图8）；结合居住地、办公地、商业区的不同停车特性，推进共享停车和错时停车，提高泊位使用效率；制定停车产业化发展政策，鼓励社会资金投入建设；规范停车场经营和管理，路内等公共停车资源采取特许经营的方式，有效增加财政收入，为停车场建设积累资金；推广应用机械式停车设备，节约用地。

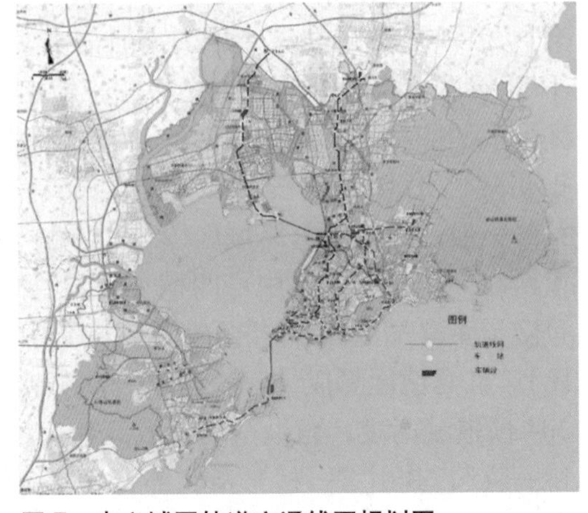

图7　中心城区轨道交通线网规划图

6. 交通管理规划

目前小汽车交通呈现数量高增长、出行高频率、分布高聚集、使用低成本的特征。需要尽快研究车辆拥有和使用环节的需求控制措施，采取经济杠杆为主、行政措施为补充的政策措施，有效控制道路交通量的快速增长，削减非居住地的停车需求。如：采取以静制动的方式，研究停车收费区域差别化机制，交通拥挤地区采取停车高收费、高峰时间实行高收费等；研究制定有效调控小汽车发展或使用的相关政策。

图 8 2020 年青岛市区停车场泊位需求分析图

7. 近期建设规划

近期的重点是加强大容量公共交通设施的建设，推进轨道交通 M3 和 M2 线建设（见图 9)，引导交通方式结构的转变，提高公共交通服务水平。道路建设中，首先弥补快速路网和主干路网中存在的结构性缺陷，均衡流量分布，缓解交通拥堵。同时，要加快高新区道路建设，推进拥湾战略的实施，完善前湾港疏港集疏运通道建设。

图 9 轨道交通 M3 线五四广场站站厅效果图

五、成果特色

（1）结合 TOD 的发展模式，建立与城市环湾交通发展相匹配的综合交通体系。通过环湾快速路网和快速公交网的规划和适度超前建设，促进城市新区发展和旧城改造。

（2）结合青岛实际，探索并建立了一整套落实公共交通优先发展的政策、规划和管理措施。编制了城市公共交通优先发展专题研究报告，为青岛城市公共交通发展的系统评价提出了解决办法。

（3）利用先进的交通规划预测分析技术，建立并完善了城市交通与土地利用的定量分析模型。以城市控制性详细规划为基础，划分交通小区。根据土地使用性质和开发强度，测算了交通发生吸引量，结合交通分配技术，建立交通与土地利用之间的互动分析模型。

青岛市城市综合交通规划（2012–2020 年）

委 托 单 位：青岛市规划局

编 制 单 位：青岛市城市规划设计研究院、上海市城乡建设和交通发展研究院

本院参加人员：马 清 万 浩 董兴武 刘淑永 李勋高 徐泽洲 殷国强 高 鹏
杨 文 秦 莉 于莉娟 张志敏

完 成 时 间：2013 年

一、规划背景

1. 2008 版城市综合交通规划回顾

2008 版城市综合交通规划批复实施后，明确了青岛市轨道交通线网主骨架，推进了轨道交通 M3 线、M2 线的建设规划与实施；构建了北岸城区路网主骨架，支撑了北岸城区交通基础设施建设的快速发展；确定了铁路青岛北站的选址位置、功能及交通衔接体系。规划在支撑“环湾保护、拥湾发展”战略的同时，明确了重大交通设施布局，强力推动了城市经济发展。

2. 新的发展形势要求

随着青岛市经济社会快速发展，新一届市委市政府提出“全域统筹、三城联动、轴带展开、生态间隔、组团发展”的空间发展战略要求，需要从交通系统布局上，实现区域之间（青—潍—日、青—烟—威）、重点组团之间、城乡之间、重大对外交通系统（铁路和机场）之间统筹发展。另外，随着青岛东岸城区与西岸城区之间的交通联系需求变化、机动车快速增长，青黄联系通道、交通管理与信息化等重点问题也亟待解决。

二、现状存在的问题

（1）对外运输结构不够合理，过分依赖公路，铁路运输比例不高；铁路、机场设施能力不足，机场容量接近饱和；集疏运体系有待完善，对外交通系统难以支撑青岛市作为山东半岛龙头城市地位和国家综合交通枢纽城市的定位；市域联系主要依赖于公路运输，市域公共交通发展滞后。

1）青岛港是山东省的龙头港口和我国北方主要港口，2011 年港口吞吐量达到 3.79 亿吨，全国排名第五位、世界排名第七位。其中集装箱吞吐量 1302 万标箱，全国排名第五位、世界排名第八位。但港口功能布局有待优化，港、城关系矛盾日渐突出，集疏运系统不完善等成为制约前湾港区和董家口港区发展的瓶颈。与周边港口竞争激烈，内陆腹地小，港口政策优势不突出（见图 1）。

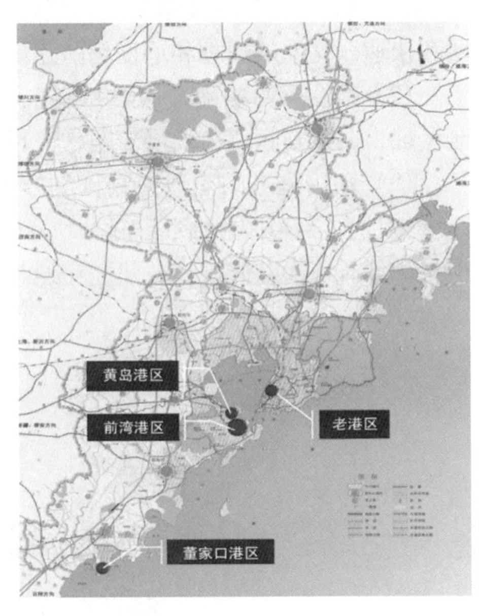

图 1　现状青岛港港区分布图

2）青岛流亭国际机场作为区域性枢纽机场，至2011年底开通国内航线107条，航空旅客吞吐量达到1172万人次，较上年增长5.5%，全国排名第16位。货邮吞吐量16.6万吨，增长1.7%，列全国第14位。仅有的1条跑道容量已趋近饱和，机场扩容受空域、既有铁路线位、城市空间拓展等因素的制约，青岛机场面临重新选址建设或扩容的发展要求。

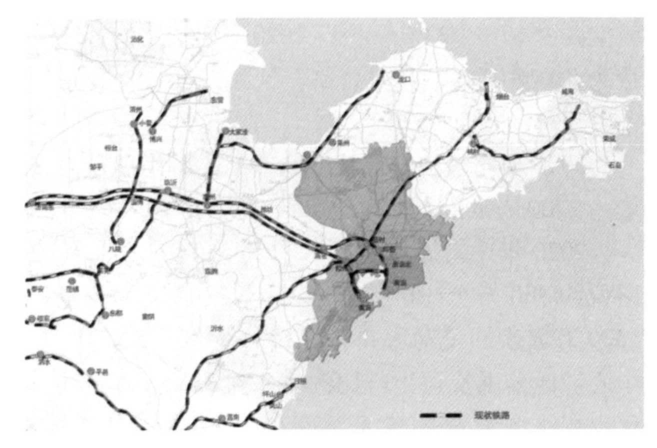

图2　现状青岛市对外铁路网络图

3）现状铁路线网总长度473公里，2011年完成旅客客运量1693万人次，仅占对外客运的6.6%；对外缺少与日照、烟台、东营等半岛城市城际铁路通道，西海岸缺乏铁路客运枢纽支撑；货运量为5697万吨，仅占对外货运的12%，董家口港区尚无铁路引入，前湾港区铁路运输仅限在北港区，且主要为散杂货，铁路集装箱运输比例不足5%（见图2）。

4）2011年，公路通车总里程达到16235公里，其中：高速公路通车里程728.8公里，一级公路通车里程1044公里，公路网密度达到1.48公里/平方公里，基本实现了市域范围村村通公路、村村通客车的目标。但中心城区与外围组团的快速联系不够便捷；对董家口港区和前湾港区的公路集疏系统支撑不够；需要对西海岸、蓝色硅谷、胶州滨海新城等重点区域的既有网络进行调整和完善。

5）随着对原油、成品油和清洁能源需求量不断增加，原有管道运输系统已不能适应城市发展需要。

（2）中心城区公共交通形式单一、服务水平不高；道路网络功能不够完善，运行效率不高；停车供需矛盾突出，缺乏换乘便捷的公交枢纽；步行环境趋于恶化；智能交通和科学交通管理水平与青岛的发展要求仍有一定差距；缺乏有效的交通需求管理政策。

1）公交场站和公交枢纽站相对缺乏，公交线路分布不均衡，站点300米半径覆盖率仅为53.7%，公交专用道仅分布在市南区与市北区，造成公交出行比例仅为22.1%，与小汽车28.4%的出行比例相比明显偏低。

2）道路总长度约3700公里；道路密度为5.73公里/平方公里；道路面积率为10.2%。整体而言，受山体、工业用地等因素影响，路网主要指标不高，快速路不成系统，等级结构不合理，交通功能不完善，过境交通对城市繁华区域及滨海景观区域的干扰日益突出（见图3）。

3）2011年全市汽车保有量114.3万辆，其中中心城区为64.8万辆，千人拥有率已接近200辆。小汽车发展使用呈现数量高增长、出行高频率、分布高聚集、拥有和使用低成本的特征。

三、交通发展目标与战略

1. 交通预测

根据预测，2020年对外客运发送量为33000万人次，其中对外专业客运13000万人次，公路、铁路、

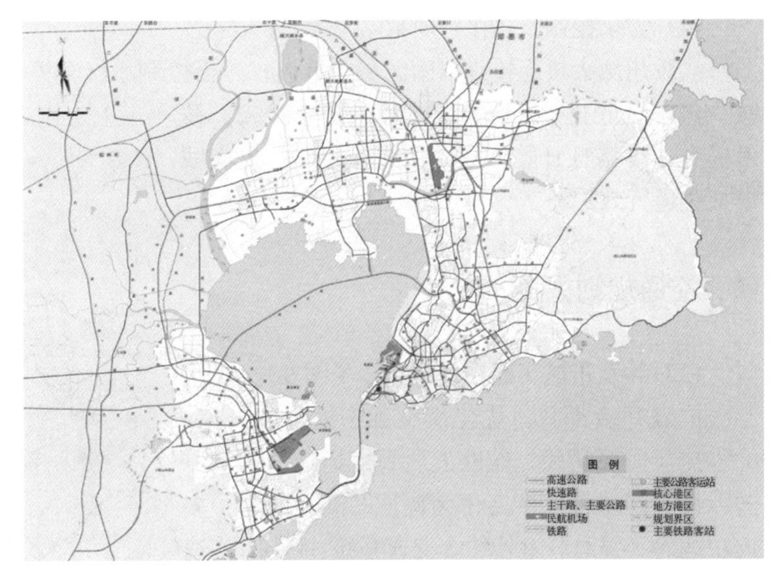

图3　现状青岛市中心城区道路网络图

航空各占 67%、22%、11%；2020 年对外货运吞吐量为 83000 万吨，其中公路、铁路、港口、管道各占 28%、10%、57%、5%。

2020 年市域就业岗位 690 万个，居民出行总量为 2700 万人次 / 日。

2020 年中心城区常住人口为 550 万人左右，岗位约 360 万个；中心城区范围居民日出行总量 1300 万人次，流动人口日出行总量 300 万人次；中心城区公共交通出行比例将达到 35%，非机动化出行比例为 32%；中心城区在各种交通政策下，小汽车保有量控制在 120 万辆以内（见图 4）。

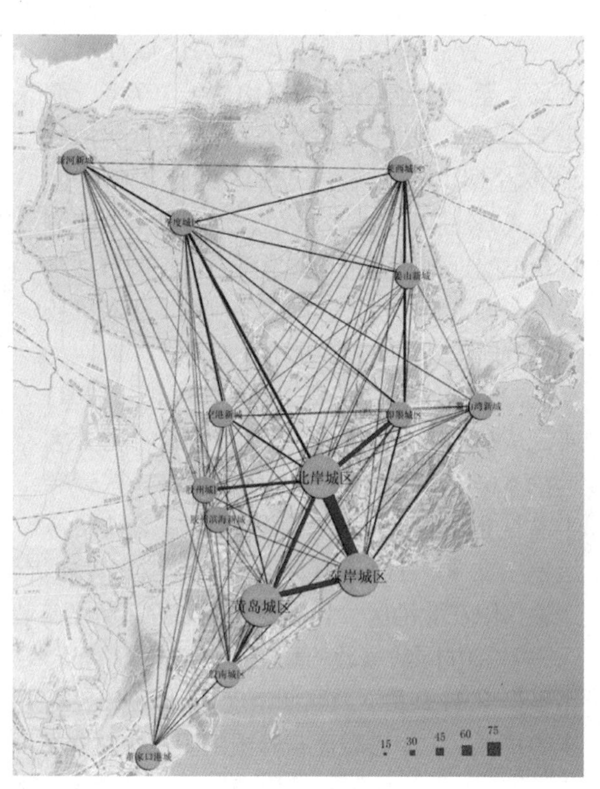

图 4　2020 年市域客运 OD 分布图

2. 发展目标

营造一个与城市性质和职能、城市空间发展相匹配和协调的，以人性化、生态化、集约化为特征的高效、便捷、安全、环保、多元的综合交通运输体系。

3. 交通发展策略

（1）高效对外、市域统筹策略

统筹半岛区域港口资源，加强战略合作关系，推进腹地向内陆延伸；积极参与国际航空竞争，强化青岛机场的门户功能；统筹铁路、轨道交通、公路等通道资源，划分服务层级，避免功能重叠，引导城市良性发展。

（2）枢纽支撑、公交引导策略

结合新机场、青荣城际铁路等设施规划建设，布局多层次枢纽设施，协调内外多种交通方式衔接关系。以大容量公共交通引导城市用地布局，协调交通与用地关系，支撑高密度开发。

（3）人性交通、特色旅游策略

以优质的山、海、岛等资源为依托，完善步行与自行车交通系统，组织海上交通、旅游交通，提供多层次、多方式交通选择，打造宜居交通、品质交通、人文交通，支撑滨海宜居幸福城市建设。

（4）需求控制、强化管理策略

以胶州湾大桥连接线以南区域为重点，严格控制小汽车等私人交通的出行需求，缓解交通拥堵，减少汽车尾气排放。以政策支撑、资金投入、技术提升、价格杠杆等方式强化交通管理，提高城市交通运行效率。

四、交通规划方案

1. 对外及市域交通系统规划（见图 5）

扩容升级港口，优化调整加密铁路和公路，扩容提质民航运输，兼顾发展管道运输，构筑以国际性、区域性、半岛化为特征的高效统筹、多式联运的“4321”对外综合交通系统：4 小时高速铁路到达东北、华北、华东等主要区域；3 小时利

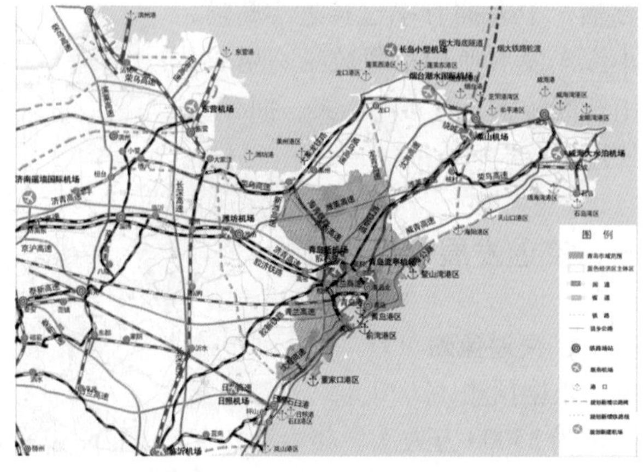

图 5　青岛市对外交通系统规划图

用城际铁路、高速公路到达山东省各主要城市；2 小时利用城际铁路和高速公路到达半岛都市圈各主要城市；1 小时利用城际铁路、市域快轨、高速公路到达市域各主要区域。具体措施有：

（1）前湾港区道路集疏运交通以北向为主，集中控制在江山路和胶州湾高速公路以东区域，规划建设疏港高架、湾底疏港主干路、千山南路、澎湖岛街、黄河路高架等，服务疏港交通，与城市交通有机分离；逐步提高铁路疏港能力和比重，预留胶黄铁路向南港区延伸的条件。董家口港区规划建设青连铁路疏港连接线、晋中南部铁路连接线、青兰高速公路连接线及多条疏港道路。老港区疏港通道以北向为主，避免东向疏港对城市生活区的影响。

（2）规划在胶州东北部建设青岛新机场。围绕新机场构建集城际铁路、市郊铁路、长途客运、城市轨道交通等交通方式于一体的综合交通枢纽。

（3）构建包括铁路客运专线、普通铁路和市域轨道的多层次铁路和市域轨道交通系统，形成“三主、五向、十线”的对外铁路系统布局。“三主”分别是青岛站、青岛北站、黄岛站；“五向”分别是日照、连云港方向，诸城、新沂方向，潍坊、济南方向，平度、东营方向，烟台、威海方向；“十线”为青连城际铁路、胶黄铁路、胶新铁路、胶济铁路、胶济客运专线、青太客运专线、蓝烟铁路、青荣城际铁路、海青铁路、晋中南铁路支线等铁路。利用既有及规划铁路，组织 8 条市郊铁路运营网络，为青岛市域及周边城市至中心城区、机场等区域提供快速、舒适的出行服务。

（4）形成以高速公路为主体、一级公路为辅助的城市对外骨架公路网络体系。规划市域内高速公路网总长 1110 公里，高速公路网密度 10.4 公里 /100 平方公里，公路通车总里程 17000 公里（含农村公路），公路网密度 151 公里 /100 平方公里。

（5）规划增加黄岛至潍坊寒亭的石油管线；增加中石油泰青威管线以及日照至胶州、董家口港至胶州的天然气管线；规划对引黄济青管道改扩建。

2. 客货运枢纽规划

规划形成以大型客运枢纽为核心，中型枢纽和小型枢纽为基础的对外客运枢纽体系，实现城市对外交通与内部交通之间以及城市内部不同方式之间的高效换乘。其中大型客运枢纽 4 处，分别为铁路青岛北站、青岛站、青岛新机场、铁路黄岛站，中型客运枢纽 9 处，小型客运枢纽若干。

规划货运枢纽由 13 个物流园区、20 个物流中心、若干个配送中心构成。

3. 中心城区道路网规划

规划 2020 年中心城区道路网总长度达到 4923 公里，路网密度约 6.84 公里 / 平方公里；快、主、次、支路的道路密度比例为 0.46 ：1.28 ：1.41 ：4.68；道路面积率控制在 16.2% 左右。

规划中心城区道路骨架网络由东岸城区“四横三纵”（“四横”为仙山路、胶州湾大桥连接线、杭鞍高架路—辽阳路快速路、胶宁高架路—银川路快速路；“三纵”为胶州湾隧道青岛端连接线—环湾大道、山东路—重庆路、青银高速公路城区段）；黄岛城区“三横三纵”（“三横”为青兰高速公路黄岛段、疏港高速、嘉陵江路—胶州湾隧道黄岛端连接线；“三纵”为昆仑山路、江山路、疏港高架）；北岸城区“三横三纵”（“三横”为青兰高速公路环湾段、北外环—204 国道快速路城区段、正阳路—春阳路；“三纵”为青威高速公路城区段、双元路快速路、华中路）；跨海联系“一桥一隧”（即胶州湾隧道、胶州湾大桥）；环湾联系“四环”（青兰高速公路环湾段，安顺路—双积路—昆仑山路，正阳路—春阳路及延伸线，青银高速公路—204 国道—沈海高速公路）以及对外联系的多条放射线共同构成（见图 6）。

4. 公共交通系统规划

形成以轨道交通、快速公交为骨干，常规公交为基础，出租车及海上交通为补充的公共交通体系，通过各类枢纽高效衔接，实现便捷换乘，有效提高公交服务质量、扩大服务范围。

调整与铁路线路功能重叠的轨道交通线路，适当集中布局原轨道交通网快线（R 线）和普线（M 线）走廊，带动城市用地向集约化发展，同时强化轨道交通的快速功能和网络系统功能（见图 7）。

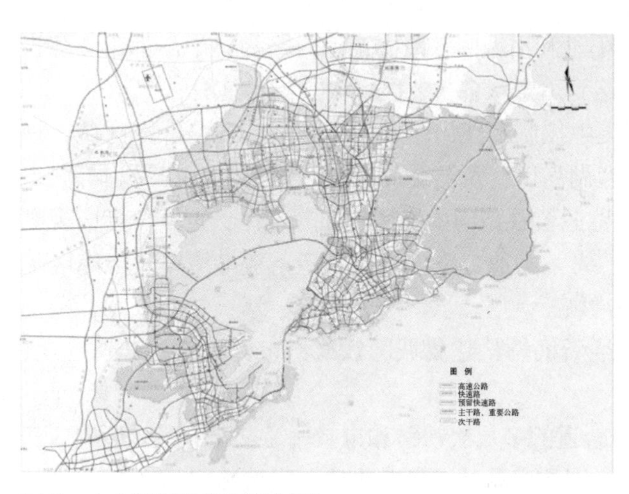

图6 中心城区道路网规划图

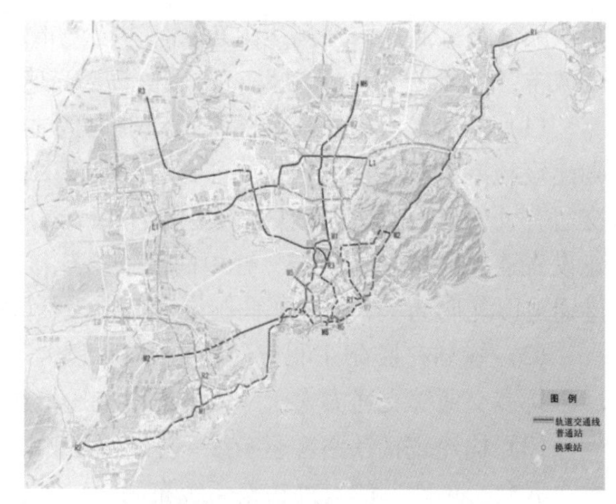

图7 中心城区远景轨道交通线网规划图

结合中心城市、次中心城市、重点镇等空间布局，依托主要公路，改造原有公路客运班线，开设满足市域联系的多条公交线路。

5. 旅游交通规划

结合青岛中心城区“一带三山多点”的旅游资源分布，规划6处旅游集散中心、若干处旅游集散点及旅游停车场。依托邮轮母港建设，开辟青岛特色的国际邮轮旅游线路，组织旅游交通客流，减少旅游交通与城市交通的相互干扰，促进青岛市实现由旅游观光城市向旅游度假城市的转变。建设红岛、西大洋、李沧、四方海上交通旅游码头，改造完善金沙滩、小青岛、浮山湾、中苑广场等海上旅游码头，逐渐扩大海上旅游交通专线规模。

6. 停车系统规划

按照资源化整合挖潜、差别化供应、以供调需、产业化支撑的停车发展策略，客运停车划区供应，开发建设量较大的一类区主要采用限制停车总量供应策略，开发建设量不高的二类区主要采用适度停车供应策略，开发建设量较低的三类区主要采用宽松停车供应策略，远期客运公共泊位数量约需14.4万个。结合港口和物流园区发展、既有货车停车位供需缺口等因素，通过设置路外货车公共停车场来完全满足货车停车需求，避免占用城市道路停放货车。

7. 步行和自行车交通规划

东岸城区结合铁路北站、世园会等重要节点，建立自行车、步行换乘点，为绿色交通发展提供条件，李村河—张村河以南区域重点发展滨海、中山路、崂山、浮山等休闲绿色交通。黄岛城区结合“山、海、岛、港、城”等休闲旅游资源，建立集自行车与步行于一体的休闲绿色交通体系。北岸城区结合平坦地势、滨海景观环境，建立休闲性绿色廊道，鼓励发展“自行车＋公交”的出行方式。

8. 交通管理系统规划

调整土地利用布局，协调土地利用和交通发展的关系；加强对小汽车使用的管理，制定长远小汽车发展政策，研究交通拥堵区域交通管理办法；加快公车改革，推行绿色交通；在前海景区、世园会周边等区域划定机动车尾气低排放区。划定严控区和一般控制区，实施区域差别化控制策略，控制小汽车总量。

梳理优化既有单向道路和禁货、禁摩道路，逐步扩大禁止摩托车行驶区域。加强对货运车辆管理，减少扰民。完善交通标志标线，挖掘交通潜力。

建立智能交通综合管理平台，扩大信息采集范围，整合企业的信息资源。完善提升道路交通控制系统、诱导系统、视频监控与电子警察系统。以多级交通诱导屏为主要信息载体，引导驾驶员合理停车。建设基于车辆网的货运物流动态跟踪与交易信息平台，实现货运物流运营与管理的数字化与信息化。

9. 近期建设规划

加强机场、港口、铁路建设，加快集约化交通发展，逐步形成覆盖全域的快速交通系统，适应城市空间发展战略及西海岸经济新区、蓝色硅谷等重点区域发展需要，支撑东北亚国际物流中心发展，国家交通枢纽地位进一步提升；增加交通总容量，促进城市机动化交通出行方式进一步向公共交通转变，缓解城市交通矛盾。

五、成果特色

（1）构建了市域交通模型，为把握中心城区与外围组团及外围组团之间的交通联系规模，掌握重大交通走廊断面客运规模及交通方式，指导全域通道设施规划提供交通数据支撑。

（2）结合铁路建设与运营的城市化、市场化发展趋势，加强铁路与轨道交通统筹，利用铁路交通走廊开辟市郊铁路运营线路，高效服务中心城区与外围组团及外围组团之间的快速客运联系，减少城市轨道交通投资，实现交通的可持续发展。

黄岛区城市综合交通规划（2011–2020 年）

委 托 单 位：青岛市规划局黄岛分局

编 制 单 位：青岛市城市规划设计研究院、同济大学建筑设计有限公司

本院参加人员：董兴武　万　浩　刘淑永　李勋高　高洪振　房　涛

编 制 时 间：2011 年

一、规划背景

1984 年青岛市经济技术开发区在黄岛成立，黄岛区进入快速发展轨道。进入 21 世纪后，随着青岛港口的重心西移，进一步加速了黄岛区经济的快速发展，2010 年黄岛区 GDP 达到 1003 亿元，常住人口达到 52.4 万人。黄岛区在发展过程中面临新的发展形势，许多复杂的交通问题亟待解决（见图 1）。

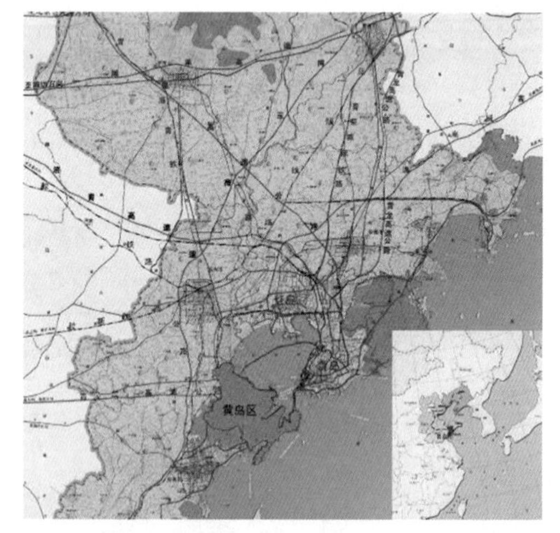

图 1　黄岛区交通区位图

随着港口不断发展，疏港通道明显不足，港城矛盾日益突出，已经严重制约了港口发展及城市生活品质的提升。

山东半岛蓝色经济区发展规划，提出了建立西海岸经济新区的发展战略，黄岛区作为西海岸经济新区的核心，迎来了新的发展机遇。

2011 年 6 月，胶州湾大桥及胶州湾隧道建成通车，青岛市正式步入“桥隧时代”，彻底告别了“青黄不接”的局面，黄岛区也由尽端区域迅速变为交通枢纽转换区域，对外道路网络、公交设施、换乘枢纽等一体化发展需求十分急迫（见图 2）。

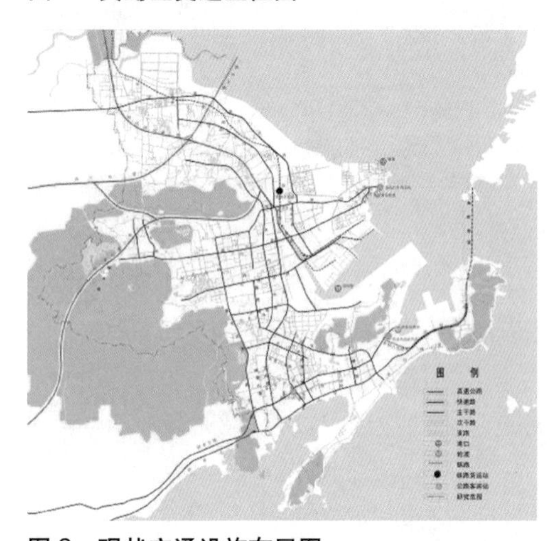
图 2　现状交通设施布局图

城市化、机动化伴随经济发展也在快速增长，而公交出行比重却呈现下滑趋势，低碳环保的绿色交通及交通出行结构的调整成为交通发展的重要方向。

二、现状存在的问题

1. 港口快速发展，港城矛盾愈发突出

2010 年黄岛两大港区货运量达到 3 亿吨，前湾港集装箱运量达到 1046 万标准箱，年均增长率为 13.7%。集装箱陆路疏港以道路疏港为主，占 96%，铁路仅占 4%。集装箱道路疏港以省内为主导，占 94%；空间方向以北向为主，占 57%。日疏港交通流量达 12.3 万标准车。疏港交通可分为内部疏港和外部疏

港两个过程。内部疏港指箱站和港口之间的集装箱运输；外部疏港是指将港口、箱站作为整体和箱源地之间的集装箱运输。受铁路等因素影响，内部有效疏港通道过少，仅有龙岗山路（日可通行时间仅有 10 小时）、淮河路—疏港高架、前湾港路—团结路，大量货运车辆需要绕行，对城市干扰严重。

2. 区域联系道路网络基本形成，但对外联系通道总数偏少

现状对外联系道路主要包括 3 条高速公路、3 条一级路。三条高速公路为：胶州湾高速公路、青兰高速公路、疏港高速公路。3 条一级公路为薛泰路、黄张路、滨海大道。对外联系车道总数仅有 30 条。

3. 道路网络基本形成，但主要指标偏低，南北通道不畅，交通压力过度集中

道路网密度仅为 3.73 公里 / 平方公里，快、主、次、支比例为 0.28：1：0.32：2.07，道路面积率不足 12%，各项主要指标都明显低于规范要求。嘉陵江路、奋进路、昆仑山路、太行山路等重要道路均未实现全线贯通。受“南宿北工”用地布局影响，城市早晚高峰“潮汐交通”特征明显，江山路与昆仑山路早高峰南向北不均匀系数达到 0.6。江山路—淮河路等主要交叉口开始出现交通拥堵现象。

4. 机动车快速增长，公共交通发展相对滞后，停车供需矛盾日益突出

2010 年黄岛区机动车总量达到 8.11 万辆，其中小汽车达到 5.76 万辆，年均增长率达到 22%，千人拥有率达到 110 辆，呈快速增长态势。受公交站点覆盖率偏低、公交占路停车比例偏高（71%）、缺少大运量快速骨干线路等因素影响，公交出行比例仅为 19.5%，明显低于小汽车 27.1% 的出行比例。

5. 交通管理系统初步建立，交通管理水平有待进一步提高

主要表现在客货混行严重，道路渠化交叉口少且不完善，交通诱导及交通信息服务设施水平相对滞后。

三、交通发展目标与战略

1. 交通预测

按相关规划，2020 年黄岛区常住人口为 148 万，预测岗位将达到 104 万个。规划范围内日出行总量为 467 万人次。其中公共交通日出行总量为 163 万人次，占出行总量的 35%，小汽车出行占出行总量的 26.7%。2020 年集装箱吞吐量将达 1800 万标箱。高峰小时内部及外部疏港需求约为 1.6 万标准车，共需 23 ～ 25 条疏港车道，其中南港区疏港车道不低于 12 条。

2. 发展目标

交通总目标：营造一个与东北亚国际航运中心、西海岸经济新区核心地位相匹配的，高效、便捷、安全、生态的综合交通运输体系。

货运交通以疏港交通为核心，构筑疏港通道，适应 1800 万标箱的发展需求，实现客货有机分离。

客运交通以公共交通为主导，公交出行方式比重从 2010 年的 19.5% 提高到 2020 年的 35% 以上，95%居民城区内单程出行时间控制在 40 分钟以内，积极倡导步行和自行车交通。

3. 交通发展战略

（1）港口核心、港城共赢发展战略

建立完善、便捷的内外疏港交通体系，集中控制疏港区域，实现港口和城市发展共赢。

（2）公共交通优先发展战略

构筑以轨道交通和快速公交为骨干的公共交通网络，尽快开展轨道交通过海衔接及快速公交系统启动建设问题研究，扭转公交与小汽车竞争的劣势地位，引导土地利用向集约化发展。

（3）交通一体化发展战略

以大型综合枢纽为核心，实现交通高效衔接；加强与主城区的同城化，与胶南、胶州等西海岸区域实现一体化发展。

（4）建管并重发展战略

在交通建设的同时，进一步提高交通管理水平，保持车辆与道路建设协调发展，使小汽车交通减量化、均衡化。

（5）绿色交通城区发展战略

大力发展旅游交通，开辟海上交通和空中交通，倡导慢行交通，打造特色鲜明的绿色交通品牌。

四、交通系统规划方案

1. 对外交通系统规划

构筑以区域联系道路、铁路、水运、城市轨道交通等多方式有机融合的对外交通体系。

对外联系道路规划：形成由胶州湾高速公路、青兰高速公路等 5 条快速道路及双积路、珠宋路、黄张路等 10 余条常速道路构成的对外道路系统，实现黄岛区与青岛主城区、胶南市等各主要区域间的便捷联系。

对外铁路：由胶黄铁路、青连铁路组成。预留将胶黄铁路向南港区延伸的建设条件，优化疏港交通结构。预留青连铁路客线建设条件，为远景在黄岛区设置大型综合交通枢纽提供条件。

港口：前湾港以集装箱运输为重点，加强前湾港、董家口港、老港区的一体化建设，实现各港区协调、互动发展。

2. 道路系统规划

结合港口布局、产业发展，规划黄岛区城市道路网络系统由城市快速路、主干路、次干路和支路构成。快速路系统由“三横三纵”构成，实现黄岛区南北向及黄岛区与青岛主城区、胶南等城市主要区域的快速联系（见图 3）。

图 3　黄岛区土地利用及道路网规划图

道路网总长度从现状的 732.5 公里增加至规划的 1199.1 公里，路网密度从 3.73 公里/平方公里增加至 6.26 公里/平方公里（不计山体、港口用地、凤凰岛封闭区域），各级道路网密度基本满足规范要求，道路面积率由不足 12% 增加至 16.7%。快、主、次、支比为 0.43 ∶ 1 ∶ 1.1 ∶ 3.33。

3. 疏港交通规划

形成公路、铁路、水运、管道为一体的疏港交通体系。集装箱运输以公路为主，充分利用铁路运能和胶州铁路集装箱中心站，将铁路延伸至南港区。

将疏港交通控制在江山路以东区域，市区内以北向疏港为主导，采用多通道分散疏港交通压力，避免对城市生活区的干扰，实现区域和立体空间的客货分离；规划疏港道路体系采用内部疏港、外部疏港两个圈层，实现港区—箱站—箱源点三点有机联系；划定区域，实现港区、箱站一体化运营管理的模式，减少疏港交通流量；构筑智能化、一体化的车、箱、货服务平台，提高疏港效率；利用价格杠杆，均衡不同快速通道之间、快速通道与主次干道之间的疏港交通压力，提高疏港道路的整体运行效率（见图 4 和图 5）。

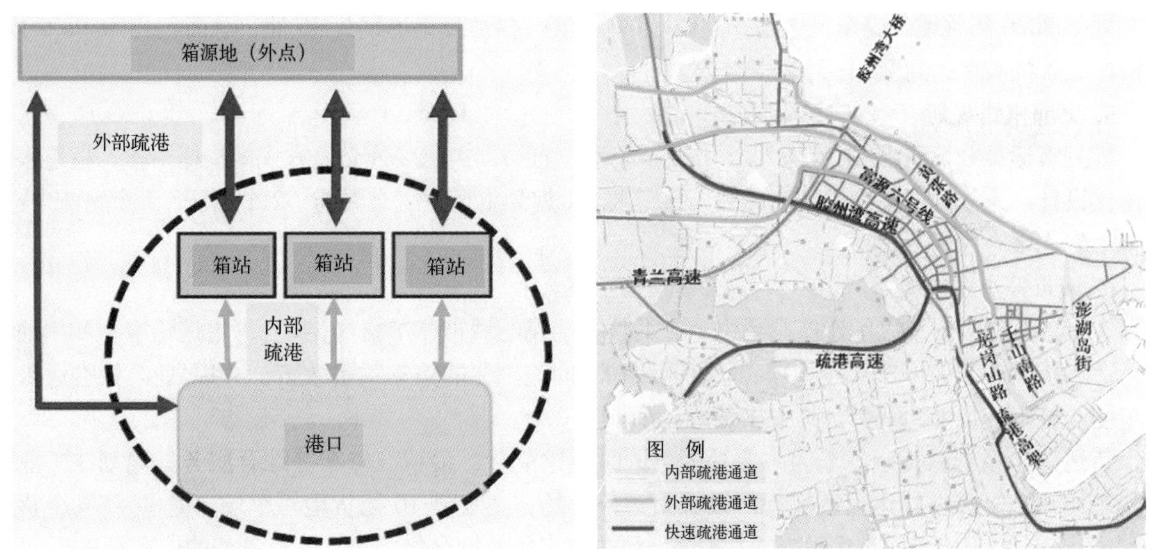

图 4　疏港交通模式图　　　　图 5　疏港通道规划图

4. 公共交通体系规划

形成以轨道交通和快速公交为骨干，地面常规公交为基础，出租车、轮渡、海上公交为补充的城市公共交通体系。构筑方便、舒适、安全的公共交通体系，打造和谐、生态的“公交都心”品牌。到 2020 年，公交出行比重由现状的 19.5% 增长到 35%；公交站点 300 米半径覆盖率由现状的 46.7% 增长到 70%。

规划建议新增一条南北向轨道交通线路，与 M1 线、M7 线、M6 线、市域 L4 线构成黄岛区轨道交通网络，线网总长 80.6 公里（见图 6）。

区内快速公交网络由 2 条主线和 5 条支线构成，共约 84.2 公里，为未来轨道交通引导培育和喂给客流（见图 7）。

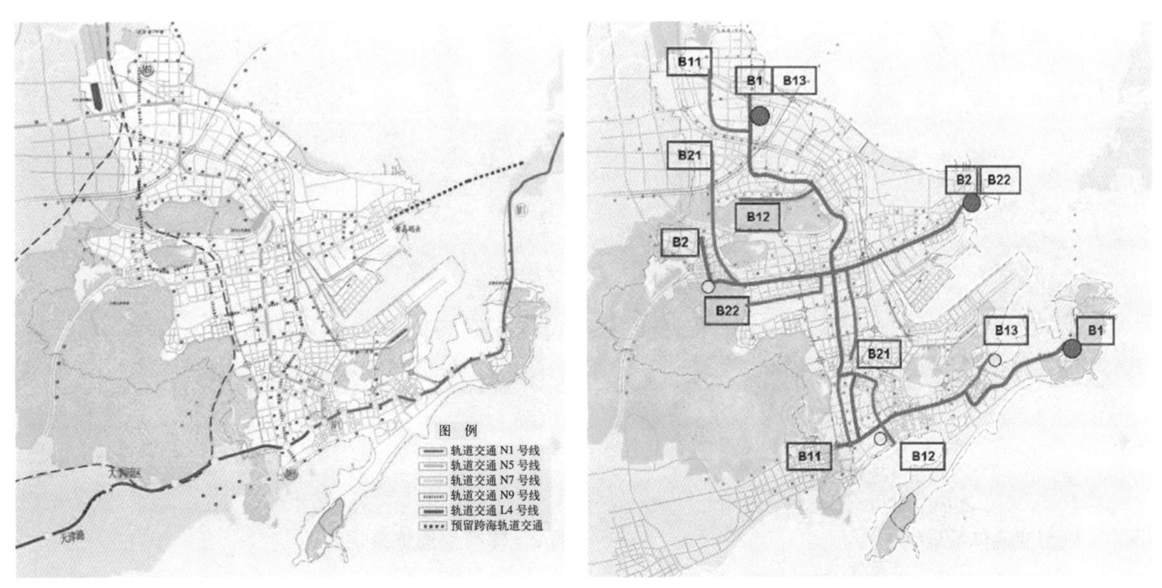

图 6　轨道交通规划图　　　　图 7　快速公交系统规划图

加大普通公交专用道的布设，形成完整的公交专用道网络，保证公交拥有充足的通行空间。规划形成 14 条公交专用道，总长度为 95 公里。

规划 2020 年常规公交车辆达到 3200 ～ 3500 标台；各类公交场站共 45 处，总面积为 58.95 公顷；出租车万人拥有率达到 25 ～ 30 辆 / 万人。

5. 交通枢纽规划

规划客运综合枢纽形成“1 大型 5 中型 7 小型”布局，实现多种交通方式间快捷衔接，枢纽采用一体化设计，充分体现集约用地、高效衔接等要求；规划货运枢纽布局为“2 个园区、1 个物流中心、若干个配送中心”。

6. 城市停车系统规划

客运停车规划形成以配建停车为主、公共停车为辅的城市停车格局；综合考虑道路容量和用地要求，适当控制中心区停车供应规模；采取区域和时间差别化的停车收费政策。共规划 42 处客运公共停车场，停车泊位 17580 个，其中旅游大巴车位 350 个。

货运停车系统以货运停车为主要功能，同时提供配货、食宿、修车等综合服务。规划在工业园区和箱站周边、靠近货运通道附近，设置货运停放场，共规划 10 处货运停车场，提供 4770 个货运停车位；货运停车场与城市客运交通相分离；注重停车场外侧绿化隔离，形成良好的停车环境。

7. 旅游交通规划

规划以“山、海、岛、港、城”为依托，将黄岛区旅游交通充分融入大青岛旅游体系。大型景区内划定社会车辆禁行区，设置换乘枢纽；以绿色环保的交通方式组织景区内交通；完善旅游码头，开辟海上旅游线路，使旅游交通与陆岛交通相结合；充分融合旅游集散、海上游览、空中游览等功能，带动黄岛区旅游快速发展（见图 8）。

8. 慢行交通规划

以唐岛湾中心区、生态国际智慧城作为黄岛区公共自行车系统的启动区域，“沿海环山”规划自行车观光线路，组织品牌赛事。沿河岸、海滨、山体、风景道路建立绿道系统，供行人和骑车者进入游憩。完善各商圈、大学、大型居住区周边步行设施，有效分离机动车交通与行人交通（见图 9）。

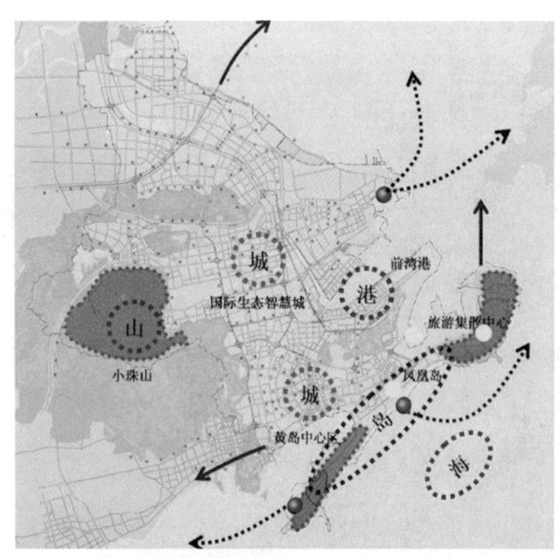

图 8　旅游交通体系规划图

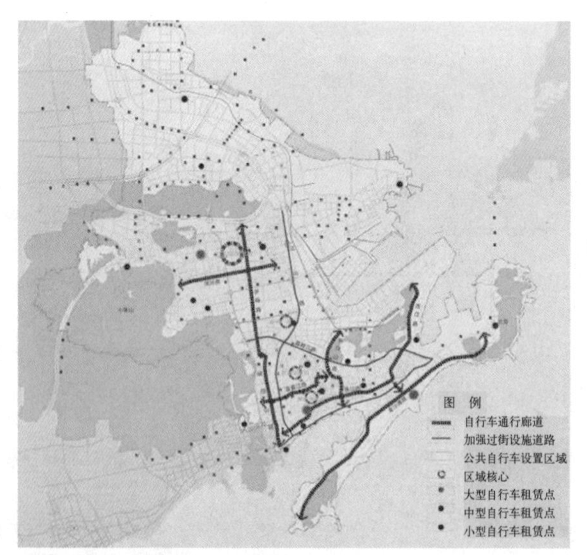

图 9　慢行交通体系规划图

9. 交通管理规划

强化智能交通的规划建设，提高区域整体管理水平，在唐岛湾中心区、生态智慧城、黄岛老城区等设定货运禁行区；高峰时期限制部分机动车进出交通热点区域；香江路、长江路等主干路的信号控制由“点控”调整为“线控”。针对大型节庆活动集中频繁特点，通过交通诱导、交通指挥等措施，提前分流驶入活动点的车辆，引导出行者“弃私就公”，降低活动点周边的停车需求，提升大型活动的交通应对能力。

10. 近期建设规划

针对桥隧时代带来的对外联系需求增强、南北通道明显不足、公交体制不协调、停车供需矛盾日益突出、人行过街困难等突出问题，提出近期共需完成80余个建设项目，工程总投资约60亿元。

五、成果特色

（1）以港口发展和疏港需求为基础，在深入研究前湾港的疏港模式和疏港流量、流向等疏港特征的基础上，系统构建了疏港交通体系，提出了内部和外部疏港通道、箱站用地预留、货运综合服务区划定等一系列规划措施。为系统解决困扰黄岛区乃至青岛市多年的疏港交通矛盾、满足港口长远发展，提供了切实可行的解决方案。

（2）结合疏港交通通道规划，优化布局了货运公共停车场。结合疏港通道布局及货运综合服务区规划，系统布局了货运公共停车场，满足货运停车需求，为货运区域集中、避免港城矛盾提供必备的停车设施准备。

（3）较好地指导了下层次规划的编制。黄岛区政府以此作为指导黄岛区交通建设的纲领性文件。在规划指导下，已经建成了薛家岛公交枢纽站（见图10），完成了管家楼收费站外移（见图11）、黄岛区2011年及2012年交通建设计划（见图12），以及8个疏港交通工程的预可行性研究。

图10　薛家岛公交枢纽站

图11　外移后的管家楼收费口

图12　疏港高架施工图

青岛市北岸城区综合交通规划（2012–2020 年）

委托单位：青岛市规划局高新区分局
参加人员：徐泽洲　房　涛　贾学锋　杨　文　崔园园　李国强
完成时间：2012 年

一、规划背景

中共青岛市委第十一次党代会确立了“全域统筹、三城联动、轴带展开、生态间隔、组团发展”的城市总体发展战略，提出北岸城区重在做高、做新，打造科技型、人文型、生态型新城区。北岸城区是青岛市“三城联动”布局中的重要一城，处在重大战略发展机遇期，应当站在新角度、新起点统筹区域交通体系构架；市委、市政府提出建立红岛经济区的战略决策，红岛经济区涵盖了高新区、红岛街道、河套街道，这一区域一体化发展，交通系统急需整合；青岛新空港选址胶州，青连铁路枢纽落户北部城区，枢纽辐射带动作用突出，应配套完善集疏运系统。北岸城区总体规划正在编制，同步编制综合交通规划能够切实做到交通与土地利用协调发展。

二、现状交通问题

（1）对外交通发达，枢纽地位突出，但造成两侧衔接不便。流亭机场南北长约 5.5 公里，造成北岸城区与城阳中心区连接通道过度集中在北部一隅；胶州湾高速公路按公路标准建设，可供机动车通行的跨线通道仅两处，南北两侧交通联系不便；胶济铁路宛如一道墙壁，阻碍了北岸城区和即墨便捷的交通联系。

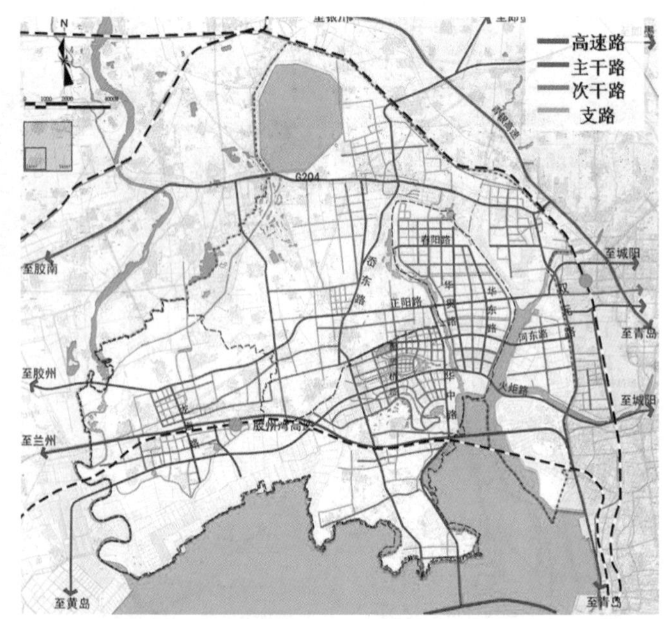

图 1　北岸城区现状交通系统图

（2）道路网不成体系，线型曲折，畸形路口多，没有发挥网络效应。管理体制分散，衔接不畅，同一道路存在多种标准；较多道路由原乡村道路发育而成，线型曲折，建设标准低（见图 1）。

（3）缺乏大容量的快速公交系统，与东岸城区和黄岛区之间还主要依赖小汽车出行。根据青岛市第二次交通出行调查，北岸城区与东岸城区、西岸城区的公交出行比重较低，而小汽车出行比重是公交的 3 ～ 4 倍（见图 2）。

（4）过境货运交通穿越城区中心，客货混行矛盾突出。正阳路和岙东路既是内部交通和生活性交通干道，又是过境交通和货运交通主通道，道路功能复杂，客货运交通干扰严重。正阳路、204国道的货运交通分别占道路流量的55%和61%。

（5）交通配套设施建设滞后，交通服务质量有待提高。公交线路开辟滞后于道路建设，导致居民出行不便；没有固定的公交停车场，影响了公交线路开辟；道路交通信号等设施滞后道路建设，存在安全隐患；道路信号配时不合理，影响了交通通行效率；较多道路交叉口"视三角"地区布置市政配电站箱，存在安全隐患。

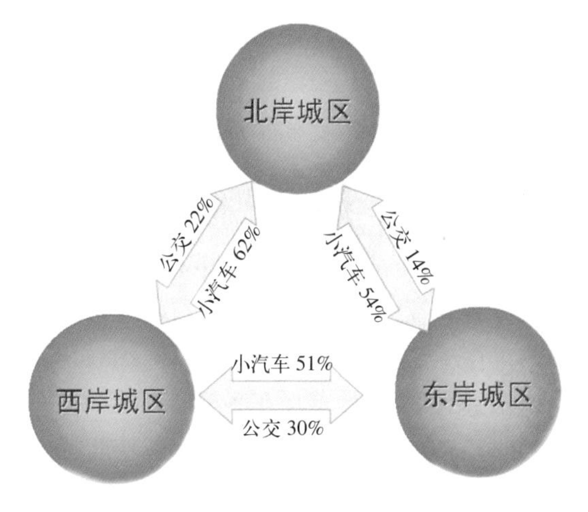

图2　北岸城区现状对外交通结构图

三、交通目标与战略

1. 交通预测

根据预测，北岸城区2020年人口发展规模为135万人，岗位数约为80万。预测远期居民出行率为2.4次/日，日出行总量约为324万人次。

根据预测，2020年公共交通出行比重达到35%，非机动化出行比重达到36%，小汽车出行比重达到22%。2030年，全面实现生态交通城市，公共交通出行比重达到40%，非机动化出行比重达到41%，小汽车出行比重达到15%。

规划2020年北岸城区基本实现职住平衡，其中内部出行达到70%以上，区外出行占30%左右，其中与东岸城区之间出行占区外总出行的50%，与西岸城区之间占17%，与城阳区之间占27%。远景年北岸城区与西岸城区的交通出行比重会适度增加。

2. 交通策略

（1）交通发展总目标

构筑与北岸城区科技型、人文型、生态型新城区功能相匹配的综合交通体系，打造青岛市以"步行和自行车＋公共交通"为交通出行链的示范城区。

（2）交通策略

区域层面：构筑高效便捷的对外交通网络，快速融入周边铁路、公路网系统，通达山东半岛蓝色经济区主要城市。北岸城区与市域各主要功能区之间的空间距离基本在20～80公里之间，应加快轨道交通和高快速路"两网"建设，缩小时空距离，实现市域1小时交通圈的通行目标；依托青岛新机场和铁路青岛北站，构筑快速集疏系统，打造高效便捷的交通商务出行圈。

城区层面：北岸城区各功能组团之间的空间距离为7～10公里，公共交通和小汽车的竞争优势较大，应鼓励公共交通发展，为其在路权和时间上提供优先。各功能组团内部空间距离在4公里左右，适宜采用"自行车和步行＋公共交通"的交通出行方式，应做好绿色交通系统建设，避免向小汽车交通转移。

四、规划方案

1. 对外交通系统规划

北岸城区对外交通系统包括铁路、公路和轨道交通等多种交通方式，规划重点在于加强北岸城区与东岸城区、西岸城区和周边功能区之间的交通联系，构筑各功能区既独立又相互联系的一体化交通体系。根据规划，北岸城区与东、西岸城区之间至少规划2～3条高快速路或交通性主干路、1～2

条轨道交通线路进行连接，真正实现三城联动，同城效应（见图 3）。

2. 城市道路系统规划

北岸城区规划建成以高快速路和主干路为骨架，次干路、支路为辅助，实现功能分明、便捷安全、绿色和谐、内外衔接紧密、各种交通方式平衡发展的道路系统，并高度融合到大青岛道路网络系统中。其中，快速路网主要布局在各功能组团的外围，服务各功能区，但不穿越和割裂功能区。快速路网骨架为“三横三纵”，承担“串联环湾、辐射南北”的中枢功能。其中，“三横”为胶州湾高速公路、正阳路快速路和北外环快速路；“三纵”为双元路快速路、滨河路快速路和青威高速市区段。预留龙海路快速路建设条件，作为北岸城区 CBD 与青岛新机场的快速连接通道（见图 4）。

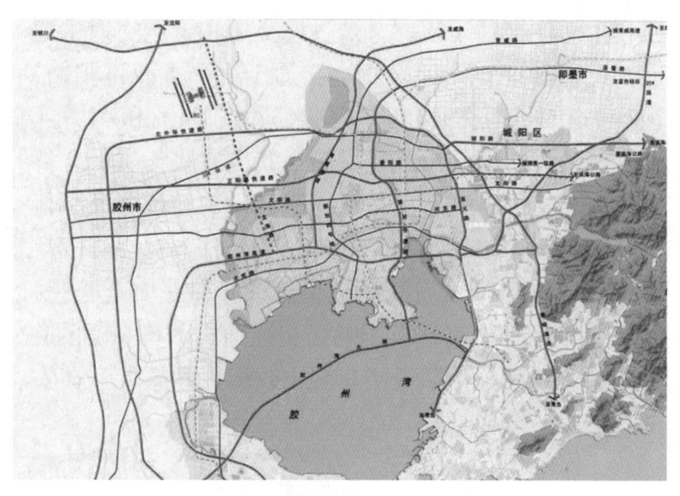

图 3　北岸城区对外交通系统规划图

3. 公共交通系统规划

全面贯彻优先发展城市公共交通战略，引导居民出行向公共交通方式转变，促进北岸城区客运交通体系健康可持续发展。规划期内形成以快速公交和轨道交通系统为骨架、常规公交系统为主体、出租汽车为补充的一体化公共交通系统。

2015 年前启动轨道交通 M8 线建设，并与青岛新机场同步建成投入使用；2020 年前建成环湾轨道线，串联城阳中心区、北岸城区和西岸城区，形成北岸城区两条骨干轨道线路。快速公交近中期作为轨道交通的替代，连接北岸城区内部组团和周边功能区，远期作为轨道交通的补充，弥补轨道交通未覆盖区域，重点连接内部组团。公交快线作为轨道交通的补充，借助城市高快速路和交通性主干路，开辟大站快车，缩小时空距离，满足居民不同层次出行需求（见图 5）。

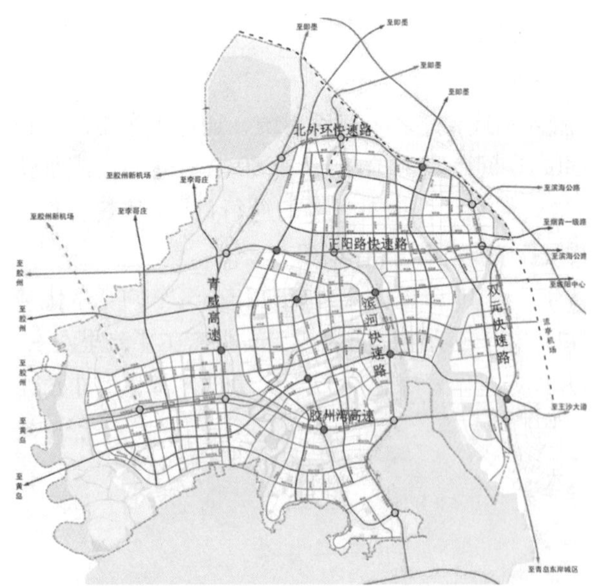

图 4　北岸城区道路系统规划图

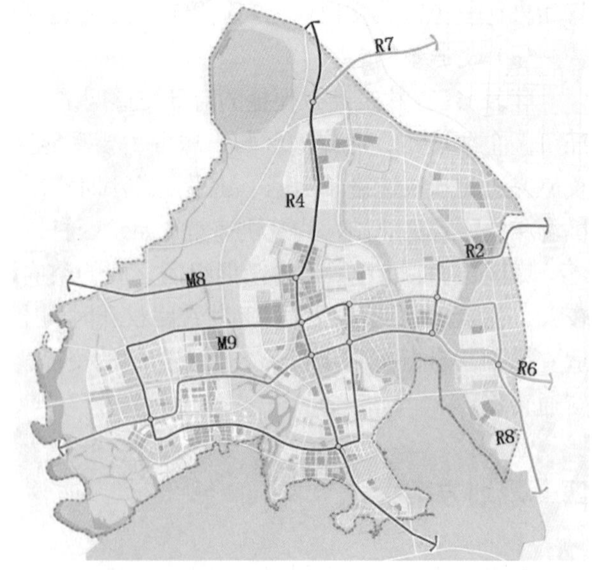

图 5　北岸城区轨道交通规划图

4. 慢行交通系统（见图 6 和图 7）

自行车系统：构筑结构清晰、系统连贯、特色突出、设施先进的自行车交通系统，促进绿色交通出行，打造生态新城交通体系。北岸城区自行车系统发展模式采用通勤交通、接驳交通和休闲交通模式的有机组合。通勤交通模式主要解决各组团内部的交通出行；接驳交通模式是在轨道交通站点或公交枢纽站周边设置公共自行车租赁点，鼓励自行车换乘公交模式；休闲交通模式是利用丰富的滨河、滨海岸线和湿地公园，发展旅游休闲特色交通。自行车通道布局规划打破传统的按功能类型划分，而是根据不同道路需求的自行车道宽度进行布局，增强了规划的可操作性。

图6 休闲自行车道

图7 道路、河流与建筑的关系

步行系统：构建功能导向的分级步行网络，明确不同道路上步行者的路权，通过各级步行道路的有机结合，联络城市主要的商业服务、文体休憩、交通设施以及居住区，形成便捷、易达的步行交通网络。连通区内高强度的慢行核与轨道交通站点，使尽可能多的市民快速融入“步行＋轨道”系统中。步行系统应避免沿宽幅干路布设，优先选择机动车较少的支路或次干路，但部分商业型主干路是行人集散交往的活跃地区，应考虑布设人行道。沿滨水地区布设步行道，连接慢行核和开放空间，使步行道本身成为“流动”的绿色公共空间。

5. 停车系统规划

坚持以配建停车为主，路外公共停车为辅，路内停车位为补充的发展策略。根据土地利用性质，划分6个停车分区，进行差异化停车位需求预测，远期共需要停车泊位约43.8万个。鼓励公共停车场结合物业开发模式，推行公共建筑配建停车位对外开放（见图8）。

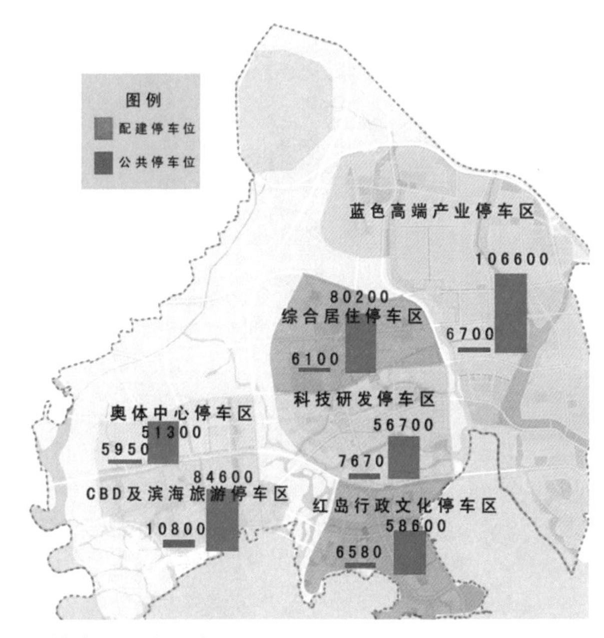

图8 停车场需求分布图

6. 近期建设规划

道路系统近期建设主要目标是继续完善道路网体系，形成红岛经济区的道路骨架，支撑城市空间布局。重点是做好对外衔接路网系统和内部路网系统建设两个方面。中央智力岛周边应结合修建性详细规划和项目落地做好支路网建设。

公交系统近期建设的主要目标是大力发展公共交通，增强北岸城区与东岸城区、西岸城区、新机场的快速公交联系，适时开辟内部常规公交线路，提高公交服务水平。启动轨道 M8 号线和环湾轨道线两条骨干线路建设，形成“十”字形格局，支持三城联动空间战略，服务重大交通基础设施建设。

五、成果特色

（1）充分借鉴新加坡土地利用与城市交通规划协调发展的理念，采用“世界眼光、国际标准”进行实证对比，建立了北岸新城“科技、人文、生态”的综合交通发展指标体系，实现了交通与土地利用相互反馈的目标；通过将交通体系指标与国内、国际城市对比，确保了北岸城区交通指标的国际性、超前性。

（2）结合高新区地势平坦、生态城区的特点，积极推行“转方式、调结构”，重视非机动化交通和换乘枢纽建设，提出建立青岛市“公交 + 慢行系统”示范区的规划理念。

（3）立足生态新城的规划目标，采用空间尺度约束的方法，深入研究步行和非机动车交通规划方案。基于北岸城区组团布局形态，分析组团及其之间的空间尺度，提出了组团内部以慢行交通为主，组团间公共交通 + 慢行的交通模式。对步行和自行车网络进行分级规划，确定各级通道的适宜宽度，提高了可操作性。

胶南市城市综合交通规划

委托单位：胶南市城市规划建设管理局
参加人员：徐泽洲　万　浩　李国强　张志敏
获奖情况：2004年度青岛市优秀城市规划设计三等奖
完成时间：2004年

一、规划背景

胶南市为青岛市所辖县级市，地处山东半岛东南部，东临黄海，西连诸城、五莲，南倚日照，北靠胶州，东北与青岛市黄岛区接壤。全市东北—西南长79公里，东西宽62公里，总面积1808.8平方公里。2003年市域总人口为80.6万人，GDP为194.6亿元。为适应机动化快速发展，完善交通体系，在完成城市总体规划的基础上编制胶南市城市综合交通规划（见图1）。

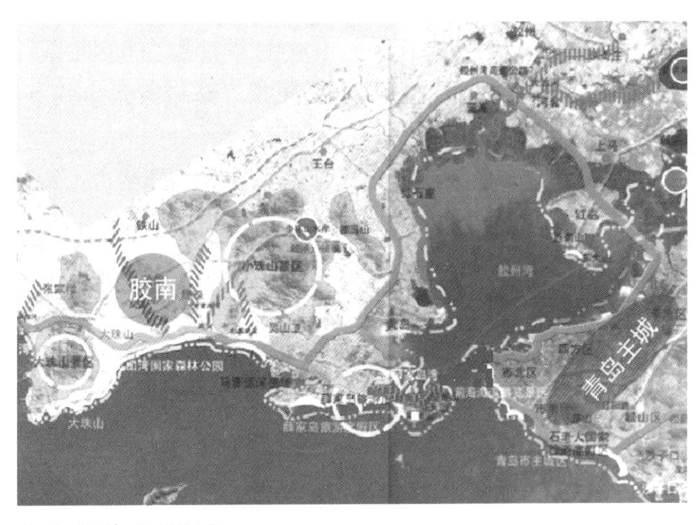

图1　胶南市区位图

二、现状主要问题

（1）机动化程度还不高，占37.6%，而非机动化出行仍然是居民出行的主要交通方式，占76.7%，公共交通出行比例很低，仅占3.39%。随着机动化趋势的加快，摩托车、自行车交通可能转移为机动化交通，将给城市交通系统带来巨大的挑战。

（2）与青岛主城间缺乏快速通道连接，仅有胶州湾高速公路，出行时间高达2小时，制约青岛主城向胶南的辐射；胶南市域范围内东西向交通连接不畅，影响了胶南市区和乡镇的联动发展。

（3）204国道和薛泰公路相交于城市核心区，道路断面流量高达20035puc/12h和20397puc/12h，导致大量过境交通穿越市区，加重了城市交通压力；城区内部机动车、自行车相互干扰严重，道路网络结构不完善，降低了城市路网的效率。

（4）公交线网覆盖率仅为33.75%，公交吸引力弱；公交停车场站仅有一处，缺口相当大，首末站用地严重不足，几乎没有固定的场地；公交车辆体量小、车况差、运能低；车辆个人融资，单车承包经营的模式，以盲目追求效益为目的，经常出现空班空点，制约了公交事业的发展。

（5）市区路内、外停车泊位仅1025个，停车泊位严重缺乏，占路非法泊车随处可见，影响了动态交通；停车规划配建标准低，现有停车泊位使用效率不高，导致停车难的问题加剧。

三、交通战略与目标

1. 交通发展目标

规划至 2020 年胶南市规划区人口由现状的 23 万人增加到 70 万人，居民出行总量由 55 万人次增长到 204 万人次。城市公共交通的出行比重由现状 3.39% 增长到 20% ～ 22%，机动化出行由 37.6% 增加到 45%。机动车拥有量由 5.1 万辆增加到 19.3 万辆（见图 2）。

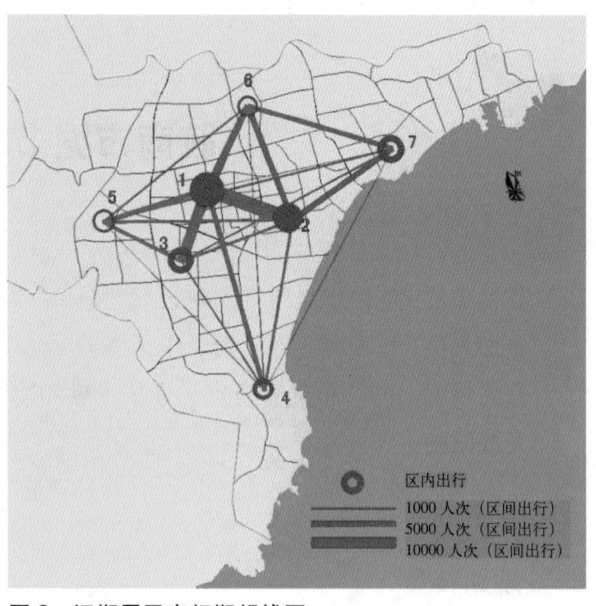

图 2　远期居民出行期望线图

2. 交通发展战略

未来胶南市将全面融入青岛市综合交通体系，构建一体化交通网络，充分利用胶南作为青岛南大门这一区位优势，扩大青岛市对外辐射范围；全面提升胶南在西海岸的地位，加强与胶州、黄岛的交通联系；加强市区与市域主要乡镇之间的联系，缩短时空距离；发挥交通先导的作用，加强城市市区内部各组团之间的交通联系，适应胶南市城市化和机动化发展需要。未来胶南市将坚持四大基本战略，具体如下：

交通引导战略——通过交通设施建设引导城市土地优化使用。

公共交通主导战略——通过理顺体制、路权优先、鼓励多乘、政府扶持等措施大力发展公共交通，扩大公交覆盖率和辐射范围，提高服务水平，实现公交主导地位。

交通投资适度超前战略——交通建设引导城市发展，投资必须先行。

交通需求适度控制战略——交通需求必须与城市道路容量、城市环境、投资水平等相协调，合理控制需求总规模。

四、规划方案

1. 道路网系统规划

远期道路网由城市快速路、主干路、次干路和支路四级构成，满足日交通量 800 万标准车公里的交通需求，实现高峰时段平均车速中心区不应低于 25 公里 / 小时、外围区不应低于 40 公里 / 小时的发展目标。城市骨干路网的总体布局为“一快两线，四横五纵”。其中“一快”为长春路—前湾港东路快速路；“两线”为滨海大道和 204 国道；“四横”为北三路、泰山路、珠海路、世纪大道；“五纵”为西外环、珠山路、上海路、北京路、两河路（见图 3）。

图 3　远期道路等级结构图

2. 客运系统规划

远期客运系统发展总目标是支撑城市可持续发展要求，面向大众，提高地面公交易达性，优化城市交通结构，加快客运枢纽建设，从而构筑城市快速公交系统、常规公交系统、出租车交通协调发展的格局，实现公共客运交通“易达性、低价性、舒适性”。远期公共交通出行比重达到25%左右（含出租车），形成以公共汽车为主体，出租车为补充的城市公共交通系统，建成区任意两点间公共交通可达时间不超过30分钟。为实现青岛一体化发展，预留快速轨道交通线路，缩短与青岛中心城区的时空距离（见图4）。

图4　轨道交通线路布置方案图

3. 内外衔接系统规划

结合青岛铁路网规划布局，预留黄岛—石臼所铁路的建设条件，线路经由铁山镇西侧，站场位于铁山镇南侧。公路客运仍然是对外交通客运的主体，规划客运北站、客运西站和客运南站三个客运站。胶南市拥有丰富的海岸线和海岛，旅游资源分布广泛，规划建设一批海上旅游码头，开辟海上旅游交通线路（见图5）。

4. 物流系统规划

以物流园区建设为核心，以铁路、公路网、道路网为支撑，规划建设由综合物流园区、市域物流配送中心构成的综合物流枢纽体系，发挥集聚效应，积极促进绿色物流、第三方物流的发展，有效整合物流资源，实现物流环节的优化衔接。物流枢纽分为综合物流园区、区域物流枢纽和物流配送中心三级，总体布局为“一个园区，一个枢纽，六个配送中心”。物流通道主要分布在北侧和西侧外围地区，通过高速公路、国省道与外围公路网和胶州湾集装箱中心站等大型枢纽连接。

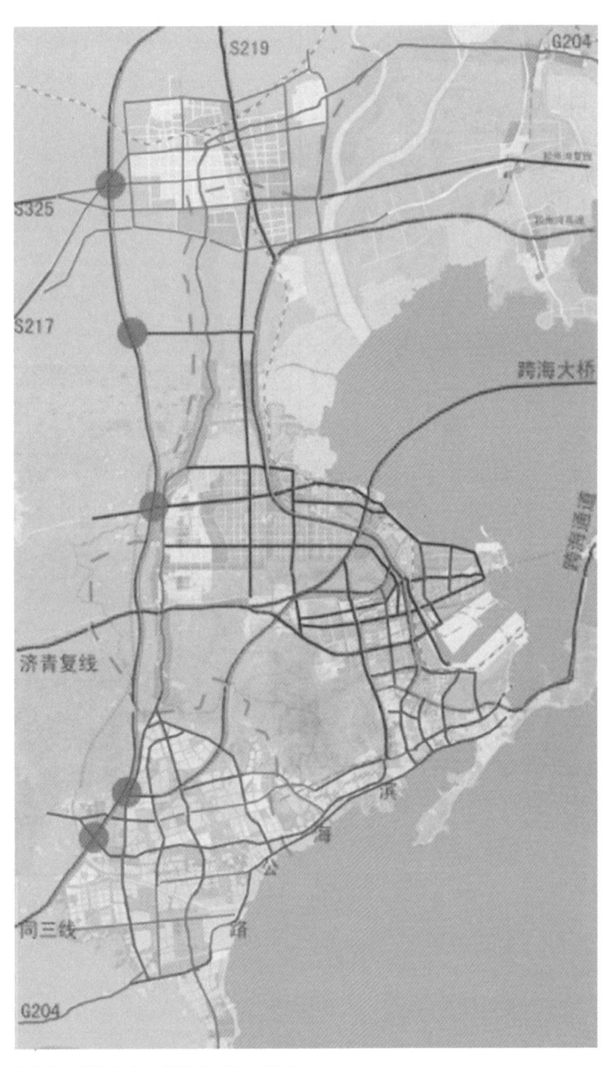

图5　胶南市对外交通系统图

5. 停车系统规划

远期规划停车位约12.2万个，其中社会公共停车泊位为1.5万个，以路外停车场为主，路内停车为辅，路内停车泊位占公共停车泊位的10%～15%。采取差异化停车策略。老城区停车场规划标准低，停车缺口大，矛盾非常突出，应充分考虑动态交通的可接纳性，加大路外公共停车场供应规模，利用改建机会适当提高配建标准。东部新城区采取适度增加路外停车场供应，合理控制配建指标的策略。城市外围区可采用较高的配建指标，吸引人们到外围居住，减少中心区的交通拥挤，并结合轨道交通等枢纽站建设P+R停车场。

6. 交通管理规划

围绕胶南市争创全国优秀文明城市和建设生态城市的工作目标，充分发挥城市交通管理综合协调机构的职能作用，科学处理城市交通规划、建设、管理的关系，树立科学管理意识，建立长效管理机制，以加强和推动交通管理法规建设，道路基础设施建设，交通管理科技化建设和交通执法队伍建设等为主要内容，切实解决道路交通突出问题，进一步改善我市交通环境。交通需求管理重点突出公交优先发展战略、限制发展策略、杠杆策略和行政手段。

五、成果特色

（1）开展了胶南市历史上规模最大的交通调查，调查内容包括十余项，建立了较完整的交通数据库，规划做到了定性与定量、宏观与微观相结合。

（2）对公交、小汽车和对外交通枢纽等设施用地进行了详细规划，场站用地得到有效控制，部分场站用地内的交通项目已经或正在加紧建设中（见图 6）。

图 6　胶南汽车总站

青岛高新技术产业新城区综合交通规划

委托单位： 青岛市规划局高新区分局

参加人员： 徐泽洲　董兴武　李勋高　万　浩

获奖情况： 青岛市 2010 年度优秀城市规划设计一等奖

山东省 2010 年度优秀城市规划设计二等奖

完成时间： 2009 年

一、规划背景

为落实青岛市“环湾保护、拥湾发展”战略，2007 年 12 月，青岛市委、市政府做出了规划建设青岛高新技术产业开发区的重大决定，明确提出了“起小步、快起步、起好步，高标准开发建设胶州湾北部高新技术产业新城区”的工作部署。高新技术产业新城区（以下简称“高新区”）位于胶州湾北部新城内，面积约 63.44 平方公里，外围交通条件十分便捷，机场、高速公路、国道、城市快速路、铁路（规划）、地铁轻轨（规划）等交通方式有机衔接。区内生态环境条件良好，大沽河、墨水河、桃源河、洪江河及盐田沟渠构成的生态网络，为高新区发展提供了良好的生态环境条件。规划区内已建成的出口加工区、市北产业园、新材料团地等地区都呈现出明显的粗放型土地利用特征，盐田、虾池是主要的土地利用方式，城市建设用地比例较低，地势平坦，具有较强的可塑性（见图 1）。高新区总体规划初步成果已经完成，构建区域交通网络骨架、控制交通设施用地是本次交通规划的重要内容。

图 1　青岛高新技术产业新城区区位图

二、交通发展目标与策略

1. 交通预测

根据预测，至 2020 年北部新城区人口发展规模控制在 65 万人左右，2030 年人口规模控制在 100 万人左右。相应时期的高新区范围人口规模为 30 万人和 35 万人。

预测 2020 年高新区居民日出行率约为 2.70 次 / 日，居民日出行总量为 81 万人次。预测至 2020 年，高新区公共交通出行比重将达到 32%，非机动化出行比重达到 28.2%，其他机动化出行比重达到 39.8%。

2. 交通发展目标与战略

交通发展总目标是以临港及临空产业为依托，打造青岛市“公交引导 + 慢行交通”示范区，实现客货分离、人车分流，构筑人性化、智能化、生态化的综合交通体系。具体体现在高效、便捷、生态三个方面。

（1）高效——建立“0513”交通圈。以高新区为中心，50 公里范围内通过快速路和城市轨道交通实现半小时交通圈；100 公里范围内通过高速公路和市域轨道实现 1 小时交通圈；300 公里范围内通过城际铁路和高速铁路实现 3 小时交通圈。

（2）便捷——干道网高峰时段平均车速不低于 30 公里 / 小时；85%居民城区内单程出行时间控制在 25 分钟以内；90% 居民 5 分钟内到达公交车站。

（3）生态——2 公里以内的短程出行 80% 由自行车和步行方式承担；5 ～ 10 公里的中短程出行 50% 由自行车和公共交通方式承担；道路两侧大气 CO/NO_x 浓度达到国家一级标准，噪声 L_{eq} 低于 60dB。

交通发展策略包括四个方面：

环湾交通枢纽策略——以港口、机场和铁路为依托，突出区域中心的地位，打造环湾交通枢纽，构建“内外交通一体化”综合交通枢纽。

公共交通引导土地开发（TOD）策略——优先发展城市公共交通，构筑以轨道交通和快速公交为骨架的对外公共交通网络，支撑和引导高新区又好又快发展。

交通设施积极供应策略——加大交通设施建设投入力度，引导和促进城市空间框架的迅速形成。

交通精明管理策略——采用先进的交通管理技术和方法，调节交通流在总量上、时间上和空间上的变化，提高交通体系的整体效率。

三、规划方案

1. 对外交通系统规划

高新区位于东岸核心区北部约 30 公里的位置，构筑高效、快速的交通体系是支撑高新区发展的基础和前提。本规划稳定了区域对外高快速路、轨道交通和城际铁路的布局空间。规划提出青连铁路高新区段线路走向建议采用沿既有胶黄铁路线进线方案，以避免造成对高新区的分割。预测未来一日对外出行量约 15 万标准车，规划了 15 条对外道路（见图 2）。

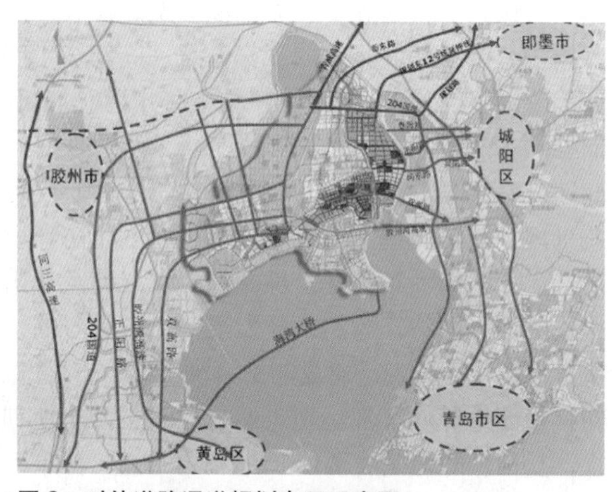

图 2　对外道路通道规划布局示意图

2. 道路网系统规划

北部新城未来将建成以快速路和主干路为骨架，次干路、支路为辅助，实现功能分明、便捷安全、绿色和谐、内外衔接紧密、各种交通方式平衡发展的道路交通系统。道路骨架总体为“一环四横六纵”，总规模达到 292 公里，路网密度约为 5.62 公里 / 平方公里，面积率约为 15.1%，主干路：次干路：支路 =1：1.39：2.75。高新区内部形成了功能层次分明的组团，其中中央智力岛和西部组团以办公、商业、文体和教育用地为主，支路网密度采用较高的标准，宜在 4.0 公里 / 平方公里以上，而北部组团以一类工业为主，支路网密度宜在 2.5 公里 / 平方公里以上（见图 3 和图 4）。

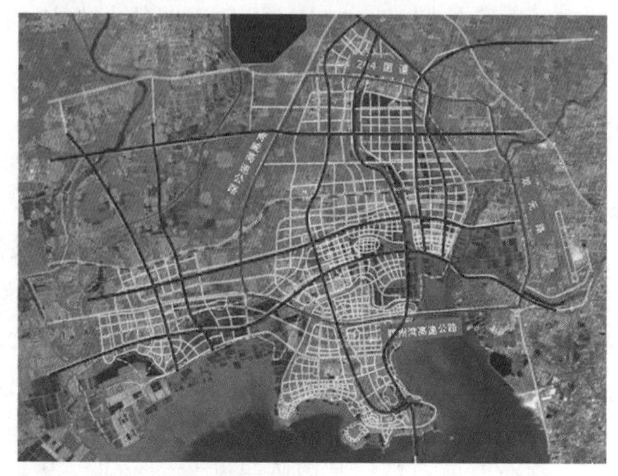
图 3　规划道路网等级结构图

图 4　高新区路网鸟瞰效果图

3. 公共交通系统规划

北部新城区公共交通发展模式选择“轨道交通＋快速公交＋常规公交＋支线公交＋综合换乘枢纽”的一体化综合发展模式，通过建立强有力的“有优先、有科技、有政策、有质量”的四有支撑体系，提高公共交通吸引力，优化城市交通出行结构，实现以轨道交通和快速公交为骨架，以地面常规公交为主体，支线公交及出租车为补充的城市公共交通系统。作为新城区，高新区应在原有两条轨道交通线路的基础上，新增一条轨道交通线，串联高新区和东部中心城区，缩短时空距离。同时，应加快公交专用道建设，以客运枢纽为节点，构筑通达、安全、高效的公共交通体系（见图 5 和图 6）。

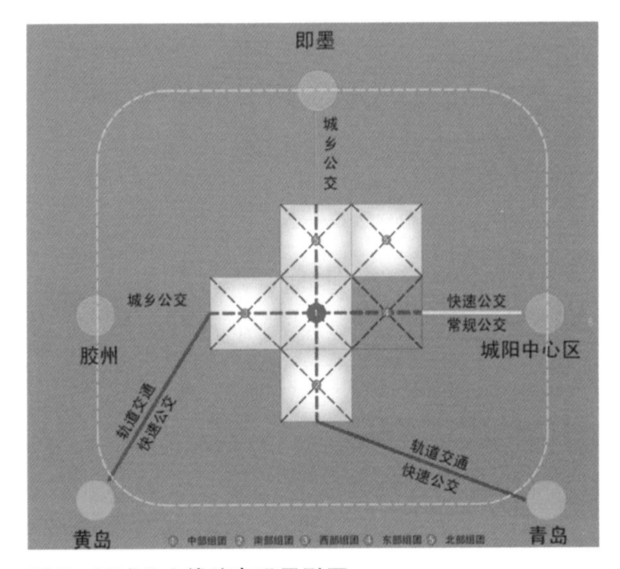

图 5　区域公交线路布设导引图

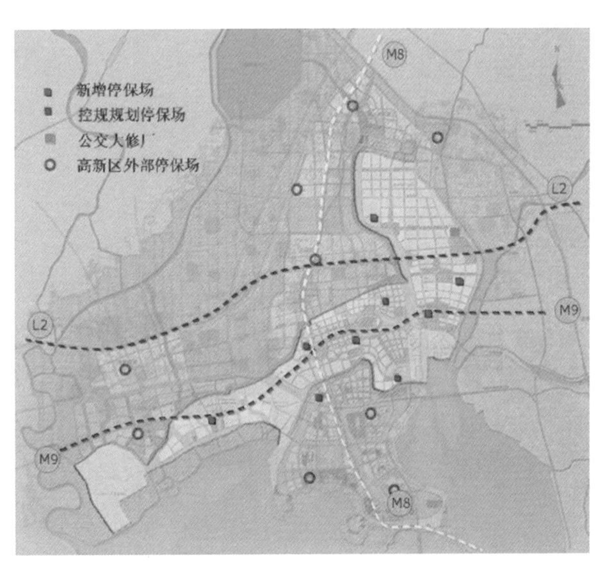

图 6　公交系统规划图

4. 停车系统规划

高新区内宜采取“扩大供给为主、抑制需求为辅”的措施，积极扩大停车场建设规模。在中央智力岛内因道路容量问题，不宜大规模规划建设社会公共停车场，应在其外围建设规模适度的停车场，以备必要时实施停车换乘，调节泊位需求。规划 2020 年高新区停车需求总量约 6.5 万个。

5. 物流枢纽规划

充分利用区位优势，建立系统、高效、合理、有序的物流运输通道，构建以空港、公路物流为主导，集“现代仓储、多式联运、加工配送、产品分拨、商品批发、园区交易”六位功能于一体的现代化、综合性、多功能的区域性物流中心。远期规划物流园区和物流中心各一处。

6. 近期建设规划

规划至 2013 年高新区内部主要干道全部建成。为支撑高新区快速发展，应建设滨河路、双积路、春阳路等外围道路，加强高新区与其他区域的交通联系。为方便高新区就业者和居住者的出行，近期建设火炬大道—胶州湾高速公路—鞍山路—山东路公交专用道，开辟 8 条普通公交线路，建设 4 处公交场站，提高公交服务水平（见图 7）。

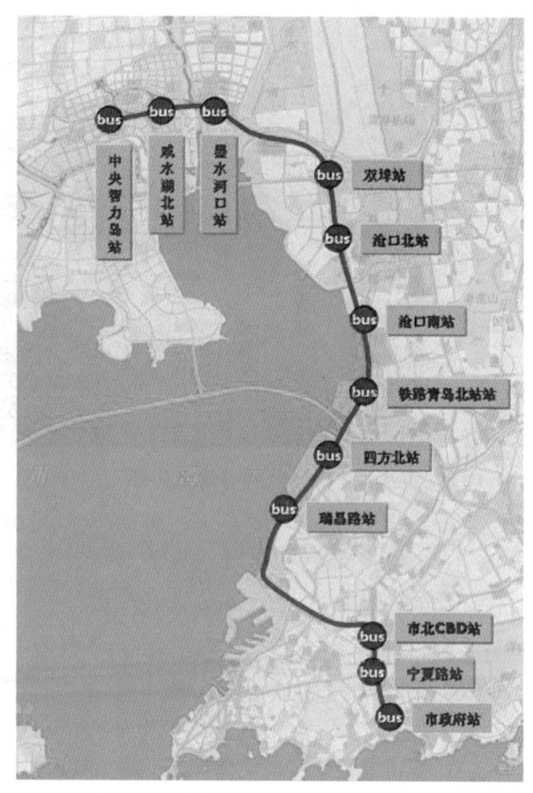

图 7　近期公交快线规划示意图

四、创新与特色

（1）坚持 TOD 发展理念，交通与土地利用相互反馈，实现土地利用与公共交通一体化发展的目标。

（2）交通网络与生态网络有机结合。尊重生态环境，利用绿道、岸线构筑步行交通网和自行车交通网。结合轨道交通站点，打造交通枢纽，构筑自行车 + 公共交通出行链，交通系统体现了生态、科技、人文的特点。

第三篇

交通调查

菩萨蛮

今日探查晓总总，明朝精粹推清清。拜访诸系统，巡看迹满城。
柳青荫花红，烈日等闲风。街边书生影，落笔车马声。

青岛市第一次交通出行调查（2002 年）

委托单位：青岛市规划局

合作单位：上海市城市综合交通规划研究所

参加人员：马　清　万　浩　徐泽洲　李勋高　雒方明　李国强

完成时间：2002 年

一、项目背景

2002 年 9 月，青岛市人民政府办公厅下发了《关于青岛市城市综合交通规划编制工作有关问题的通知》，要求尽快编制城市综合交通规划。编制综合交通规划的基础是摸清城市交通出行特征和规律，对本市居民的出行和车辆的出行次数、出行距离、出行方式、出行时间和交通流量的地域分布有一个全面的掌握，为此开展了一次全市性的综合交通调查。通过交通调查获取、分析数据，并建立数据库系统，开发青岛市交通预测模型，为下一步定量、科学地开展交通规划工作提供基础。

二、调查项目及组织

本次交通调查的范围是市内七区，包括市南区、市北区、四方区、李沧区、城阳区和黄岛区。调查的主要项目包括居民出行调查、交通吸引点调查、流动人口出行特征调查、机动车出行调查、摩托车出行调查、核查线道路断面调查、道路交叉口流量调查、市境出入车辆调查、车速调查、停放车调查、公交运量和乘客出行特征调查、出租车出行调查等，共 12 项。

本次交通调查实施了联席会议制度，并成立了联席会议办公室（设在青岛市规划局）。交通调查技术总负责单位为上海市城市综合交通规划研究所和青岛市城市规划设计研究院。调查时间为 2002 年 10 月 21 ～ 31 日。调查具体实施单位及抽样样本情况如表 1 所示。

交通调查项目、组织单位及样本量　　表 1

序号	调查内容	组织实施单位	抽样数量	调查方式	调查时间
1	居民出行调查	统计局	17541户	家访	10月21～26日
2	流动人口出行调查	统计局	56个单位	问询	
3	机动车出行调查	交警支队	14000辆	发放表格	10月28～31日
4	出租车、轮渡调查	交通局	900辆	发放表格	10月22～24日
5	摩托车出行调查	交警支队	抽取2%	发放表格	10月28～31日
6	校核线道路断面流量调查	交警支队	4条核查线	人工观测	10月28～31日
7	交叉口流量调查	交警支队	92个	人工观测	10月28～31日
8	出入境流量、问询调查	交警支队	10个	人工观测	10月28～31日

续表

序号	调查内容	组织实施单位	抽样数量	调查方式	调查时间
9	车速调查	交警支队	32条	浮动车法	10月28～31日
10	机动车停放设施①及特征调查②	交警支队	①全样 ②85个	问询	10月28～31日
11	公交运量调查	公交集团	全部公交线路	人工观测	10月25～27日
12	吸引点调查	统计局	96个	问询	10月21～26日

三、调查主要成果

1. 居民出行调查

（1）出行率与出行量

1993 年，青岛市曾做过小规模的居民出行调查，范围主要覆盖市内五个区（市南区、市北区、台东区、四方区、沧口区），常住人口的平均出行次数为 2.04 次。

2002 年，城市居民人均出行次数为 2.10 次（不包括 6 岁以下儿童），如果按总人数（包括 6 岁以下儿童）计算，居民人均出行次数为 1.98 次。当时，青岛市区常住人口为 272 万，推算居民一日出行总量为 538 万人次，比 1993 年同范围内（212 万人）一日出行的 385 万人次，增加了 39.5%。

（2）出行方式结构

2002 年，主城区居民采用常规公交出行的比重为 19.61%，与 1993 年相比，9 年间公交出行分担率不升反降，而小汽车出行分担率却由 11.34% 增长到了 21.06%。1991 年机动车数量为 4.15 万辆，而 2002 年达到了 31.2 万辆，机动化出行比例（同区域比）由 1993 年 34.14% 增加到 49.52%，如表 2 所示。

（3）出行时间及时耗

居民出行主要分布在 7 : 00 ～ 19 : 00，这 12 小时占全天总出行量比例为 82.7%，有明显的早高峰和晚高峰，中午小高峰不显著，主要与目前青岛市大多数单位和学校午休时间不长，大部分居民一般中午不回家吃饭和休息有关。居民出行早高峰时间在 7 : 00 ～ 8 : 00，晚高峰时间在 17 : 00 ～ 18 : 00，早高峰和晚高峰出行量占全日出行量比例分别为 18.16% 和 15.64%，见图 1。

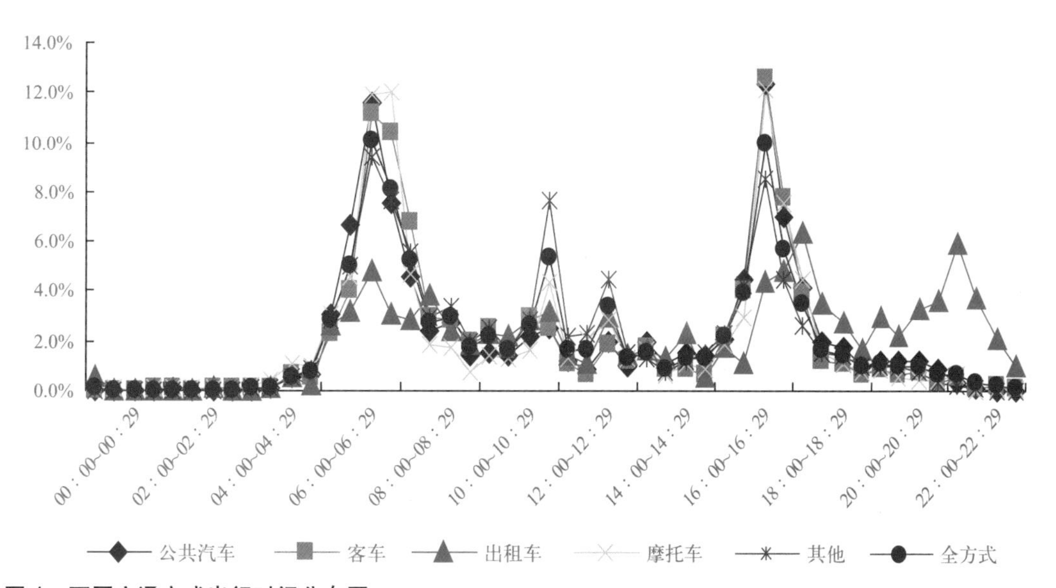

图 1　不同交通方式出行时间分布图

1993 年与 2002 年居民出行结构对比　　表 2

		公共汽车	单位大客车	单位小汽车	私人小汽车	出租车	摩托车	自行车	步行	轮渡	其他	合计
1993年		22	9.33	1.63	—	0.38	0.78	17.9	47.03	0.05	0.88	100
2002年	主城区	19.61	3.94	6.31	4.3	6.51	8.84	9.92	39	0.36	1.2	100
	市内四区	25.80	4.67	7.28	3.11	7.32	3.80	3.72	42.6	0.25	1.43	100
	外围三区	5.97	2.31	4.18	6.91	4.72	19.94	23.55	31.13	0.59	0.71	100

2002 年，居民出行一次平均耗时为 25.5 分钟，步行耗时最少为 16.6 分钟，除轮渡外，公交车平均出行时间最长约 42 分钟（见图 2）。对比 1993 年的居民平均出行距离 2.5 ~ 3 公里，由于城市面积扩大一倍，机动化水平成倍提高，2002 年居民平均出行距离也几乎增加了一倍。

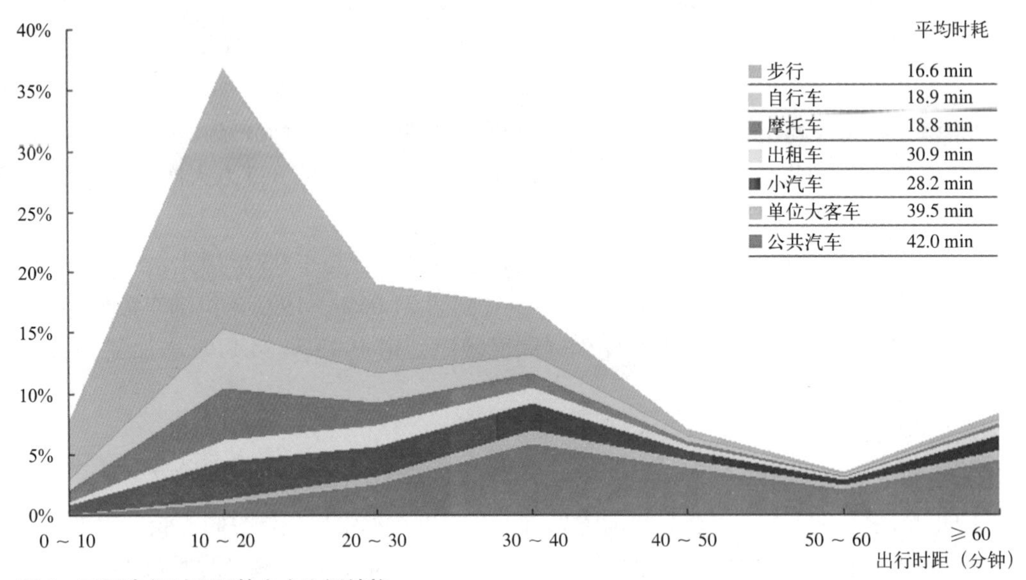

图 2　不同出行时距下的方式比例结构

（4）出行空间分布

按交通大区统计，各大区内部出行所占比重最高，平均为 68%。但市南区、市北区、四方区和李沧区内部出行比重较低，约 40%，而城阳区、崂山区和黄岛区外围三区的内部出行比例都非常高，基本在 80% 以上（见图 3）。其中黄岛区内部出行比重最高，为 96%，表明黄岛区由于缺乏与东部主城及对外交通的快速和便捷的对外交通通道，对外联系较弱，制约了黄岛区的开发和快速发展。

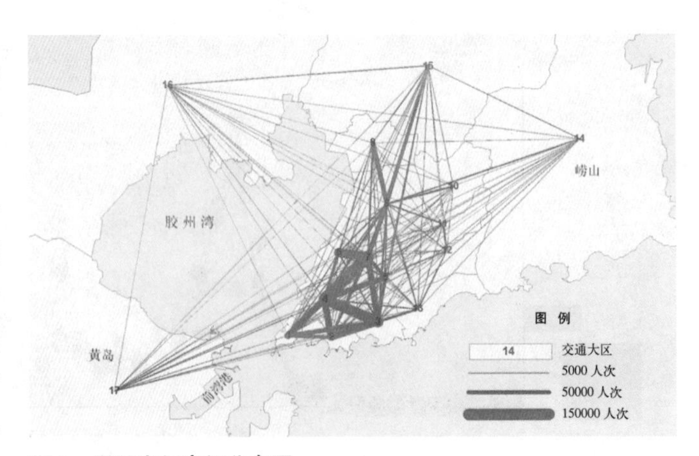

图 3　居民出行空间分布图

2. 流动人口出行特征

随着青岛城市规模的扩大和社会经济的发展，流动人口数量增加迅速。根据调查，流动人口出行率为 2.51 次，高于居民出行率 1.96 次（见图 4）。

流动人口出行方式以公共汽车、出租车和步行为主，占总出行量的67.6%，其中，出租车出行比重明显高于居民出行比重。

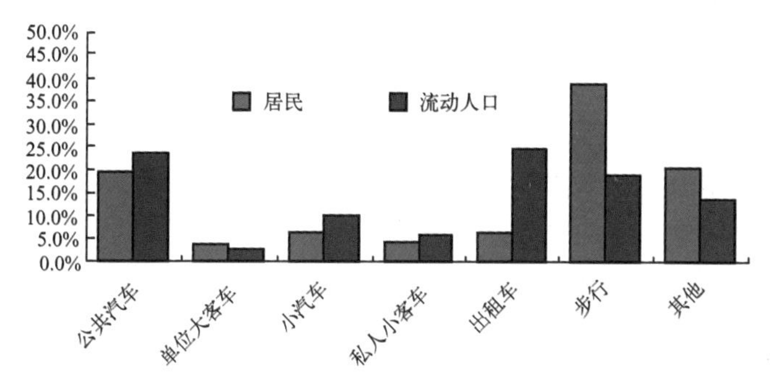

图4　流动人口和居民出行结构对比图

3. 车辆出行特征

（1）小汽车发展趋势

至2002年底，青岛市机动车保有量约28.6万辆，从1991至2002年平均增长率为20.1%，与国内生产总值保持同步增长的态势。2002年，全市私人小客车总量为4.8万辆，家庭小汽车拥有率为2.0%，但市区家庭小汽车拥有率已达4.1%，与国内同等经济水平的城市相比处于中低水平（见图5）。

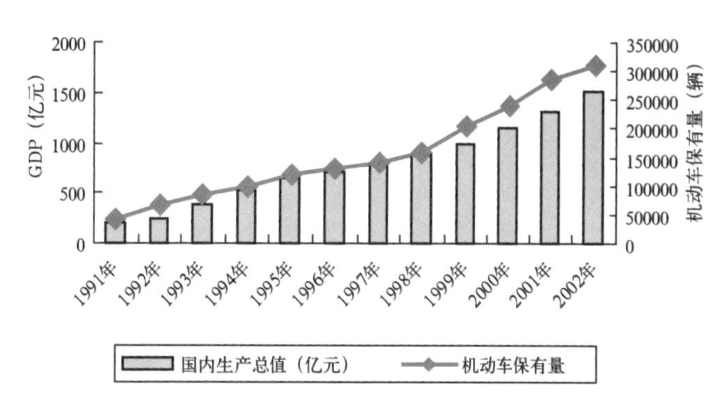

图5　青岛市机动车保有量与GDP增长的关系

（2）客车出行特征

2002年底，青岛市客运车辆约8万辆（不含公交和出租车），客运车辆日平均出行次数约3.7次，出行总量约30万车次，平均出行距离15.37公里，平均载客人数为3.8人，空驶率为24%，车辆里程利用率较低为78%。

（3）货车出行特征

2002年底，青岛市拥有货运车辆约4.7万辆（不含公交和出租车），货车日平均出行次数约2.87次，出行总量约13.7万车次，平均出行距离57.7公里，单车运量3.92吨。

（4）出租车出行特征

2002年底，青岛市出租车保有量约8960辆，单车日均服务车次41次，平均载客人次1.84人，平均乘距5.7公里，空驶率40.1%。

（5）出行空间分布

客车出行中约78%的出行量分布在市内四区，黄岛由于与主城间交通联系不便，内部出行占总出行量的比例高达80%，几乎成为孤岛（见图6）。货车出行主要集中在外围区，内部出行比重明显下降，核心区内部出行比重仅占1.1%。四方区、李沧区分布着大量工业用地，货车出行量最大，占38%～39%（见图7）。

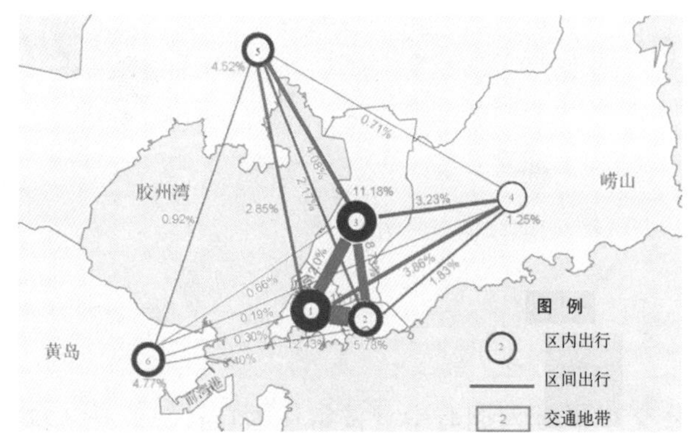

图6　客车出行空间分布图

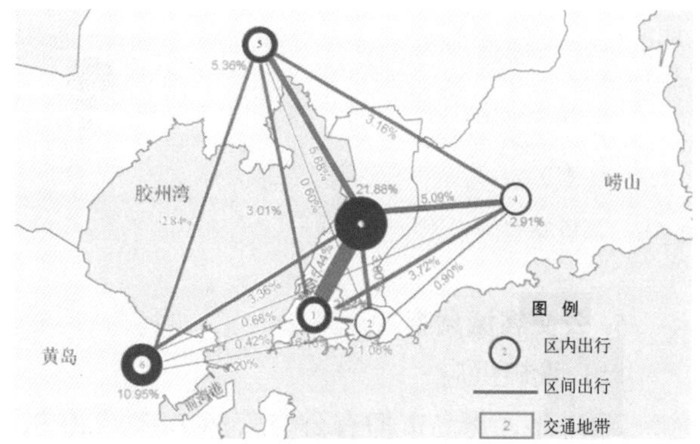

图7　货车出行空间分布图

4. 道路交通量、车速、出入境调查

青岛市南北向的交通量高于东西向的交通量。重庆路、308 国道等南北向放射性干道的断面流量都达到了 4 万 pcu/12 小时，这主要与青岛市历史上形成的“南宿北工”和青岛的尽端型城市特征密切相关。在东西向道路中，胶宁高架路断面流量最大，达到 5.7 万 pcu/12 小时左右，其次香港中路断面平均流量也达到了 4.8 万 pcu/12 小时。主要道路交叉口的饱和度较低，服务水平较好。其中服务水平为 D 级以上的交叉口比例为 72%（见图 8）。

不同区域、不同等级的道路车速差异较大，总体上是外围区的速度高于市内四区道路的速度，主干道车速高于次干道车速，支路车速最低。市区（不包括黄岛区）道路的平均车速为 26 公里 / 小时，黄岛区道路平均车速为 54.4 公里 / 小时，是市区平均车速的 2 倍（见图 9）。

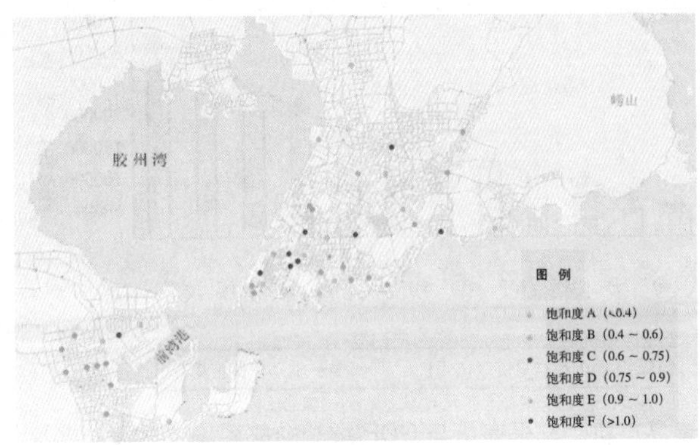

图 8 道路交叉口服务水平分布图

图 9 道路运行速度分布图

选定 10 个对外道口点进行交通流量观测，基本覆盖了主要对外出入道口。调查日 24 小时出入青岛市区境的车辆总数为 8.8 万辆。出入青岛市区的车流中，客车比重占 42.3%，货运车辆比重为 36.3%。从车流时间分布看，早高峰为 10 : 00 ～ 11 : 00，晚高峰为 17 : 00 ～ 18 : 00，入境与出境在时间分布上无明显差异（见图 10 和图 11）。

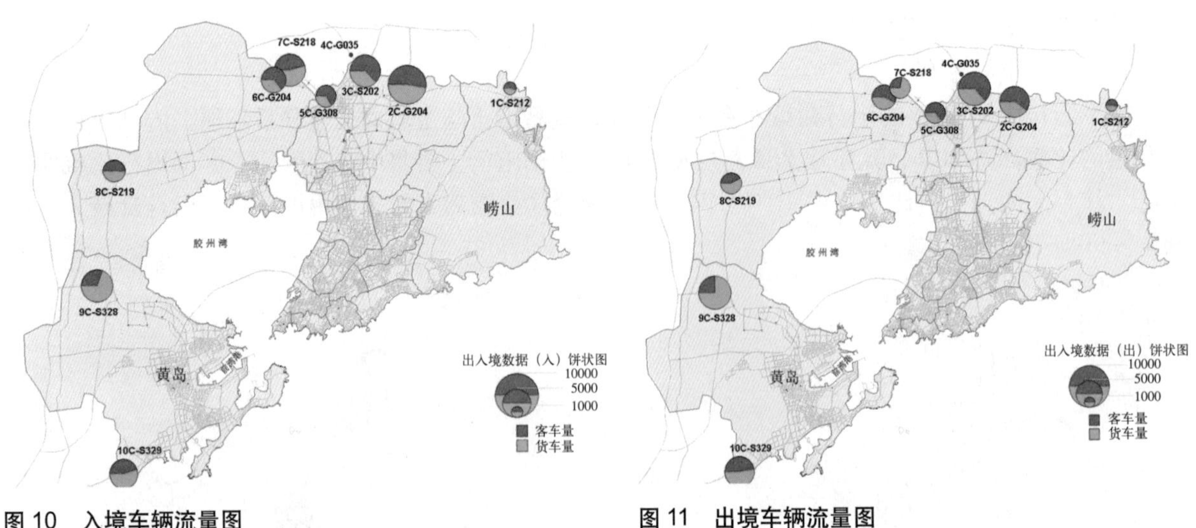

图 10 入境车辆流量图

图 11 出境车辆流量图

5. 公交客流调查

(1) 设施供应

2001 年，青岛市拥有公交营运车辆 3230 辆，公交车辆万人拥有率（按常住人口计算）达 13.8 标台 / 万人（见图 12）。

截至2001年，青岛市共有公交线路144条，总长2814.6公里。公交线网密度1.7公里/平方公里，其中市内四区1.87公里/平方公里。公交线路重复系数为3.9，其中市南区和市北区分别达到4.8和4.7。公交线路平均非直线系数为1.47，其中市内线路的非直线系数为1.48，崂山区和城阳区为1.41，黄岛区为1.62，均超过了规范值（见图13）。公交站点300米半径覆盖率达到47.1%，其中市南区最高，为71.5%。公交平均运营车速为22.8公里/小时，其中市区线路为20.3公里/小时，崂山区线路为26.7公里/小时，黄岛区线路为25.0公里/小时。公交停车场面积约35万平方米，约40%的车辆露宿街头。

（2）交通需求

青岛市自1995年起，取消了沿用多年的月票，实行了单一票价制，客运量因此出现萎缩。至2001年底，主城区公交客运总量5.68亿人次，日均155.7万人次。1996～2001年，公交客流年均增长率为10.8%（见图14）。2002年12月3日、10日两天对青岛市公交线路进行了全样的随车客流调查，共调查线路135条。调查日公交客运量约167万人次（见图15和图16）。

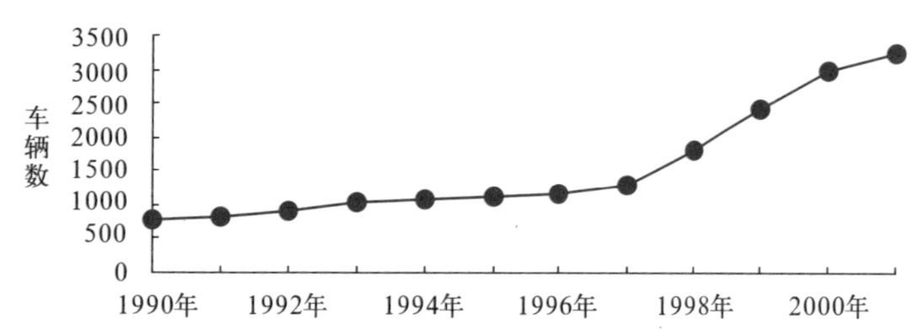

图12　历年公交车辆发展趋势

图13　公交线网分布图

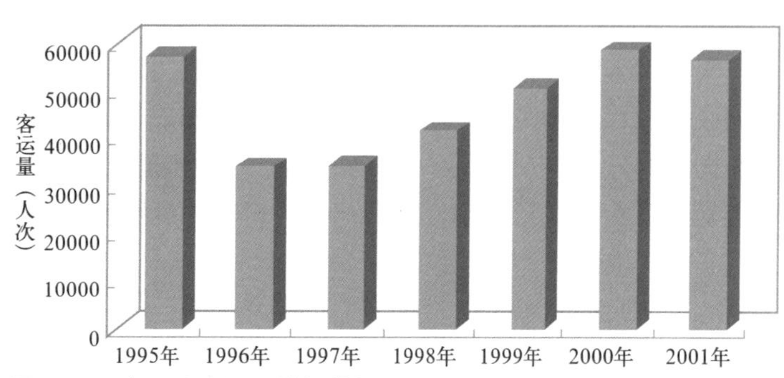

图14　历年公交客运量增长趋势图

轮渡是城市公共交通的组成部分。2002年，海上渡轮开设有市区—薛家岛，市区—黄岛两条航线，年运送旅客711.5万人次，车辆74.2万辆。在当时“青黄不接”的情况下，海上轮渡对连接青岛与黄岛的交通发挥着重要的作用。

图15　调查日青岛主城区公交客流空间分布图　　图16　调查日黄岛区公交客流空间分布图

6. 停车设施调查

根据调查，青岛市区实际机动车停放总泊位数在 4.5 万～4.7 万个，不包括住宅区内停车泊位数。其中，公共停车场在 2.5 万～2.9 万个，大部分是路内停车，公共停车场匮乏，缺口相当大（见图 17）。

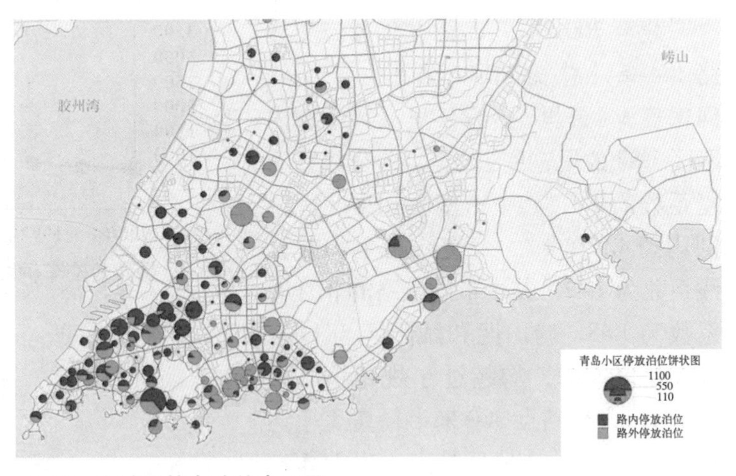

图 17 主城区停车泊位布局图

7. 主要结论

（1）城市化水平不断提高，交通需求显著增加。

（2）慢速交通仍占据主导地位，交通层次不高。

（3）组团式城市结构正在形成，交通分布仍过于集中。

（4）道路设施发展快速，交通供需矛盾依然突出。

（5）道路网络结构扭曲，南北不够通，东西不够畅，青黄不够接。

（6）公共交通发展放缓，主导地位受到挑战。

（7）停车供应设施缺乏，停放问题日益突出。

四、成果特色

本次调查是青岛市历史上规模最大、涵盖内容最多的一次交通大调查。调查成立了由市领导挂帅的联席会议，确保了交通调查的顺利进行和成果数据的可靠性。通过本次调查，建立了青岛市交通数据库，构建了基于土地利用的交通需求预测模型，为《青岛市城市综合交通规划（2002—2020 年）》和其他各类交通规划编制，及胶州湾大桥、隧道和轨道交通等重大交通基础设施的定量化预测奠定了坚实的基础。

青岛市第二次交通出行调查（2010 年）

委托单位：青岛市地铁工程建设指挥部办公室
参加人员：马 清 徐泽洲 万 浩 张志敏 于莉娟 高洪振 夏 青 周宏伟 刘淑永
李勋高 董兴武 房 涛 汪莹莹
完成时间：2010 年

一、项目背景

2008 年青岛市地铁工程建设指挥部成立，地铁建设进入快速发展时期。轨道交通建设规划和轨道交通 M3 线可行性研究相继获国务院批复，轨道交通 M2 线可行性研究已经上报国家。在上述项目专家评审会上，专家明确提出：轨道交通规划应以近三年的居民出行调查数据为基础，8 年前的交通调查数据不能适应地铁规划建设的需要。同时，城市交通拥堵问题日益突出，“行车难，停车难”正成为一种“城市病”，急需更新城市交通基础数据，及时掌握交通出行基本特征，更好地服务于城市交通规划建设。根据市政府统一部署，由市地铁工程建设指挥部办公室牵头组织了青岛市第二次交通出行调查。

二、调查过程与组织实施

本次交通调查的范围是青岛所辖七区，调查项目包括居民出行调查、流动人口出行调查、客流吸引点调查、核查线调查、主要交叉口流量调查、出入境调查、公交跟车客流调查、车速调查，共 8 项。调查共出动调查人员 4000 余人次，技术人员 50 余人，获得数据信息近 100 万条。

本次交通调查技术总负责单位为青岛市城市规划设计研究院，调查实施单位为青岛市勘察测绘研究院和青岛市公交集团。交通调查分为两个阶段实施，分别为 6 ~ 7 月、9 ~ 10 月（期间考虑学生放假）。调查具体实施单位及抽样样本情况如表 1 所示。

交通调查项目、组织单位及样本量 表 1

序号	调查内容	组织实施单位	抽样数量	调查方式
1	居民出行调查	市勘察院	11万人	家访
2	流动人口出行调查	市勘察院	5000人	问询
3	吸引点调查	市勘察院	50个	观测、问询
4	核查线调查	市勘察院	5条	观测
5	主要道路交叉口流量调查	市勘察院	13个	观测
6	出入境调查	市勘察院	14个	观测
7	车速调查	市勘察院	32条	浮动车法
8	公交跟车客流调查	公交集团	25%	跟车

三、调查成果

1. 居民出行调查

本次居民出行调查范围为七区的城市常住人口，采取家访入户调查方式。调查样本约 3.7 户，调查人数约 11 万人，平均抽样率达 3%。

（1）出行率与出行量

2010 年七区常住人口（包括 6 岁以下儿童）的平均出行率为 2.13 次 / 日，比 2002 年的 1.98 次 / 日提高了 0.15 次 / 日；常住人口日出行总量为 778.2 万次 / 日，比 2002 年的 538 万人次增加了 44.6%。

（2）出行方式结构

2010 年七区居民采用常规公交出行的比重为 22.1%，而采用小汽车出行的比重达到了 28.4%。与 2002 年第一次交通调查相比，8 年间公交出行分担率仅增长了 2.5 个百分点，而小汽车出行分担率上升了 17.8 个百分点，小汽车出行分担率过快增长，而公交出行分担率增长缓慢（见表 2）。

2002 年和 2010 年居民出行结构对比　　表 2

出行方式		公交车	单位大客车	单位小汽车	私人小汽车	出租车	摩托车	自行车	步行	其他
2002年		19.6	4.0	6.3	4.3	6.5	8.8	9.9	39.0	1.6
2010年	中心城区	22.1	2.7	10.9	17.5	6.3	3.1	3.8	32.5	1.1
	市内四区	29.3	2.4	9.8	13.1	6.3	0.5	0.9	37.7	0.1
	其他三区	14.3	2.8	12.4	24.6	6.1	5.9	6.6	27.1	0.3

（3）出行时间分布与时耗

7 : 00 ～ 19 : 00 的全方式出行量占全天总出行量的 87.5%，高于 2002 年的 82.7%。高峰时段没有发生变化，早高峰时段为 7 : 00 ～ 8 : 00，晚高峰时段为 17 : 00 ～ 18 : 00（见图 1）。

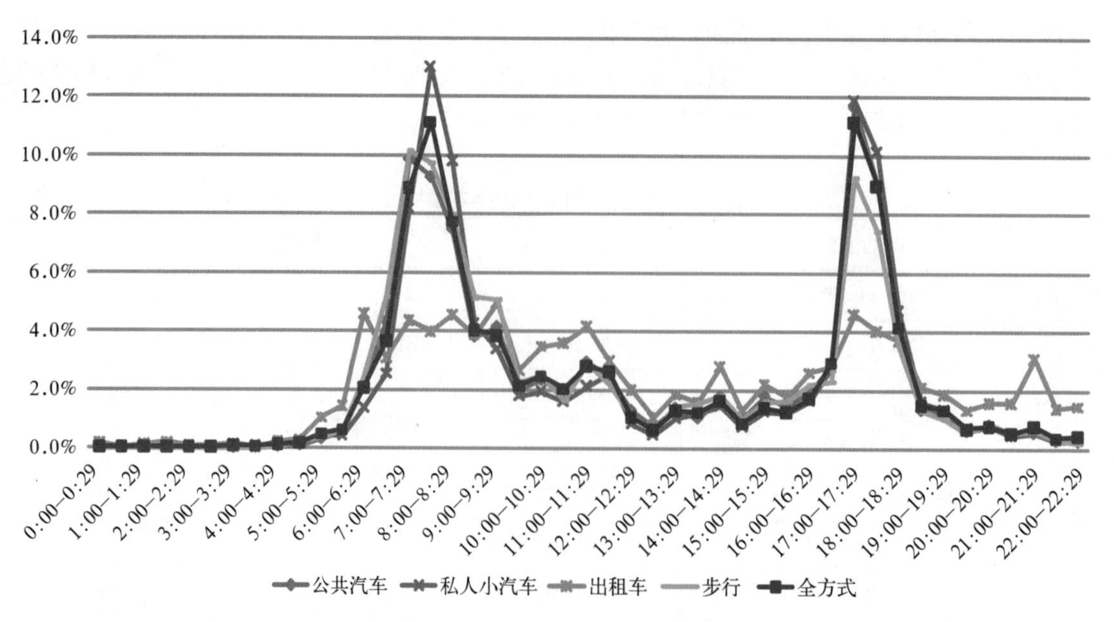

图 1　不同交通出行方式出行时间分布图

七区居民出行一次的平均时耗为31.8分钟，较2002年的25.5分钟有所增加，主要原因是城市空间扩展和交通拥堵加剧。其中，市内四区居民出行平均时耗为35.2分钟，30分钟以内的占52.0%，出行时耗在1小时左右或以上的占24.8%；其他三区居民出行平均时耗为25.1分钟，30分钟以内的占80.2%。

（4）出行空间分布

按交通大区统计，各大区内部出行比重平均为53.6%，较2002年的68%有所减少。黄岛区内部出行比重为96%，较2002年的98.5%有所降低（见图2），这与青黄两岸交通联系加强有一定关系。但是，当时胶州湾大桥和隧道尚未通车，“青黄不接”的局面仍然没有改变。

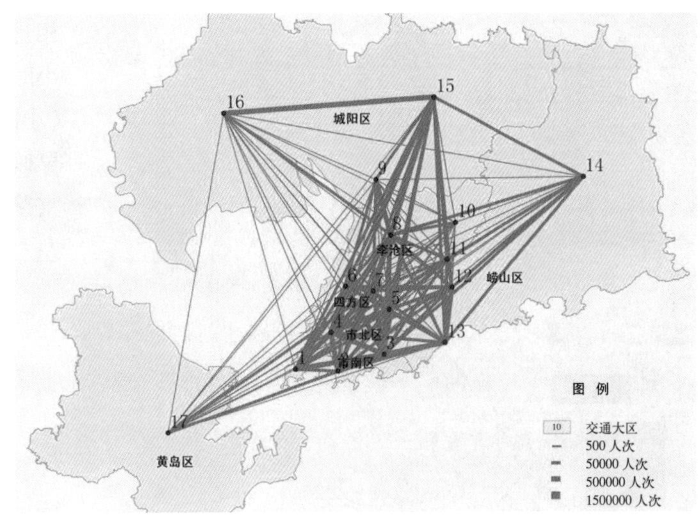

图2　2010年居民全方式出行期望线图

2. 道路交通量调查

（1）核查线交通量调查

选定山东路—重庆路、李村河—张村河、唐山路、洪江河、齐长城路5条核查线，分时段观测与核查线相交的53个道路断面16小时（6 : 00 ～ 22 : 00）的流量情况（见图3）。

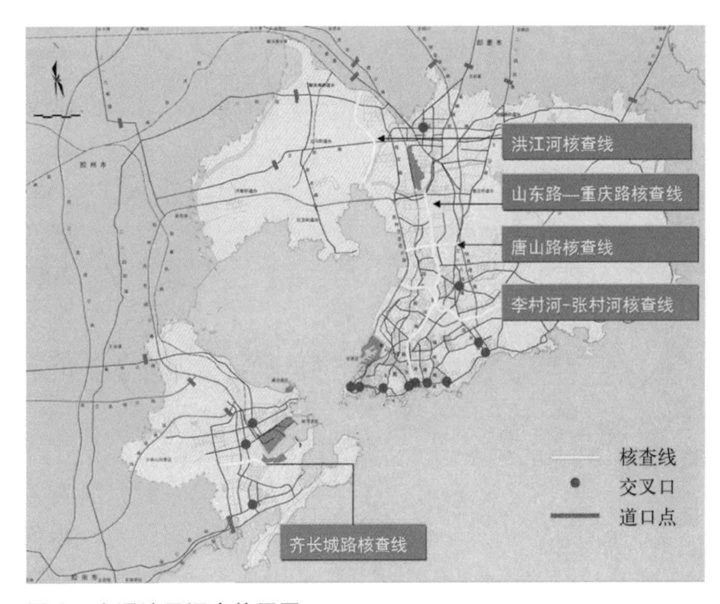

图3　交通流量调查位置图

重庆路—山东路核查线代表主城区东西两侧的交通交换量，16小时交通量约为42万标准车，比2002年的27.5万标准车增加了14.5万标准车，增幅为52.8%。

李村河—张村河核查线代表主城区南北方向的交通交换量，16小时交通量约为28.6万标准车，比2002年的17.2标准车增加了11.4万标准车，增幅为66.3%。

（2）主要道路交叉口交通量

选取七区13个主要道路交叉口，分车种、分方向观测12小时（7 : 00-19 : 00）的车流情况。被调查交叉口的交通量均呈现不同程度的增长。与2002年对比，12小时交通量平均增幅达到27.8%，年均增幅为3.1%。同一交叉口的不同进口道以及相同进口道的不同流向之间高峰小时的交通饱和度存在较明显的差异，存在一定的“短板效应”。

（3）出入境调查

选定13个青岛市区主要对外出入口，分方向、分车种观测各出入口16小时（6 : 00 ～ 22 : 00）的车流情况。调查日全天出入青岛市区机动车总量约为21万辆，较2002年的8.8万辆增长了1.4倍。从车流时间分布看，早高峰时间为9 : 00 ～ 10 : 00，晚高峰时间为17 : 00 ～ 18 : 00。

（4）车速调查

青岛城区主要道路平均车速为21.7公里/小时，黄岛区平均车速为41.9公里/小时，与2002年

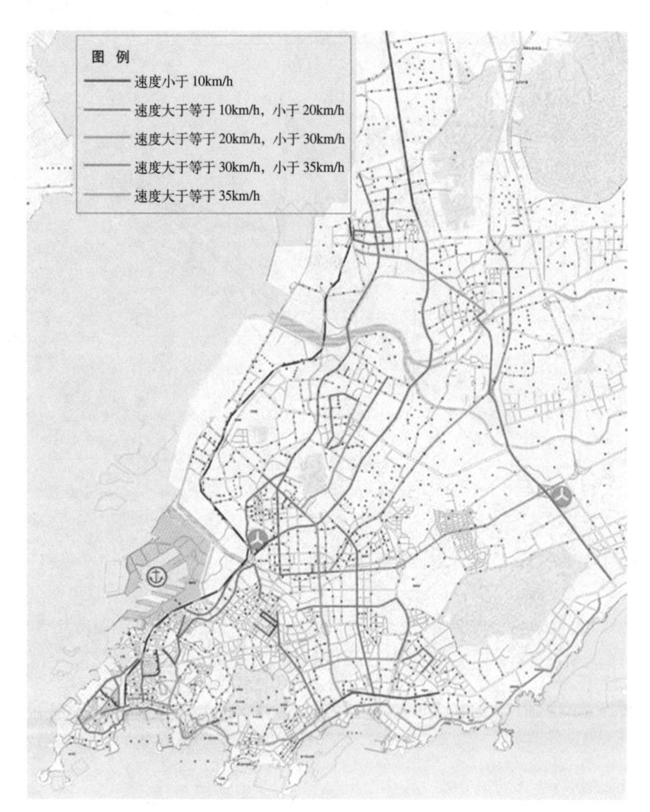

图 4　现状道路运行速度图

图 5　站点 300 米半径覆盖率

相比分别下降了 4.3 公里 / 小时和 12.5 公里 / 小时。其中，南北向道路平均车速为 19.9 公里 / 小时，东西向道路平均车速 24.5 公里 / 小时。早晚高峰 CBD 地区的香港中路、山东路、南京路、福州路等道路的车速仅有 10 公里 / 小时左右（见图 4）。

3. 公交跟车客流调查

公交跟车客流调查时间是早上 6 点至晚上 10 点。动用调查员 1000 余名，对七区共计 188 条公交线路中的 47 条线路进行 16 小时（6 : 00 ～ 22 : 00）的跟车客流调查。主要调查统计结果如下：

（1）从 2001 年到 2009 年，七区公交车数量由 3753 标台增长到 5184 标台，相应的公交车辆万人拥有率由 13.8 标台增长到 14.2 标台，公交车辆供应水平有所提高。

（2）七区共有公交线路 188 条，线路总长 3558.6 公里。比 2002 年增加了 31 条线路，线路总长度增加了 744 公里。公交线网密度由 2002 年的 1.70 公里 / 平方公里提高至 2010 年的 2.24 公里 / 平方公里，仍低于国家规范要求的 3 ～ 4 公里 / 平方公里。

（3）七区公交站点 300 米半径覆盖率达到了 53.7%（2002 年为 47.1%），其中黄岛区只有 46.7%（国家规范要求 300 米半径覆盖率不得低于 50%，山东省《关于优先发展城市公共交通的意见》要求 300 米半径覆盖率建成区大于 50%，中心区大于 70%）（见图 5）。

（4）调查日公交客运总量达到了 238 万人次。其中，黄岛区公交客运量约为 30 万人次。2005 年至 2009 年，七区公交客运量持续增长，年平均增长率 4.6%。东西向最大公交客流走廊为莱阳路—文登路—香港路，最大断面客流达到 6.8 万人次，南北向最大公交客流走廊为威海路—人民路—四流路，最大断面客流达到 5 万人次（见图 6 和图 7）。

（5）市内六区公交自有停车场（正式停车场）面积为 38.8 万平方米，临时停车场面积为 8.4 万平方米，租借停车场面积为 6.6 万平方米，还有部分公交车辆占路停车。黄岛区自有公交停车场占地面积约 2.9 万平方米，其他均为租赁场地和占路停车。

（6）海上渡轮开设有 4 条航线，分别为市区—薛家岛快艇，日开行 40 航次；市区—薛家岛轮渡，日开行 38 航次；市区—黄岛快艇，日开行 60 航次；市区—黄岛车轮渡，日开行 72 航次。2009 年，运送旅客 1025.6 万人次，车辆 127.2 万辆。

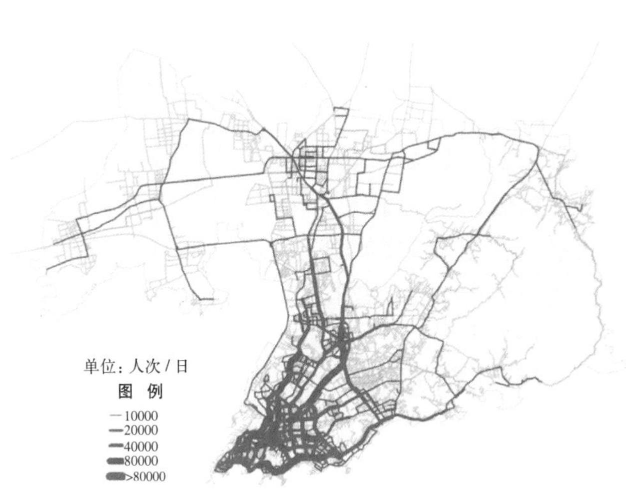

图 6　现状主城区公交客流空间分布图

图 7　现状黄岛区公交客流空间分布图

4. 道路设施供应

截至 2009 年，七区道路总里程 3402 公里，道路面积 5763 万平方米。其中，市内四区道路总长度 997 公里，人均道路面积 19.7 平方米，道路网密度 5.28 公里 / 平方公里，面积率 9.6%，道路等级结构为快速路：主干路：次干路：支路 =0.2：1 ：0.46：3.79。与国家规范要求相比较，青岛市内四区主干路和支路基本符合要求，但快速路和次干路密度低于国家规范要求（见图 8）。

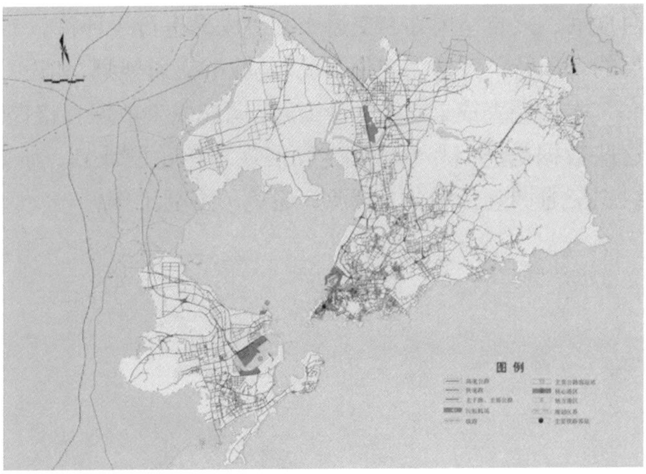

图 8　现状道路网图

5. 停车供需情况

根据交通管理部门资料统计，截至 2009 年底，青岛市内四区约有经营性停车场 945 处，泊位 6.3 万个（在交警部门管理登记的，不包括小区内及其他未管理登记的路外停车位），其中占路停车泊位约 1.6 万个，约占 25%。市内四区现有小汽车约 20 万辆，停车供需矛盾突出（见图 9 和图 10）。

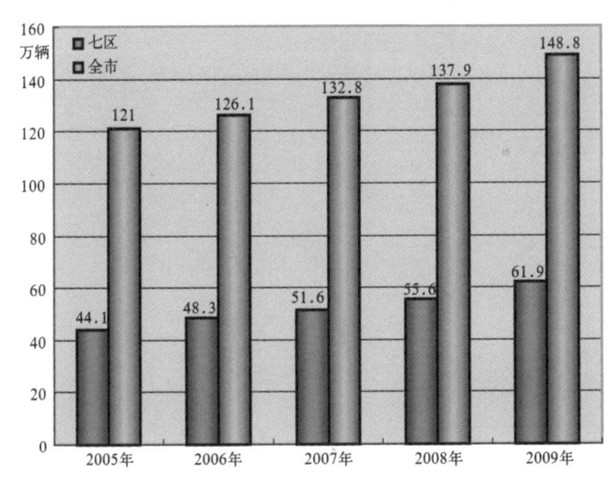

图 9　历年七区及全市机动车保有量情况图

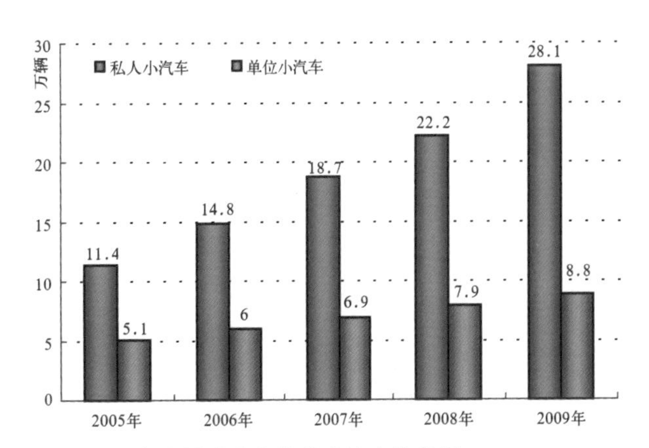

图 10　历年七区私人和单位小汽车趋势图

6. 交通固定资产投资

2009 年，七区交通固定资产投资额为 89.24 亿元，比上年增长 42.7%。常规公共交通投资 2.42 亿元，比 2008 年减少 29.4%，公交投资仅占交通固定资产投资的 2.7%（含轨道为 5.5%）。交通固定资产投资在全国同类城市处于中下游水平。

7. 主要结论

（1）个体机动化出行迅猛增长，公交出行比重增长缓慢。

（2）主要交通廊道基本饱和，交通拥挤覆盖范围扩大、拥挤程度加剧。

（3）公交总体发展水平较高，但仍然难以满足居民多样化的出行需求。

（4）小汽车保有量持续快速上升，城市停车泊位供应严重不足，占路停车相当严重。

（5）城市交通发展战略和发展政策贯彻力度不够，缺乏有效落实。

四、成果特色

根据调查数据，汇总整理形成了《青岛市第二次交通出行调查报告》和《2009 年青岛市交通发展年度报告》两个文件。其中《2009 年青岛市交通发展年度报告》是青岛市历史上第一本交通发展白皮书。来自全国知名交通专家对成果进行了评价，专家认为：成果详实地反映了青岛市城市交通发展的各项特征及供需变化情况，是城市交通规划、建设、运营管理的重要依据，成果达到国内领先水平。

本次调查成果向全社会公开，调查成果数据直接提供给规划、交通、建设、管理、运行等多个部门，这些数据是部门和单位制定发展规划和建设计划，研究确定组织运行方案的基础和前提。通过集中组织交通调查，整合了资源，避免了重复工作。

2014 年青岛世园会交通调查

委托单位：青岛市交通运输委员会

编制人员：万　浩　李勋高　汪莹莹　王田田　高洪振　董兴武　夏　青　周志永

编制时间：2011 年

一、项目背景

2014 年青岛世界园艺博览会（以下简称世园会）级别为 A2+B1 级，将于 2014 年 4 月中旬举办，会期约 180 余天，届时将产生大规模的客流。以往大型活动交通组织的成功经验表明，科学、合理的客流预测将为综合交通系统规划提供良好的支撑。世园会期间客流规模大、持续时间长、具有不确定性，有必要组织开展世园会交通调查，以准确获取国内公众对 2014 年青岛世园会的参观意向、了解不同群体对青岛世园会交通的期望与需求，从而为世园会的客源组织、运营、推广及交通保障等工作提供数据支持和决策依据。

二、调查过程与组织实施

调查自 2011 年 8 月 20 日开始，至 8 月 27 日结束，历时 7 天，针对三类群体组织五类七项世园参园意向调查，涉及调查员共计 1144 人次。调查共回收有效问卷（含统计表格）40400 份（见图 1）。

图 1　世园会交通衔接规划主要调查内容及关键指标

三、调查成果

1. 世园会周边现状交通流量调查

世园会周边区域现状整体交通流量较小，但个别节点交通压力大。其中，青银高速公路东李收费口进出通道交通饱和度达到 0.7，黑龙江路—九水路、黑龙江路—金水路、滨海大道—辽阳路、滨海大道—李宅路、青银高速公路收费口、滨海大道（松岭路）、枣山东路等饱和度也相对较高。该区域属于李沧东部新城区，正在进行大规模的开发建设，交通需求近期将有大幅度增加。

2. 崂山风景区停车场现状调查

前往崂山风景区的游客中，团队客占 50.9%，以小汽车方式去往景区的占 30.4%，公交车占 10.2%，出租车占 4.8%，大客车占 3.8%。旅游大巴车均载客量约为 40 人；大客车车均载客量约为 22 人；公交车车均载客约为 10 人；出租车车均载客量约为 2.56 人；小汽车车均载客量为 2.84。北九水停车场周转率偏低，可考虑在世园会期间将北九水停车场借用作为 P+R 停车场使用。

3. 青岛市常住人口世园会参观意向调查

调查结果显示约 70.8% 的青岛常住人口有参观世园会的可能，其中，市南区、市北区、四方区、李沧区、崂山区、城阳区、黄岛区的常住人口意向参园的比例分别为 64.5%、66.9%、63.4%、65.1%、69.0%、65.9%、73.8%（见图 2）。约 74.8% 的被调查者选择在白天参观世园会，与外地客的喜好基本一致；青岛七区常住人口选择公共交通方式前往世园会的比例最高，达 45.4%；选择小汽车方式的比例较高，达到 29.1%；出租车比例为 14.1%。若加强绿色交通理念宣传，并提供安全、便捷、舒适的公共交通，将吸引更多的游客以公共交通方式前往世园会（见图 3）。

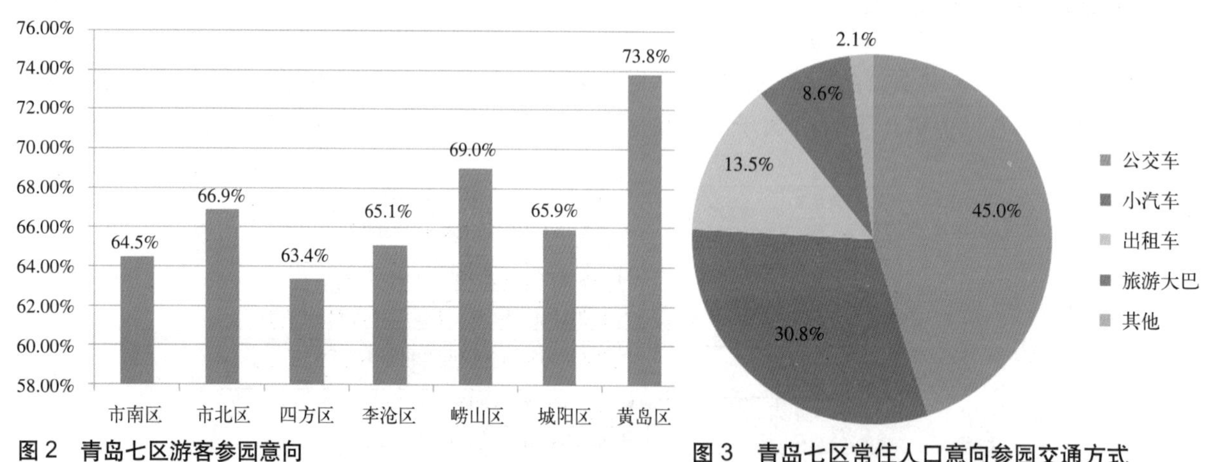

图 2　青岛七区游客参园意向

图 3　青岛七区常住人口意向参园交通方式

4. 宾馆住宿旅客世园会参观意向调查

宾馆住宿旅客意向参园的交通方式中，选择小汽车的比例最高（32.7%），公交车占 19.7%。七区宾馆在世园会期间接待世园会游客的能力为 304.52 万人，现状宾馆床位分布如图 4 所示。

5. 基于调查的世园会客流规模预测

预测思路如图 5 所示。

通过意向调查分析可知，2014 年青岛世园会意向参园的客流总规模为 1567 万～ 1655 万人之间。其中，青岛七区本地游客占 20.9%，外地住宿客占 59.8% ，外地一日客占 19.3%。游客参园方式中，团队客（旅行团模式）占 32.6%，散客（公交、小汽车、出租车等个体模式）占 67.3%。游客客流来源呈现国内游客为主的特点，青岛七区（本地游客）占 20.9%，青岛五县市占 13.5%；山东省内（不含青岛）占 24.5%；省外占 38.3%；国外游客占 2.9%。

图 4　青岛市现状宾馆床位分布图

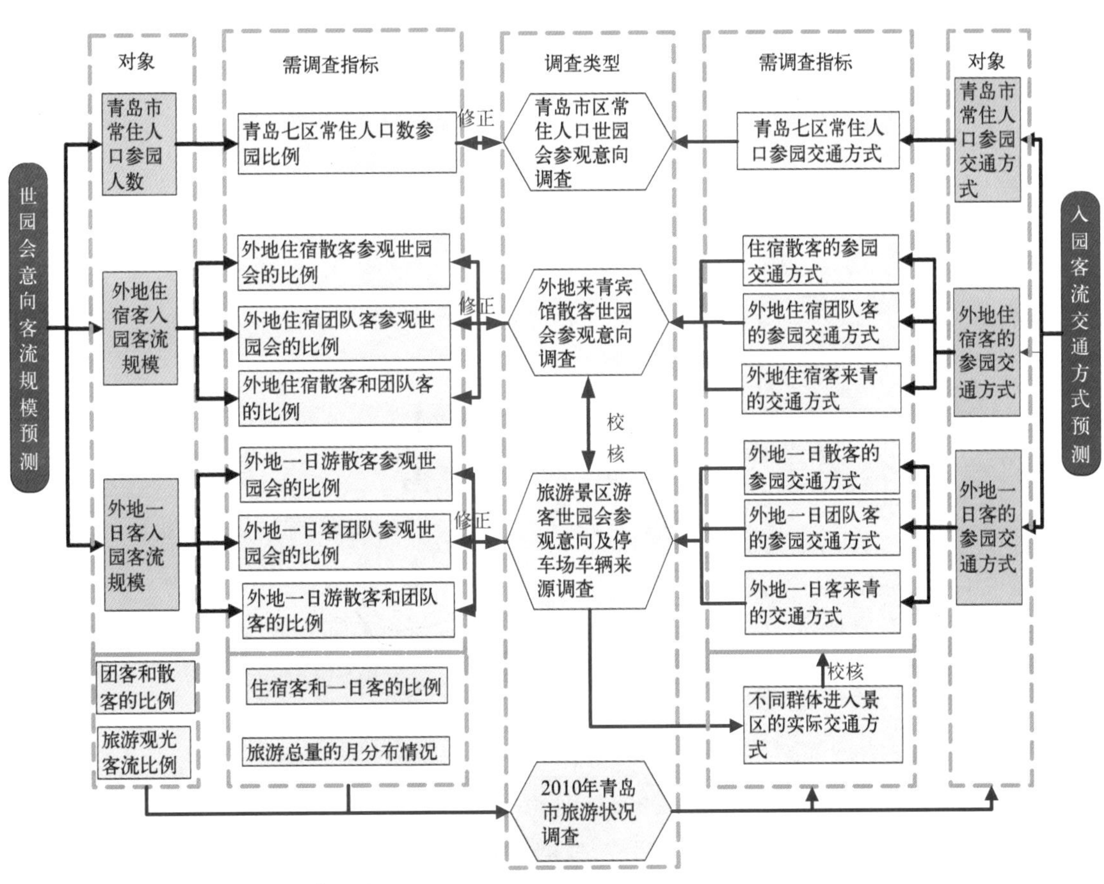

图 5　基于调查的客流预测基本思路

四、成果特色

探索了一种类似世园会等大型活动客流预测所需要的交通预调查方法，通过该调查数据所确定的世园客流总规模等重要参数成为世园会园区及外围规划建设、运营组织、运输保障等方面工作的重要依据。

调查针对世园会客流的构成特点，分别对七区居民、外地住宿客（主要对宾馆旅客）、外地一日客三类客流设计了不同的问卷，对其参园意向进行了调查，得出参园意向比例。之后通过目标年对常住人口、年旅游人次的分析，以及对参园意向实现的主要制约因素分析，预测参园客流的规模和特征。

为取得可信的世园会客流的详细参数，又分别对 2011 年崂山风景区、青岛啤酒节的客流特征进行了详细调查，取得了重要的特征类比参数。

第四篇

交通专项规划

浣溪沙

综合指引续耕耘，大沽河边城水亲，西岸疏港客货分。
但承构想无纰漏，绿色交通欲纵深，遍插细思密如林。

青岛国家公路运输枢纽总体规划

委 托 单 位：青岛市交通运输委员会
合 作 单 位：交通运输部科学研究院
本院编制人员：刘淑永　张志敏　万　浩　杨　文
编 制 时 间：2011 年

一、规划背景

交通运输部颁布了《国家公路运输枢纽布局规划》（交规划发〔2007〕220 号），全国共规划了 179 个国家公路运输枢纽，青岛是其中之一。为适应新时期全面建设小康社会、构建和谐社会的新要求，进一步提升公路运输的服务能力和水平，加快构建以国家高速公路网为依托，与铁路、水运、民航等其他运输方式紧密衔接，形成相对完善、布局合理、运转高效的国家综合运输服务网络迫在眉睫。

青岛作为我国最早确定的 45 个公路主枢纽城市之一，于 1996 年完成了《青岛公路主枢纽总体布局规划》，1997 年经交通部和山东省人民政府批准通过。本次规划是在《青岛公路主枢纽总体布局规划》的基础上，根据国家和区域的最新发展战略，结合城市新的发展要求，站在新的起点、以新的视角审视青岛公路运输枢纽站场布局，制订布局合理、功能齐全、设备先进、管理科学、服务优质的现代化公路运输枢纽站场系统。

二、规划目标

（1）以提高公路运输的整体服务能力和水平为宗旨，以服务旅客安全便捷出行和推进国际物流、工业物流、商贸物流为根本出发点，实现公路、港口、铁路及轨道交通等综合运输体系协调发展，全面提高公路运输的整体服务能力和水平。

（2）适应青岛市经济社会发展需要，满足枢纽影响区内客、货运输需求。

（3）形成面向全社会具有运输组织、中转和装卸储运、中介代理、通信信息和辅助服务等基本功能，布局合理、能力充分、设施齐全、运转高效、智能环保、服务优质的现代化、网络化公路运输枢纽站场系统。

三、枢纽功能和需求预测

1. 国家公路运输枢纽功能定位分析

（1）充分发挥东北亚国际航运中心作用，实现对内有效沟通华东、华北、西北地区和带动黄河中下游发展，对外重点连接日韩、提供在更大范围、更广领域、更高层次参与国际竞争的基础保障。

（2）促进山东半岛城市群协作发展，有力推动青烟威一体化格局的形成。

（3）发挥山东半岛蓝色经济区核心带动作用，夯实城市“环湾保护，拥湾发展”的基础。

（4）综合运输体系的联系纽带，运输一体化的组织平台。

2. 公路客运和货运需求预测

根据青岛国家公路运输枢纽的战略定位和市场需求特点，在分析国民经济和交通运输量等相关资料的基础上，综合经济社会和交通运输的发展趋势，预测了未来各特征年的客运枢纽站场发送量和货运枢纽站场吞吐量。2015年、2020年青岛公路客运枢纽站场发送量分别为3000万人和4100万人；货运枢纽站场吞吐量分别为2930万吨、4270万吨，预测结果详见表1。

青岛公路运输枢纽主要运量指标预测结果　　表1

年份	公路客运量（万人/年）	客运枢纽站场发送量（万人/年）	公路货运量（万吨/年）	货运枢纽站场吞吐量（万吨/年）
2015	45710	3000	24394	2930
2020	61840	4100	30492	4270

四、客运枢纽站场布局规划

在青岛和红岛（城阳区）东部沿纵线展开，布局4个客运站；在红岛（城阳区）沿横线展开，布局2个客运站（其中有1个客运站共用服务青岛的1个客运站）；在黄岛、胶南城区分别沿纵线展开，布局2个客运站和1个综合客运枢纽站。同时考虑到规划青岛新机场在山东半岛城市群内的突出地位及其强大的辐射服务能力，规划配套建设青岛新机场客运枢纽站（见图1）。对于旅游客运服务则不局限于单一站场，各个客运站场统筹提供旅游客运服务功能，从而形成“环绕胶州湾、统筹青黄红、三翼齐飞、三城对接”的网络化客运枢纽站场布局，规划总占地面积63万平方米，总设计能力日发送旅客13.26万人次。

图1　国家公路运输枢纽客运枢纽站场布局规划图

五、货运枢纽站场布局规划

在规划范围内共规划8个园区、6个物流中心、1个配送中心，其中为港口货运及临港产业配套服务的货运枢纽4个，为公铁联运及城市综合物流服务的货运枢纽2个，为空港物流、冷链物流及临空产业服务的货运枢纽1个，为高新技术产业及生活服务配套的货运枢纽2个，为工业企业及生活服务配套的货运枢纽6个。占地总面积1455万平方米、设计总能力为5516万吨/年（见图2）。

六、信息系统规划

基于不同用户对信息系统的需求，青岛国家公路运输枢纽信息系统可以划分成5个子系统，分别为客运信息系统、货运信息系统、站场运营和站务管理信息系统、车辆调度和安全保障信息系统、公众服务信息系统。

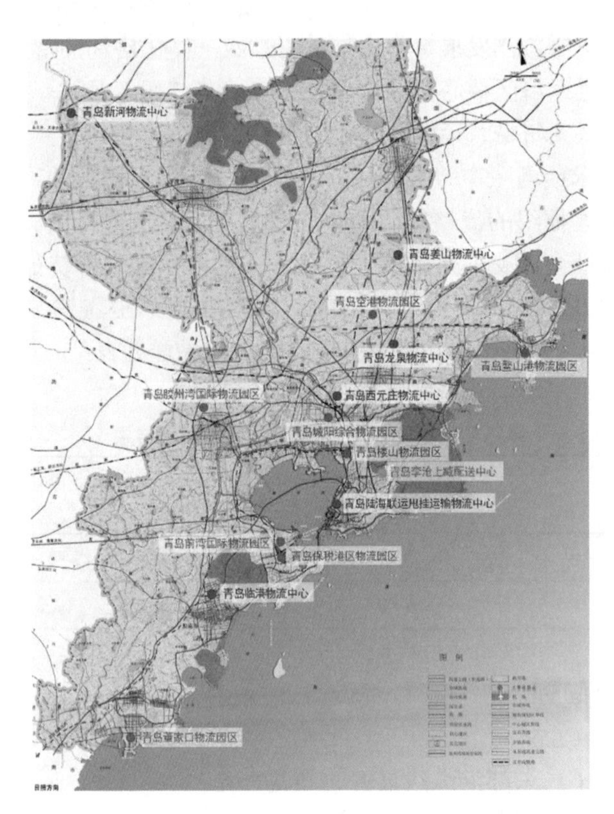

图 2　国家公路运输枢纽货运枢纽站场布局规划图

七、成果特色

（1）按照“统一规划、分类指导、分期实施、适度超前”的原则，确定了规划实施的总体安排。在公路运输枢纽的布局中充分考虑了青岛作为港口城市、旅游城市的特点，使规划布局方案能够适应和支撑带动旅游业和港口运输业的发展。

（2）公路规划编制部门和城市规划编制部门紧密配合，一方面实现了城市对外交通和城市交通的有机衔接，另一方面与城市土地利用规划紧密结合，有利于项目落地，可操作性强。

青岛市域轨道交通线网概念规划

委 托 单 位：青岛市地下铁道办公室

合 作 单 位：上海市城市综合交通规划研究所

本院编制人员：万 浩 李勋高 雒方明

编 制 时 间：2005 年

一、项目背景

2002 年青岛市编制了《青岛市城市综合交通规划》，重点对市区的轨道交通线网进行了详细规划，但对市域轨道交通规划涉及较少。为做好对市域轨道交通的用地控制，编制本规划。

作为一个概念性、前瞻性规划，规划以城市总体规划和综合交通规划等相关规划成果为基础，从战略层面上对市域轨道网进行规划，以整合青岛市域资源要素，促进大型基础设施的共建共享，确立以轨道交通为骨架的公共交通模式在大青岛客运交通中的主导地位，缩短各县级市、卫星城镇与青岛中心城的时空距离，加强青岛的辐射能力，呼应并且支撑省委省政府把青岛建成山东半岛“龙头城市”的重大战略，并对后续的规划起到铺垫和指导作用。

二、规划目标

（1）支持城市发展战略，适应城市空间拓展。

（2）引导青岛市区、市域及城市圈空间布局与融合。

（3）引导青岛在未来城市圈形成合理的交通模式。

（4）实现城市综合交通发展目标，促进市域 1 小时经济圈形成。

（5）为控制轨道走廊用地提供依据；指导下一步专项规划的编制。

三、规划方案

1. 市域现状交通存在的主要问题

从交通结构来看，现状市域交通结构单一，与国际化城市的发展定位不符。

从发展趋势来看，交通结构趋向不良化。

从交通设施来看，部分枢纽设施能力不足，交通衔接协调性差。

从交通管理来看，传统体制的“条块分割”影响了大青岛一体化格局的形成。

从服务水平来看，现状交通服务水平低，不能满足居民出行的需求。

2. 交通走廊分析

根据青岛市“一湾、两翼、三极”的城市空间发展概念思想，得出青岛市域现有或潜在的四条交通走廊，分别为：城阳—即墨—莱西交通走廊，胶州—平度交通走廊，黄岛—胶南交通走廊，环胶州湾交通走廊（见图1）。

3. 大青岛城市圈未来交通发展方向

借鉴国内外发达城市交通发展模式的经验，结合青岛市经济发展、城市发展和交通自身发展对城市交通的要求，规划认为青岛市交通发展应以“多方式协调发展”为主方向；“强有力复合交通走廊＋多中心组团＋TOD开发”模式是青岛城市与交通发展的合理选择；市域轨道交通是青岛市“强有力复合交通走廊”中的重要组成（见图2）。

4. 综合交通体系的构成

结合各种交通方式的特点，在不同运输范围内布设有竞争力的运输方式，形成青岛多方式一体化交通系统，为人和车的出行提供便捷服务，促进“城市、经济和交通”三者协调发展和国际化城市的形成。因此，青岛市综合交通体系结构包括三个层次（见图3）。

（1）城际交通层：指青岛市和其他核心城市间的干线交通，包括高速铁路、城际铁路、高速公路、普通铁路、航空等交通运输方式。

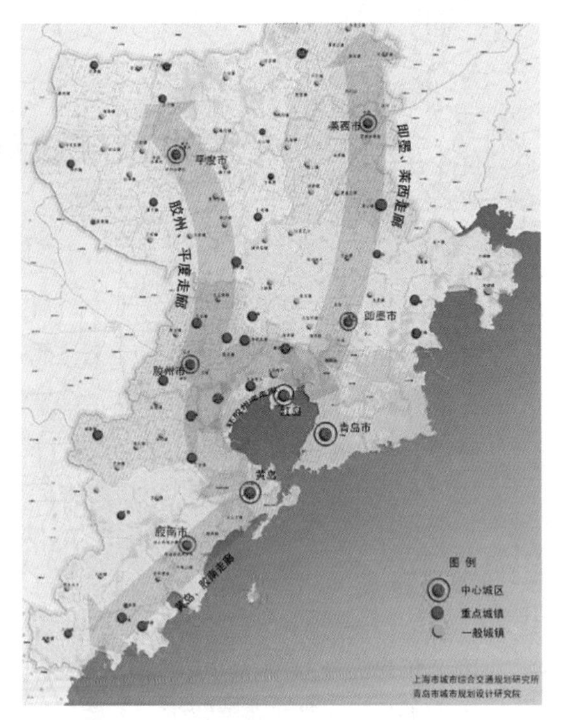

图1 青岛市域交通走廊分析图

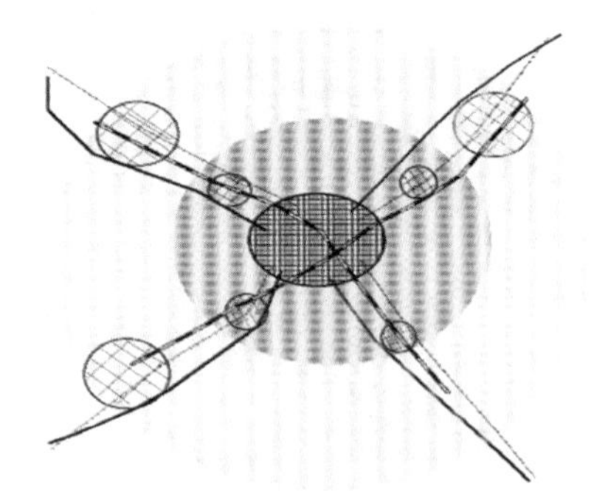

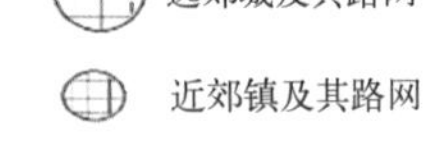

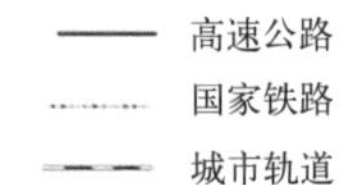

图2 未来大青岛城市圈交通模式概念图

图3 青岛市综合交通体系结构概念图

（2）市域交通层：指青岛市市域联系，重点是外围组团到市区之间的联系，包括市域轨道线、高速公路、公路主干线、普通铁路等组成的复合交通走廊。

（3）市区交通层：指青岛市区内部的交通系统，包括城市轨道交通、快速公交和常规公交系统。

5. 市域轨道线网规划

通过类比分析法、客运量需求分析法、定性分析法三种方法分析，青岛市远期轨道线网规模（含市区）为380～600公里。结合客运走廊和城市空间布局，共规划5条市域轨道线路，总长度为260.8公里（见图4），分别为：

L1线：自城阳区墨水河（市区1号线终点站）至莱西市区，线路长69.3公里，服务城阳—即墨—莱西交通走廊。

L2线：自棘洪滩街道办（市区6号线终点站）至平度市区，线路长60.2公里，服务胶州—平度交通走廊。

L3线：自城阳区惜福镇至黄岛接市区5号线终点。线路主要沿正阳路和G204布设，线路长65.8公里，服务环湾交通走廊。

L4 线：形成一条支持滨海“一线展开”城市空间布局的全新线路。线路自黄岛（市区 5 号线江山南路站）至泊里镇，线路全长 53.2 公里，服务胶南—黄岛交通走廊。

L5 线：线路自即墨市区出发，主要沿鳌兰路布设至鳌山卫镇，总长 19.8 公里。主要服务于“一线展开”中的北部重要组团鳌山卫，运营时可以考虑作为 L1 线的支线运营，以增强与市区的联系。

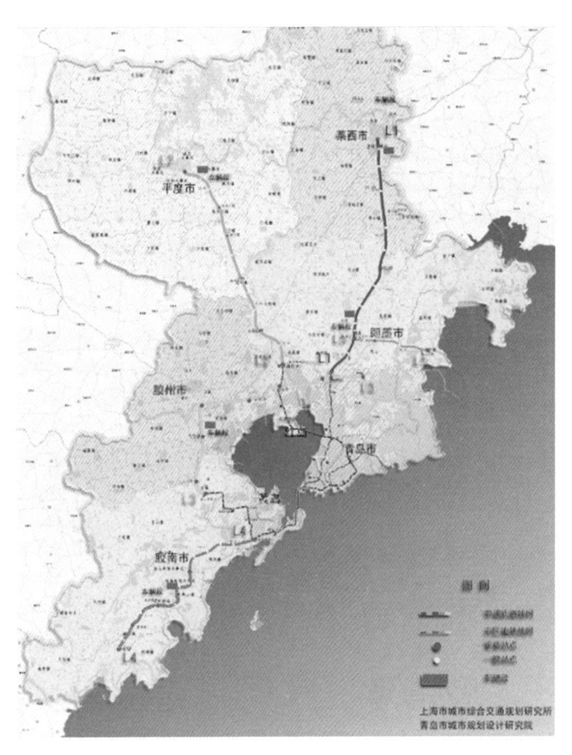

图 4　青岛市市域轨道网规划方案图

四、成果特色

（1）项目研究具有超前性。项目确定了大青岛城市圈未来交通发展方向，研究利用轨道交通线网来解决各县市同中心城区的联系，突出以公共交通实现市域各组团与中心城区联系的主导思想，具有超前性，并对后期轨道交通线网规划、轨道交通建设规划、铁路青岛枢纽可行性研究均起到重要的参考作用。

（2）有效支撑了青岛市作为山东半岛城市群龙头城市地位。项目研究了未来青岛市综合交通体系结构，以城际交通层、市域交通层、市区交通层等 3 个层次的交通体系作为青岛市长远发展的有力支撑。

（3）为做好用地预留和编制相关规划提供了基础条件。对市域轨道交通沿线路由进行了详细的阐述，为用地控制预留提供了条件。同时，从交通层面指导了各县级市的总体规划、控制性详细规划等相关规划的编制。

青岛市主城区停车场专项规划

委托单位：青岛市规划局

编制人员：马　清　万　浩　刘淑永　张志敏　李勋高　李国强　徐泽洲

获奖等级：青岛市 2003—2004 年度优秀城市规划设计奖

2005 年度青岛市优秀工程咨询成果一等奖

2006 年度山东省优秀规划设计二等奖

编制时间：2004 年

一、规划背景

青岛市区交通机动化呈现快速增长态势，截至 2004 年 8 月，机动车保有量已增长到 15.3 万辆。机动车保有量的快速增长，直接导致停车难问题日益突出。"停车难"也已经成为市民反映强烈、领导关注的热点问题，因停车引发的纠纷甚至诉讼也逐年增多。解决好城市停车问题已成为城市管理部门当前面临的紧迫任务之一。

建立完善的停车系统，是实现青岛城市总体发展战略的要求。当前，青岛市正处于重要的发展阶段，随着经济持续健康快速发展，以及加入 WTO 后私人购车高峰期的到来，交通设施需求将显著增加，停车设施的水平直接影响到城市的交通运行效率和生活环境品质，停车设施的过度短缺、布局不合理和管理不规范，都将对提高城市综合竞争力产生不利影响。因此，从长远发展目标来看，结合城市布局结构的调整，建立和完善与城市社会经济发展相适应的城市停车系统十分紧迫和必要。本次停车场规划范围为青岛市主城区，即市南区、市北区、四方区、李沧区和崂山中心区，面积约 243 平方公里。

二、规划目标和战略

1. 规划目标

通过公共停车场的建设、建筑物的停车场配建和一系列其他交通设施的同步建设，结合各种交通政策的推行和管理水平的提高，形成以公共交通为主体的"畅达、安全、舒适和清洁"的综合交通体系，实现公共交通优先发展、车辆与道路（含停车泊位）的协调发展。

2. 发展战略

通过停车场的合理设置，使停车场规划与换乘枢纽紧密结合，鼓励个体交通在进入城市中心区以前进行停车换乘，实施公共交通优先发展战略；依据各区城市功能的不同特点，合理布设停车设施，调整静态交通分布，促进交通区域差别化战略；通过规划控制停车场建设的合理规模，促进车辆与道路（含停车场）的协调发展战略；推进停车产业化战略，形成停车场建设投资的良性循环，解决停车场建设投资不足问题。

三、规划方案

1. 停车需求预测

2020 年主城区停车泊位需求总量为 63.2 万个，其中社会停车泊位需求约 8.2 万个。社会停车需求中大部分需要路外停车泊位满足，路内泊位只作为路外泊位的补充。

2. 停车场布局规划

在停车需求预测的基础上，在市内四区和崂山中心区共规划 267 处、5.7 万个停车泊位的公共停车场。其中市南区规划公共停车场 84 处，泊位总数 13351 个；市北区规划公共停车场 62 处，泊位总数 13891 个；四方区规划公共停车场 41 处，泊位总数 8141 个；李沧区规划公共停车场 54 处，泊位总数 14387 个（见图 1）。为了缓解旅游季节外地旅游大巴停车难的问题，规划 24 处旅游大巴停车场，可以提供 1200 个左右旅游大巴停车位。对大型交通枢纽点和轨道交通换乘点规划了 9 处供停车换乘的公共停车场，停车泊位 3708 个。

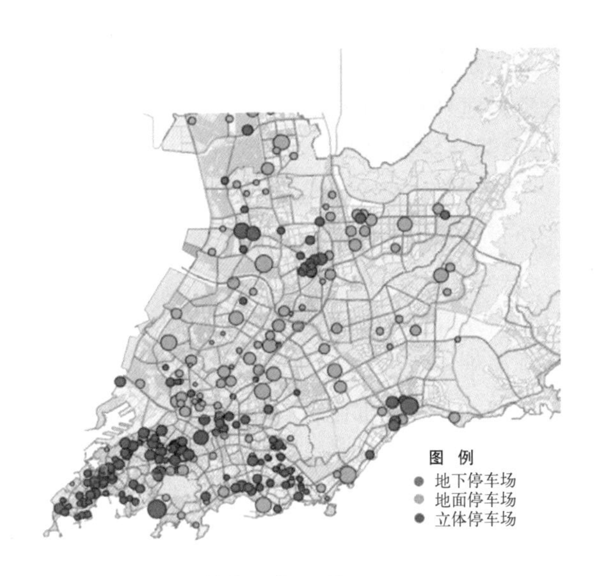

图 1　主城区规划停车场布局图

3. 规划重点

结合青岛市未来城市发展和旅游城市的特点，参考国内外其他城市经验，重点对以下几个方面问题进行了深入研究：

（1）提倡可持续交通和公交为主的交通发展战略，在交通枢纽点布设大型公共停车场，推行停车换乘模式，鼓励人们换乘公交，减轻城市中心区的交通压力。

（2）为了缓解旅游季节外地车辆停车难的问题，规划在城市外围地区设置大型公共停车场，鼓励游客换乘公交进入旅游景区。同时，在前海一线增加 500 多个大客车停车位，增设部分路内停车泊位，鼓励单位大院节假日对外开放。

（3）针对居住区配建车位不足、历史欠账过多的问题，一方面提高新建小区停车配建指标；另一方面在居住区周边建设公共停车设施，鼓励居民集中停车，减轻居住区周边夜间车满为患的现象。

（4）针对中心区地价成本高，停车供需矛盾突出的问题，规划通过优先发展公交，提高中心区停车收费价格，控制进入中心区的车辆数。加强中心区建筑物配建车位的建设，提倡公共建筑和住宅建筑错时停车。

（5）对体育场、啤酒城等大型交通吸引点瞬时停车需求高的特点，一方面加强停车场的配建；另一方面在大型活动举办时加大公交的服务力度，提高停车收费价格，减少停车需求。同时，开辟临时路内、路外停车场，加大停车泊位的供给，缓解大型交通吸引点在节庆期间的停车压力。

（6）作为停车场供给主体的配建停车场目前国家没有统一的配建标准，在研究总结国内外 14 个城市配建指标的基础上，制定了青岛市停车配建推荐指标。

（7）为了保障停车场建设用地，增强规划的指导性和可实施性，将规划的公共停车场纳入覆盖全市的控制性详细规划。

4. 实施措施

近期应推进停车产业化发展，建立停车场规划建设管理体系，保障停车产业沿着健康的轨道发展，实现适度的停车供需平衡。主要策略为：

（1）管理法制化

建立健全地方性停车管理法规体系，成立统一的停车管理协调机构，制定交通发展纲要，确定停车产业化政策。

（2）投资多元化

鼓励多方投资兴建停车场，并给予税收等优惠。建立停车场建设专项基金，改变目前仅靠政府投资兴建公共停车场的局面。

（3）经营市场化

属于国有资产的公共停车场应当实行特许经营权拍卖等市场手段。政府负责停车场的管理，企业负责停车场的经营。

（4）区域差别化

对不同区域，采取差别化控制和引导措施，中心区强化公交服务，引导车辆在中心区外围使用，建立换乘系统。

（5）成本内部化

在停车收费定价上引入市场机制，让价格杠杆发挥作用，从而调控供需，逐步建立反哺公交的机制，促进资源公平分配，扭转停车成本社会化趋势。

（6）技术智能化

大力推行停车技术，积极推广咪表收费技术和机械式停车，提高停车资源的使用效率，节省用地；建立停车管理系统，提高停车智能化水平。

四、成果特色

（1）系统总结了停车场专项规划编制方法，提出了科学、合理、实用的技术路线。

（2）从城市发展和构建可持续发展的交通体系出发，将停车作为一项系统工程，从规划、实施多角度进行系统分析。

（3）提出了近期有效加强停车场建设的停车产业化发展思路。

青岛市中心城区停车场专项规划

委托单位：青岛市规划局

编制人员：张志敏　刘淑永　房　涛　董兴武　于莉娟　汪莹莹

编制时间：2011 年

一、规划背景

城市机动车的快速增长导致很多城市出现了停车矛盾突出、车辆无处停放、乱停乱放等现象。青岛中心城区近年来机动车增长迅速，到 2010 年机动车拥有量已达 70.6 万辆，比 2002 年翻了一番还多。而私家车拥有量增势更为迅猛，2010 年达 39.8 万辆，年均增长率高达 30.3%。机动车的迅速增长，给青岛市的停车问题带来巨大影响。

2004 年市政府批复的《青岛市主城区停车场专项规划》，在分析主城区停车现状问题的基础上，提出了路外停车设施供应为主体，路内停车为补充的停车发展目标，以及使停车场规划与换乘枢纽紧密结合，鼓励个体交通提前停车换乘，实施公交优先的发展战略。在市内四区和崂山中心区共规划 267 处公共停车场，提供 5.7 万个泊位。在规划的指导下，已建及在建停车场 20 余处，提供泊位 4000 余个，一定程度缓解了停车难问题。但近年来青岛市车辆规模较 2002 年已翻了一番，亟须编制新的停车场规划，指导新一轮停车场规划建设。本次停车场专项规划的规划范围为中心城区，即市南区、市北区、四方区、李沧区、崂山中心区、黄岛及城阳中心区，面积约 590 平方公里。

二、停车现状及问题

截至 2010 年底，中心城区机动车拥有量达 706152 辆，占全市机动车拥有量的 43.5%。汽车拥有量为 545512 辆，占全市汽车拥有量的 55.9%（见图 1）；中心城区私人小汽车的保有量为 398083 辆（见图 2），千人拥有率达 107 辆 / 千人。

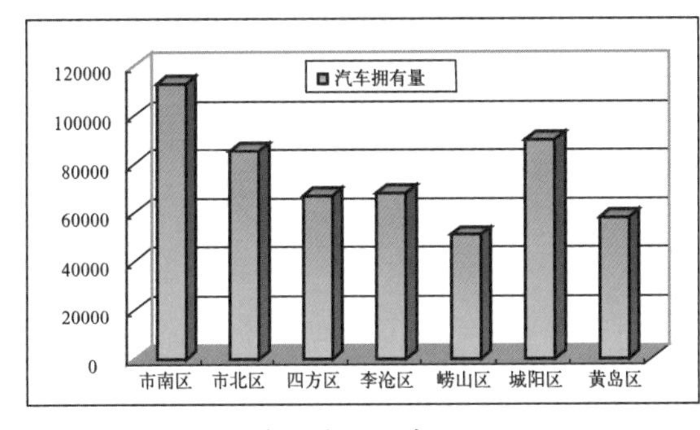

图 1　中心城区汽车拥有量分布图

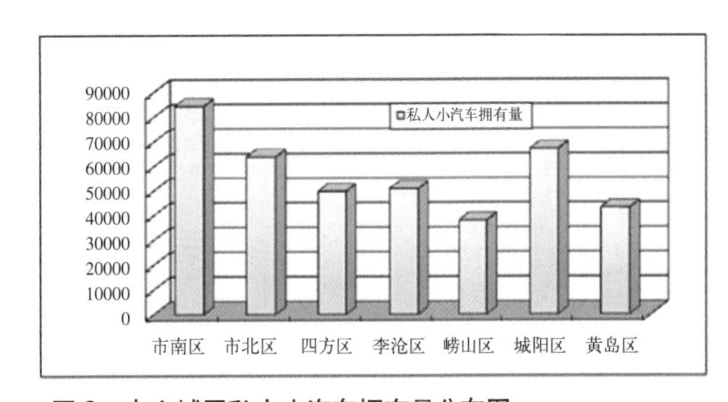

图 2　中心城区私人小汽车拥有量分布图

由于青岛市现有停车泊位数尚无准确的数字，相关部门虽然进行了调查，但是收集的资料不能覆盖全部，对公共建筑、居住小区配建车位情况并不了解，因此很难分析青岛市不同区域停车供给和需求之间的剪刀差，也难以制定切实有效的停车政策和措施。因此，本次停车场专项规划于 2011 年 4 ～ 8 月组织有关单位对中心城区约 590 平方公里范围内的停车资源进行了普查，并形成了现状停车资源调查分析研究专题报告。

根据调查，中心城区调查区域内现有停车泊位 475646 个，路内违章停车 62464 个（见表 1）。其中，市南、市北路内违章停车分别为 18268 个、22013 个，是中心城区停车供需缺口最大的两个区。城阳区属于城市新区，建筑物配建车位充足，目前还有部分盈余。李沧区特别是李沧东部建筑多为 2000 年以后所建，配建标准较高，加之李沧东部目前居住人口较少，停车需求量小，使李沧区停车供给总量大于停车需求总量。但李沧停车供需矛盾分布不均衡，李沧西部和中南部停车供需矛盾较为突出(见图 3 和图 4)。

中心城区现状停车状况一览表 表 1

行政区	路内合法停车位（个）	路内违章停车位（个）	路外公共停车位（个）	路外配建停车位（个）	合法停车位小计（个）
市南	9278	18268	2225	67977	79480
市北	9891	22013	1162	42285	53338
四方	5897	8335	910	38882	45689
李沧	10399	5639	1070	88805	100274
崂山	2266	4366	807	70277	73350
城阳	8535	613	130	50693	59358
黄岛	2961	3230	2000	59192	64153
合计	49227	62464	8304	418111	475642

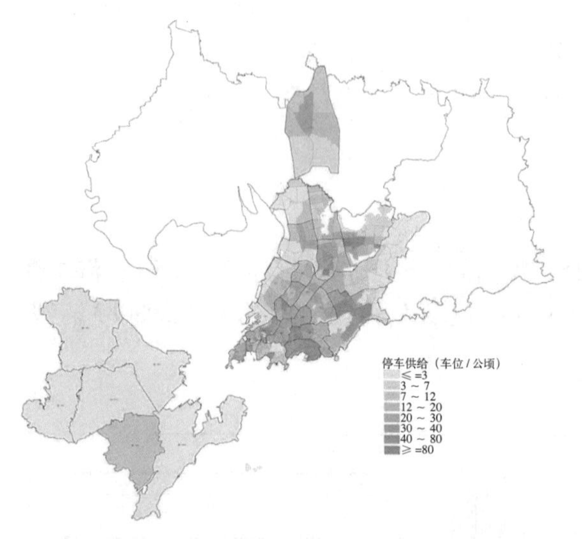

图 3 全市停车供给分布密度图

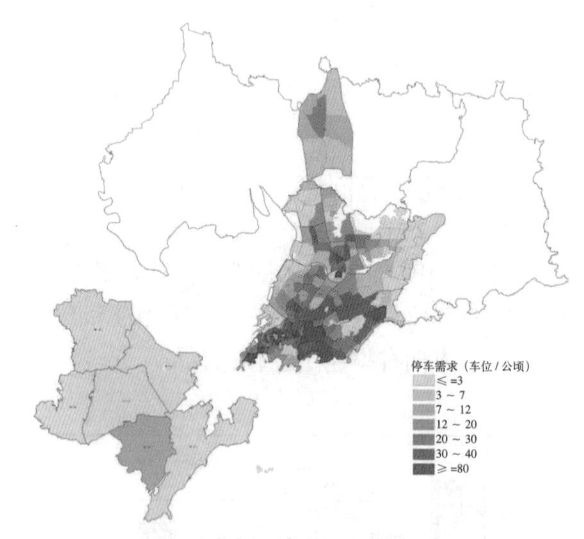

图 4 全市停车需求分布密度图

三、规划目标和战略

1. 规划目标

形成以配建停车为主、路外停车为辅、路内停车为补充的城市停车格局；避免出现停车失衡的局面，基本保证居住区刚性停车需求，公共建筑弹性停车需求适度满足；与交通需求管理结合，综合考虑道路容量和用地要求，适当控制中心区公共建筑的停车供应规模；结合城市大型交通枢纽和地铁换乘车站，建立方便舒适、配套完善的停车换乘枢纽，鼓励人们换乘公共交通。

2. 总体规划策略

分区供应策略：针对停车空间不可运输性的基本特性，根据交通特征的差异划分停车分区，相应明确不同分区的停车设施供应对策。根据差别化的停车设施供需关系，对不同分区分别采用严格限制供应、适度限制供应和适度平衡供应的策略，制定相应的停车设施供应对策。

分类供应策略：在停车分区的基础上，依据“建筑物配建停车为主、路外公共停车设施为辅、路内公共停车设施为补充”的分类供应原则，合理确定各个分区的路外公共停车设施、路内公共停车设施、建筑物配建停车设施等各类停车设施的比例和规模，通过停车设施不同类型的供应来达到调控优化分区土地利用、交通流分布、交通方式结构等目的。

分时供应策略：针对停车系统时间不可存储的特性，根据不同出行目的的停车需求时间分布特征，针对停车设施利用率时间差异性较大的特点，明确不同时段的停车设施供应对策，以调控道路交通流的峰谷值，并提高停车设施利用率。

分价供应策略：针对中心区与外围区、路内与路外、地面与地下的停车设施以及私人车辆与公用车辆等差异，建立起不同地区、不同类型、不同车种的停车设施分价供应对策，通过价格杠杆来调节各类停车设施利用率，从而保证城市停车设施供需平衡。

四、规划方案

1. 停车需求预测

2020 年的停车需求总量为 169.4 万个，近期 2015 年的停车需求总量为 109.7 万个（见图 5 和图 6）。

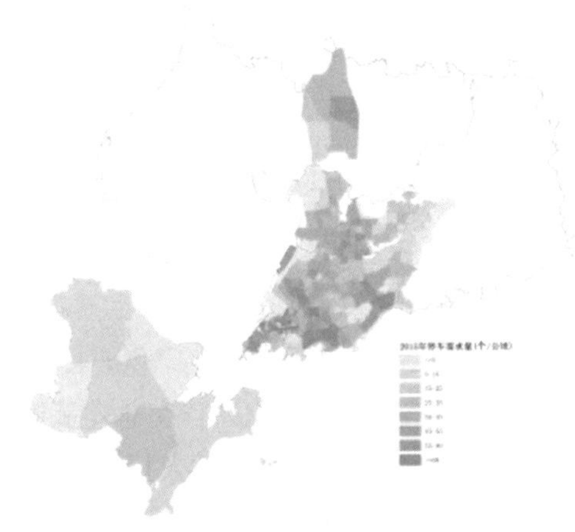

图 5　2015 年停车需求空间分布图

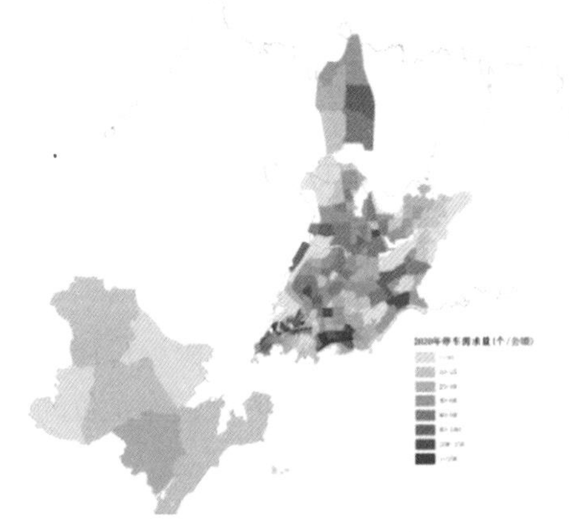

图 6　2020 年停车需求空间分布图

2. 停车场布局规划

通过对停车资源的深度挖掘，2020 年规划范围内停车泊位数量由 42 万个增加到 189.4 万个。其中市南区停车泊位由 6.7 万个增加到 19.4 万个，增加停车泊位 12.7 万个；市北区停车泊位由 4.3 万个增加到 15.8 万个，增加停车泊位 11.5 万个；四方区停车泊位由 4.1 万个增加到 20.7 万个，增加停车泊位 16.6 万个；李沧区停车泊位由 9 万个增加到 40.7 万个，增加停车泊位 31.7 万个；崂山中心区停车泊位由 6.7 万个增加到 30.7 万个，增加停车泊位 24 万个；城阳中心区停车泊位由 5.1 万个增加到 26.8 万个，增加停车泊位 21.7 万个；黄岛区停车泊位由 6.1 万个增加到 35.3 万个，增加停车泊位 29.2 万个（见图 7）。

结合轨道交通线网规划，在重要枢纽点、地铁换乘站规划了 14 处公共停车场，规划停车泊位 9500 个，可以提供停车换乘（见图 8）。

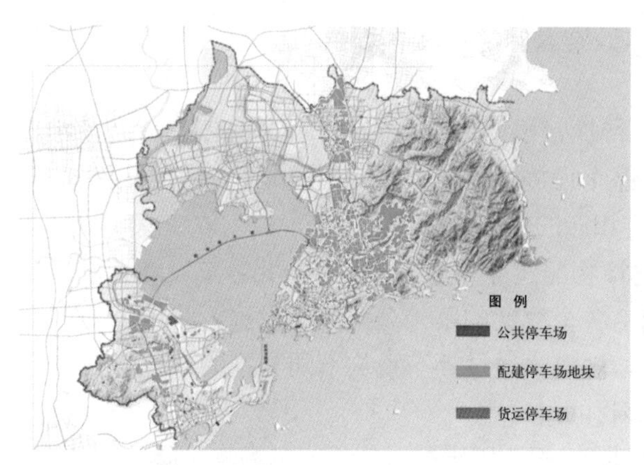

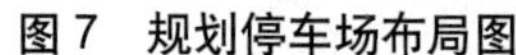
图 7　规划停车场布局图

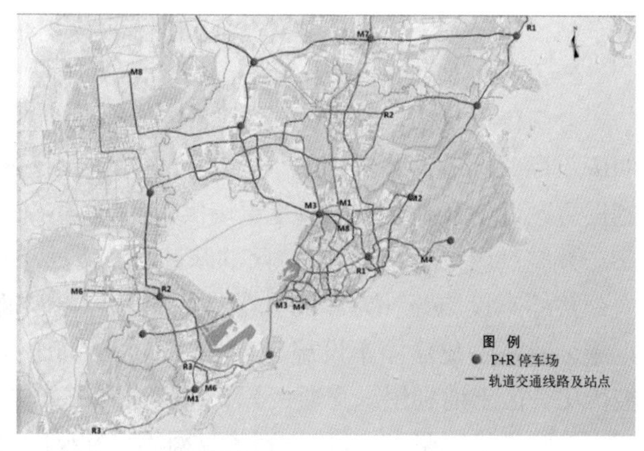

图 8　P+R 停车场布局图

3. 促进停车场规划实施的政策措施研究

规划方面：坚持配建停车位的主体作用，严格控制公共停车场规划用地。

建设方面：按照“政府引导、市场主导”的方针，市区两级政府要加大对停车场建设的投入力度。同时，通过制定鼓励停车产业发展的优惠政策，吸引社会资金进入停车场建设运营领域，实现停车场投资多元化，逐步培育形成停车经济。

运营方面：实现停车运营管理的公司化。从业人员须取得相应的从业资格，持证上岗。社会资本投资建设的停车场由其自行管理，财政投资建设的停车场和路内停车位由政府招标或委托确定符合资质要求的公司进行运营。全部经营性停车场均要取得交警、税务、工商等部门的许可或执照，依法经营，并接受由交警、税务、工商等部门组成联合检查组进行的检查和年审。

管理方面：理顺停车管理体制，成立专门停车管理领导机构；加强经济手段调控，引导停车需求；加快法规制度建设，规范行业发展；加快停车智能设施建设，提高管理水平；推动成立停车行业协会；加大行政执法力度，规范停车管理；加强路内停车位的管理；鼓励配建停车位对外开放经营；择机推行“自备车位”的发展政策；办理产权；加强宣传教育；提高公交出行比例，优化出行结构。

五、成果特色

（1）对中心城区现状停车资源进行详细普查，分析供需矛盾，实施供需统筹，以供定需，促进土地合理利用的停车场规划原则，使停车泊位的供应量与城市路网交通容量、片区出入口交通容量相适应。

（2）在停车供需分析的基础上，把规划的公共停车场落实到具体地块，并纳入相应控制性详细规划。且对于新建和改建项目提出了捆绑车位的要求，既保证了停车场建设用地，又增强了规划方案的可实施性。

（3）对停车场配建标准进行专题研究，提出坚持配建停车为主，公共停车为辅，配建车位对外开放的规划原则。按照不同区域特点将停车配建分成三类地区，不同地区采取不同的配建标准和停车策略。

（4）规划的海伦广场停车场、海琴广场停车场、当代广场停车场、香港西路 1 号停车场、第二体育场停车场等 10 余处停车场已经列入近期建设计划，陆续开工建设。规划成果中提出的解决停车问题的政策措施，如建议尽快出台的《青岛市人民政府关于加强公共停车场规划建设管理工作的意见》、《青岛市公共停车场规划建设管理工作实施方案》、《青岛市机动车停放服务收费管理办法》等，相关部门正在开展专题研究。

青岛市大沽河周边区域道路交通系统规划

委托单位：青岛市规划局

参加人员：李　良　贾学锋　董兴武　秦　莉

编制时间：2011 年

一、规划背景

大沽河位于胶东半岛西部，在青岛市域流经平度、莱西、即墨、胶州、城阳红岛汇入胶州湾，流域面积约 4780 平方公里，约占青岛市域总面积的 45%，是青岛市的母亲河。

2011 年 1 月 30 日，中央下发一号文件《中共中央国务院关于加快水利改革发展的决定》，文件中提出水是生命之源、生产之要、生态之基。兴水利、除水害，事关人类生存、经济发展、社会进步，历来是治国安邦的大事。促进经济长期平稳较快发展和社会和谐稳定，夺取全面建设小康社会新胜利，必须下决心加快水利发展，切实增强水利支撑保障能力，实现水资源可持续利用。

本规划是《青岛市大沽河流域保护与空间利用总体规划》的专项规划（见图 1）。规划以大沽河流域生态示范区建设为中心，坚持交通体系与流域环境协调发展；通过构筑绿色、便捷、高效的道路交通体系，加强流域对外交通联系，适应流域经济发展。在完善路网体系的基础上，构建客货运体系，提升流域的交通综合服务能力。同时对沿河两侧的绿道系统提出指导性建议。

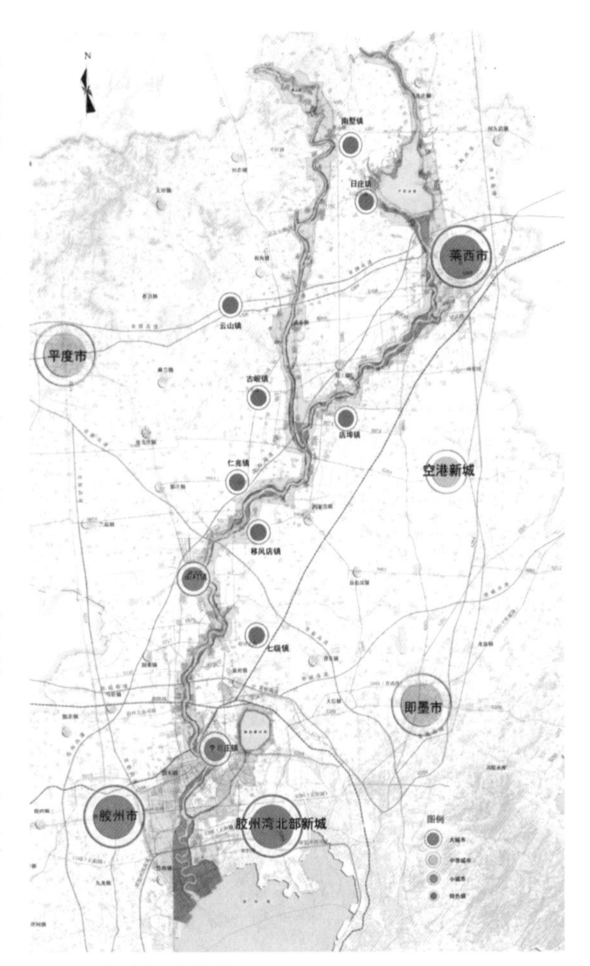

图 1　大沽河区位图

二、规划目标与策略

以辐射带动流域发展为基础，打造滨河慢行系统、改善亲水空间、构筑沿河绿道主轴线，实现流域可持续发展、区域环境品质不断提升、旅游休闲影响力逐渐增强的发展目标。在这个目标下，通过制定环境友好的交通策略，引导环境和交通的协调发展；通过城河一体的交通策略，发展郊区段的休憩、观光、特色景观与慢行交通配套设施；通过完善对外路网，支撑流域内的特色景观、生态农业的发展。

三、规划方案

1. 路网系统布局规划

在现状路网结构的基础上，完善流域内的路网结构体系。通过沿河两侧适当距离的纵向道路规划，引导交通性流量不在河堤上通行；通过横向跨河道路的升级和新建，加强沿河两侧的交通联系，构筑“4纵11横跨”的沿河发展道路网（见图2）。

图2　大沽河流域规划路网图

2. 货运通道规划

大沽河流域的产业主要以农业为主，未来将发展成为“南蔬北果”的发展格局，兼有部分工业，工业类型以果蔬食品加工和先进制造业为主（见图3）。

为了适应大沽河流域的产业发展和货物对外运输的需求，流域内规划“六横三纵”（“六横”：谭新路、G309、莱平路、姜平路、躬崔公路、田新路；“三纵”：S217河西大道、S602、S215—S219）的主货运通道（见图4）。其中横向货运通道主要为流域内蔬菜、水果等农业产品以及其他相关产品的横向运输服务，使流域内产品向山东省及全国范围运输。纵向货运通道主要满足流域内南北向的货物运输需求，联系流域与青岛市市区及西海岸。

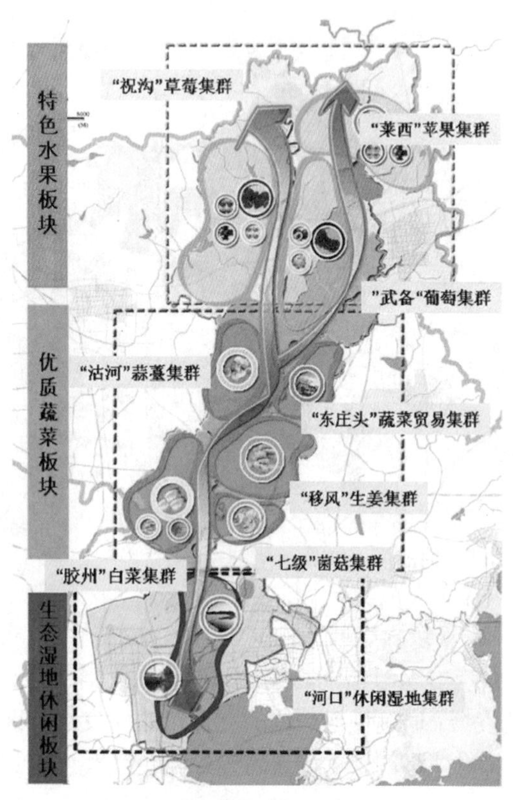

图3　大沽河流域特色产业分布图

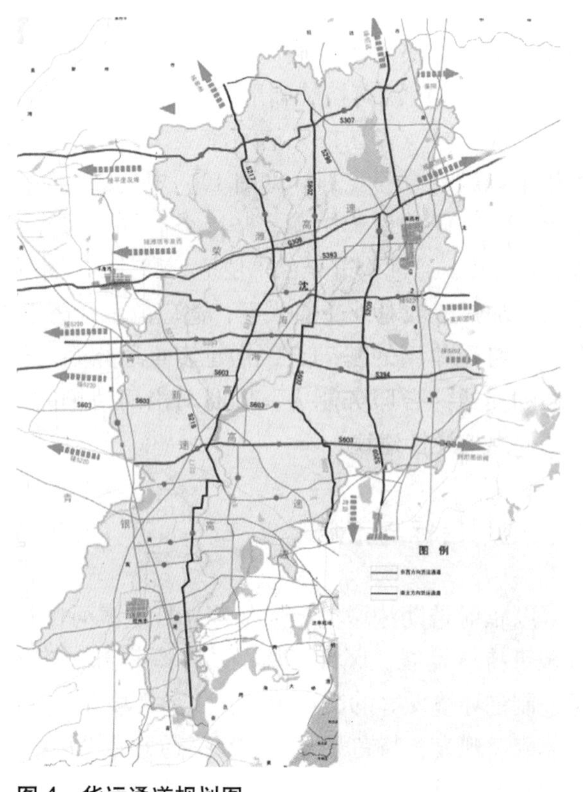

图4　货运通道规划图

3. 客运体系规划

结合大沽河流域“一轴两城九镇多社区”的村镇空间发展形态，以及规划的人口规模等指标，规划大沽河紧密圈层镇区的公路客运场站。将各镇区公路客运站打造成集“公路客运、城乡公交、旅游公交”为一体的客运场站。

4. 沿河两侧绿道系统规划指引

根据大沽河沿线各个区域的实际情况按照专用绿道模式进行布局（见图5）。通过对大沽河沿线的调研，针对流域内各区段不同特点及地势地貌特征，本规划确定以下四种绿道布局模式（见图6）：在城镇郊区段，采用城河一体的绿道建设模式，将慢行系统与休闲公园建设合为一体；在丘陵山野段，结合山体设置行人步行系统，满足行人一探幽境的需求，使小沽河上游形成“山水结合、度假休闲，放松娱乐”的旅游度假休闲风景区；在湿地河道段，可在近水区域设置自行车与步行的亲水空间，游客可通过河堤道路与河水亲密接触，享受生态湿地的自然风景之美；所经田园段，主要构建周边交通性道路，通过低等级支路与农家果园、田园相联系，区内设置旅游专用停车场地，游客通过慢行的方式到达农家乐服务区，自助采摘葡萄、草莓等农产品，充分享受农家乐的休闲模式。

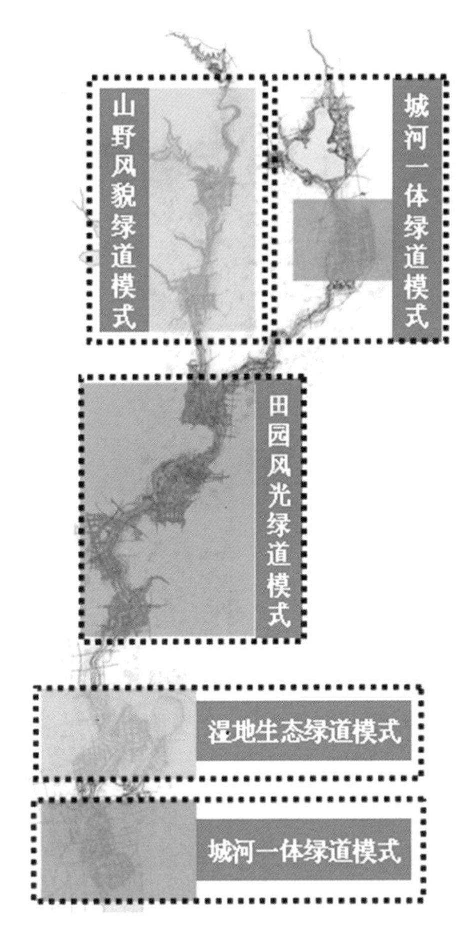

图5　绿道系统模式布局指引图

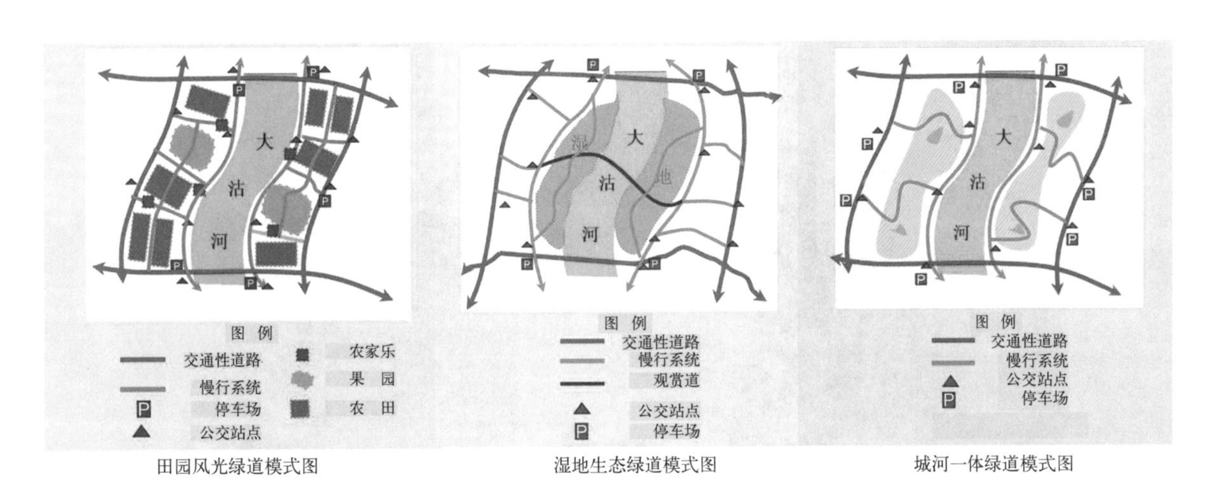

田园风光绿道模式图　　湿地生态绿道模式图　　城河一体绿道模式图

图6　绿道布局模式图

四、成果特色

规划在大沽河流域的整体发展战略下，将交通与生态环境要求相结合，在大格局上支撑绿色产业系统的发展，在沿河绿道方面将其与生态保护相结合，构建适合自身特色的绿道系统，对沿河交通模式进行了积极探索，实现了生态基础设施和交通基础设施的有机结合与同步建设。

目前，规划的沿河堤坝道路正在进行建设，将对大沽河流域的生态保护、防洪及沿河特色产业的发展等起到积极的保护作用。

环胶州湾区域道路交通规划

委 托 单 位：青岛市规划局

合 作 单 位：青岛市市政工程设计研究院有限责任公司

本院编制人员：万　浩　刘淑永　李勋高　于莉娟　鲁洪强　王召强　章继忠

编 制 时 间：2009 年

一、规划背景

2007 年，青岛市确立了“环湾保护、拥湾发展”的空间发展战略。青岛的空间布局从依湾到跨湾再到环湾，胶州湾始终是青岛发展的重要依托，环胶州湾地区是青岛最具生机和活力的地区。

随着“环湾保护、拥湾发展”战略的推进，胶州湾沿岸、特别是东岸区域的城市功能、用地性质将发生重大调整，地块的开发强度也大幅提升，这使得原有区域的道路交通已无法满足现状和未来的需求。因此，对环胶州湾区域进行系统地道路交通规划十分急迫和必要（见图 1 和图 2）。

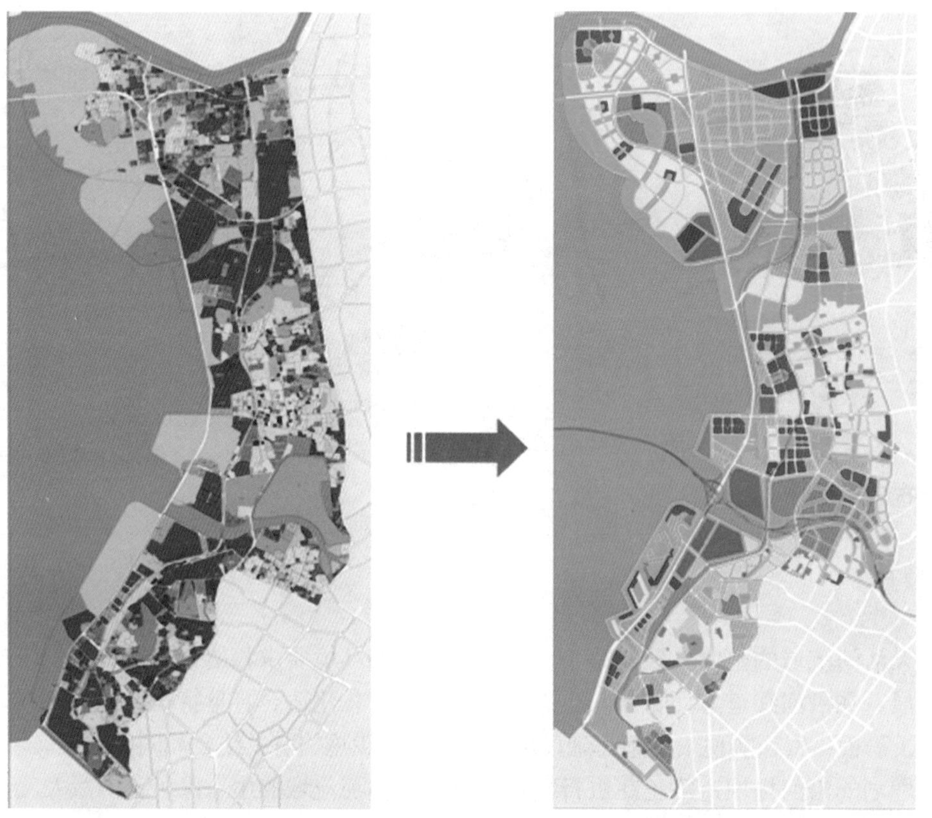

图 1　胶州湾东岸用地现状图　　　图 2　胶州湾东岸初步用地规划图

本次规划研究范围分为两个层次：一般规划研究范围面积约500平方公里；重点规划研究胶州湾东岸地区由海泊河、白沙河、重庆路、后海岸线所围合的区域，面积75平方公里（见图3）。

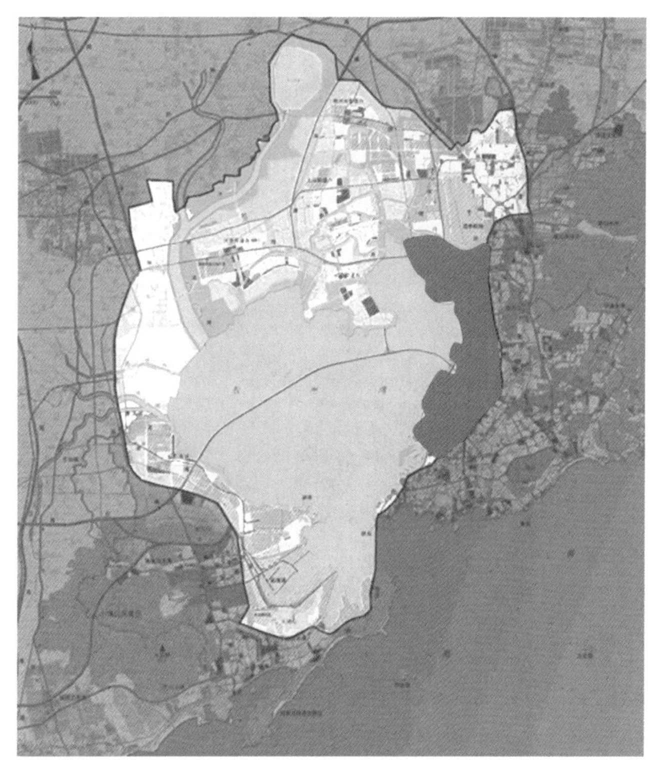

图3　规划范围图（粉红色块覆盖范围为重点规划范围）

二、规划思路与规划目标

1. 规划思路

以完善环湾区域道路交通网络，增强组团联系为目标，结合近期重点研究区域的规划建设，处理好城市道路体系与铁路之间的复杂关系，发挥交通对城市发展的支撑和引导作用，建立高效、便捷、人性化的道路交通系统，促进青岛市“环湾保护，拥湾发展”城市发展战略的实施。合理统筹布局环湾区域内部交通和对外交通系统，对制约环湾发展的重点区域交通问题进行深入研究，提出道路网详细规划方案，以指导重点区域的近期重大设施规划建设，不断提高环湾区域道路网整体服务水平，促进环湾区域发展。

2. 规划目标

（1）完善环湾区域道路交通网络，促进区域互动发展。

（2）实现铁路等对外交通设施与城市道路交通之间的协调发展。

（3）充分考虑优先发展公共交通对环湾区域道路设施的空间要求，落实公共交通优先发展战略。

（4）推行公共交通引导发展（TOD）策略。强调土地的综合利用，以铁路客站等客运枢纽为核心，建设以公交便捷为特点的城市综合枢纽，使城市空间集约、紧凑发展。

（5）结合工业企业外迁，加强微循环道路系统的规划建设，构建路网“毛细血管”，弥补路网结构不足，有效疏导交通。

三、规划方案

规划对环湾区域的用地规划、交通规划和概念规划等相关规划进行了系统梳理，为规划编制打下坚实基础。同时，规划对环湾区域的相关要素，如铁路专用线、既有路网等进行分析研究。结合用地规划，进行了交通发展趋势分析和相关交通需求预测，为规划提供依据。对重点研究区域的路网进行了系统规划（见图4和图5），主要包括：（1）快速路系统规划；（2）主干路系统规划；（3）微循环系统规划；（4）步行系统规划；（5）跨铁路设施规划；（6）特殊区域交通衔接规划。在对路网进行系统规划的基础上，对胶州湾高速公路、安顺路、金水路—升平路—沧海路、太原路、瑞昌路等5条重要道路及节点进行了方案研究和比选，提出推荐方案。最后，运用EMME3等交通规划软件对规划方案进行评价，并根据评价结果进一步优化路网（见图6～图8）。

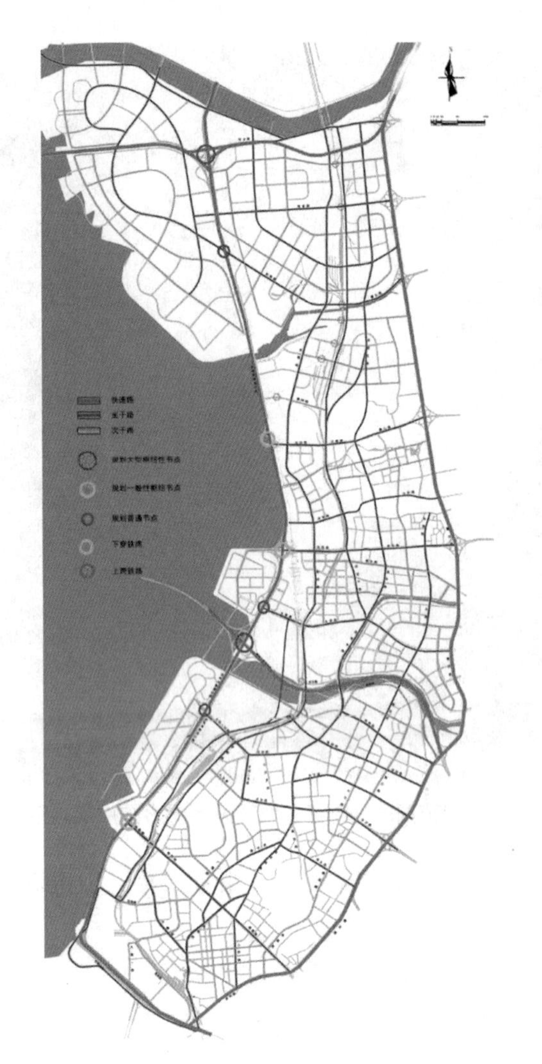

图 4　重点规划范围路网等级规划图

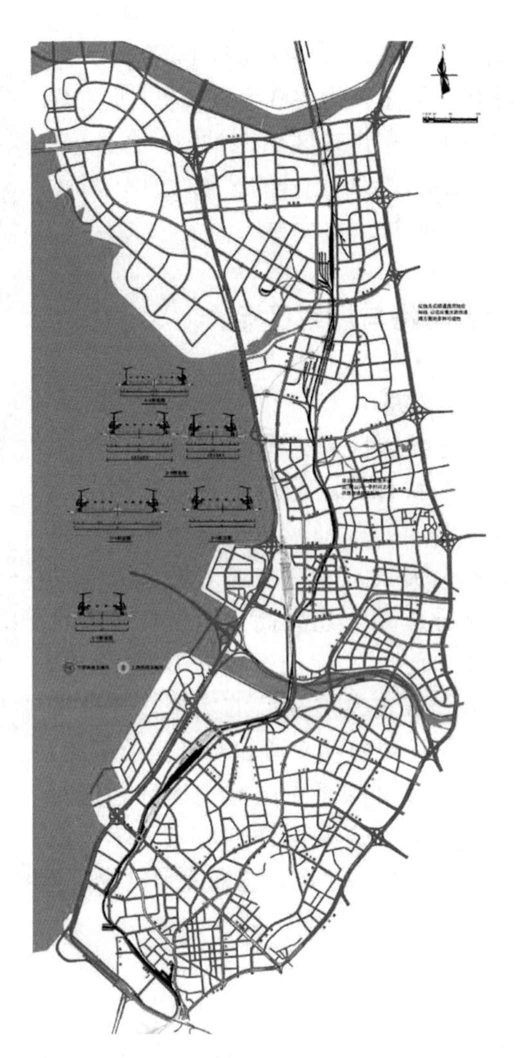

图 5　重点规划范围道路网规划图

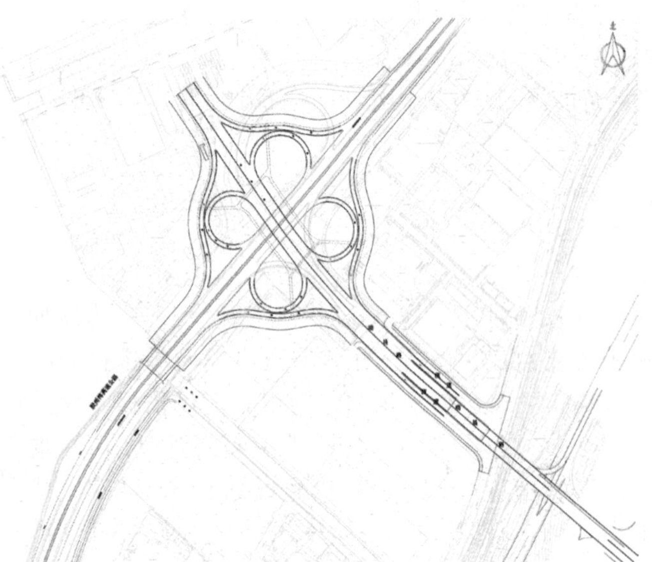

图 6　胶州湾高速公路——瑞昌路推荐立交方案控制用地范围

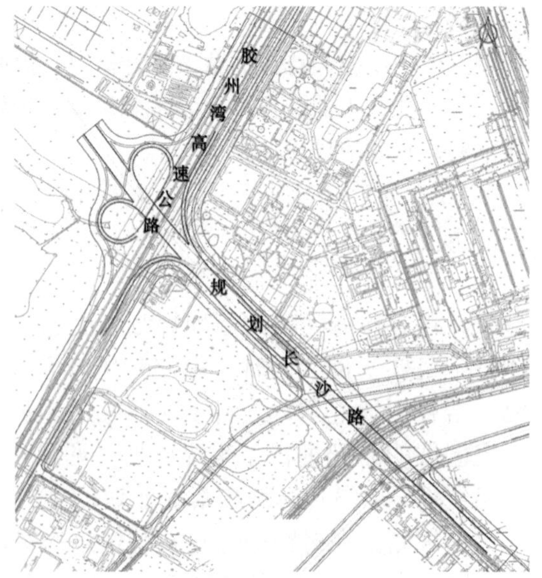

图 7　大沙路推荐立交方案控制用地范围

图 8　安顺路打通前后相关道路交通流量图

四、成果特色和实施

本规划结合青岛市环湾区域老城区老企业搬迁，规划完善区域路网，特别是对胶济铁路线两侧及胶州湾高速公路两侧的道路交通体系进行了深入规划研究，对于老城区的更新改造发挥了积极作用。

本规划对相关区域的控制性详细规划编制具有重要影响，太原路、长沙路等跨铁路线的主干路已完成初步设计，铁路青岛北站目前已开工建设。

青岛市崂山区道路交通规划

委托单位：青岛市崂山区城市规划建设局

参加人员：万　浩　徐泽洲　李勋高

完成时间：2005 年

一、规划背景

崂山区是 1994 年青岛市行政区划调整时成立的新区，辖区陆域面积 395.8 平方公里，海域面积 3700 平方公里。其位于青岛东部，辖中韩、沙子口、北宅和王哥庄四个街道，2004 年实现国民生产总值 174.97 亿元，人口约 20.77 万人。作为青岛东部迅速崛起的现代化城区，崂山区拥有高科园、崂山风景名胜区和石老人旅游度假区三个国家级的政策区，汇集了国际会展中心、体育中心、国际啤酒城等市级大型城市功能设施(见图 1 ~图 3)。在城市化和机动化快速发展的时期,崂山区交通系统正面临着巨大挑战，尤其是举行大型活动时的短时交通对城市影响较大。因此，编制崂山区道路交通规划十分必要。

图 1　崂山区规划效果图

图 2　崂山风景名胜区

图 3　青岛国际啤酒节开幕式

二、交通需求预测与战略

1. 需求预测

2010年居民出行总量达到126万人次，是现状2.4倍；机动车一日出行总里程约160万标准车公里，是现状2.5倍；预测2010年游客量将突破200万人次，高峰日流量接近环境容量5万人次。

2. 交通战略

崂山区位于城市东部尽端，集合了多条城市快速路，应坚持优先保证市级交通设施建设条件；注重道路网络的构建，发挥整体功能；坚持可持续交通发展战略，注重环境保护和开发并重，重视旅游交通的建设；坚持以人为本，大力发展公共交通，优化交通结构，构筑一个生态型、宜居型、人性化城市交通环境；坚持管理与建设并重，突出城市交通综合管理，提高交通服务质量。

三、规划方案

1. 道路网规划

以远期正常情况下容纳20万辆标准车出行、路网总容量185万标准车公里/小时、道路网总体饱和度0.5为目标，形成以快速路和主干路为骨架，支路为补充，功能明确、层次清晰的道路网络。崂山区快速路基本是城市快速路系统的末梢，包括银川路、辽阳路、海尔路、青银高速公路，总里程16.7公里。规划主干路17条，总长度146公里；次干路30条，总长度115公里；支路总长度411公里。崂山中心城区路网密度为4.8公里/平方公里（见图4）。道路系统充分考虑应对大型活动的特殊要求，风景区内道路在保护环境景观的前提下，应优先保证旅游功能、公共交通服务功能。

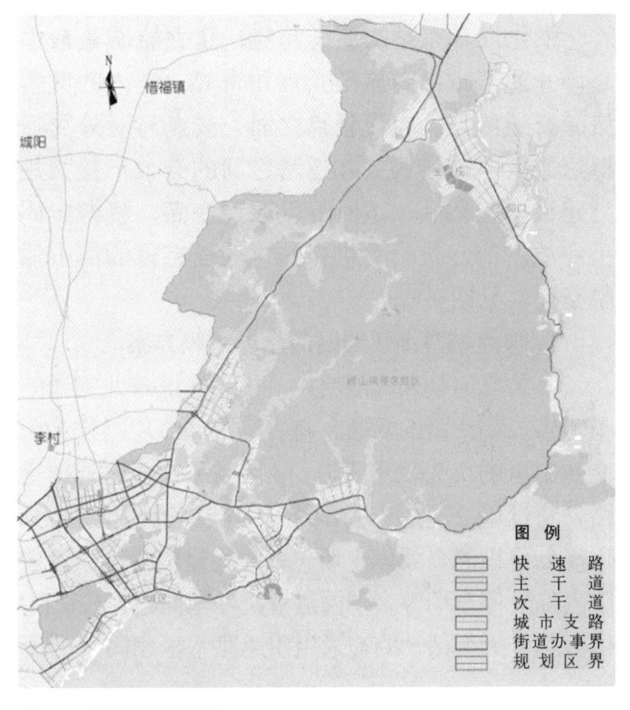

图4　道路网规划图

2. 公共交通规划

建立以轨道交通和快速公交为骨干，地面常规公交为主体的公共交通体系，到2010年地面公共交通出行比重由现状的8.38%提高到25%以上。针对与中心城距离较远的特点，建设海尔路、银川路等一批公交专用道来提高公交运行速度，缩短时空距离，加强与中心城的联系。开辟基于城市快速路的公交快线，加强与CBD、台东、火车站、李村等地区的公交联系（见图5）。

3. 停车系统规划

停车系统的发展目标是解决“自备车位”问题，保证每辆机动车至少拥有一个基本停车泊位，至2010年全区规划停车泊位1.89万个（见图6）；社会停车泊位与机动车拥有量的比例为10%～15%；路外停车设施应成为供应的主体，路内停车只作为补充，并且从近期到远期逐步降低占路停车泊位的比重；大型节会或旅游高峰期间，与交通管制措施相结合，在节会地点、旅游景点附近，设置临时路内停车泊位，实施灵活多变的停车政策。

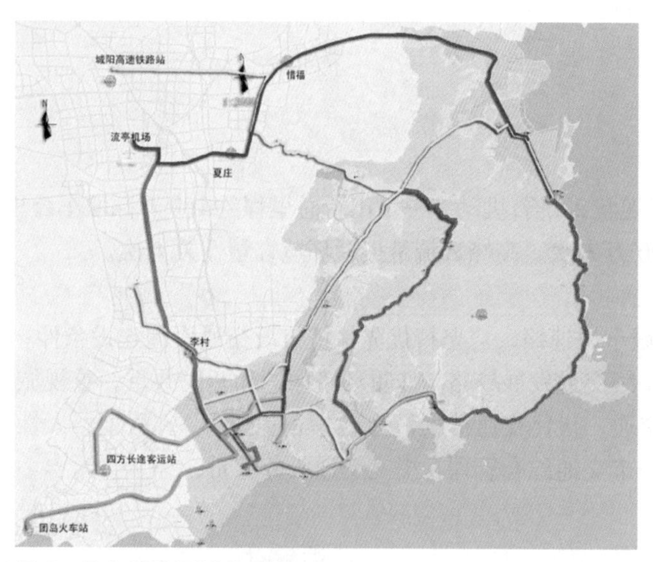

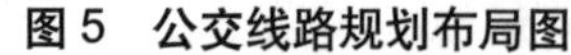
图5　公交线路规划布局图

图6　崂山中心城区停车场规划布局图

4. 旅游交通规划

强化汽车东站的旅游功能，建立旅游集散中心，开通至市内各旅游景点和市郊、省内的散客旅游交通线路。实现景点之间、景点与对外交通枢纽之间、旅游码头和道路之间的有效衔接。规划建设游艇码头，适时开发旅游海岛，将游艇码头和旅游海岛进行有机衔接，形成完善的海上旅游交通（见图7）。

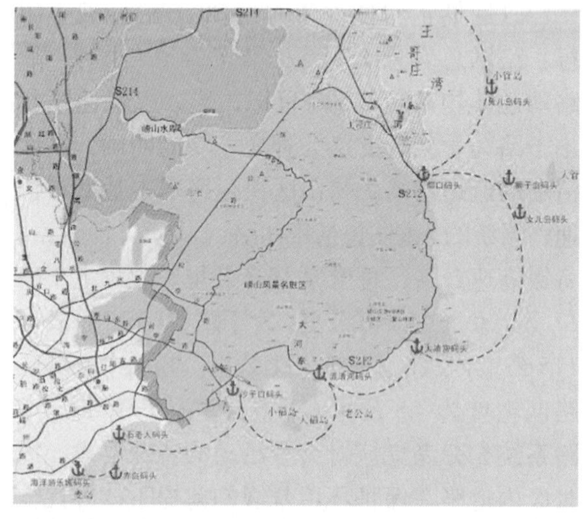

图7　海上旅游交通规划图

5. 啤酒城举办活动时的交通组织方案

公共交通伸入啤酒城内，优先保证公共交通的车辆停放和线路的畅通，将香港路和海尔路作为公交和出租的优先使用通道；利用或另行开辟外围道路，将过境交通引向外围绕行，减少过境交通；利用规划建设的公共停车场、开放配建停车场、设置路内临时停车场等多种渠道解决停车问题；充分利用信息技术提高交通效率。石老人海水浴场、颐中体育场等大型活动的交通组织思路基本相同（见图8和图9）。

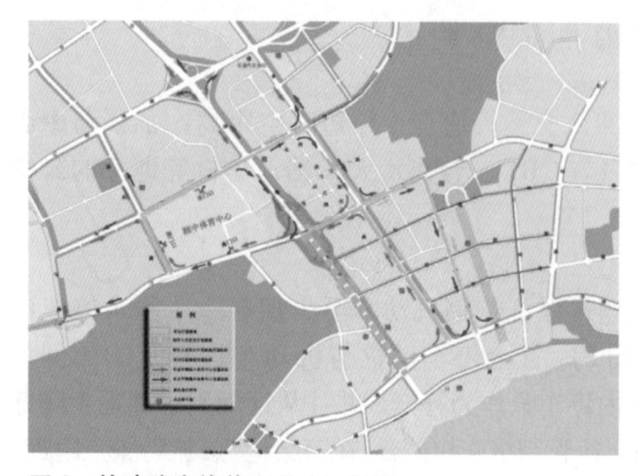

图8　快速路实施前交通流组织图

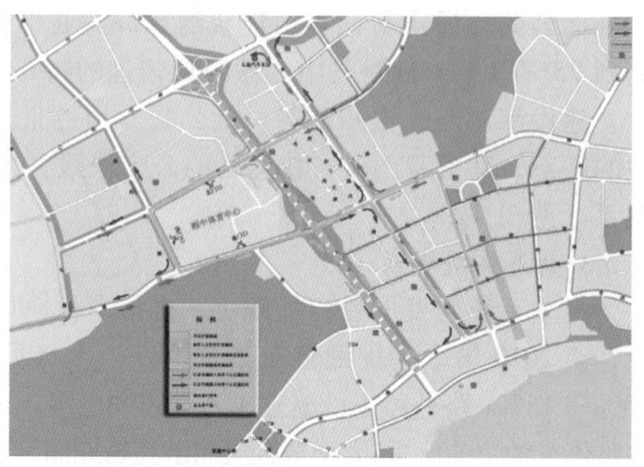

图9　快速路实施后交通流组织图

6. 近期建设规划

结合道路网建设，积极建设公交场站，提高公交线网覆盖率，尽快形成以区中心、王哥庄区域中心、北宅区域中心和沙子口区域中心四点连通的公交网络。加快道路建设，完善路网体系，特别是加强缓解崂山中心城区交通压力的道路建设和崂山风景区交通体系的完善。强调交通规划的超前性与前瞻性，使交通道路建设与城市形态布局调整相协调，突出全区交通规划的整体性与权威性，确保全区交通整体规划的全面实施；优先确保各类城市交通用地需要，要把快速路、公交道路、停车设施、客运枢纽和各类站点的用地纳入到城市建设和改造规划之中，确保交通用地按照规划落实（见图 10）。

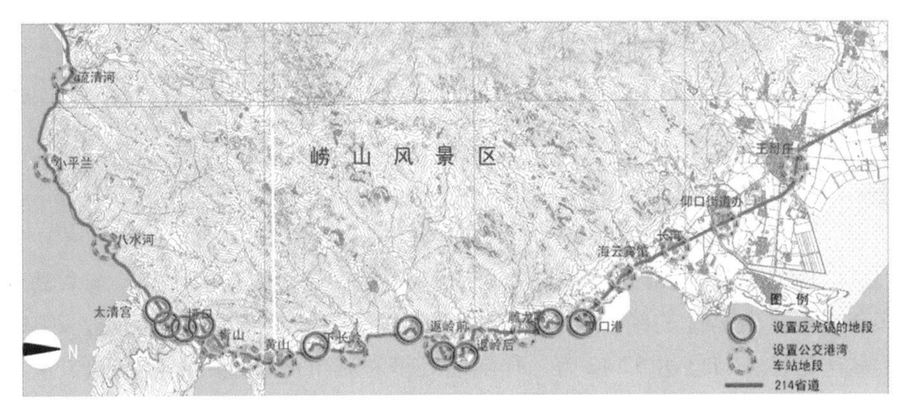

图 10 崂山路局部改造示意图

四、成果特色

（1）结合崂山区山、海、城、岛、湾等丰富的自然资源，将陆路和海上旅游交通与城市交通进行了有效衔接，形成了有机分离而又相互联系的综合交通体系。

（2）突破了常规综合交通规划的内容和深度，对立交和部分快速路用地进行了详细的规划设计（见图 11），起到了很好的控制作用。同时，对国际啤酒城、体育场和会展中心等大型市级交通集散点进行了详细交通分析，提出了短时高强度交通和城市交通有效衔接的方案。

图 11 海尔路—辽阳路立交

（3）规划提出崂山风景名胜区内的游客集散中心已建成投入使用，为旅游散客提供了较大的便利，缓解了旅游季节景区交通拥堵的局面。

黄岛区城市停车场系统规划

委托单位：青岛市规划局黄岛分局

编制人员：刘淑永　房　涛　万　浩　董兴武　李勋高

编制时间：2011 年

一、规划背景

青岛市黄岛区（青岛经济技术开发区）成立于 1984 年，位于胶州湾西岸，与青岛老市区隔海相望。经过 20 多年发展，黄岛区的经济实力已连续多年位居青岛市各区、市第一，2010 年完成 GDP 1003.17 亿元，城区常住人口已达 52.42 万。伴随着经济和城市化进程的不断加快，黄岛区机动车拥有量也快速增长，2010 年机动车拥有量已达 9.1 万辆，比 2001 年增长 2.6 倍，年均增速 15.3%。其中，小汽车拥有量的增速更快，2010 年小汽车拥有量为 5.76 万辆，自 2005 年起，年均增长率达到 21%，小汽车千人拥有率达到 110 辆 / 千人（见图 1）。

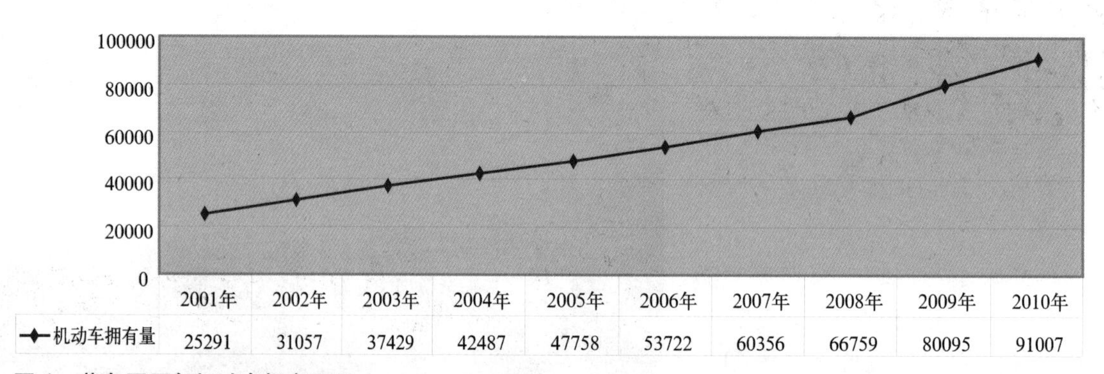

图 1　黄岛区历年机动车拥有量图

2002 年，青岛大港的外贸集装箱航线西移至黄岛前湾港后，青岛港发展迎来了新的黄金期。2010 年青岛港口总吞吐量达到 3.5 亿吨，而黄岛港口货物运量占青岛港货运总量的 84%。黄岛港区主要经营原油、铁矿石、煤炭和集装箱四大货种；2010 年前湾港集装箱运量达到 1046 万标准箱，占青岛港口集装箱总量的 83.3%，年均增长率为 13.7%。

2010 年末，黄岛区拥有公交车 595 辆，公交场站 17 处。其中，自有 5 处，面积 2.87 公顷，停放车辆 102 辆；借用 9 处，停车 53 辆；租用 3 处，停车 20 辆；其余皆为占路停车，占路停车比例高达 71%，这与公交优先发展的要求存在较大差距。

经济快速增长和港口迅速发展给黄岛区交通带来了严峻的挑战，动态交通负荷越来越大，局部路段和部分交叉口高峰时段出现了交通拥堵；静态交通问题也越发突出，小汽车由于停车供需矛盾日渐突出导致停车混乱的局面已经出现，货运停车处于无序状态，严重影响城市形象和市民生活。公交车停放问题事关公交的优先发展和交通出行结构的优化，超过七成的公交车占路停放，严重影响了黄岛区的城市形象，也增加了公交企业的管理难度。停车难已引起社会各界的关注和领导的高度重视。随着胶州湾隧道和胶州湾大桥的相继通车，在桥隧时代黄岛端的停车设施如何调整也是一项值得和必须研究的课题。为指导黄岛区停车问题的高效、系统解决，因此需要编制一项相对合理，可操作性强的专项规划。

本次规划的主要内容包括客车公共停车场、公交停车场、货车公共停车场等规划。

二、规划思路与规划目标

1. 规划思路

以青岛市城市总体规划、黄岛区分区规划和城市社会经济发展规划为依据，结合停车供需调查及分析，预测机动车增长速度及保有量。在此基础上结合城市土地利用规划，布局客车停车场、货车停车场和公交停车场，以及重要景点的进行旅游停车场。

2. 规划目标

客车停车场规划基本满足居住区的停车需求，适度满足公建的停车需求。货车停车场规划实现全部货车的路外相对集中停放。公交场站规划实现全部公交车辆进场停放。旅游停车场规划加大旅游停车供应，特别是旅游大巴停车位供应，基本满足高峰日停车需求。

三、规划方案

1. 需求预测

根据预测，2020 年小汽车拥有量为 28.7 万辆、千人拥有率为 193 辆。客车停车位需求约 41.7 万个，其中居住用地需求 28.7 万个，公建用地需求 13 万个。货车社会停车位需求为 4140 ~ 4340 个。公交车发展规模为 3200 ~ 3500 标台，需 54 ~ 56 公顷场站用地。

将黄岛区分成 99 个交通小区（见图 2），根据规划用地情况，将预测的停车需求分配到各交通小区，结合未来年的停车需求和现状停车供应情况，进行停车场规划，使居住用地的停车需求尽可能满足，公建用地的停车需求适度满足（见图 3）。

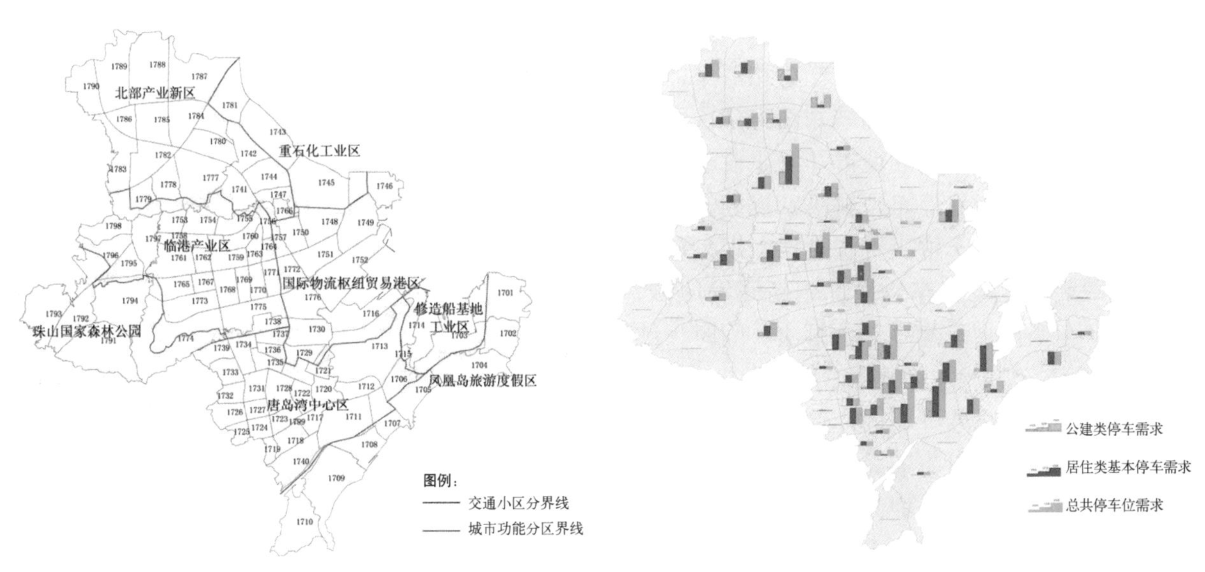

图 2　交通小区划分图

图 3　客车停车需求预测图

2. 停车场规划

（1）结合“八个功能分区”，规划 42 处客车停车场，提供停车位 17580 个。其中旅游停车场共规划 11 处，提供小汽车停车位 7320 个、旅游大巴停车位 350 个。

（2）货车停车场共规划 10 处、停车位 4770 个，其中具有综合服务功能的货车停车场有 5 处、停车位 4170 个。此外，还规划了 1 处临时货车停车场、停车位 800 个（见图 4）。

（3）规划公交停车场、保养厂、修理厂等各类公交场站 45 处（见图 5）。

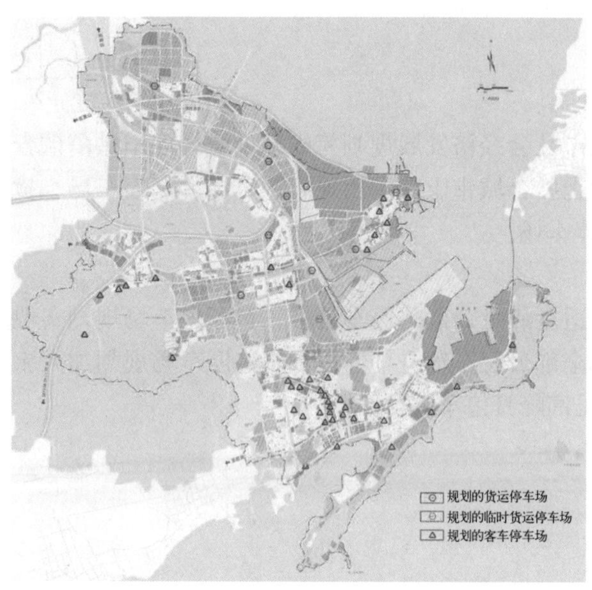

图 4　客车、货车停车场规划布局图

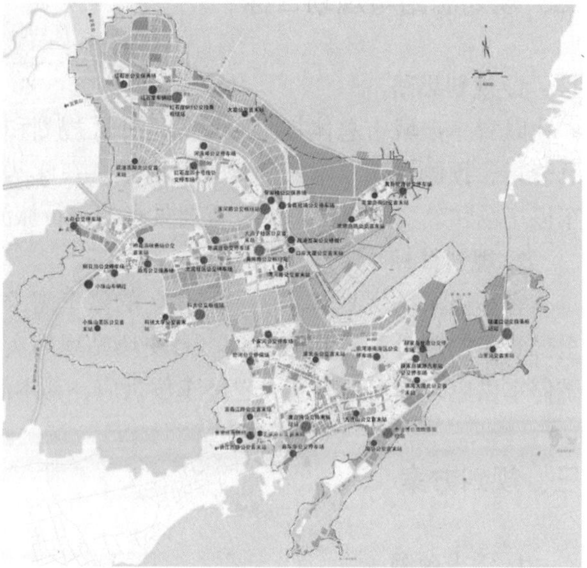

图 5　公交场站规划布局图

3. 停车政策和管理措施

实现停车产业化是解决城市停车问题的必由之路。规划从体制、管理、建设、政策、技术、价格等六个方面研究提出了促进黄岛区停车产业化的政策和措施。

四、成果特色

（1）采用了基于停车资源普查和停车需求分类管理的客车公共停车场规划新方法。该方法的前提条件是假定新的城市开发建设项目的停车需求全部由配建停车位解决，规划的客车公共停车场主要用于解决现状建筑在规划年因配建不足而产生的停车需求。在新开发区域，原则上停车全部由配建停车位解决。同时，结合交通枢纽，建设停车换乘停车场。

图 6　宝丰物流园

（2）紧密结合港口货运特点进行货车公共停车场规划，分别对集装箱车、散杂货车、危险品车进行公共停车场规划。在进行货车公共停车场布局时，一方面同土地权属相结合，以提高实施性；另一方面加强与货运走廊、物流园区的结合，使货车公共停车场尽可能与之相邻布局，以提高停车场服务效率，减少货车对城市干扰（见图 6）。

青岛市城阳区公共交通及公路客运站规划

委托单位：青岛市城阳区交通局

参加人员：徐泽洲　刘淑永　万　浩　王召强

完成时间：2007 年

一、规划背景

2004 年 3 月 6 日，建设部发布了《关于优先发展城市公共交通的意见》，指出了优先发展城市公共交通的重大意义，明确了城市公交的发展任务和目标。但是，城阳区公共交通场站发展滞后，公交出行比例仅为 6.09%，线网密度仅有 0.87 公里 / 平方公里，公交场站严重缺乏，尚无固定的公交停车场，公交车辆全部占路停放，制约了公交事业的可持续发展。同时，城阳区是青岛市的北部门户，对外交通设施高度集合，枢纽地位突出。随着城市综合运输网络的完善，合理规划建设公路运输枢纽是提高公路在城市对外客运竞争力的重要手段。

二、公共交通规划方案

1. 战略与目标

未来城阳区将建立以地面常规公交为主体，其他客运交通方式为补充，多层次、可持续的城市客运交通体系。交通战略目标分为三个实施阶段，具体为近期（2010 年）引领城阳区公交发展走上良性轨道；中期（2015 年）确立公共交通在机动化交通出行中的地位；远期（2020 年）以公共交通引导城市土地利用开发，公交体系向线网高密度、运能高效率、运行高速度、发车高频率、服务高质量、手段高科技的“六高”方向发展。

城阳区 2010 年和 2020 年人口的发展规模分别为 83 万人和 140 万人，居民出行总量分别为 206 万人次 / 日和 378 万人次 / 日；预测城阳区 2010 年和 2020 年居民公交出行比重分别为 11% 和 26%，公交出行总量分别为 22 万人次 / 日和 98 万人次 / 日。

2. 线网优化方案

现状城阳区公交线路环路多、重复系数大、站点覆盖率低，且公交线路主要集中在国道 308 高架桥下和王沙公路上（见图 1）。

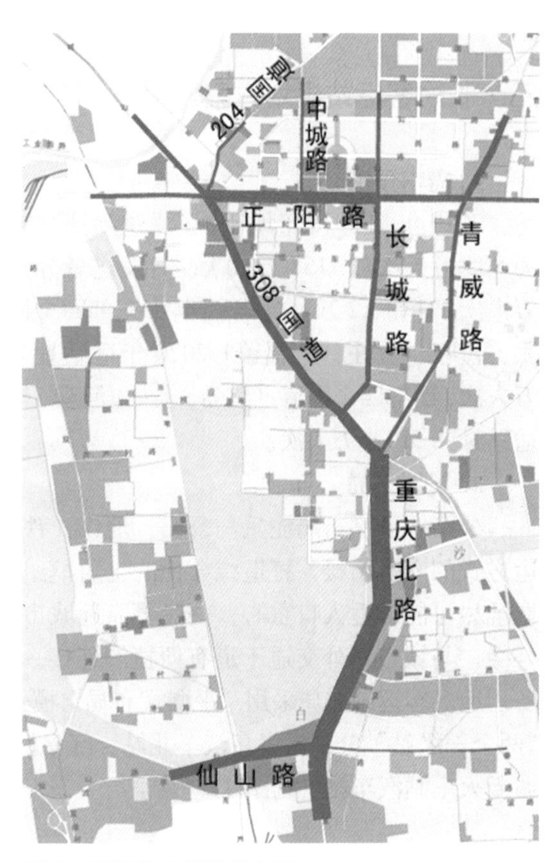

图 1　现状公交线路分布图

城阳区公交线路调整的基本原则是：减少环路，缩短线路，减小非直线系数，增加覆盖率。根据规划，线网分为跨区公交线网、组团间公交线网和组团内公交线网三个层次。跨区公交线网是指城阳区与市内四区、崂山区、黄岛区及外围五区市之间的长距离出行，线路长度宜 25 ~ 50 公里，平均站距宜 1000 ~ 1500 米；组团间公交线网是指服务于城阳区内 8 个街道办事处之间中等距离出行，线路长度宜 20 ~ 30 公里，平均站距宜 800 ~ 1000 米；组团内公交线网是指服务于各街道内部短距离出行，线路长度宜小于 15 ~ 20 公里，平均站距宜小于 800 米（见图 2）。

3. 场站布局规划

公交场站主要包括停车保养场、公交枢纽站、公交首末站及中途站。场站布局体现统筹、系统、节约、前瞻四个思想。2020 年城阳区公交车辆保有量约 1400 标台，公交停车保养场用地规模约 16.8 ~ 21.0 公顷。规划 4 处停车保养场，占地面积约 17 公顷；规划对外公交换乘枢纽站 5 处、市区与城阳区公交换乘枢纽站 4 处、城阳区内公交换乘枢纽站 9 处，共 18 处，占地面积约 11 公顷；规划公交首末站 10 处，占地面积约 2.7 公顷（见图 3）。

图 2 公交线网调整优化图

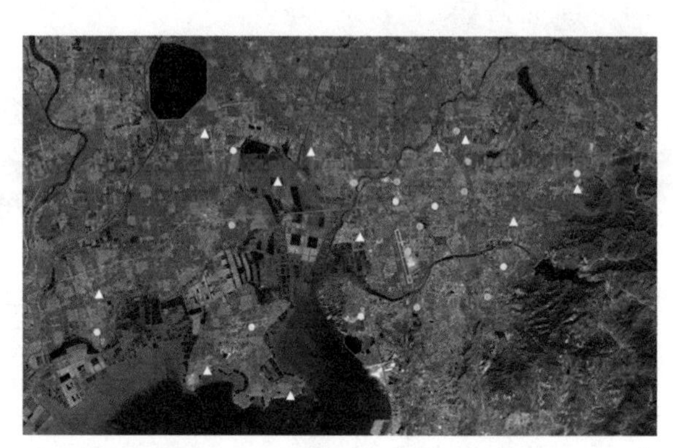

图 3 公交场站规划布局图

三、长途客运站规划方案

1. 需求预测

2010 年和 2020 年城阳区公路客运适站量分别为 805 万人次和 1158 万人次，日发送量分别为 2.2 万人次 / 日和 3.2 万人次 / 日。其中东部四个街道(城阳、流亭、夏庄、惜福镇）2020 年适站量为 636.9 万人次，西部四个街道（红岛、上马、河套、棘红滩）适站量为 521.1 万人次。

2. 规划布局

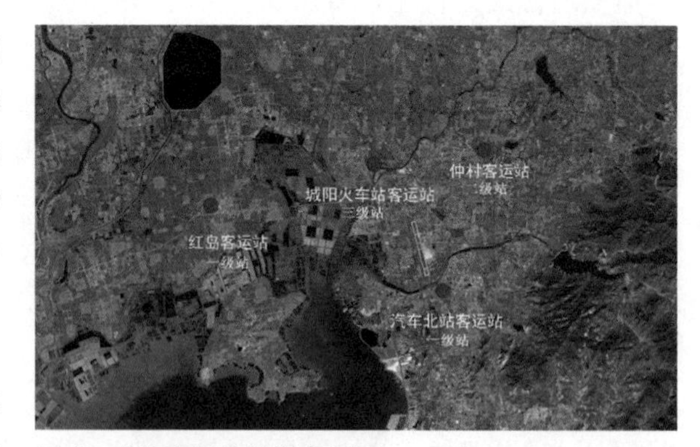

图 4 公路客运站规划布局图

公路客运站布局注重与公交、地铁、铁路等客运方式的有机衔接，打造综合性的交通枢纽。站场选址尽可能靠近人口重心、一般要靠近城市中心区外缘，与城市对外交通干道有便捷的连接。客站发送能力要满足规划年的需求，同时预留一定发展备用地。客运站布局采用“平衡式布局”模式,规划“两个一级站”、“一个二级站”和“一个三级站”。“两个一级站”分别指青岛汽车北站、红岛汽车站，“一个二级站”指城阳汽车站，“一个三级站”指城阳火车站汽车站（见图 4）。

四、成果特色

规划以城阳区公交系统一体化发展理念为统领。其中，公交线路调整以全市公交线网为基础，避免孤立地考虑城阳区自身公交系统；在体制管理方面，提出取消传统私人小公共汽车的运营模式，而应纳入全市公交系统一并考虑；公交场站布局充分考虑了资源共享，实现对外交通枢纽与公交枢纽的融合。2010年，成立了青岛公交集团城阳分公司，城阳区整个公交已经纳入了全市公交系统实行一体化管理。

青岛市城阳区交通综合网络布局规划及重点地区道路网规划

委托单位：青岛市城阳区城市规划建设管理局
参加人员：徐泽洲　李勋高　万　浩
完成时间：2008 年

一、规划背景

随着城市化进程加快，城阳中心区发展空间范围急剧扩展，向西已经越过胶济铁路和机场，向东越过青银高速公路。2003 版《城阳区发展规划》重点研究了城阳中心区，而对跨青银高速公路和胶济铁路的道路通道规模考虑不足，没有预留足够的空间，区域一体化发展受到制约，急需对城市交通系统进行规划来指导城市建设（见图 1）。

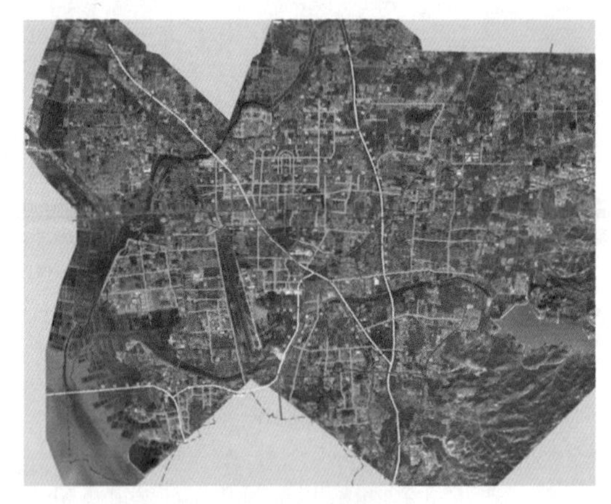
图 1　城阳区现状道路网布局图

二、综合交通网络布局规划

1. 机场

预测 2020 年流亭机场旅客吞吐量将达到 2500 万人次，货邮吞吐量达到 80 万～100 万吨。规划提出抓紧协调民航空域制约问题，尽快完成机场总体规划修编工作，以适应青岛民航的快速发展需要。同时，在未提出新机场建议方案之前，明确了机场应预留向西扩建第二跑道的条件（见图 2）。

2. 铁路和轨道交通

城阳区内铁路线包括胶济铁路和青荣城际铁路，青荣城际铁路在城阳北并入胶济线。现状胶济铁路线紧邻机场西侧，机场扩容或另行选址对铁路线的影响很大。规划提出，目前应预留城阳站建设用地空间，对正阳路以南、文阳路以北、现状铁路线两侧各 150 米范围内的用地进行控制（见图 2）。

根据城市轨道交通规划，城阳区有 4 条轨道交通线路，包括两条市区线 M1 线和 M8 线、三条市域线 L1 线、L2 线和 L3 线的部分线路，总长度约 113.6 公里。规划提出，应做好轨道交通线路两侧用地控制，轨道

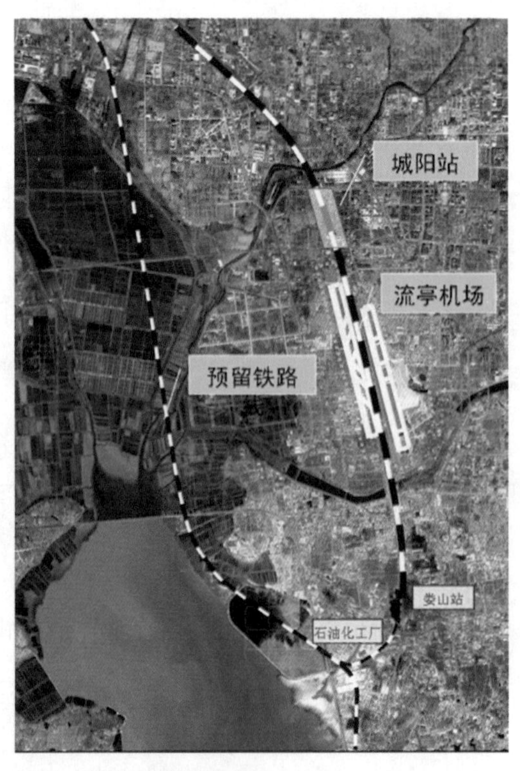

图 2　机场、铁路规划图

线路两侧各 500 米范围内的项目审批应充分考虑轨道交通线路和站点的建设空间。

三、重点地区道路网规划

1. 规划策略

针对城阳区是青岛市北部交通门户和重大交通设施分布密集的特点，提出 6 条规划策略：构筑道路主骨架，引导和支撑城市空间发展；明确跨越障碍物的通道规模，满足交通需求；实施过境交通与城市交通适度分离，减少过境交通对城市的干扰；实施城区内部的公路向城市道路的功能转变，适应城市发展；加强各片区控规路网的衔接，完善路网系统；合理规划道路横断面，为轨道交通建设预留空间。

2. 道路网整体骨架

规划城市快速路（含高速公路）主要有现状的青银高速公路、青银连接线、308 高架桥、双流高架、胶州湾高速公路，规划的重庆路快速路、仙山路快速路、双元路快速路、青龙高速公路，总长度约 66.8 公里。

规划道路网总里程为 859 公里，总容量为 185 万标准车公里 / 小时，正常情况下能容纳约 25 万辆机动车出行。规划路网密度达到 5.72 公里 / 平方公里，道路等级结构快、主、次、支比例为 1 : 3 : 3.3 : 5.6。交通需求在正常发展态势下，路网平均饱和度为 0.38，平均行程车速为 35 公里 / 小时（见图 3）。

图 3　道路等级结构图

3. 重点地区道路网规划

（1）重庆路快速路方案

规划以客运功能为主、客货两用，规划道路红线宽度 50 米，推荐采用高架形式。仙山路以南段高架桥设六条快速车道，地面层保留干路功能，以六车道为宜，在仙山路交叉口处规划大型定向立交；仙山路至迎宾大道段，高架桥改成四车道，地面层仍保留干路功能，以双向六车道为宜；在赵红路和夏塔路之间，利用双流高速公路的弯道线型设置一对定向匝道与双流高速公路联系（见图 4）。

（2）青银西路

青威路两侧的用地开发密度和强度越来越高，应弱化过境功能，强化城市功能，以规划青银西路代替青威路的过境功能。规划线路沿青银高速公路西侧，尽可能退让青银高速公路绿线，满足高压线的规范控制要求，局部受限地区可位于高压线边侧或穿越高压线（见图 5）。

（3）流亭立交桥下道路改造方案

为减轻流亭立交桥的交通压力，均衡交通流量分布，遵循“远距交通走高架，近距交通行地面”的原则，规划将银河路与 308 高架桥下地面道路连通。规划道路东端接银河路，下穿流亭立交桥，与青威路、春城路、308 高架桥地面道路相衔接（见图 6）。

（4）308 国道—银河路交叉口改造方案

为缓解该交叉口交通拥堵状况，规划将 308 高架桥向南延伸，高架跨过银河路后落地，保证主线交通快速通过，地面保留信号灯控制，308 高架桥两侧设上下匝道（见图 7）。

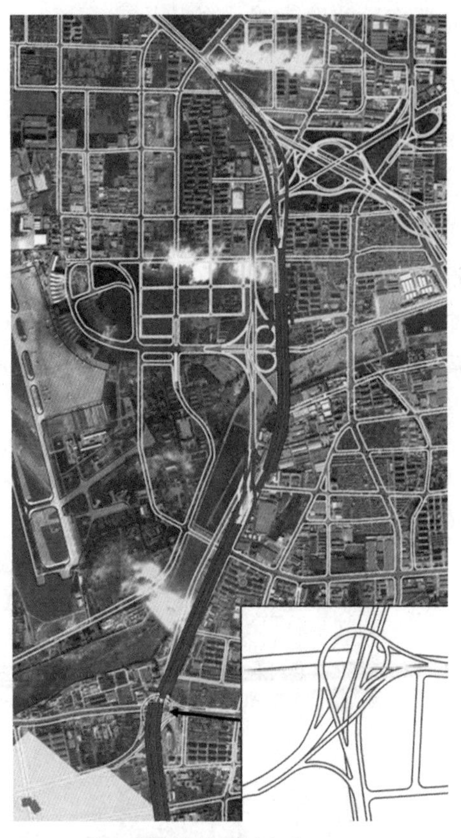

图 4　重庆路快速路规划方案

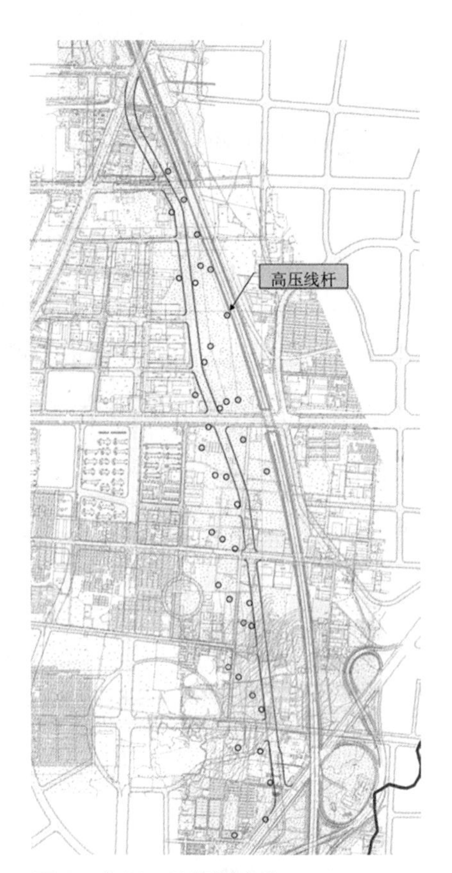

图 5　青银西路规划方案

图 6　流亭立交桥下道路改造方案

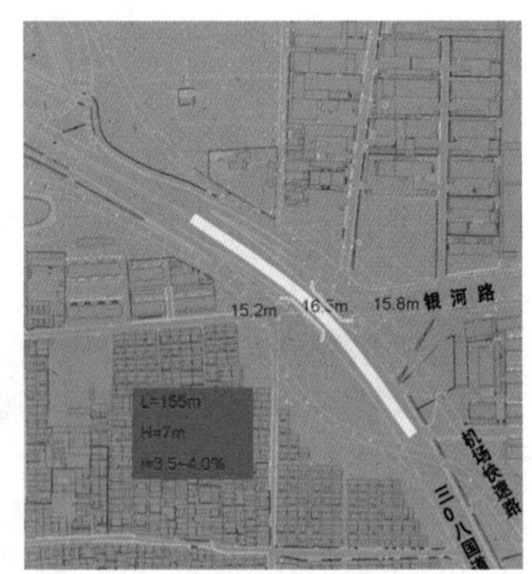

图 7　308 国道—银河路改造方案

四、成果特色

（1）针对城阳区的特点，在尊重上位规划的基础上，通过整合、梳理各片区控制性详细规划，提出了城阳区未来的道路骨架。目前，规划提出的新青威路（青银西路）等道路已经建成通车，绝大部分道路网已经纳入相关规划成果。

（2）规划对区域重大交通基础设施进行了梳理，提出了规划用地控制要求，为下一步的方案深化研究提供前提条件。同时，规划对过境交通、货运交通和跨越青银高速公路和铁路的交通通道进行了深入研究，并提出了规划方案，为下一步规划编制夯实基础。

胶南市城市公共交通发展规划

委托单位：胶南市交通局、规划局
编制人员：董兴武　李国强　张志敏　刘淑永　徐泽洲　李勋高
完成时间：2008 年

一、规划背景

胶南市社会经济的快速发展，居民出行质量和多样化需求的不断提高，以及城市外部条件的变化，都对胶南市城市公共交通提出了新的发展要求。目前，胶南市公共交通发展初见成效，但公交线网、设施、车辆等方面指标与相关要求还有较大差距。公交发展还未实现对广大城市郊区和近郊区的有效覆盖。为提升城市的整体承载力，进一步实现城市公共服务设施的均等化，胶南市必须加大对公共交通设施的投入力度，加强乡村与城市之间、乡村与乡村之间的公交联系，打造方便、快捷、舒适的公共交通系统（见图 1）。

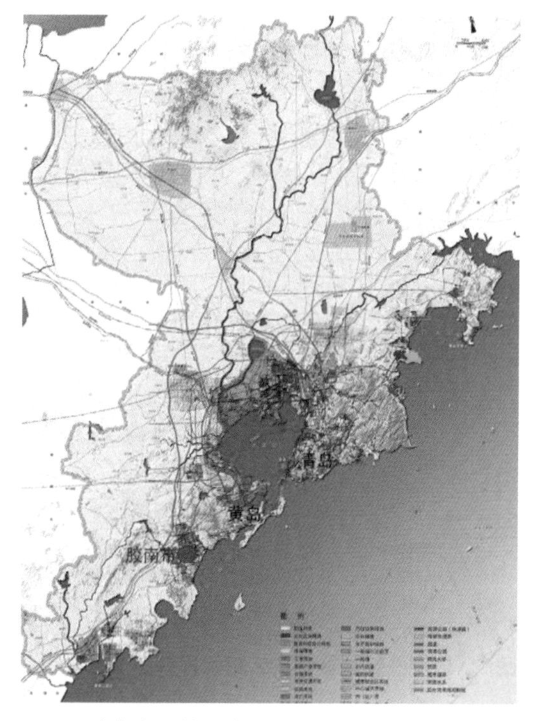

图 1　胶南市区位示意图

二、规划指导思想与发展目标

1. 指导思想

全面落实国家优先发展公共交通的意见，促进胶南公共交通优先快速发展；实现与青岛中心城区公交体系的有效衔接；加强城乡联系，将城市公共交通模式向乡村延伸，引导个体交通向公共交通转移；实现公交对用地布局和交通方式的引导，增强新老城区互动。

2. 发展目标

构筑快速、方便、舒适、安全、环保的公共交通服务体系，确立公共交通的优先地位，适应不同人群的公交出行需求，塑造公交品牌，促进城市空间布局向集约化发展，提升城市形象。

三、公交系统规划方案

1. 公交出行及车辆规模预测

在综合交通规划的基础上，预测胶南市 2020 年居民公交出行比重为 20%，公交车辆发展规模达到 900 标台。

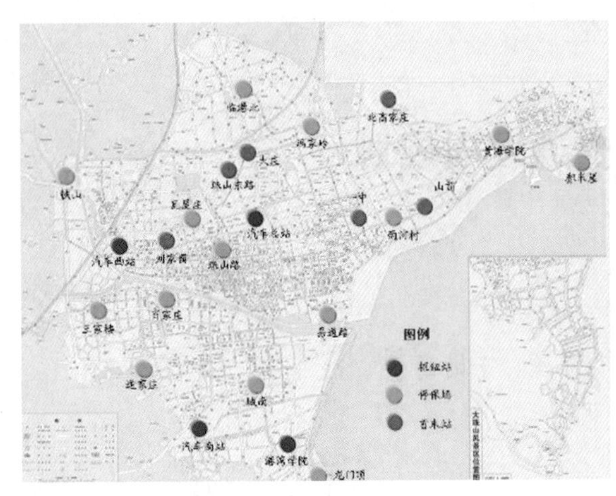

图 2　远期公交场站规划布局总图

2. 公交场站规划

公交场站近期规划：近期建设交通枢纽及各类公交场站设施共 13 处，其中包括 3 处枢纽站，7 处停车保养场，3 处首末站，总占地面积约 39.1 万平方米。

公交场站远期规划：远期再建设交通枢纽及各类公交场站设施共 11 处，总面积约 14.1 万平方米，其中包括 1 处枢纽站，7 处停车保养场，3 处首末站（见图 2）。

结合公交线网向乡镇延伸，在各镇中心附近设置 1 ~ 2 处首末站，每处首末站用地面积在 2000 ~ 3000 平方米左右。

3. 公交线网规划

（1）城区公交：由于公交线路走向、首末站位置及客流量等因素存在差异，使整个城区公交线网的功能和地位有很大差别，一般可以分为主骨架线路、基础线路和补充线路（见图 3 和图 4）。

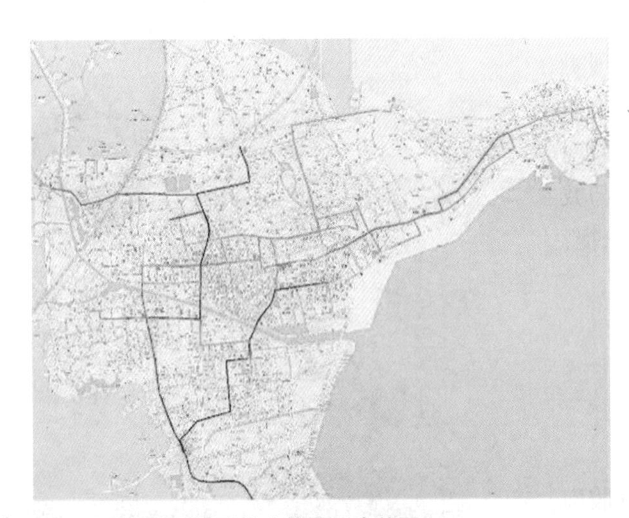
图 3　近期开设城区公交线路示意总图

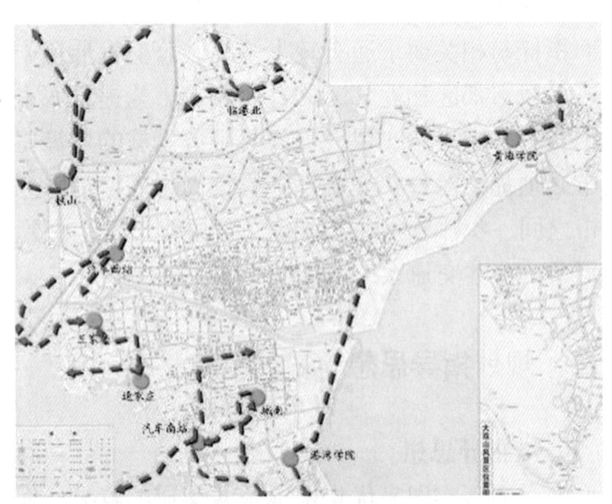

图 4　远期城区公交补充线网示意图

（2）市域公交规划

实施公交线路向主要村镇延伸，增强城乡交通联系，方便村镇居民公交出行，缩小城乡差距；兼顾旅游休闲城市功能，服务于城市旅游产业，彰显地方特色。构筑由市域陆路公交和市域海上公交构成的市域公交体系。

市域陆路公交线路规划结合城市综合交通枢纽、商业中心、行政办公中心及各主要旅游景点设置，并向胶南市主要乡镇延伸（见图 5）。

市域海上公交规划主要依托滨海优势，充分利用丰富的海上资源，形成山、海、岛一体化的特色旅游交通体系，开辟海上公交通行专区，拓展沿岸和海岛旅游休闲功能。

（3）城际公交规划

结合青岛市及周边地区交通设施建设情况，开通胶南市至青岛火车站、铁路青岛北站、胶州市等六条城际公交快线。

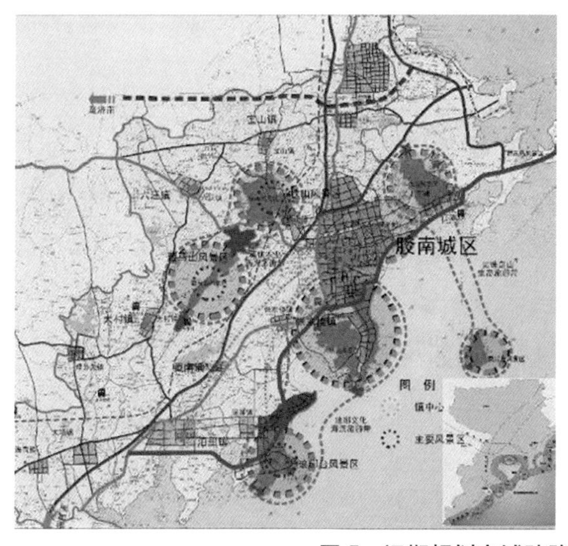

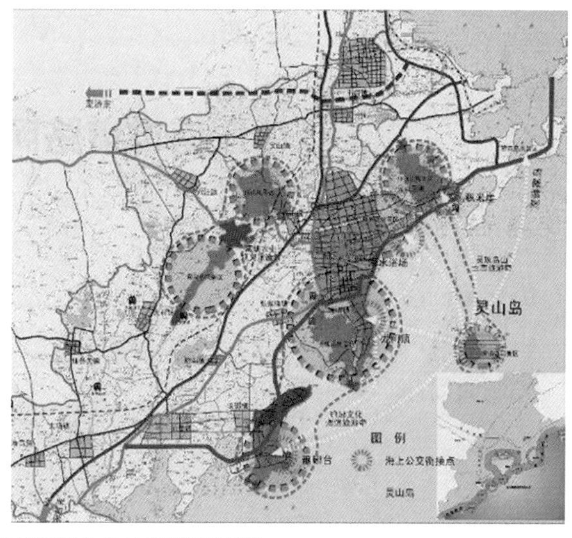

图 5 远期规划市域陆路公交和海上公交线路示意图

4. 出租车规划

出租车发展建设应与滨海城市地位相符合，与社会经济发展和人民生活需求相适应，形成与城市交通相匹配的出租汽车客运体系。预测2020年胶南市出租车保有量为1400辆。大力发展“公车公营”的出租车经营模式，由企业承包经营，有效控制、避免行业垄断现象发生，鼓励有实力的企业做大做强。

5. 公交信息化和智能化

扩大公交智能调度和电子站牌的覆盖范围，提高公交调度的科技水平、运营效率和服务水平；进一步加强公共交通智能信息系统，提高信息更新的频率；整合各类公共交通信息系统，实现与全青岛市公共交通信息的共享；扩大IC卡的使用领域和地域范围。形成“一卡通用、一卡多用”的综合网络服务体系，实现“一卡在手，行遍岛城”的梦想。

四、规划特色及创新

（1）针对胶南市公交发展相对滞后的局面，提出了系统的解决方案，包括公交层次、场站、线路、信息化、保障措施等，是胶南市公交发展的行动纲领。

（2）结合城市规划用地布局及详细现场踏勘，夯实每一处公交场站用地的可行性，规划具有较强的可操作性。

（3）规划提出“站运分离”等经营管理模式，对公交整体运营组织管理具有较强的引导作用。

（4）规划依托滨海优势，结合周边区域和陆岛交通，开辟海上公交，塑造鲜明的“地方特色”。

胶南市道路网系统专项规划

委托单位：胶南市规划局

编制人员：董兴武　徐泽洲　李勋高　万　浩　刘淑永　张志敏

编制时间：2009 ～ 2010 年

一、规划背景

胶南市位于青岛西海岸，是 2008 年青岛市规划确定的“依托主城、拥湾发展、组团布局、轴向辐射”空间发展战略的重要组成部分。改革开放以来，胶南市国民经济高速增长，成为青岛五个县级市中最具发展潜力的城市之一。在城市化进程加速发展、机动化水平迅猛提升、市场主导地位日趋加强、可持续发展和经济全球化的时代背景下，城市交通系统也正面临深刻的变革，对道路交通设施建设提出更新、更高的要求。

适应胶南市城市快速发展，积极应对胶州湾大桥、隧道通车和青连铁路即将开通建设所带来的交通格局变化，实现胶南市过境交通、货运交通与城市交通的分离，整合胶南市各片区控规道路网络，高效提升城市规划管理水平。

二、现状存在的问题

1. 道路网络结构不合理、功能等级结构层次不清

中心城区现状道路总长度约 303.35 公里（其中，快速路 34.43 公里、主干路 111.85 公里、次干路 90.41 公里、支路 66.66 公里）；道路密度为 1.74 公里 / 平方公里（国家规范要求 5.4 ～ 7.1 公里 / 平方公里）；道路面积率为 5%；道路等级结构比例为快：主：次：支 = 0.2：0.64：0.52：0.38（国家规范要求 0.4 ～ 0.5：0.8 ～ 1.2：1.2 ～ 1.4：3 ～ 4）（见图 1）。各项指标均不能满足规范要求。部分应承担生活性功能的主干路却承担了交通性功能（如泰山路），致使道路功能与用地性质不匹配。支路密度严重不足，仅有 0.67 公里 / 平方公里，导致集散性道路缺乏，加重了主、次干路的运行压力。

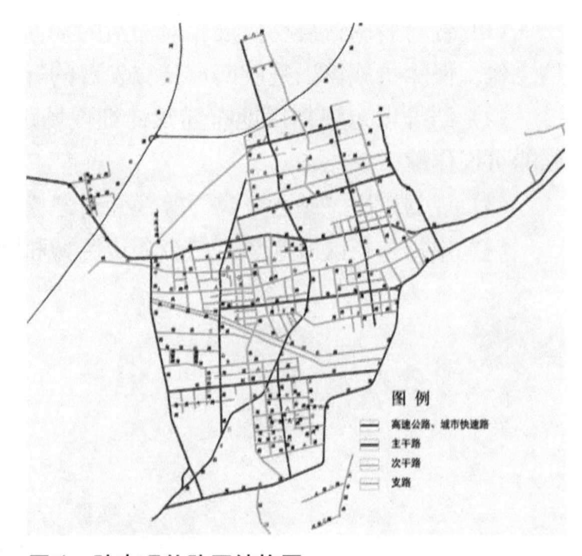

图 1　胶南现状路网结构图

2. 过境交通和货运交通穿越城市中心区，对城市交通干扰严重

上海路和泰山路是穿越胶南市中心区的重要主干路。海西路建设明显缓解了上海路承担南北向货运交通和过境交通的功能。但泰山路目前仍是重要的东西向货运和过境性道路，货运车辆占道路总流量的 53.3%。

3. 道路局部不顺畅，导致城市中心区交通节点拥堵

道路功能分工不清，人车干扰突出。存在相当数量的断头路，道路交通设施与沿线土地利用缺乏有效匹配，导致道路功能难以得到充分发挥。

4. 难以适应规划管理及城市规划发展需要

由于各片区控规在编制时间、利益角度、主导思想等方面的差异，造成路网之间缺乏统筹考虑，相邻片区控规路网不协调，同一区域在不同片区路网规划内容不一致。缺乏对轨道交通和公交专用道等公共交通设施发展的空间预留。

三、规划发展目标与策略

1. 发展目标

符合大青岛发展战略及胶南市对外高效衔接的需要，处理好过境交通、货运交通与城市交通、客运交通的关系，整合各片区路网存在的差异，构筑“以人为本，绿色和谐”的道路网络体系，打造品质城区。

2. 发展策略

（1）东畅西连：依托大青岛发展格局，增强胶南市向东联系黄岛区、青岛城区的道路通行能力；基于胶南城区与大村镇、理务关镇等主要乡镇道路交通联系需要，基于城区路网，向西拓展，延伸路网骨架，拓展对外辐射力。

（2）过境外移：基于过境及货运交通与城市交通之间的矛盾日趋突出，开辟过境及货运交通通道，转移泰山路、上海路等城市中心区域道路的过境交通及货运交通，转变其道路功能。

（3）衔接匹配：加强各组团路网的有效衔接，合理处理与铁路的衔接关系，适应跨越铁路及跨越风河的联系要求，适当统一道路不同区段的断面形式，实现道路功能的协调。

（4）品质交通：在处理好过境交通及货运交通的基础上，针对为城区内部服务的干路，尤其是生活性主干路和次干路，应着力打造适合城市居民安全、舒适、美观需求的城区干路体系。

四、道路网系统规划方案

1. 道路框架体系规划

（1）对外道路框架体系规划

主要包括与周边城市（区）间的衔接道路及市域公路网两个层次（见图 2）。

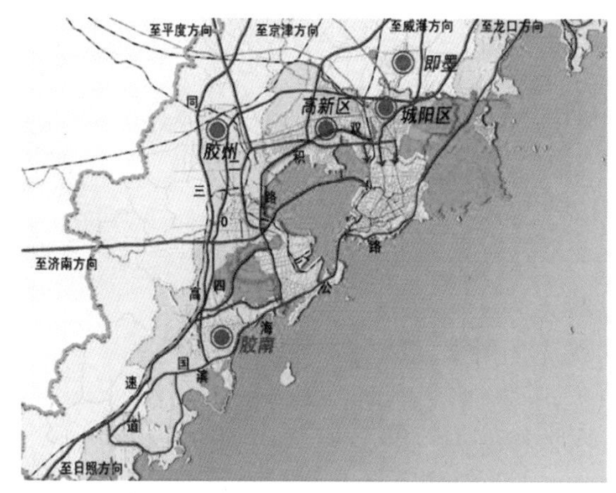

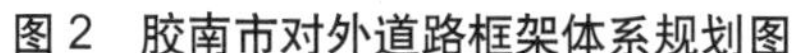
图 2　胶南市对外道路框架体系规划图

与周边城市（区）间的衔接道路：包括沈海高速、青兰高速、滨海大道、薛泰公路、204 国道等主要道路。

市域公路网：建设市域内各主要公路干线，加强本区内部南北向及东西向的联系，减少过境交通对城市中心区的干扰，规划形成“三纵四横”的区域公路网骨架。“三纵”为 204 国道、滨海大道、西部南北大通道（自胶州连六旺至大场）；“四横”为黄馆公路（王台至六旺段）、薛泰公路（329 省道）、胶南东西通道、胶海公路（海青至琅琊台段）。

与港口联系公路网：考虑区域东邻前湾港、西南接董家口港，合理规划组织与港口联系公路，确保货运流通的高效性、畅达性、安全性；货运交通避开城市中心及滨海风景区，减少对城市的干扰；提供收费公路和不收费公路的多种选择路径；规划与港口间快速联系通道有沈海高速、疏港高速公路；常速通道有 204 国道、临港十路、前湾港东路（见图 3）。

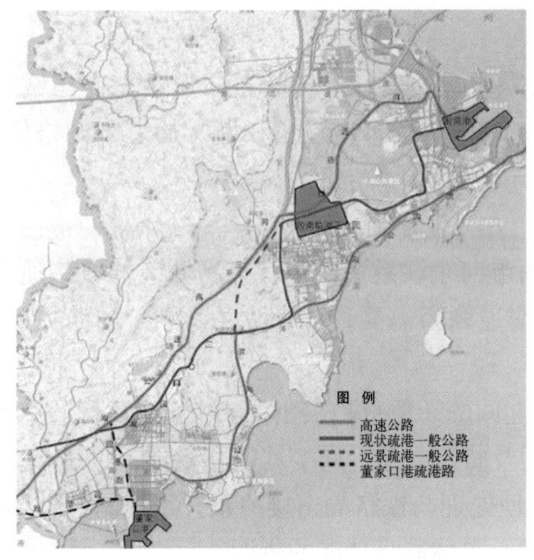

图 3　与港口联系通道及过境通道布局规划图

（2）过境及货运交通规划

区域性过境道路有临港十路、海西路、临港路；区域性货运道路有临港十路、海西路，临港路不承担货运功能；通过交通引导和管理控制，将海西路的过境及货运交通基本转移至南北大通道；弱化滨海大道（城区段）的过境功能，合理限制车速，严禁滨海大道通行货运车辆。

（3）主干路

主干路由“七横六纵”构成，其中“七横”包括临港十路、临港路、泰山路、珠海路、世纪大道、海滨十二路、滨海大道（城区段）；“六纵”包括海西路、珠山路、上海路、北京路、海西东路、海西东八路（见图 4）。

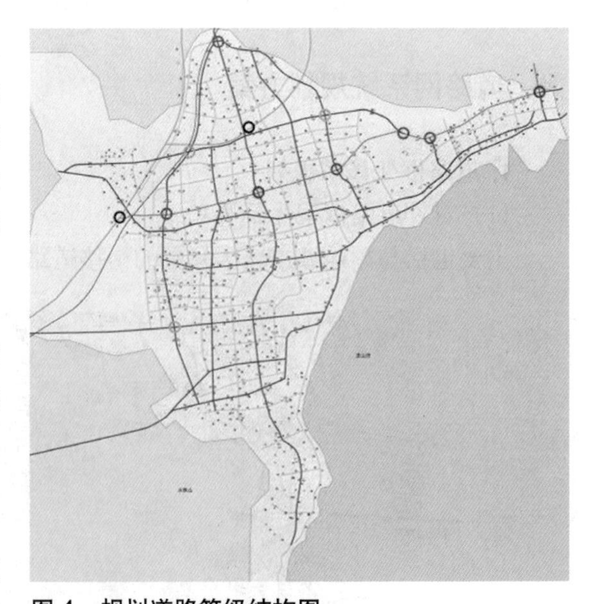

图 4　规划道路等级结构图

（4）次干路

共规划 50 条次干路，全长 197.97 公里，红线宽度 21 ~ 30 米，设计车速 30 ~ 40 公里 / 小时，优先考虑行人和自行车的通行。

（5）横断面

充分考虑公交运行及停靠、自行车和步行等慢行交通、城市绿化景观及城市长远发展等因素，确定城市道路的横断面形式（见图 5 和图 6）。

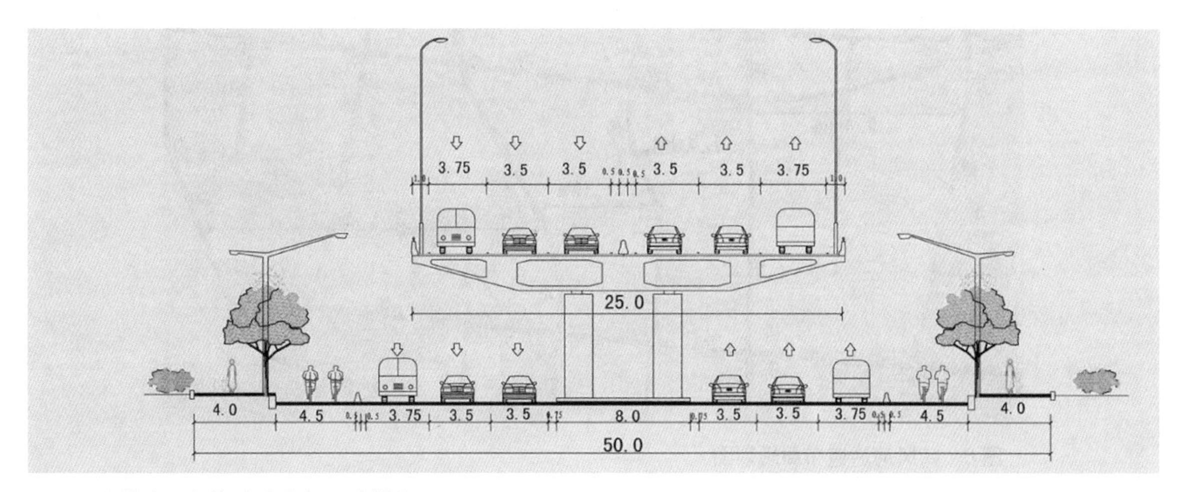

图 5　临港路预留快速路高架形式横断面图

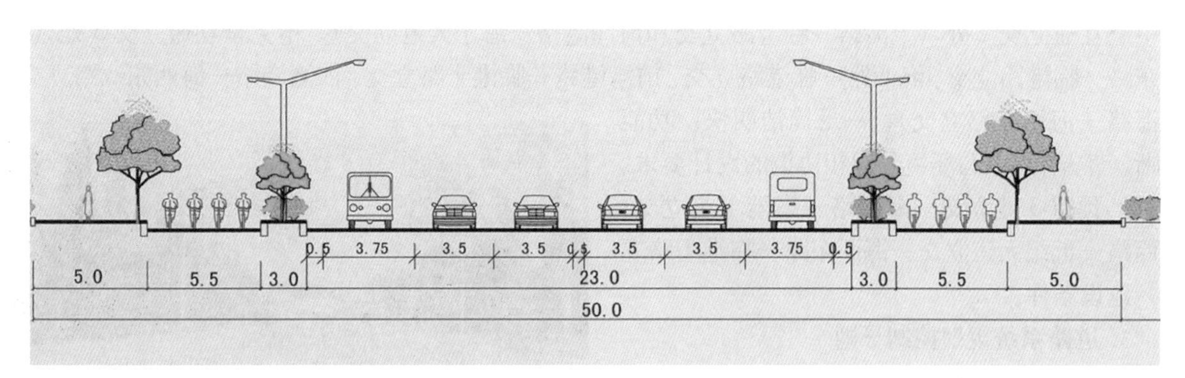

图 6　上海路（临港路—滨海大道段）规划横断面图

2. 重点区域及交通节点规划

（1）青连铁路沿线路网调整规划

规划青连铁路将沿同三高速公路东侧设置，在胶南城区西侧设置铁路客站及货站，与原有规划道路网存在比较突出的矛盾。为此，提出一系列路网调整措施：将西宁路和前湾港路连通，形成站前客运通道；青连铁路西侧规划货运通道，衔接临港十路等主要道路；海西路北段调整至青连铁路东侧；优化调整临港工业园道路，铁路与沈海高速公路之间形成方格网状道路网（见图 7）。

（2）跨风河通道布局规划

基于交通流量分析及路网布局两方面因素，规划新增长安路桥、青岛路桥，共形成 7 座跨越风河桥，均衡跨河通道的交通压力，满足风河南北两侧交通联系需求（见图 8）。

（3）交叉口规划

主要干路平面交叉口应按照交叉口渠化设置的要求控制交叉口用地，确定道路红线。

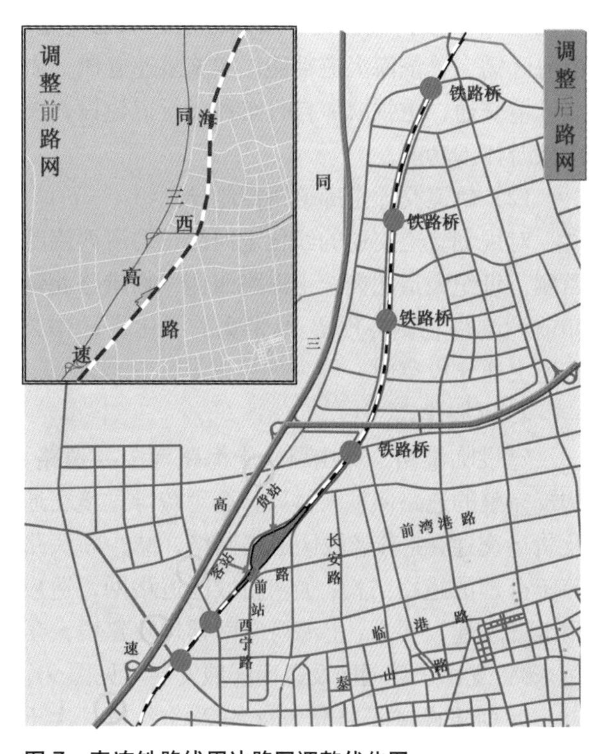

图 7　青连铁路线周边路网调整优化图

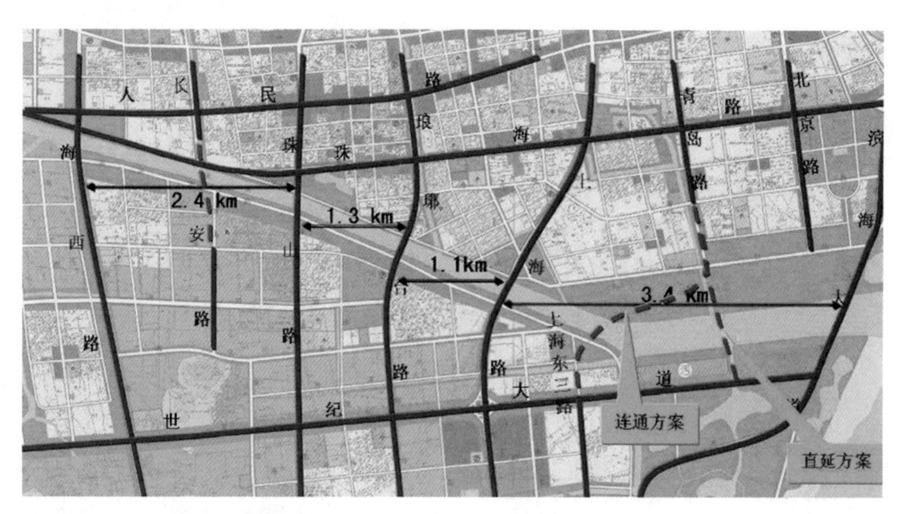

图 8　跨风河通道布局规划图

结合城市总体规划和综合交通规划确定的立交，依据交通流量和系统功能分析，共规划立交 7 处，其中全互通立交 2 处（上海路—临港路立交和前湾港路—海尔大道立交），不完全互通立交 5 处（海西东路—临港路立交、海西路—临港路立交、前湾港路—临港十路立交、前湾港路—海西东八路立交、上海路—海西东路立交），满足简洁明快、功能清晰、节省用地、与环境景观相协调的设计要求。同时，预留 3 处立交（海西路—临港十路立交、海西路—世纪大道立交、海西东路—临港十路立交）建设条件。

3. 道路系统规划控制导则

（1）支路规划策略控制导则

老城区应优化调整支路体系、打通断头路、优化道路断面，实现机非隔离、倡导绿色交通；滨海区需完善滨海大道功能，实施限速管制，剥离过境交通，重视滨海自行车和步行道建设，突出旅游休闲功能。

（2）轨道交通走廊道路控制导则

对规划轨道交通的线位走向经过的海西南路西侧、世纪大道北侧、上海路西侧、临港路北侧和前湾港路北侧各预留 40 米宽的绿化带，作为轨道交通建设空间。

4. 近期建设

建设临港路、珠山路、上海路等主要道路，构筑完整的道路网框架体系，合理疏导过境交通及货运交通；完善老城区道路网络，减少断头路等不合理的道路结构；加密新城区道路网，适应用地开发建设要求；上海路向南延伸及建设大学园东路，支撑大学园区及以南区域发展（见图 9）。

近期建设主干路总长度约 28.3 公里，次干路长度约 27 公里（见图 10）。

图 9　上海路景观图

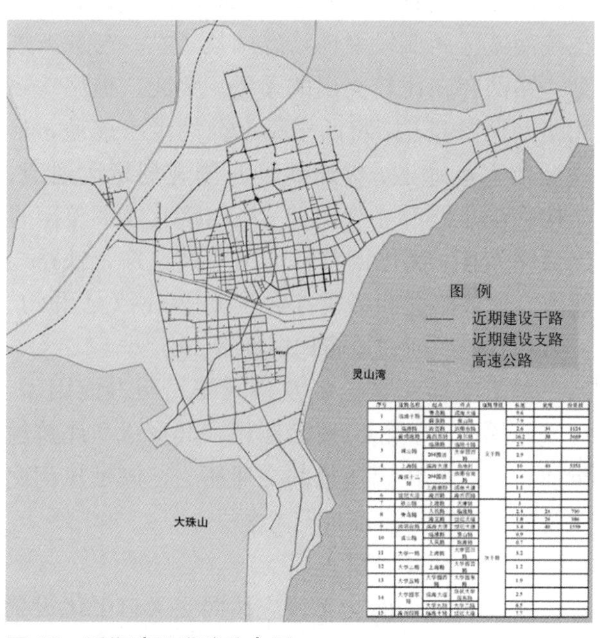

图 10　近期建设道路分布图

五、成果特色

(1) 通过对现状及规划的各片区路网的系统整合，提出了道路与铁路、河道、轨道等交叉处的规划方案，有效支撑城市规划管理工作。

(2)通过划定主次干道红线,对支路提出弹性导则。依据本规划已经开工建设了10余条主要道路，较好地指导了下层次规划及道路建设。

胶南市公共停车场发展规划

委托单位：胶南市交通局、规划局
参加人员：董兴武　李国强　张志敏　刘淑永　徐泽洲　李勋高
编制时间：2008 年

一、规划背景

2007 年胶南市城市居民人均可支配收入已达 16532 元，随着经济水平的提高，胶南市小汽车拥有量从 2002 年的 5332 辆增加到 2007 年的 11287 辆，短短五年时间，私人小汽车拥有量翻了一番多，年均增长率达到 19%。与此同时，胶南市城市交通也出现了部分道路高峰时段拥堵、停车热点地区停车难等问题，停车供需矛盾日益突出。为应对胶南市机动化水平迅速提高而出现的停车问题，促进胶南市城市交通有序、良性发展，支撑城市可持续发展，编制本规划。

二、现状存在的问题

（1）小汽车保有量快速增长，建筑物配建标准总体偏低，导致停车供需矛盾日益突出。

近几年胶南市小汽车增长率达到 19%，2007 年底私人小汽车已达到 8327 辆，而胶南市所有居住小区配建总车位不足 2000 个，车位满足率不足 25%，造成许多车只能在小区内或小区附近占路停车。

（2）缺乏有效的停车管理措施，车辆占路现象普遍。

许多道路未实施划线停车，因监管不严，占路停车现象突出，道路通行能力受到明显影响。另外，停车收费机制不完善、收费覆盖范围狭窄，也进一步加剧了停车供需矛盾。

三、规划发展目标和策略

1. 停车需求预测

预测 2020 年胶南市小汽车拥有量约 8.4 万辆，停车需求总量约为 9.7 万个，其中公共停车泊位需求约 7500 个（见图 1）。

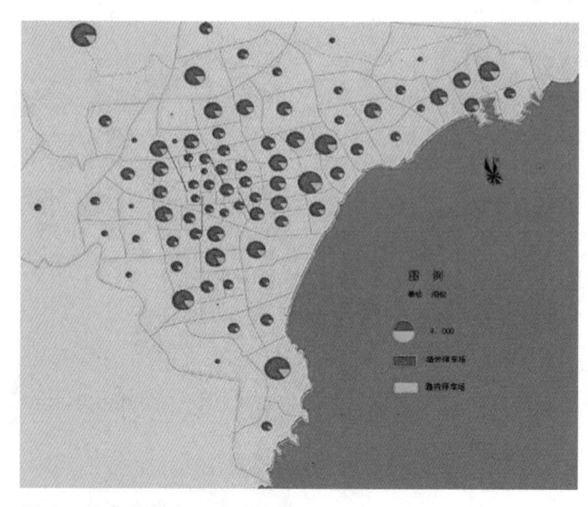

图 1　胶南市停车需求预测图

2. 发展目标

结合城市土地利用规划，完善建筑物配建标准，合理规划和完善停车设施，引导动静态交通协调发展，最终形成以配建停车场为主，路外公共停车场为辅，路内停车场为补充的停车发展格局。

3. 发展策略

新建和挖潜相结合，扩大停车设施的有效供给；

建立有效管理机制，保证规范停车、避免非法占路停车；充分利用地上及地下立体空间，节约土地资源；调整停车收费机制，有效引导停车。

四、停车场规划方案

1. 远期公共停车场布局规划

结合城市中心区各类用地布局，共规划胶南商城停车场、工人文化宫停车场等17处公共停车场，停车泊位总计2710个。

另外，在灵山卫、铁山街道办、城北区、城南区、南部海滨科教区，共规划公共停车场12处，提供停车泊位1370个（见图2）。

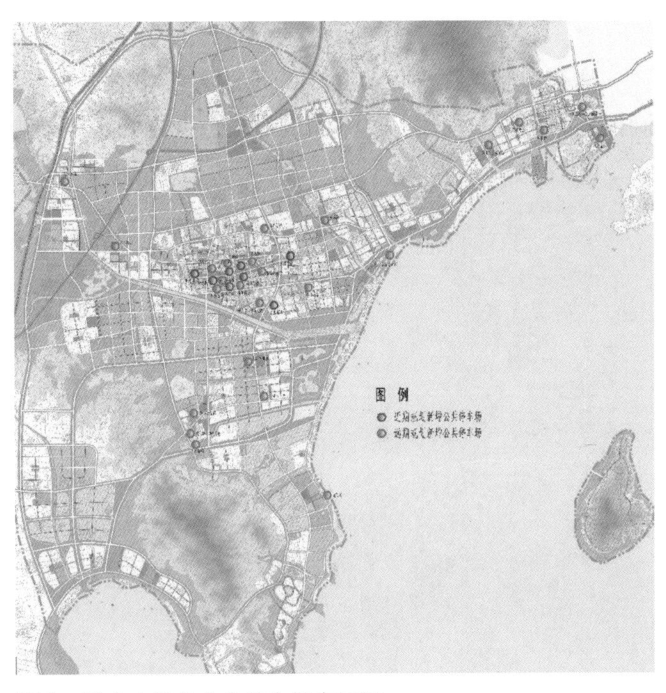

图2　胶南市路外公共停车场布局图

2. 重要交通枢纽和大型吸引点公共停车场布局规划

基于综合交通枢纽建设，实现各类交通设施合理衔接。规划在汽车总站、汽车南站、汽车西站3处交通枢纽点建设3处公共停车场，停车泊位总计1000个。

3. 公共停车场近期规划

近期围绕重点区域和停车供需矛盾突出的区域，争取通过一批公共停车场的建设并配合相应的交通管理措施，改善胶南市目前停车难的状况。近期建设停车场8处，提供停车泊位840个。

4. 停车配建标准研究

根据城市空间布局和交通运行状况，将配建标准分一类区和二类区进行研究。其中，一类区为胶南中心区，范围为北到临港路，南至风河，西起同三高速，东到海西东路；二类区为除中心区以外的其他区域。在综合研究分析并借鉴国内外城市经验的基础上，提出胶南市建筑物停车配建建议标准。新标准增加了非机动车停车位配建标准，适应胶南市交通出行结构，满足绿色交通出行需求。大型公共建筑或大型居住区需结合交通影响分析具体确定配建标准。

5. 停车难点区域临时措施

路内停车场主要设置在支路、交通负荷度较小的次干道及有隔离带的非机动车道上，主要承担临时性停车功能，属公共停车场及配建停车场重要的补充形式。规划11处路内停车场，共可提供停车位1090个。

同时，可利用建筑施工工地时间差开辟临时停车场；借用某些单位院落，作为临时社会停车场向社会开放；居住区与周边其他区错时停车，缓解停车矛盾。

6. 公共停车场发展保障措施

坚持配建停车场为主的指导方针；对社会投资建设的公共停车场实行奖励政策，尽快实施公共停车场建设与其他城市功能综合开发；推行建筑配建车位向社会开放的发展政策；开展大型建设项目交通影响分析工作。

成立专门停车管理机构，推动停车向产业化发展；组建专业的停车场管理公司；合理规划和管理路内停车场；严格执法管理，对挪作他用的停车场坚决予以整改，取缔非法停车；住宅小区、商业项目要加强预留停车泊位的规划和管理工作。

推行智能化停车管理系统（IPMS），远期考虑推行基于语音查询的停车诱导系统；推广机械式全自动立体停车、停车自动收费系统、IC 卡付费方式；建立公共停车场建设基金；理顺价格体系，调整收费价格。

五、成果特色

结合控制性详细规划、实际用地条件和需求，将规划的每一处公共停车场落实到具体地块，明确规划面积、车位数、基本建设形式，大体确定规划边界坐标，使规划具有较强实施性。

崂山区金家岭金融新区交通专项规划（2012—2020 年）

委托单位：青岛市崂山区城乡建设局

编制人员：李　良　万　浩　王田田　于莉娟　杨　文　高　鹏

编制时间：2012 年

一、规划背景

金家岭金融新区位于青岛市崂山区，南拥浮山湾，北环张村河，东依午山，西靠浮山，环境秀美。伴随着蓝色经济战略的深入推进，崂山中心区的功能和定位发生了重大的变化，在《青岛市金融业发展总体规划（2009-2020）》中，明确提出要重点建设崂山金融商务区，引导新设金融机构的聚集。2012 年初，青岛市委市政府确定在崂山区选址建设青岛全球财富中心——金家岭金融新区。为进一步加强交通系统研究，为金融新区的发展提供支撑，编制本规划。

二、现状交通分析

区域内受山体阻隔及北部村落密集的影响，路网密度偏低，断头路较多，道路面积率明显不足（见图 1）。

根据交通特征分析，该区域内过境交通比例高，交通流分布呈现不均匀性，对外交通联系潮汐现象及旅游季节交通短时集中现象明显。

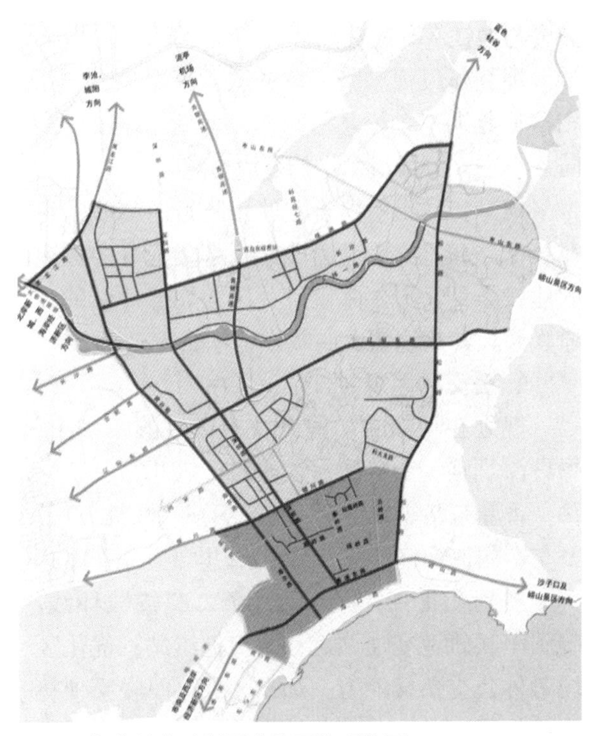

图 1　金家岭金融新区道路网络现状图

三、规划目标和策略

规划目标：构筑以公共交通为主导（2020 年公交出行比例为 35%，远景达 45%）、多种交通方式联动，地上地下高度融合、路网系统完善的交通体系，提供高效、便捷、舒适、安全、环保的交通服务，为金融新区发展提供交通支撑。

规划策略：

（1）剥离过境交通的发展策略。通过建设地下隧道、新增外环路或提高重点片区外围道路等级等措施，剥离过境交通，缓解重点片区交通压力。

（2）公共交通优先发展策略。注重轨道交通、公交专用道、公交枢纽站建设，加强轨道交通的辐射带动作用、常规公交的提速以及公交换乘，提高公共交通的出行比重，积极应对本区域小汽车交通的挑战。

（3）充分利用地下空间，构筑立体交通的发展策略。注重地下交通资源的统筹与共享，形成地下地上有机结合的交通系统。充分利用金家岭金融新区地下设施较少、地质条件较好、改扩建项目多的有利条件，挖掘地下交通资源，减轻地面交通压力。

（4）以人为本，优化交通环境。营造滨海景观和旅游特色的慢行系统，通过地下设施建设、交通引导和管制措施净化沿海地面层机动车流，提升区域的旅游观光品质。

（5）优化该区域路网，改善道路的系统功能。完善路网布局、挖潜道路节点能力、加强南北片区联系、加密支路网，提升道路的系统功能。

四、规划方案

1. 道路网规划

针对区域内过境通道缺乏的情况，规划提升辽阳东路青银高速以东段、银川路海尔路以东段、滨海公路银川路以北段的道路等级为城市快速通道，与青岛市快速道路网形成一体（见图 2）。

规划增设香港东路（海尔路—松龄路段）下穿通道。香港东路地面层主要为公共交通和本区域集散交通服务。香港东路下穿通道建设需要与地铁 M2 线有机结合。

规划建设海宁路浮山隧道。南端与海宁路相接，北端与劲松九路相连，规划车行道为双向 4 车道，分流海尔路的过境交通。

规划打通云岭路金家岭山隧道，与北片科苑经七路接通；预留建设秦岭路金家岭山隧道的建设条件。以加强重点片区与北部片区的交通联系，并为远期发展做好充分准备。

2. 公交体系规划

规划在现有海尔路公交专用道的基础上，增设深圳路、秦岭路、松岭路、银川路、苗岭路、香港东路等公交专用道，形成“四纵三横”公交专用道网络，全长约 30 公里（见图 3）。

规划在重点片区设置 2 条公交接驳环线，起到串联轨道交通站点和公交枢纽站、优化区域对外公交衔接能力、加强区域之间联系便捷性的作用，实现公交一站换乘，覆盖整个重点片区（见图 4）。

规划新增海尔路南端（3 条线路，10 个泊位）、世纪广场 2 处客运枢纽站（5 条线路，20

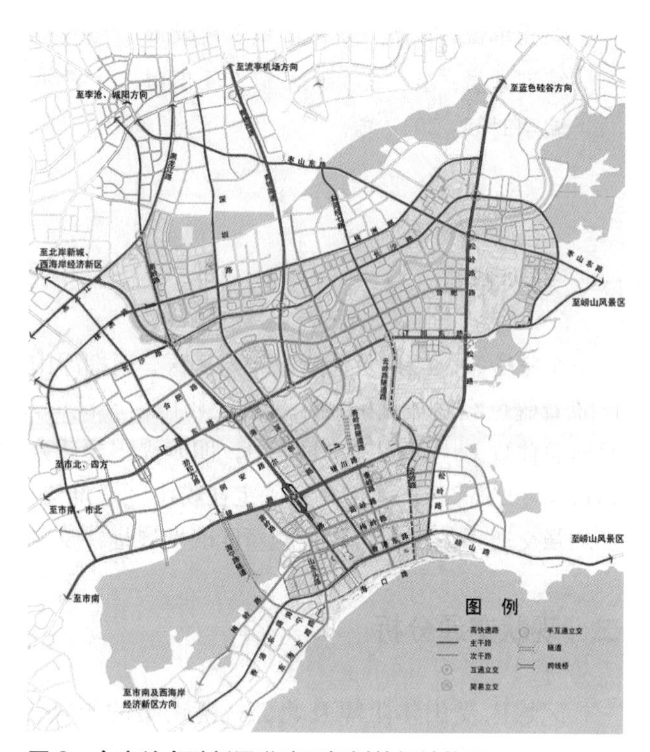

图 2　金家岭金融新区道路网规划等级结构图

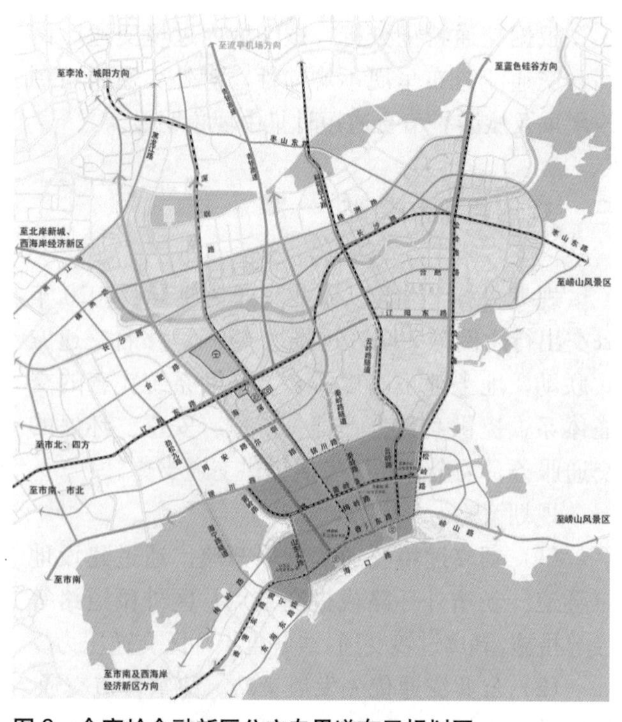

图 3　金家岭金融新区公交专用道布局规划图

个公交泊位，130个大巴泊位)，与汽车东站客运枢纽站形成三站布局形态（见图5)。

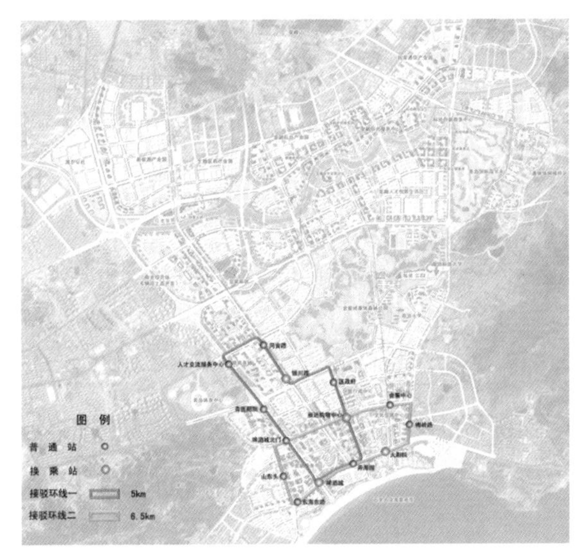

图4　金家岭金融新区公交环线规划图

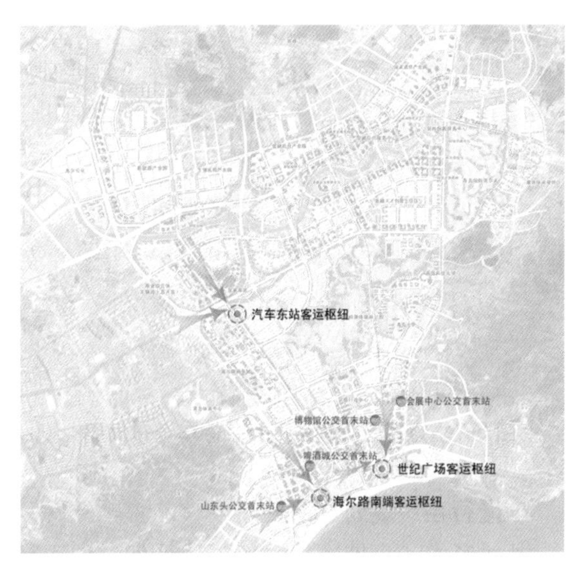

图5　金家岭金融新区公交枢纽规划图

3. 停车系统规划

规划对停车配建指标进行了研究，给出了停车配建指标的推荐值（见表1)。

重点片区停车配建标准推荐值　　表1

类别		单位	推荐标准
住宅	≥144 m²高档商品房	车位/每套	1.5
	90～144m²商品房	车位/每套	1.2
	<90 m²普通商品房	车位/每套	0.8
办公	行政办公	车位/100 m²建筑面积	1.5
	商务办公	车位/100 m²建筑面积	1.2
	其他办公	车位/100 m²建筑面积	1.0
商业	大型超市、商业中心	车位/100 m²建筑面积	1.2～1.5
	其他商业	车位/100 m²建筑面积	0.8
文化	博物馆、纪念馆、群艺馆、科技馆、图书馆、展览馆、美术馆	车位/100 m²建筑面积	1.5

结合用地规划,在重点片区规划4处公共停车场(见图6)：P1停车场,位于海尔路—梅岭路西南侧，结合规划城市公园规划地下二层、地下三层公共停车场，可提供停车泊位716个；P2停车场，位于赤岭路地下，结合商业街规划地下二层、地下三层公共停车场，可提供停车泊位约570个；P3停车场，位于海尔路在香港东路以南段的地下二、地下三层，可提供停车泊位约500个；P4停车场，位于香港东路和海口路之间、世纪广场以东，结合规划公园绿地和地下一层旅游集散中心规划地下二层公共停车场，可提供停车泊位约900个。

规划沿梅岭路构建地下停车联络通道，有效联系核心区地下停车设施，尤其是将规划的两处地下公共停车场联系到一起。在海尔路和深圳路两侧及梅岭路中央设置10处地面出入口，8进8出共

16 条进出口车道（见图 7）。

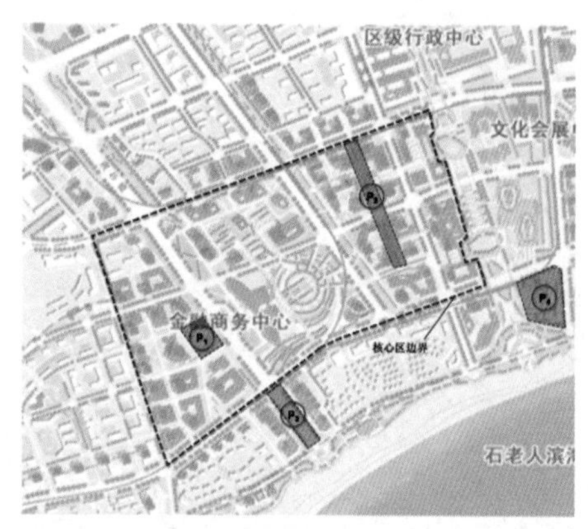

图 6　重点片区规划地下公共停车场布局图

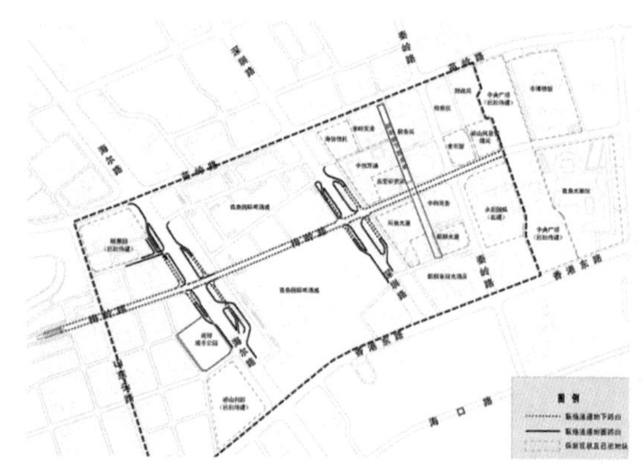

图 7　地下车库联络通道方案示意图

4. 慢行系统规划

规划形成“一带一轴一核”为骨架、地上地下便捷连通、富有层次感和趣味性的慢行网络。有机串联石老人海水浴场、啤酒节广场、世纪广场、地上地下商业步行街、商业网点和客运枢纽站，从而促进绿色交通出行，提升区域整体品质，打造区域特色空间。“一带”——海口路滨海慢行“带”；“一核”——啤酒城交通商务慢行“核”；“一轴”——世纪广场山海生态步行“轴”（见图 8）。

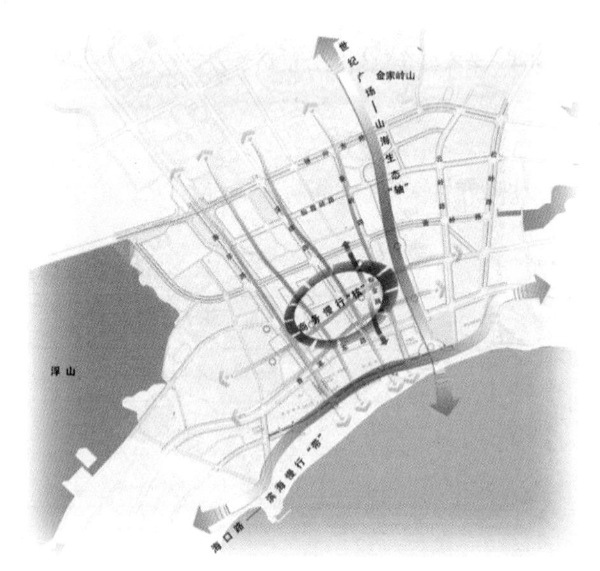

图 8　慢行系统概念规划图

5. 重大交通设施详细规划

（1）香港东路下穿通道规划。香港东路下穿通道起点位于海尔路西侧，终点结合香港路与松岭路交叉口设置“两出一入”三个出入口，全线长度约 1.92 公里，双向四车道，设计速度 50 公里 / 小时，道路净空 4.5 米，宽度约 22 米（见图 9）。

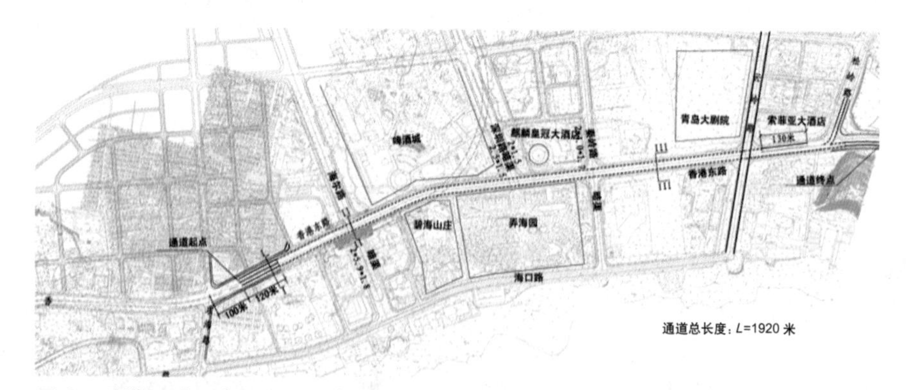

图 9　香港西路下穿通道平面布局图

（2）海宁路浮山隧道规划。海宁路浮山隧道方案南接海宁路，向北穿过银川东路后与劲松九路连接，隧道段长度由劲松九路起算约 1200 米，出隧道后为城市道路段，城市道路段长度约 300 米，设计速度 50 公里 / 小时，双向 4 车道，隧道净空 5 米，宽度约 25.5 米（见图 10）。

（3）银川东路高架规划。银川东路与海尔路交叉口规划有互通立交一处，互通形式为苜蓿叶式，本次规划建议将东西方向的高架段延长到秦岭路以东约100米处落地，设计速度为60公里/小时，按照双向4车道进行规划（见图11）。

（4）云岭路金家岭隧道规划。规划的云岭路金家岭隧道南接云岭路，隧道起点在银川东路以南约150米。下穿银川东路向北通过隧道穿越金家岭山后，以高架桥形式跨越辽阳东路，与科苑经七路相接。隧道长度约1.85公里，设计速度为40公里/小时。按照双向4车道进行规划，隧道净空5米，宽度约25.5米（见图12）。

（5）秦岭路金家岭隧道规划。规划预留的秦岭路金家岭隧道南接秦岭路，向北通过隧道穿越金家岭后，与同安路连接，预留其南侧城市道路段约470米，隧道段约490米，北侧城市道路段约190米。设计速度为40公里/小时。按照双向4车道进行规划，隧道净空5米，宽度约25.5米（见图13）。

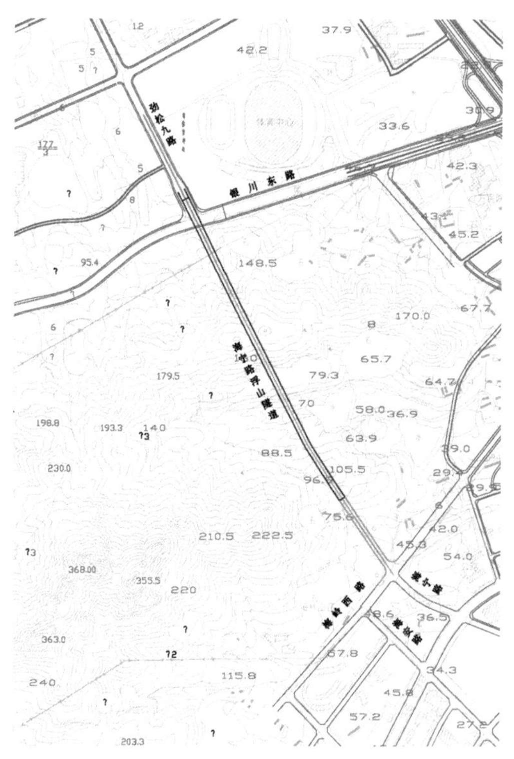

图10 海宁路浮山隧道平面图

图11 银川东路高架立交方案图

五、成果特色

（1）在区域高强度开发的情况下，通过强化公共交通，特别是充分结合轨道交通站点布置高强度开发用地，实现交通设施与土地利用的高度协调（见图14）。

（2）在动静态交通关系处理方面，充分利用地下空间，鼓励设置立体停车设施，并通过规划的联络通道实现停车资源的统筹共享，提高设施的利用率。

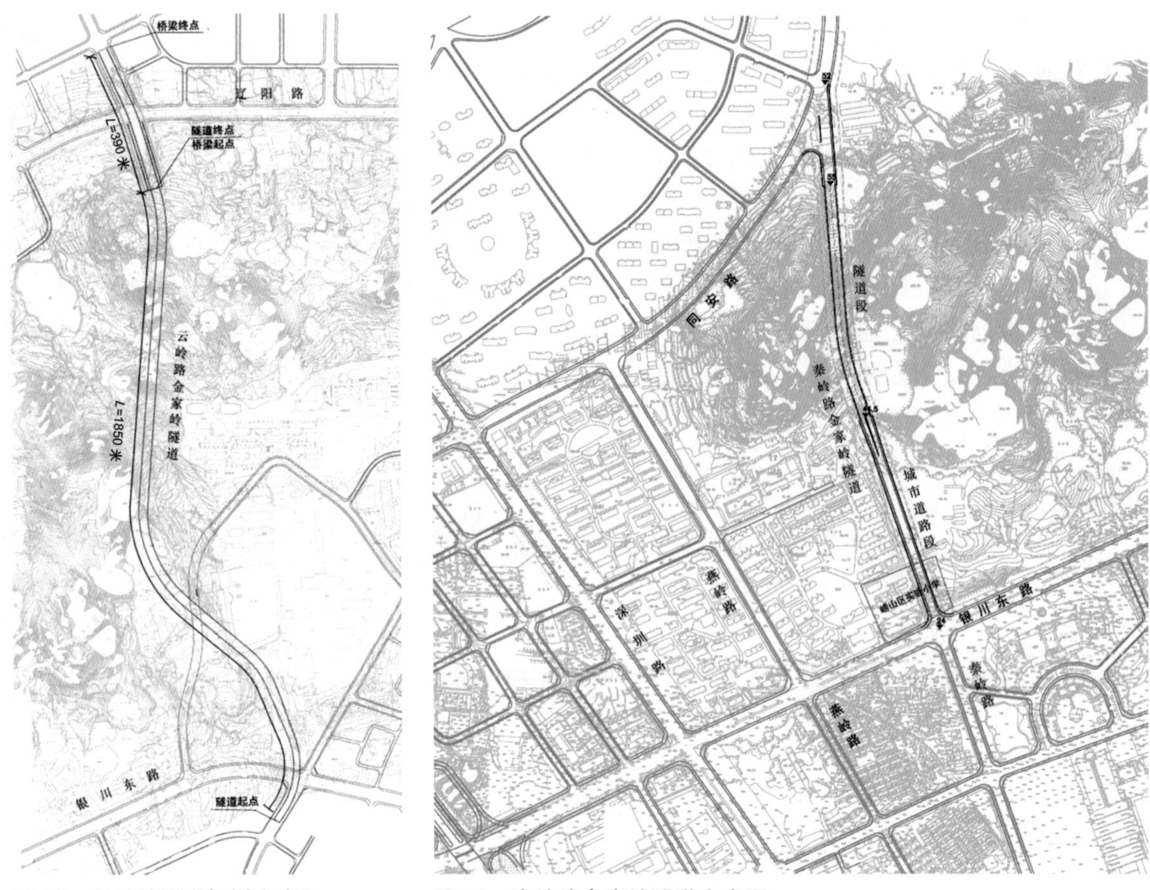

图 12　云岭路隧道规划方案图

图 13　秦岭路金家岭隧道方案图

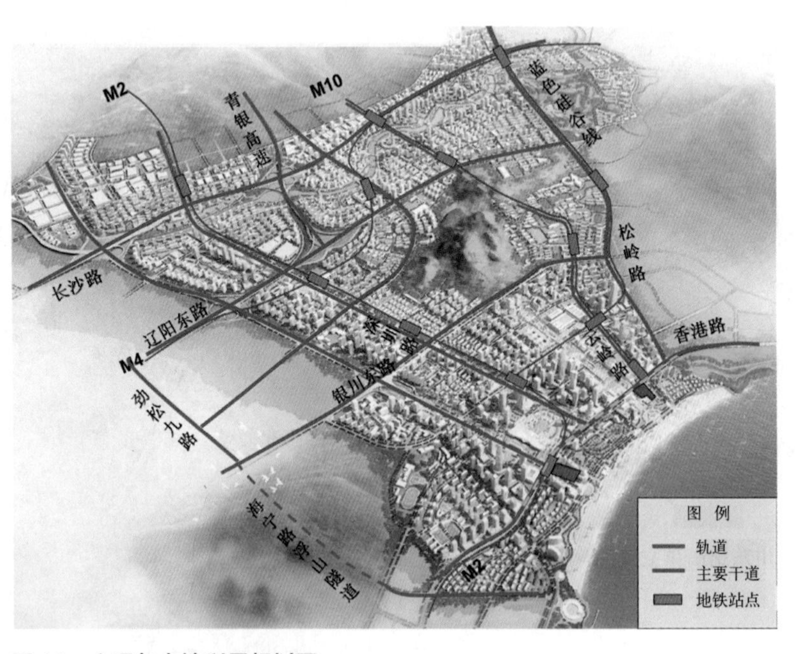

图 14　交通与土地利用规划图

（3）通过快速路、主干道实现对地块的合理分隔，减少途经主干道的短途交通。增加交通通道，剥离过境交通。

青岛市中山路及火车站周边区域交通规划

委托单位：青岛市中山路欧陆风情区改造指挥部
编制人员：马　清　刘淑永　高洪振　张志敏　殷国强　宿天彬　夏　青
完成时间：2012 年

一、规划背景

中山路区域俗称老街里，是青岛市历史上最早的商业街区，承载了青岛的历史记忆，具有深厚的文化底蕴（见图 1）。中山路区域的路网呈棋盘状，道路密度高，道路与两侧建筑相协调，形成了宜人的街道空间尺度。同时，中山路区域的主要道路普遍都有对景，例如：中山路南端正对栈桥和小青岛、浙江路北对天主教堂、肥城路东对天主教堂、大沽路西对六街口等。

图 1　中山路区域现状照片

随着 20 世纪 90 年代的东部开发战略的实施，该区域逐渐沉寂、衰败下来。1990 年后，中山路区域经历了数次规划设计与改造过程，街区的商业衰败状况一直没有好转，同时民生问题愈发突出，区域的更新复兴势在必行。2012 年 3 月 17 日，青岛市中山路欧陆风情区改造指挥部正式成立，全力推进中山路区域的更新改造。市政府将中山路区域旧城改造作为青岛市老城区综合保护更新改造的试点，列为 2012 年主要工作任务。为指导中山路区域的更新改造，指挥部组织编制了总体规划（见图 2）、商业策划、文化策划、交通规划。

图 2　中山路区域总体规划方案图

二、规划目标和策略

1. 规划目标

统筹中山路、火车站、小港及周边历史文化名城保护区，优先发展城市公共交通，打造历史文化名城特色鲜明的宜游、宜闲的步行街区，实现多方式、立体化的交通服务体系，带动支撑历史老城区的更新和复兴。

2. 规划策略

传承历史，保护名城——按照历史文化名城保护的要求，尊重和保护历史风貌，保护路网格局。

公交优先，突出特色——结合地铁建设，开辟公交专用廊道，提高公交出行比重，开辟特色旅游公交线。

步行宜人，通廊连续——加大行人通行空间，开辟步行街和步行区域，重要节点处实现人车分离。实现滨海岸线和中山路连续的步行和自行车通道。

区域管理，引导控制——通过交通组织、停车收费价格的调整等综合措施，减少进入核心区的小汽车数量，优化交通环境。

转移过境，减少混行——转移核心区域的过境交通、避免与区域城市交通干扰。

适度供应，规范停车——结合改建、新建项目，在核心区边缘区域建设公共停车场，同时严格管理。

三、规划方案

1. 过境交通布局调整

把过境交通从目前的“工”字形布局调整为“O”形。最终围绕中山路、火车站这两大交通集散区域形成两环相连的交通主流线结构。将济南路全线拓宽至 18 米，调整为双向 4 车道（见图 3）。

胶宁高架桥下辅路—济南路—泰安路构成“O”形通道的西北部分；安徽路、江苏路构成“O”形通道的东半部分。广西路整体仍为东向西单向行驶（公交车可以逆向行驶），承接太平路转移出来的公交线路。太平路、广西路构成前海配对单向行驶系统，构成“O”形通道的南半部分（见图 4）。

图 3　拓宽后的济南路横断面图

图 4　“O”形通道线路分布图

2. 步行街规划

在规划步行街时要处理好与周边交通的关系，既要使步行街进出方便，又不能影响其他街道的通行效率。步行街最好设计在两条街道中间，与其他街道形成工字形结构，可提供进出步行街的便利，且不影响其他街道的通行效率。因此，在中山路区域结合现状路网特点以及街区特色，可以将交通量不大的四方路、黄岛路、博山路、易州路改为步行街，同时扩大步行街的辐射范围，也可将芝罘路北段、高密路、海泊路、平度路、德县路西段、保定路东段、肥城路、肥城支路等路段设置为步行街。作为启动路，近期可将浙江路改造为步行街，同时保留其在中山路步行街形成后改为机动车通行通道的可能，以作为中山路步行街东侧的一条区域性集散通道，进一步加强中山路步行街的可达性。

减少中山路的过境交通功能，强化其商业街特色是中山路更新改造的重点。将中山路改为步行街，将现状中山路上的交通量逐渐向外围的济南路、河南路、安徽路转移，形成以中山路为中心的步行街区。

为了避免前海一线特别是栈桥周边太平路上人车之间的相互干扰，增大前海一线游客和行人通行空间，规划将太平路（郯城路—常州路段）地面改为供行人通行的步行街，地下供车辆通行（见图 5 和图 6）。

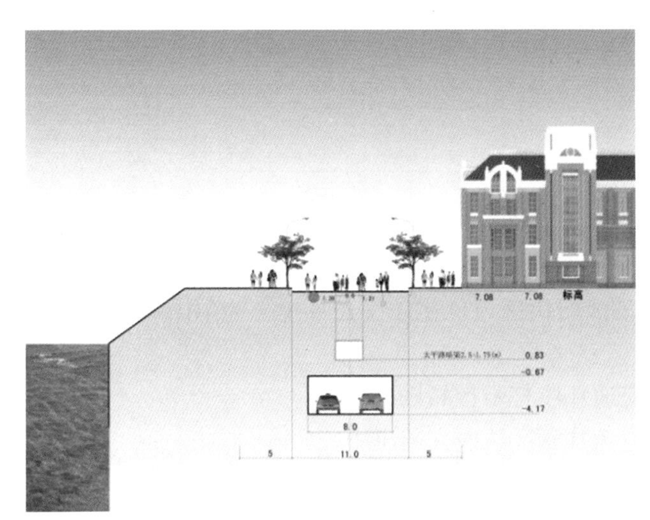

图 5　太平路步行街断面示意图

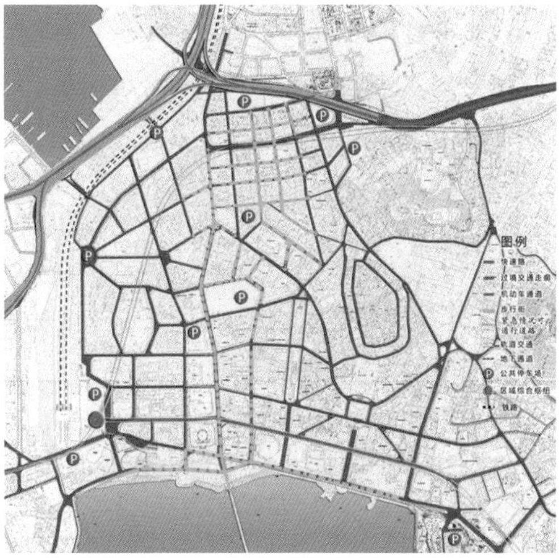

图 6　步行街规划图

3. 停车场规划

公共停车场结合步行街及公共建筑的布局分散布置，既可满足周边地块的停车需求，又可以提高停车场的服务范围和使用效率。根据研究区域停车需求预测及用地情况，在周边规划 7 处公共停车场，提供停车泊位 2810 个（见图 7）。

规划增加的公共停车泊位加上现有停车泊位，结合严格的交通管理，基本上可实现停车供需的平衡，实现路外停车。路外公共停车场建成后，取消济南路、泰安路、河南路、曲阜路等交通廊道和步行街区的占路停车，可释放 4 万平方米的道路空间用于机动车和行人通行。

图 7　停车场规划图

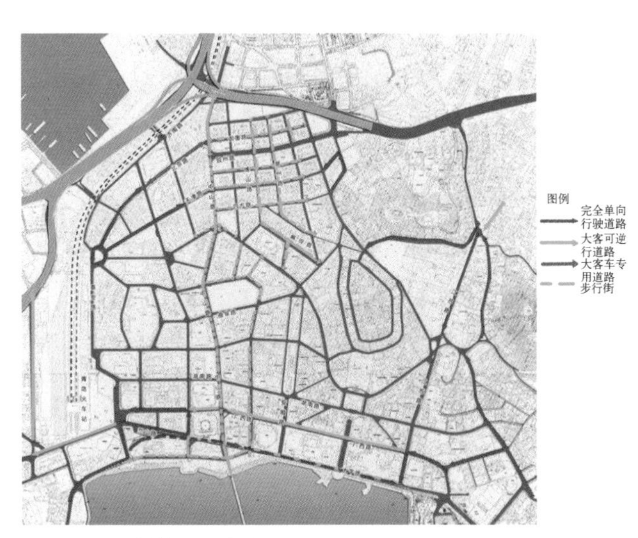

图 8　区域整体交通组织图

4. 交通组织规划

济南路调整为双向交通；

北京路（六街口—河南路）调整为南向北单向行驶；北京路（河南路—中山路）调整为仅供公交车通行的双向行驶通道；

郯城路调整为自南向北单向行驶；

河南路（兰山路—广西路）调整为自南向北单向行驶；

广西路（河南路—中山路段）调整为自东向西单向行驶，公交车（1条车道）可逆向行驶；广西路（中山路—江苏路段）仍为自东向西单向行驶，公交车（2条车道）可逆向行驶；

结合步行街的设置，取消海泊路的自西向东单向行驶（见图8）。

四、成果特色

探讨了历史文化街区交通规划的思路与方法：

（1）倡导以慢行交通和公共交通相结合的交通方式，实现了中山路区域与前海一线区域人行交通的有机衔接，设置了以中山路步行街为核心的步行街区，优化了交通环境，为中山路区域的复兴打下了良好的交通条件。

（2）调整区域过境交通流线、保证了区域交通环境与步行品质。

（3）结合外围机动车通道设置公共停车场避免加剧区域内交通压力。

第五篇

模型预测

采桑子

屈揖问君可行否？孤灯独影，困眼惺忪，数据编码对月空。
青丝碎纹眼角处，明慧蒸蒸，解问伏慇，梦里凭阑海上风。

青岛市轨道交通建设规划客流预测

委　托　单　位：青岛市交通委员会

编　制　人　员：张志敏　马　清　万　浩　徐泽洲

编　制　时　间：2008 年

批准机关和时间：国务院，2009 年 8 月

一、规划背景

青岛在 1999 年编制了《青岛市城市快速轨道交通线网规划》，提出了轨道线网“四线一环”的布局，总规模为 114 公里。为了适应新的城市空间发展布局，随后编制的《青岛市城市综合交通规划（2002—2020 年）》和《青岛市轨道交通线网规划（修编）》均在原“四线一环”的基础上进行了调整和完善，确定了青岛市区轨道交通线网由 8 条线路组成，线网总长 232 公里。2008 年，青岛市十四届人大一次会议提出了“关于加快推进发展轨道交通的议案”，并作为大会唯一议案。议案提出，青岛建设轨道交通将极大带动北部城区的快速发展和西部老城区的改造、复苏，缩小南北差距、促进东西均衡发展。青岛市委、市政府高度重视，青岛市轨道交通开始进入实施策划阶段。为此有关部门编制了《青岛市城市轨道交通近期建设规划（2009—2016 年）》，通过多轮方案比选将 M3 线和 M2 线一期工程作为近期建设轨道交通线路（见图 1）。

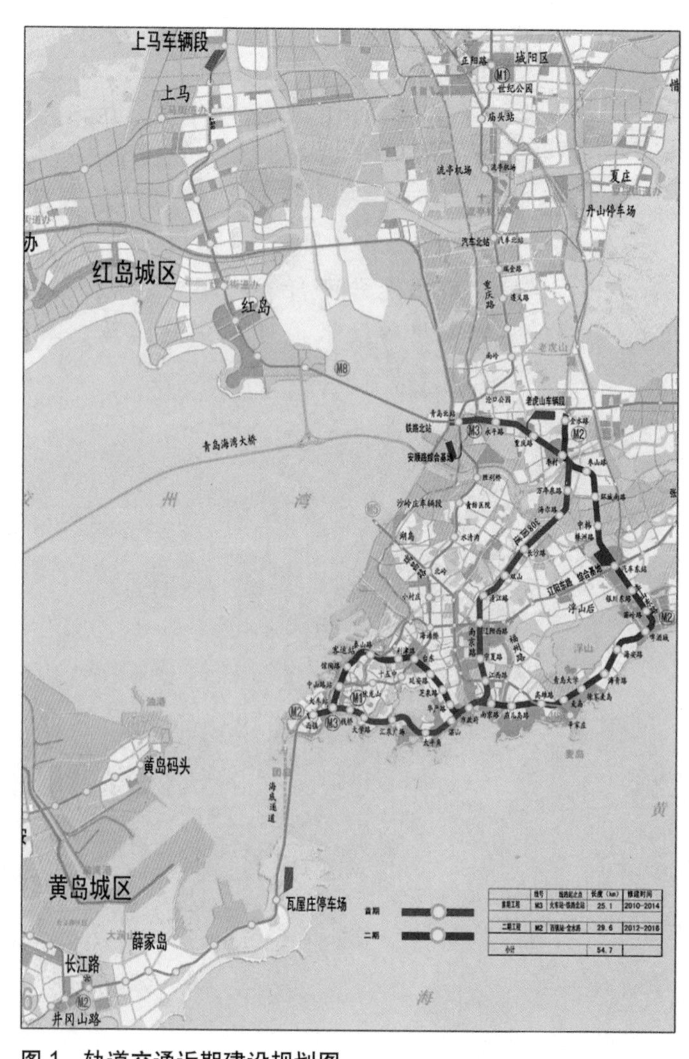

图 1　轨道交通近期建设规划图

轨道交通建设规划客流预测是建设规划的重要组成部分，是轨道交通建设规模决策的主要依据，是工程项目建设规模和运营经济评价的基础，是项目风险评价的要素和关键。

二、规划思路

在对青岛市经济社会发展现状、土地利用现状、交通现状分析论证的基础上，结合青岛市居民出行调查，建立基年客流预测模型。依据城市经济社会发展规划、

城市土地利用规划、城市总体规划、城市交通规划等相关规划及各规划年份轨道交通线网规划方案，建立各个规划年份的轨道客流预测模型。最后，对近期建设线路进行测试调整，得到近期建设线路各个规划年份客流。

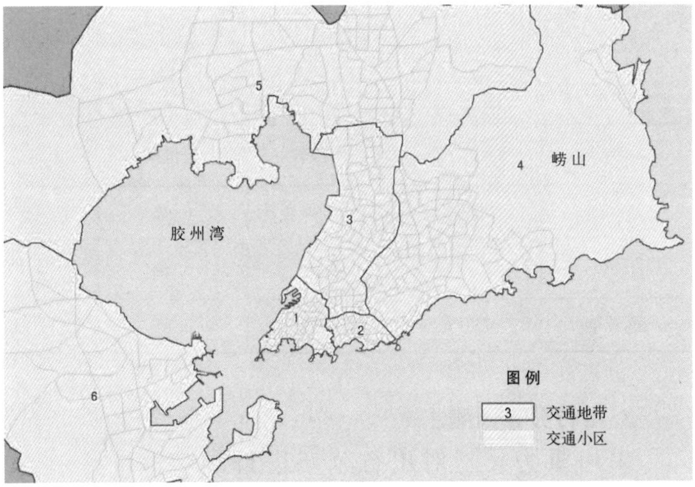

图2　交通地带划分图

三、客流预测前提

1. 交通小区划分

将规划区范围划分成397个交通小区，17个交通大区，6个地带。同时，增加10个对外道口点和15个特殊吸引点，共计422个交通小区（见图2）。

2. 人口和岗位预测

预测到2010年中心城区常住人口规模达到370万人，2016年达到420万左右，2020年达到500万左右，远景年达到550～580万人（见图3）。

预测2016年青岛市区的就业岗位将达到210万个，2020年达到275万个，远景年达到330万个（见图4）。

图3　2020年青岛市人口密度分布图

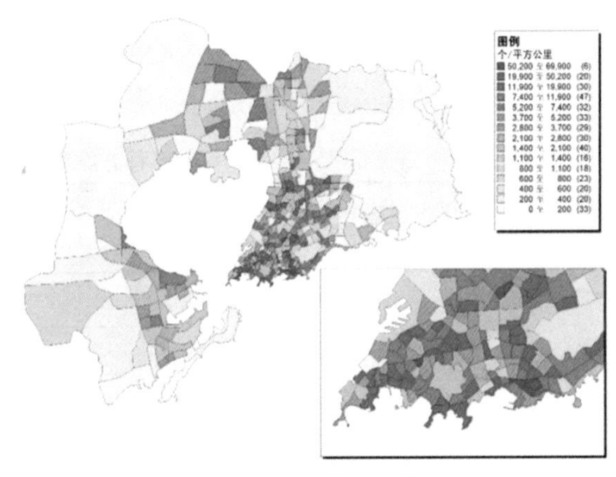

图4　2020年青岛市区岗位密度分布图

四、客流需求预测

1. 出行总量预测

2007年青岛居民日出行率为2.14次/日（不含六岁以下儿童）。预测2016年居民全目的日出行率为2.35次/日，2020年为2.55次/日，远景年为2.7次/日。预测到2020年，青岛市规划范围内居民日出行总量为1275万人次，流动人口出行率为3次/日，日出行量约为300万人次，日出行总量约为1575万人次。2016年规划范围内居民日出行总量为987万人次，流动人口出行量约为250万人次，人员日出行总量约为1237万人次；远景年居民日出行总量为1566万人次，流动人口出行量约为390万人次，人员日出行总量约为1956万人次。

2. 出行方式预测

采用Logit模型进行出行方式预测，结合未来的车辆发展政策和未来城市交通可能的不同发展趋势，可以得到规划年的出行方式结构（见表1）。

居民出行方式结构预测结果 表1

方式结构	公共交通	小客车	出租车	其他客车	摩托车	非机动化	合计
2016年	29.3%	24.9%	6.0%	4.9%	3.7%	31.2%	100%
2020年	35.0%	28.5%	5.0%	4.7%	1.6%	24.2%	100%
远景年	45.0%	26.0%	5.0%	4.2%	0.8%	24.0%	100%

3. 出行分布预测

采用重力模型对出行分布进行预测，得到不同规划年份出行分布结果（见图5）。

4. 客流预测结果

（1）2016年客流预测总量指标

根据青岛市轨道交通建设规划方案，2010年～2016年修建M3线（火车站—青岛北站）、M2线一期工程（西镇—金水路），线路总长54.7公里。2016年推荐方案客流指标如表2所示。

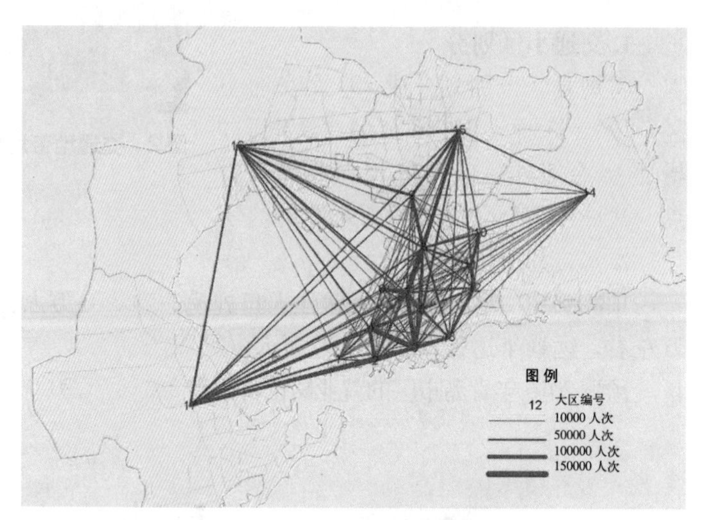

图5 2020年青岛市居民全方式出行期望线图

2016年推荐方案客流指标一览表 表2

推荐方案	长度（公里）	客运量（万人次/日）	客运强度（万人次/公里）	平均运距（公里）	周转量（万人次公里/日）	全日最大断面（人次/日）	高峰小时断面（万人次/小时）
M2	29.6	36.6	1.2	7.3	265.5	60288	1.02
M3	25.1	33.3	1.3	6.9	231.3	62982	1.09
合计	54.7	69.9	1.3	7.1	496.8	—	—

（2）2020年客流预测总量指标

2020年方案客流指标一览表 表3

线路名称	长度（公里）	客运量（万人次/日）	客运强度（万人次/公里）	平均运距（公里）	周转量（万人次公里/日）	全日最大断面（人次/日）	高峰小时断面（万人次/小时）
M1	36.6	34.5	0.9	10.6	366.8	89436	1.39
M2	29.6	45.6	1.5	7.2	327.5	75354	1.25
M3	25.1	41.4	1.7	7.4	306.1	82696	1.38
合计	91.3	121.5	1.3	8.2	1000.4	—	—

从线路总体指标来看，到2020年轨道交通承担的客运量将增加到121.5万人次/日（见表3），占公交客运总量的比重超过20%。

（3）远景年客流预测总量指标

远景年全线网全日客流预测结果一览表　　表 4

线路	长度（公里）	客运量（万人次/日）	客运强度（万人次/公里日）	平均运距（公里）	周转量（万人次公里/日）	高峰小时断面（万人次/小时）
M1	36.6	83.2	2.2	12.4	1032	3.61
M2	55.3	112.9	2.0	11.0	1245	3.23
M3	25.1	80.6	3.2	8.3	670.1	3.03
M4	22.3	45	2.0	7.3	327.6	2.25
M5	13.3	25.7	1.9	4.4	113.6	1.53
M6	30.6	53.3	1.7	9.6	510.9	2.06
M7	14.6	36.7	2.6	3.7	134.5	2.02
M8	33.7	57.1	1.7	9.7	551.4	2.17
合计	231.5	494.5	2.1	9.3	4585.1	—

从全网客流指标来看（见表 4），全网平均客流强度 2.1 万人次 / 公里日。其中 M2 线线路最长，客流总量最高。M3 线客流强度最大，高峰断面流量超过了 3 万人次 / 小时。M1 线客运量超过了 83 万人次 / 日，高峰小时断面达到 3.61 万人次 / 小时。黄岛区的 M7 线客运强度较高，高峰小时断面也达到 2.02 万人次 / 小时。

五、成果特色

（1）编制了山东省首个轨道交通近期建设规划客流预测报告，可为省内外相关城市提供参考。

（2）根据青岛市居民出行调查建立了轨道交通建设规划阶段的客流预测模型，将控制性详细规划中的用地性质、建筑面积等指标纳入客流预测模型，做到了预测人口、岗位规模与城市用地布局及规模一致。

（3）结合传统“四阶段”客流预测方法，进一步完善客流预测模型。采用多因素综合分析法，进行多方案组合预测，预测结果紧密联系实际、可信度高。

青岛市城市轨道交通近期建设规划（2013–2018 年）客流预测

委 托 单 位： 青岛市地铁建设指挥部办公室

编 制 人 员： 张志敏　高洪振　徐泽洲　杨　文　于莉娟

编 制 时 间： 2012 年

一、规划背景

2009 年 8 月国务院批准了《青岛市城市轨道交通近期建设规划（2009—2016）》，规划中提出近期建设的 M3 线已于 2009 年 11 月 30 日全面开工，预计 2015 年全线通车运营。M2 线一期工程于 2012 年底开工。青岛市还需陆续建设其他线路，具体建设线路与规模是本次建设规划需要确定的。最终结合沿线土地利用情况、客流预测结果等因素，确定 M1 线、M4 线、M6 线一期工程为 2013 ~ 2018 年要建设的线路（见图 1）。轨道交通近期建设规划需要上报国务院审批，其中客流预测是重要的组成部分。

图 1　城市轨道交通近期建设规划

二、预测前提

1. 人口预测

2010 年，青岛市区的常住人口约为 372 万。根据相关规划预测，2020 年中心城区常住人口规模约 550 万左右，远景年约 650 万人。根据 2010 年和 2020 年的预测人口规模，采用内插法计算，预测 2016 年人口规模将达到 478 万左右，2018 年人口规模约为 514 万。

2. 岗位预测

根据现状不同用地的岗位率，结合未来城市用地空间布局假设进行了预测。2016 年青岛市区的就业岗位将达到 210 万个，2018 年将达到 242 万个，2020 年将达到 275 万个，远景年将达到 330 万个。

三、客流需求预测

1. 出行总量预测

预测 2020 年青岛居民平均出行次数为 2.35 次 / 日，2020 年到远景年居民平均出行次数按照 0.02%

增长率计算，远景年青岛市居民平均出行次数将为2.55次/日。则中心城区范围内居民日出行量2020年为1292.5万人次，远景年为1657.5万人次。根据相关规划，预测2020年流动人口约100万人，远景年约130万人，按照流动人口出行率为3次/日计算，2020年流动人口出行量约为300万人次/日，远景年约为390万人次/日。

2. 出行方式预测

采用Logit模型进行出行方式预测，结合未来的车辆发展政策和未来城市交通可能的不同发展趋势，可以得到规划年的出行方式结构（见表1）。

居民出行方式结构预测结果　　表1

方式结构	公共交通	小客车	出租车	其他客车	摩托车	非机动化	合计
2020年	35%	28.5%	5%	4.7%	1.6%	25.2%	100%
远景	45%	22%	4%	3.5%	0.5%	25%	100%

3. 出行分布预测

采用重力模型对出行分布进行预测，得到不同规划年份出行分布结果（见表2）。

远景年居民全方式出行量分布　（单位：人次）　　表2

	地带一	地带二	地带三	地带四	地带五	地带六	合计
地带一	1024853	117778	164568	126886	71152	98522	1603760
地带二	117778	1122408	239388	219407	41139	98166	1838287
地带三	164568	239388	1620708	368406	314118	74894	2782082
地带四	126886	219407	368406	1605742	176665	93590	2590697
地带五	71152	41139	314118	176665	3174485	162161	3939720
地带六	98522	98166	74894	93590	162161	3284500	3811834
合计	1603760	1838287	2782082	2590697	3939720	3811834	16566379

4. 客流预测结果

（1）2016年客流预测总量指标

2016年M2线一期工程将建成通车，通车后客流线路指标情况如表3和表4所示。

2016年客流总体指标一览表　　表3

	客运量（万人次/日）	客运周转量（万人次公里/日）	平均运距（公里）	换乘量（万人次/日）	换乘系数	出行结构	OD总量（万人次）
轨道交通	65.9	645.4	9.8	7.4	1.13	16%	58.5
常规公交	397.6	2107.2	5.3	94.1	1.31	84%	303.5
合计	463.5	2752.6	5.9	101.5	1.28	100%	362

2016轨道方案客流预测指标一览表　　表4

	长度（公里）	客运量（万人次/日）	客运强度（万人次/公里.日）	平均运距（公里）	周转量（万人次公里/日）	全日最大断面（人次/日）	高峰小时断面（万人次/小时）
M2	29.6	34.8	1.2	9.1	318.4	77741	1.17
M3	24.8	31.1	1.3	10.5	327.0	76911	1.27
总计	54.4	65.9	1.2	9.8	645.4		

（2）2018年客流总体指标（见表5和表6）

推荐方案2018年客流总体指标一览表　　表5

	客运量（万人次/日）	周转量（万人次公里/日）	平均运距（公里）	换乘量（万人次/日）	换乘系数	出行结构	OD总量（万人次）
轨道交通	150.9	1628	10.8	17.7	1.13	26%	133.2
常规公交	534.3	3023.9	5.7	148.5	1.38	74%	385.8
合计	685.2	4651.7	6.8	166.2	1.32	100%	519

推荐方案2018年客流指标一览表　　表6

	长度（公里）	客运量（万人次/日）	客运强度（万人次/公里.日）	平均运距（公里）	周转量（万人次公里/日）	高峰小时断面（万人次/小时）
M1	59.3	57.1	1.0	14.7	838	1.32
M2（一期）	29.6	32.2	1.1	8.3	268	1.36
M3	24.8	25.5	1.0	9.6	245	1.52
M4	26.6	26.8	1.0	8.3	223	1.23
M6（一期）	12.4	9.3	0.7	5.9	55	0.79
合计	152.7	150.9	1.0	10.8	1628	

（3）远景年客流总体指标（见表7和表8）

远景年客流总体指标一览表　　表7

	客运量（万人次/日）	周转量（万人次公里/日）	平均运距（公里）	换乘量（万人次/日）	换乘系数	出行结构	OD总量（万人次）
轨道交通	583.1	5691.2	9.8	167.8	1.40	42%	415.3
常规公交	756.0	3853.9	5.1	193.3	1.34	58%	562.7
合计	1339.1	9545.1	7.1	361.1	1.37	100%	978

远景年客流指标一览表　　表8

	长度（公里）	客运量（万人次/日）	客运强度（万人次/公里.日）	平均运距（公里）	周转量（万人次公里/日）	高峰小时断面（万人次/小时）
M1	59.3	140.0	2.4	13.8	1934.3	3.74
M2	37.7	96.1	2.5	7.6	734.7	2.81
M3	24.8	89.4	3.6	9.0	801.8	3.70
M4	26.6	66.2	2.5	7.9	522.3	3.11
M5	13.3	33.1	2.5	4.3	142.3	2.21
M6	34.8	67.0	1.9	8.0	538.9	2.79
M7	14.6	26.1	1.8	6.0	155.6	1.58
M8	34.5	65.2	1.9	13.2	861.3	2.73
合计	245.6	583.1	2.4	9.8	5691.2	

（4）远景年客流预测总量指标（见表 9）

远景年全线网全日客流预测结果一览表　　表 9

线路	长度（公里）	客运量（万人次/日）	客运强度（万人次/公里日）	平均运距（公里）	周转量（万人次公里/日）	高峰小时断面（万人次/小时）
M1	36.6	83.2	2.2	12.4	1032	3.61
M2	55.3	112.9	2.0	11.0	1245	3.23
M3	25.1	80.6	3.2	8.3	670.1	3.03
M4	22.3	45	2.0	7.3	327.6	2.25
M5	13.3	25.7	1.9	4.4	113.6	1.53
M6	30.6	53.3	1.7	9.6	510.9	2.06
M7	14.6	36.7	2.6	3.7	134.5	2.02
M8	33.7	57.1	1.7	9.7	551.4	2.17
合计	231.5	494.5	2.1	9.3	4585.1	—

从客流预测结果看，远景年青岛轨道交通线网将达到 245.6 公里左右，平均客运强度将达到 2.4 万人次 / 公里，维持较高的客流水平。从每条线路的客流指标来看，线网中的 M1 线、M2 线、M3 线、M4 线、M5 线作为轨道交通网络的骨干线路维持着较高的客运强度，都在 2.0 万人次 / 公里以上，而黄岛以及红岛的 6 号线和 8 号线客运强度也较高，在 1.9 万人次 / 公里以上。

四、成果特色

在第一轮建设规划及 M3 线、M2 线一期工程可行性研究客流预测积累经验的基础上，对线网客流规模、最大断面等指标的判断更科学合理。

青岛市轨道交通一期工程（M3 线）客流预测

委 托 单 位：青岛市地下铁道公司
编 制 人 员：张志敏　马　清　徐泽洲　万　浩
编 制 时 间：2009 年
获 奖 情 况：2011 年度青岛市优秀城市规划设计一等奖
2010 年度青岛市优秀工程咨询成果二等奖
2011 年度山东省优秀规划设计表扬奖
批 准 机 关：国家发展改革委

一、规划背景

轨道交通一期工程（M3 线）是国家 2009 年 8 月批复的《青岛市城市快速轨道交通建设规划》中确定的青岛市轨道交通首期工程，全长 24.9 公里，设站 22 座。将青岛火车站、中山路商圈、前海历史风貌保护区、青岛核心商务区、青岛中央商务区、四方东部商务区、李村商圈、铁路青岛北站紧密联系起来。M3 线的建设对缓解城市交通拥堵、改善居民出行结构、带动和引导城市空间结构调整、推动城市总体规划实现、加快沿线土地综合开发、尽快形成轨道交通网络骨架、构筑现代化快速交通体系等具有重要的意义。

M3 线工程可行性研究阶段的客流预测是确定轨道交通设计运能、列车编组、行车密度和行车交路，确定轨道交通车站规模和站台长度、宽度以及车站楼梯和出入口总宽等的重要依据，也是核算轨道交通运营成本和经济效益的重要参考。

二、规划思路

在对青岛市经济社会发展现状、土地利用现状、交通现状宏观把握的基础上，结合青岛市居民出行调查，建立基年客流预测模型。在基年客流预测模型的基础上，结合城市经济社会发展规划、城市土地利用规划、城市总体规划、城市交通规划等相关规划及不同规划年份轨道交通线网规划方案，建立各个规划年份的轨道客流预测模型。在模型建立的基础上，对轨道交通一期工程（M3 线）客流进行测试调整，最终得到轨道交通一期工程（M3 线）各个规划年份客流规模。

三、预测前提

1. 经济和社会发展假设

参考《青岛市国民经济和社会发展第十一个五年规划纲要》，经济发展按惯性增长，

2007 ~ 2017 年经济发展按照城市规划确定的速度增长，增长率为 12%，2018 ~ 2024 年经济增长速度逐渐放缓，增长率维持在 8% 左右，2025 ~ 2039 年假设除了胶州湾湾底的红岛以及黄岛北部的部分区域外，其他区域均已发展成熟，相应的经济发展速率还会在 2018 ~ 2024 年的基础上放缓，假设增长率降至 3% 左右。

根据《青岛市城市总体规划》，青岛市 2020 年城市建设用地规模将达到 540 平方公里，但是对比青岛市土地利用现状，李沧东部、城阳区以及黄岛北部现状用地基本未开发。结合城市空间发展战略，规划假设 2007 ~ 2017 年城市重点发展李沧东部和城阳中心区以及红岛中心部分用地，其他用地暂不发展。2018 ~ 2024 年在上述发展区域的基础上，重点发展黄岛北部和红岛的部分区域，2025 ~ 2039 年重点发展红岛区域。

2. 交通小区划分

将规划区范围划分成 397 个交通小区，17 个交通大区，6 个地带。同时，增加 10 个对外道口点和 15 个特殊吸引点，共计 422 个交通小区。

3. 人口和岗位预测

预测 2017 年人口规模将达到 465 万左右，2024 年人口规模将达到 520 万左右，2039 年人口规模将达到 560 万左右。

预测 2017 年青岛市中心城区就业岗位将达到 237 万个，2024 年将达到 260 万个，2039 年将达到 276 万个。

四、客流需求预测

1. 出行总量预测

对比国内外相关城市出行率预测结果以及城市未来发展特点，预测 2017 年居民全目的日出行率为 2.48 次 / 日，2024 年为 2.60 次 / 日，2039 年为 2.64 次 / 日。2017 年规划范围内居民日出行量为 1152 万人次，2024 年为 1354 万人次，2039 年为 1477 万人次。根据相关规划，推算 2017 年规划范围内流动人口约 90 万人，2024 年约 105 万人，2039 年约 120 万人，按照流动人口出行率为 3 次 / 日计算，2017 年流动人口出行量约为 270 万人次，2024 年约为 315 万人次，2039 年约为 360 万人次。

2. 出行方式预测

采用 Logit 模型进行出行方式预测，并结合未来的车辆发展政策和未来城市交通可能的不同发展趋势，可以得到规划年的出行方式结构（见表 1）。

居民出行方式结构预测结果　　表 1

方式结构	公共交通	小客车	出租车	其他客车	摩托车	非机动化	合计
2017年	28.0%	23.9%	5.8%	4.7%	3.6%	30.0%	100%
2024年	36.0%	26.5%	5.0%	4.7%	1.6%	26.2%	100%
2039年	43.0%	25.0%	5.0%	4.2%	0.8%	25.0%	100%

3. 出行分布预测

采用重力模型对出行分布进行预测，得到不同规划年份出行分布结果（见图 1 和图 2）。

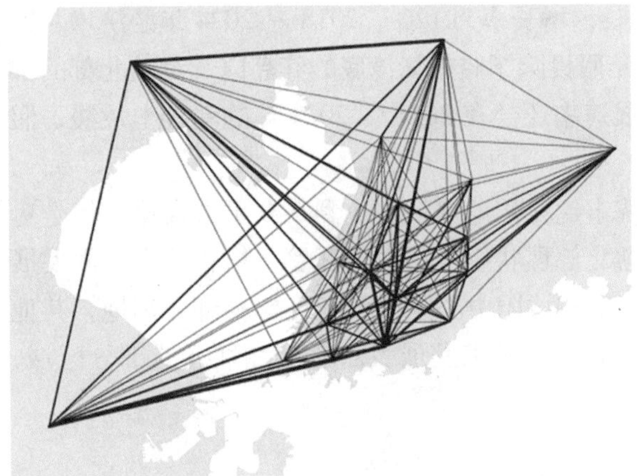

图 1 2039 年居民全方式分布

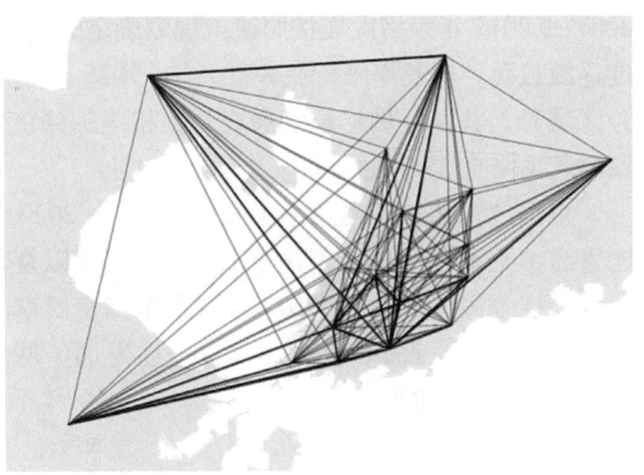

图 2 2039 年公交方式分布

五、预测结果

1. 客流预测总量指标

轨道交通一期工程初期日客运量为 33.4 万人次，负荷强度为 1.3 万人次 / 公里；近期日客运量为 45.6 万人次，负荷强度为 1.8 万人次 / 公里；远期日客运量将达到 69.9 万人次，负荷强度为 2.8 万人次 / 公里。远期早高峰客流将达到 10.21 万人次，单向高峰最大断面为 3.54 万人次 / 小时（见表 2）。

预测年一期工程客流总体指标　　表 2

指标		初期	近期		远期	
		数据	数据	增长幅度	数据	增长幅度
日均	总客流量（万人次）	33.4	45.6	36.5%	69.9	53.2%
	线路长度（公里）	25.1	25.1		25.1	
	客流强度（万人次/公里）	1.3	1.8	35.70%	2.8	47.40%
	平均运距（公里）	10.6	10.2		9.6	
	单向早高峰客流最大断面（万人次/小时）	1.56	2.35	50.64%	3.54	50.64%
	早高峰客流量（万人次）	4.98	6.79	36.35%	10.21	50.37%
	早高峰系数	14.91%	14.89%		14.61%	
	单向晚高峰客流最大断面（万人次/小时）	1.33	1.83	37.59%	2.58	40.98%
	晚高峰客流量	4.36	5.77	32.34%	8.29	43.67%
	晚高峰系数	13.05%	12.65%		11.86%	
全年	总客流量（亿人次）	1.22	1.66	36.53%	2.55	53.29%

2. 断面客流

轨道交通一期工程全日断面客流量预测如图 3 ～图 5 所示。

3. 换乘量预测

轨道交通一期工程（M3 线）运营后轨道网络初期会有换乘站 6 个，远期增加到 14 个，随着换乘站的增加，换乘客流比例也会随之增加，2039 年全日换乘客流比例将达到 43%。

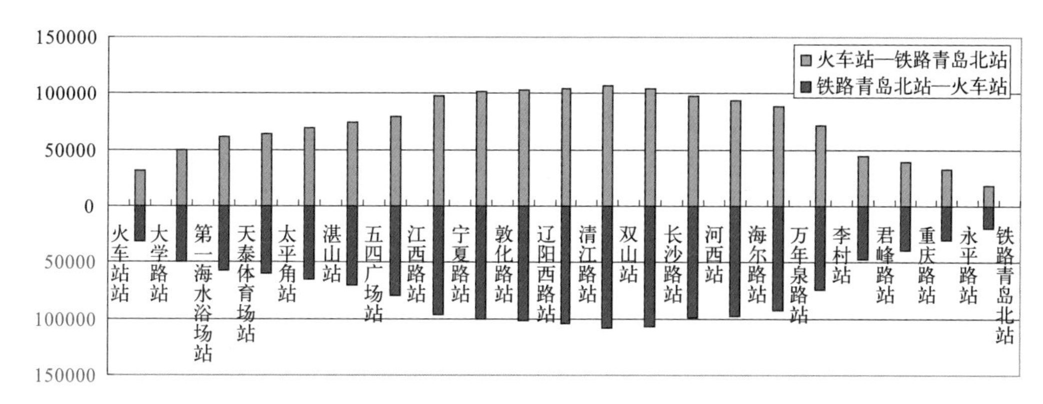

图 3　轨道交通一期工程 2017 年全日断面流量图

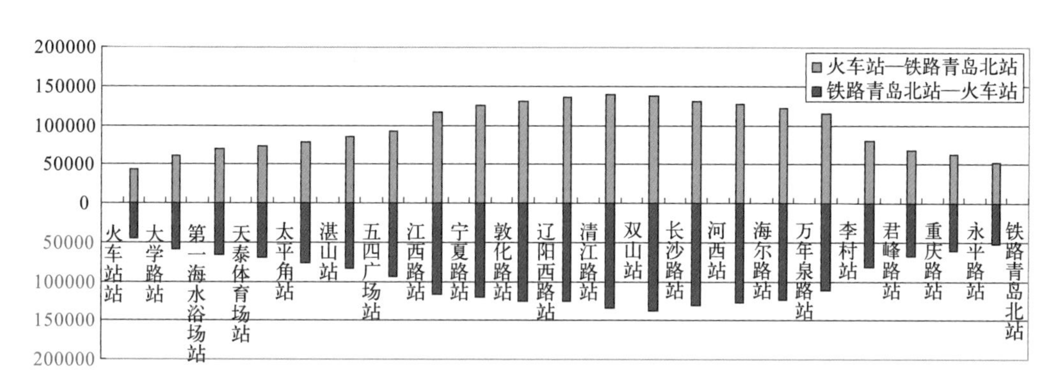

图 4　轨道交通一期工程 2024 年全日断面流量图

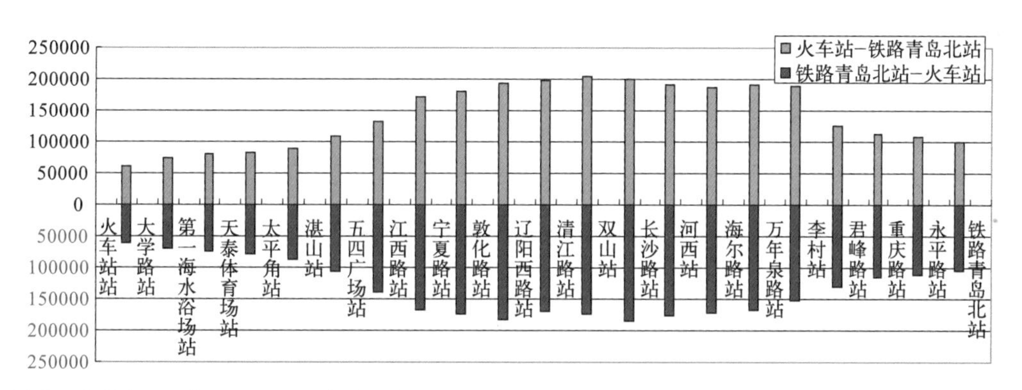

图 5　轨道交通一期工程 2039 年全日断面流量图

六、客流敏感性分析

轨道交通客流预测涉及的客流风险因素较多，如城市交通建设力度，城市机动车发展政策，轨道交通沿线的土地利用性质、开发强度和速度，轨道交通票价，常规公交服务水平，常规公交和轨道交通的衔接和竞争等。上述各因素可以分公交系统外部因素和公交系统内部因素两大类，其中公交系统外部因素对轨道交通客流的影响最为明显，且不确定性强，也是研究的重点；相对而言，系统内部的影响较容易把握。

1. 初期客流风险分析

影响初期客流的主要因素有常规公交与轨道交通的衔接、配合以及轨道交通运营初期服务水平，初期客流风险分析如表 3 和表 4 所示。

常规公交衔接配合与客流量风险分析　表 3

	初期全日客运量（万人次/日）	变化幅度
高水平	34.87	+4.41%
低水平	30.12	-10.89%

轨道运营初期服务水平与客流量风险分析　表 4

	初期全日客运量（万人次/日）	变化幅度
高水平	35.34	5.82%
低水平	29.37	13.73%

2. 远期客流风险分析

影响远期客流的主要因素有城市土地利用和空间布局的变化以及轨道交通一期工程沿线土地利用情况和轨道交通建设进程两个因素，远期客流风险分析如表 5 所示。

人口规模变化与客流量风险分析　表 5

人口规模	远期全日客运量（万人次/日）	变化幅度
增加15%	79.1	13.2%
增加10%	76.03	8.77%
增加5%	72.86	4.23%

经过以上客流风险分析，结合青岛市交通发展现状，给出青岛市轨道交通一期工程客流量推荐值域，如表 6 所示。

轨道交通一期工程客流预测推荐值域　表 6

	全日客运量（万人次/日）	高峰小时单向最大断面（万人次/小时）
初期（2017年）	29.37～35.34	1.35～1.74
近期（2024年）	40.71～50.63	2.18～2.61
远期（2039年）	63.55～79.1	3.37～3.75

七、成果特色

（1）在借鉴北京、上海、广州等城市轨道客流预测经验的基础上，编制了山东省内首份轨道交通可研阶段客流预测报告，对如何编制轨道交通客流预测报告做出了积极有益的探索。

（2）建立了客流预测与土地利用的互动关系模型。将控制性详细规划中的用地性质、建筑面积等指标纳入客流预测模型，做到了预测人口、岗位规模与城市用地规模一致。

（3）在现状调研的基础上，结合城市空间布局、人口和重大交通发生源的变化等因素，进行多方案组合预测，预测结果做到了紧密联系实际、准确度高，具有一定的前瞻性。

（4）详细分析了沿线两侧各1公里范围内、22座车站500米范围内现状和规划用地之间的差别和变化，建立客流预测模型，既保证了预测结果的延续性，又使现状用地指标和规划用地指标有效衔接。对沿线1公里范围内的公交线路进行了连续12小时不间断的跟车客流调查，调查出的客流规模、各站点客流乘降量、高峰小时系数为一期工程客流预测提供了重要的参考。

（5）2009年11月30日，青岛市地铁一期工程全面开工，预计2015年全线通车运营。客流预测提出的初、近、远期高峰小时发车对数分别为12对、18对、30对，在国家发展改革委员会的批复中给予了肯定。客流预测提出客流指标已经在初步设计、施工图设计中得到采用。同时客流预测的数据还将是下一步购置车辆、运营管理、后评价等方面的重要参考。

青岛胶州湾湾口海底隧道项目交通流量预测分析

委托单位：青岛国信实业有限公司

合作单位：上海市城市综合交通规划研究所

参加人员：徐泽洲　万　浩

完成时间：2005 年

批准机关与时间：国家发展改革委 2006 年 1 月 13 日批复

一、项目背景

青黄通道的问题研究始于 1984 年，青岛经济技术开发区成立伊始，青岛市政府就向国内外专家征集跨海通道的建设方案。1993 年青岛市政府组织了跨海通道工程方案专家论证会，初步形成了“南隧北桥”、“先桥后隧”的建设意向。1998 年，开展了海湾大桥和海底隧道的建设可行性研究，标志着隧桥并举的蓝图进入了实质运作轨道。2004 年 11 月，青岛市委常委会最终决策在胶州湾湾口修建海底隧道。2006 年 1 月 13 日，青岛胶州湾海底隧道正式获得国家发展改革委批复，同年 12 月 27 日奠基。2007 年 8 月，隧道主体工程开工，2011 年 6 月 30 日正式通车。

青岛胶州湾隧道全长 7800m，其中陆域段 3850m，海域段 3950m，双向 6 车道，工程总投资 32.98 亿元。为满足工程可行性，编制了海底隧道交通流量预测分析专题报告。同时，海底隧道是收费隧道，交通流量预测也是将来进行经济分析和评价的基础。

二、研究方法

研究立足于青岛市土地利用规划、两端接线工程和路网规划，建立交通预测模型，采用“四步骤”法作为主要预测方法。同时，采用弹性系数法和类比法进行校核（见图 1）。

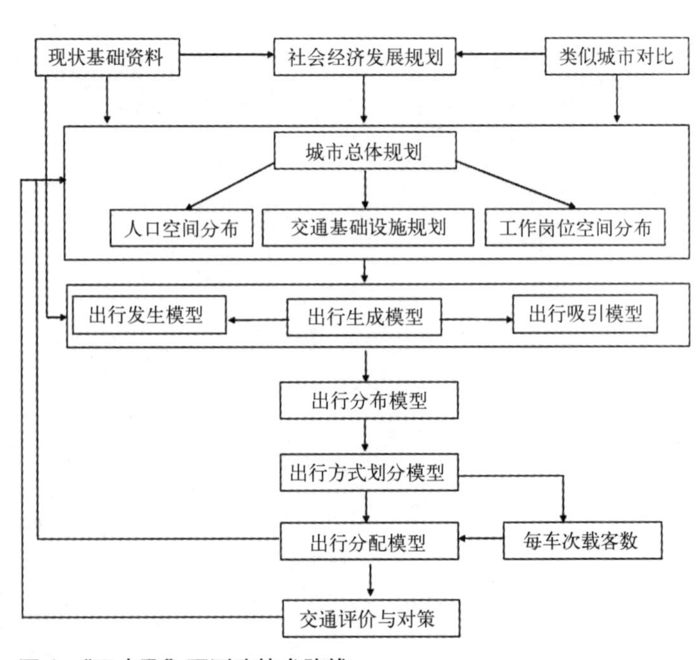

图 1　“四步骤”预测法技术路线

三、预测结果

1. “四步骤”法预测结果

在不同年限模拟的规划路网上采用多车种平衡分配法进行分配，利用 EMME2 软件进行了流量预测。预测结果表明，海底隧道承担了 25% 左右的跨海交通量，各规划年限海底隧道交通量预测结果如表 1 所示。

各规划年海底隧道交通预测结果（单位：pcu/ 日）　表 1

	2015年	2020年	2025年	2030年
海底隧道交通	75709	95688	99530	101994

2. 弹性系数法预测结果

通过建立国民经济发展与弹性系数之间的关系进行预测。弹性系数的确定采用回归分析与专家讨论相结合的方法，国民经济发展指标主要是指西海岸黄岛区的经济发展状况。预测结果如表 2 所示。

海底隧道交通量预测　（单位：pcu/ 日）　表 2

年份	高方案	中方案	低方案
2015年	40666	30105	22114
2020年	75590	50273	33099
2025年	103080	66017	41843
2030年	119498	74692	45077

3. 类比法预测结果

根据表 3 和表 4 资料类比，交通量大于 10 万 pcu/ 日的隧道、大桥都位于大都市中心地带。海底隧道不具备上述区位优势，因此未来交通量超过 10 万 pcu/ 日的可能性很小。跨区域隧道、大桥交通量小于 40000 ~ 50000 pcu/ 日也不多见。海底隧道是从无到有的通道，对地区发展刺激作用较大，因此通道交通量小于 40000 pcu/ 日可能性也相当小。综上所述，海底隧道远期可能达到交通流量在 8 ~ 10 万 pcu/ 日。

中国香港地区部分隧道、桥梁交通状况（单位：pcu/ 日）　表 3

	长度	起讫点	车道数	1998年	2002年	预测
西区海底隧道	2公里	西九龙—西营盘	6车道	33000	39486	
东区海底隧道	2.2公里	九龙茶果岺—港岛鱼涌	6车道	71000	73511	
红磡隧道	1.9公里	香港岛—九龙	4车道	120000		
青马大桥	2.2公里	青衣—马湾	6车道		约40000	80000

美国纽约地区跨海大桥、隧道交通状况　表 4

	长度	起讫点	车道数	全年（pcu）	日均流量（pcu）
乔治・华盛顿大桥（GeorgeWashingtonBridge）	1.4公里	纽约—新泽西（NewYork—New Jersey）	8	53467000	178223
林肯隧道（Lincoln Tunnel）	2.5公里	纽约—新泽西（NewYork—New Jersey）	4	20987000	69957
荷兰隧道（Holland Tunnel）	2.6公里	纽约—新泽西（NewYork—New Jersey）	4	14616000	50067

通过上述三种方法对海底隧道预测，其结果虽然有些差距，但还是可以相互印证。综合上述各种方法，海底隧道交通规模如表 5 所示。

海底隧道交通量综合分析 （单位：pcu/ 日） 表 5

方法 \ 年份		2015年	2020年	2025年	2030年
“四步骤”模型		75709	95688	99530	101994
弹性系数法	经济发展高态势	40666	75590	103080	119498
	经济发展中态势	30105	50273	66017	74692
	经济发展低态势	22114	33099	41843	45077
类比法		80000～10000			
综合分析		75709	95688	99530	101994

根据上述综合分析“四步骤”模型预测结果可以作为最终预测结果。即建成年通道越海流量为 37500 pcu/ 日，最终规模为 101994 pcu/ 日（见图 2 和图 3）。最终规模通道高峰小时交通流量为双向 8000 pcu/h，假定每条车道通行能力为 1500 pcu/h，则负荷水平为 0.8 左右。

图 2 2030 年跨海通道交通量分配图　　图 3 海底隧道交通量空间分配图

由于考虑人为政策等非可预见性因素的影响，包括收费、轨道建设、土地开发、气候等因素，研究海底隧道未来实际流量应基本位于以模型预测值为中心的 -20% ～ +20% 的范围内波动。

四、成果特色

研究结合城市控制性详细规划和道路网骨架，建立了土地利用与交通互动模型进行科学预测。在统筹跨越胶州湾的桥、隧、路、轮渡和轨道交通等各种交通方式的基础上，综合预测了海底隧道的交通流量。同时，预测采用了弹性系数法和类比法进行比较，有效保证了预测结果的科学性。

青岛海湾大桥交通流量预测分析

委　托　单　位：青岛市交通委
参　加　人　员：徐泽洲　万　浩
完　成　时　间：2006 年
批准机关与时间：国家发展改革委于 2005 年 3 月 7 日核准

一、项目背景

1999 年 8 月完成了青岛海湾大桥预可行性研究报告。国务院 1999 年第 56 次总理办公会研究通过，国家发展计划委员会以 1999 计资 2383 号文批准立项。2004 年 10 月 26 日，正式将海湾大桥（北桥位）项目报国家发展改革委申请核准，2005 年 3 月 7 日获得国家发展改革委核准。2006 年 12 月 26 日，海湾大桥开工建设，2011 年 6 月 30 日建成通车。

青岛海湾大桥全长 36.48 公里(见图 1)，投资 100 亿元。2006 年，青岛市交通委委托我院承担海湾大桥交通流量预测工作。

图 1　青岛海湾大桥位置图

二、研究方法

预测主要采用"四步骤"模型方法。因"四步骤"模型存在过分依赖用地规划数据等因素，为充分分析海湾大桥将来各种可能的交通情况，同时采用弹性系数法和实证类比法作为参考。预测框架如图 2 所示。

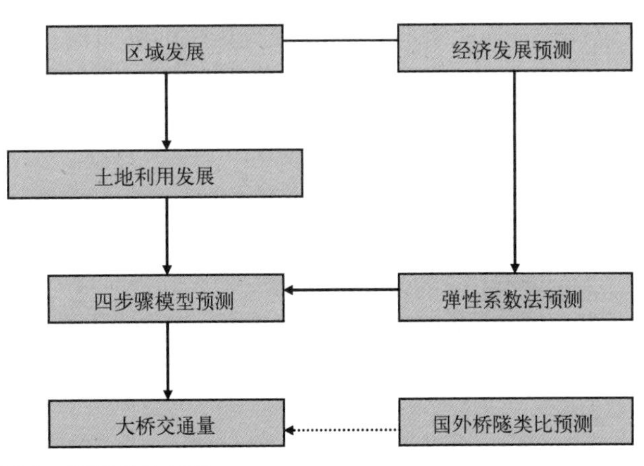

图 2　预测总体思路

三、预测结果

1. "四步骤"法预测结果

通过预测，将"四步骤"法预测的海湾大桥交通量和对外交通量叠加，2020 年大桥交通量约 6 万 pcu/ 日，2034 年交通量约为 8 万 pcu/ 日（见表 1 和表 2）。

"四步骤"法预测大桥结果　　表1

年份	2010年	2015年	2020年	2025年	2030年	2034年
交通量（pcu/日）	23862	41020	63350	71603	79210	82758

红岛连接线各年份的流量　　表2

年份	2010年	2015年	2020年	2025年	2030年	2034年
交通量（pcu/日）	4230	6531	9225	10478	11132	11671

2. 弹性系数法预测结果

弹性系数的确定依据了公路运输量与山东省、青岛市和黄岛区的经济增长情况，采用回归分析与专家讨论相结合的方法。该弹性系数的确定除了考虑青岛地区的经济和交通发展，也考虑了山东省的经济和交通发展；既考虑了城市内部交通，又考虑了对外交通，所以最后的结果不再进行修正（见图3和表3）。

弹性系数法预测结果　（单位：pcu/日）　　表3

年份	高态势	中态势	低态势
2010年	17590	15562	13727
2015年	40241	31302	25290
2020年	74142	52745	37160
2025年	99218	70585	47426
2030年	115021	81827	52362
2034年	133341	90344	57812

3. 实证类比法预测结果

根据资料类比，交通量大于10万pcu/日的桥隧大都位于大都市中心地带。海湾大桥不具备上述区位优势，因此未来交通量超过10万pcu/日的可能性很小。跨区域桥隧交通量小于40000～50000 pcu/日的也不多见，海湾大桥是从无到有的通道，对地区发展刺激作用很大，因此通道交通量小于40000 pcu/日的可能性也相当小。因此，预测海湾大桥远期可能达到交通流量在7万～10万pcu/日（见图4）。

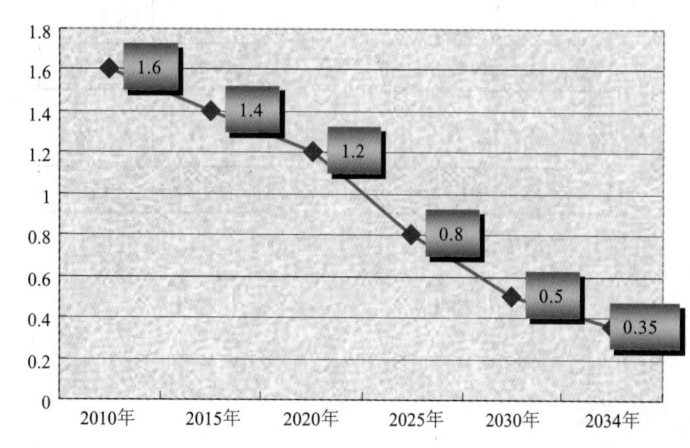

图3　弹性系数的确定

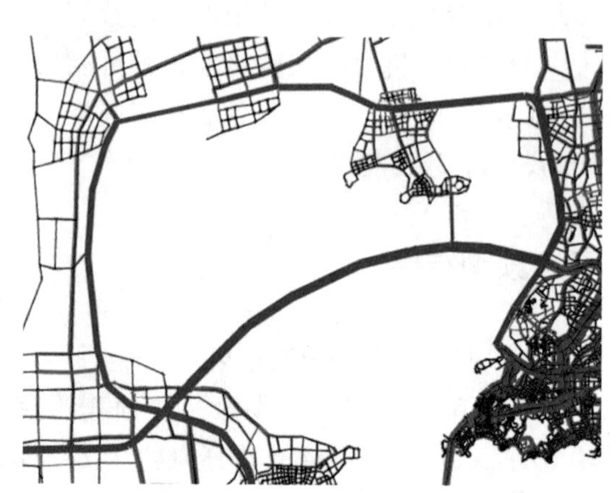
图4　2030年海湾大桥交通量分配图

通过以上三种方法预测，其结果虽然存有差距，但是可以相互印证。综合预测结果如表 4 和表 5 所示。

海湾大桥交通量综合分析（单位：pcu/ 日） 表 4

方法 \ 年份		2010年	2015年	2020年	2025年	2030年	2034年
“四步骤”模型		23862	41020	63350	71603	79210	82758
弹性系数法	经济发展高态势	17590	40241	74142	99218	115021	133341
	经济发展中态势	15562	31302	52745	70585	81827	90344
	经济发展低态势	13727	25290	37160	47426	52362	57812
类比法		70000～100000（2034年）					
综合分析		20100	40600	60500	73200	82500	86800

红岛连接线各年份的流量 （单位：pcu/ 日） 表 5

年份	2010年	2015年	2020年	2025年	2030年	2034年
交通量	4230	6531	9225	10478	11132	11671

四、敏感性分析

1. 交通收费

运用将收费折算成时间的方法，测算基本收费上下浮动 20% 情况下的交通影响。通过分析，大桥各规划年交通量的变化幅度约为 10% 左右。

2. 土地开发强度变化

若考虑黄岛区、主城区中北部的用地开发强度比分区规划高 20%、低 20% 的两种情况，根据用地与交通的预测模型，各规划年大桥交通量的变化幅度约为 8% ～ 14%。

3. 有无青黄轨道交通

规划地铁 1 号线从胶州湾湾口连接黄岛区的薛家岛，其建设与否一定程度上影响海湾大桥交通量，但是由于其区位的原因，对海湾大桥的交通量影响相对不大。地铁 1 号线建设与否对海湾大桥交通量的影响幅度为 3% ～ 5%。

五、成果特色

研究统筹了跨越胶州湾的桥、隧、路、轮渡和轨道交通等各种交通方式，预测了海湾大桥不同时期的交通流量。同时，预测采用了弹性系数法和类比法进行比较，有效保证了预测结果的科学性。

青岛市地铁 2 号线工程可行性研究客流预测

委　托　单　位：中国中铁二院工程集团有限责任公司
编　制　人　员：张志敏　马　清　徐泽洲　万　浩
编　制　时　间：2009 年
批准机关和时间：国家发展改革委，2012 年 9 月

一、规划背景

2008 年《青岛市城市快速轨道交通建设规划》（简称《建设规划》）编制完成。根据《建设规划》，轨道交通 M2 线一期工程是青岛市继 M3 线后的第二条轨道交通线路。线路西起西镇，经过中山路、辽宁路电子信息街、台东商贸区、东部行政中心、崂山中心区、李村商圈，达到金水路，线路全长 29.7 公里。

城市轨道交通客流预测是轨道交通建设规模、运营模式决策的主要依据，在轨道交通建设各个阶段起着重要作用。其中，工程可行性研究阶段的客流预测数据是确定轨道交通设计运能、列车编组、行车密度和行车交路，确定轨道交通车站规模和站台长度、宽度以及车站楼梯和出入口总宽等的重要依据。同时，还可以根据客流预测数据核算轨道交通运营成本和经济效益。

二、规划思路

本次客流预测在对青岛市经济社会发展现状、土地利用现状、交通现状宏观把握的基础上，结合青岛市居民出行调查，建立基年客流预测模型。在基年客流预测模型的基础上，结合城市经济社会发展规划、城市土地利用规划、城市总体规划、城市交通规划等相关规划，并结合不同规划年份轨道交通线网规划方案，建立各个规划年份的轨道客流预测模型。最后，在模型建立的基础上，对轨道交通一期工程客流进行测试调整，最终得到轨道交通 M2 线一期工程各个规划年份客流。

三、预测前提

1. 经济社会发展及城市空间发展假设

参考《青岛市国民经济和社会发展第十一个五年规划纲要》，假设经济发展按惯性增长，2007 ～ 2019 年经济发展按照城市规划确定的增长速度增长，增长率为 12%，2020 ～ 2026 年经济增长速度逐渐放缓，增长率维持在 8% 左右，2027 ～ 2041 年假设除了胶州湾湾底的红岛以及黄岛北部的部分区域外，其他区域均已发展成熟，相应经济发展速率会在 2020 ～ 2026 年的基础上放缓，假设增长率降至 3% 左右。

按照《青岛市城市总体规划》，2020 年城市建设用地规模将达到 540 平方公里，但是对比青岛市土地利用现状，李沧东部、城阳区以及黄岛北部现状用地基本未开发。结合城市空间发展战略，规划假设 2008 ～ 2019 年城市重点发展李沧东部和城阳中心区以及红岛中心部分用地。2020 ～ 2026 年

在上述发展区域的基础上，重点发展黄岛北部和红岛的部分区域，2027 ～ 2041 年重点发展红岛区域。

2. 交通小区划分

将规划区范围划分成 397 个交通小区，17 个交通大区，6 个地带。同时，增加 10 个对外道口点和 15 个特殊吸引点，共计 422 个交通小区。

3. 人口和岗位预测

2019 年人口规模将达到 480 万左右，2026 年人口规模将达到 525 万左右，2041 年人口将达到 564 万左右。

2019 年青岛市中心城区就业岗位将达到 243 万个，2026 年将达到 262 万个，2041 年将达到 278 万个。

四、交通需求预测

1. 出行总量预测

2007 年青岛居民日出行率为 2.14 次 / 日（不含六岁以下儿童）。对比国内外相关城市出行率预测结果及城市未来发展特点，预测 2019 年居民全目的日出行率为 2.53 次 / 日，2026 年为 2.58 次 / 日，2041 年为 2.66 次 / 日。2019 年规划范围内居民日出行量为 1214 万人次，2026 年为 1354 万人次，2041 年为 1500 万人次。根据相关规划，预测 2020 年流动人口约 100 万人，由此推算 2019 年规划范围内流动人口约 90 万人，2026 年约 105 万人，2041 年约 120 万人，按照流动人口出行率为 3 次 / 日计算，2019 年流动人口出行量约为 270 万人次，2026 年约为 315 万人次，2041 年约为 360 万人次。

2. 出行方式预测

采用 Logit 模型进行出行方式预测，并结合未来的车辆发展政策和未来城市交通可能的不同发展趋势，可以得到规划年的出行方式结构（见表 1）。

居民出行方式结构预测结果　　表 1

方式结构	公共交通	小客车	出租车	其他客车	摩托车	非机动化	合计
2019年	33.0%	23.9%	5.8%	4.7%	2.6%	30.0%	100%
2026年	37.0%	25.5%	5.0%	4.7%	1.6%	26.2%	100%
2041年	40.0%	25.0%	5.0%	4.2%	0.8%	25.0%	100%

3. 出行分布预测

采用重力模型对出行分布进行预测，得到不同规划年份出行分布结果（见图 1 和图 2）。

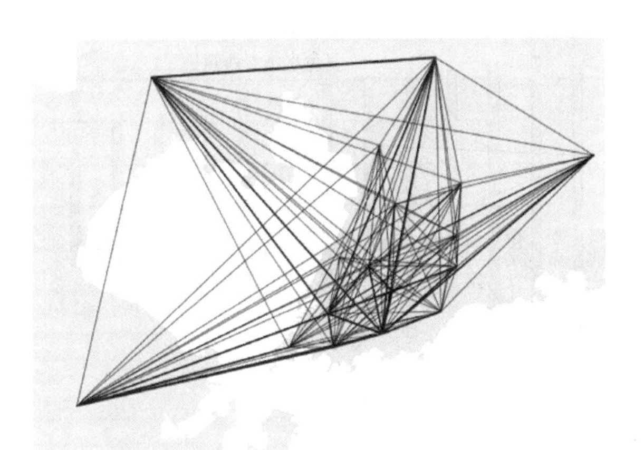

图 1　2041 年居民全方式出行期望线图

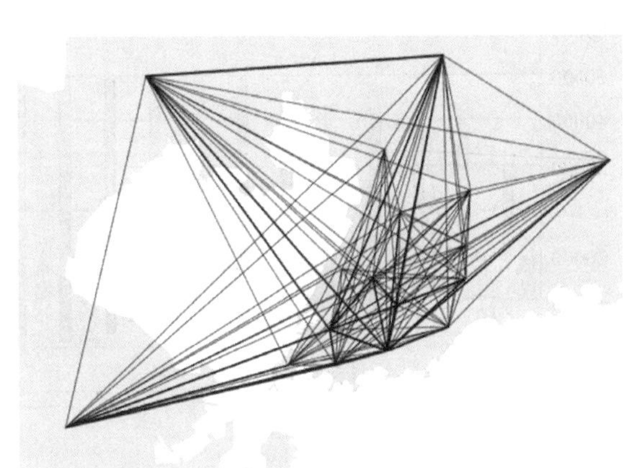

图 2　2041 年居民公交方式出行期望线图

五、客流预测结果

1. 客流预测总量指标

青岛市轨道交通 2 号线一期工程共设车站 27 座，其中换乘车站 8 座全长约 29.7 公里，平均站间距 1.1 公里，最大站间距 1989 米，最小站间距 588 米，列车平均运行速度 35 公里 / 小时左右。客流预测主要指标如表 2 所示。

轨道交通 2 号线客流预测主要指标汇总表　　表 2

指标		初期	近期		远期	
		数据	数据	增长幅度	数据	增长幅度
日均	总客流量（万人次）	34.3	84.3	145.77%	115.5	37.0%
	线路长度（公里）	29.7	55.3		55.3	
	客流强度（万人次/公里）	1.2	1.5	32.00%	2.1	37.0%
	平均运距（公里）	8.7	13.0		12.7	
	单向早高峰客流最大断面（万人次/小时）	1.41	2.48	73.42%	3.61	45.56%
	早高峰客流量（万人次）	5.73	12.38	116.06%	16.33	31.91%
	早高峰系数	16.71%	14.69%		14.14%	
	单向晚高峰客流最大断面（万人次/小时）	1.28	2.29	80.31%	3.23	41.04%
	晚高峰客流量（万人次）	5.17	11.54	123.21%	15.51	34.40%
	晚高峰系数	15.07%	13.69%		13.43%	
全年	总客流量（亿人次）	1.25	3.08	145.77%	4.22	37.01%

2. 断面客流

轨道交通 2 号线断面客流预测如图 3 ～图 5 所示。

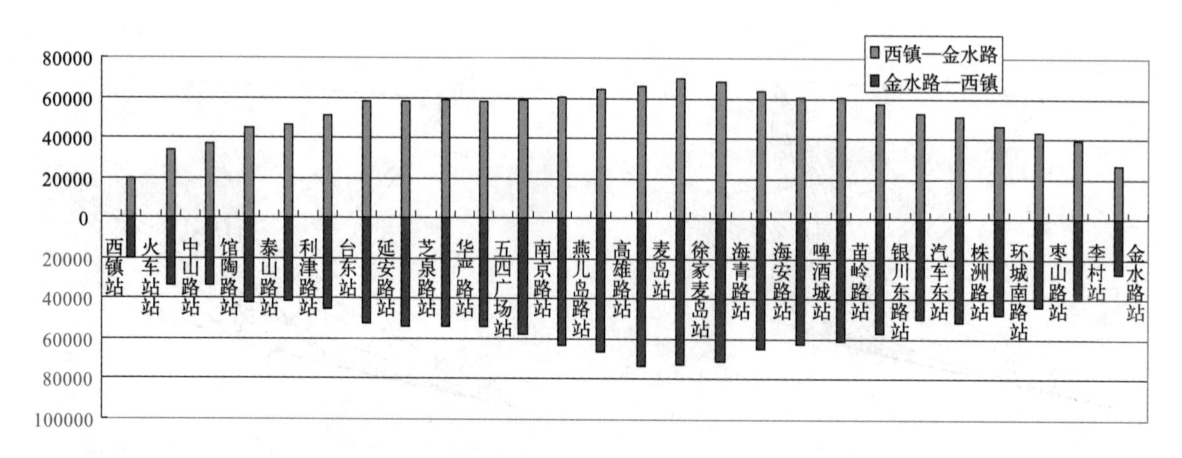

图 3　轨道交通 2 号线 2019 年全日断面流量图

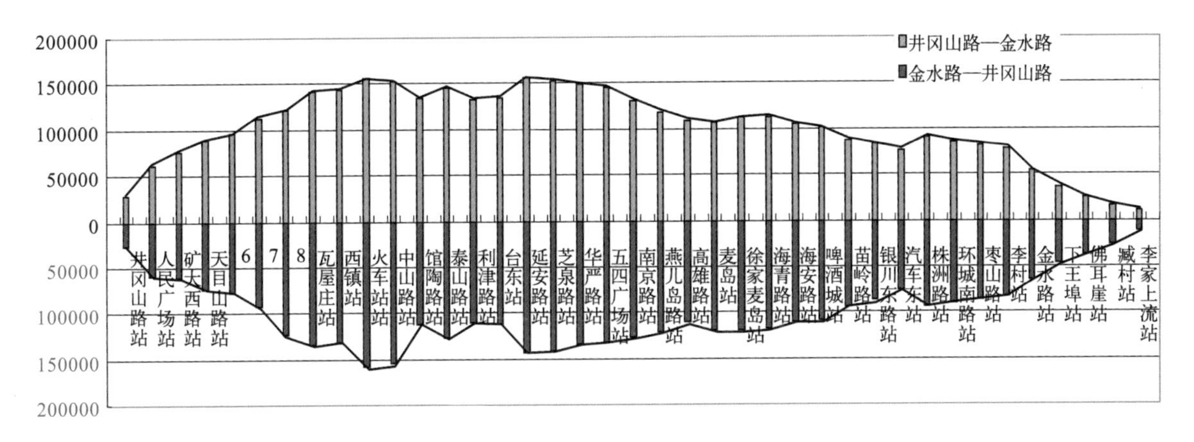

图 4　轨道交通 2 号线 2026 年全日断面流量图

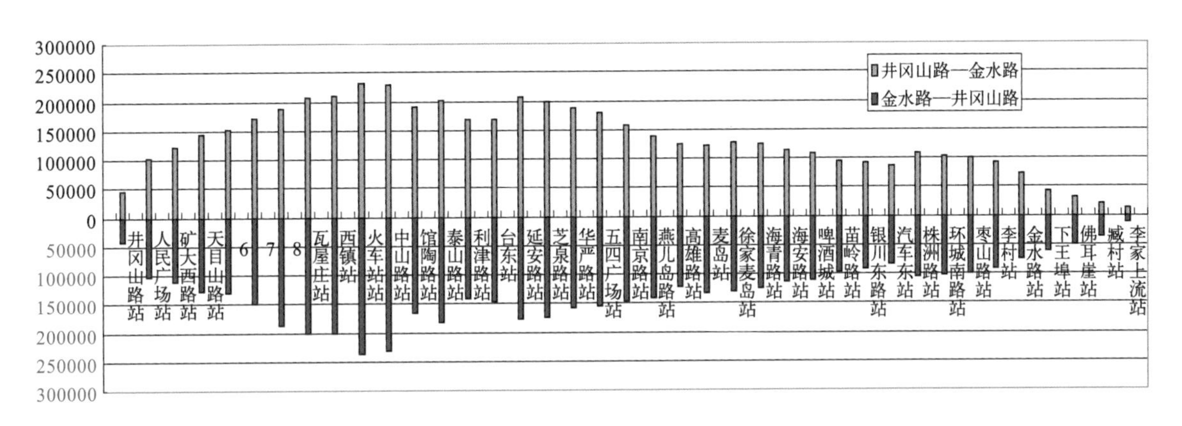

图 5　轨道交通 2 号线 2041 年全日断面流量图

3. 换乘量预测

轨道交通 2 号线运营后轨道网络初期会有换乘站 3 个，近期会增加到 7 个，远期会增加到 9 个。随着换乘站的增加，换乘客流比例也会随之增加。

六、客流敏感性分析

轨道交通客流预测涉及的客流风险因素较多，如城市交通建设力度、城市机动车发展政策、轨道交通沿线的土地利用性质、开发强度和速度、轨道交通的票价、常规公交的服务水平、常规公交和轨道交通的衔接和竞争等。

1. 票价水平（见表 3）

轨道交通票价水平与客流量敏感性分析　　表 3

轨道交通票价变化幅度	2019年客运量变动幅度	2026年客运量变动幅度	2041年客运量变动幅度
-30%	22.24%	18.20%	15.21%
-20%	14.73%	11.76%	10.55%
-10%	7.44%	5.89%	5.48%
10%	-7.41%	-5.86%	-5.49%
20%	-14.77%	-11.77%	-10.56%
30%	-22.41%	-18.21%	-15.20%

2. 系统服务水平（见表4）

系统服务水平变化对客流的影响　　表4

2019年			2026年			2041年		
发车频率	全日客运量（万人次/日）	高峰小时最大断面（万人次/小时）	发车频率	全日客运量（万人次/日）	高峰小时最大断面（万人次/小时）	发车频率	全日客运量（万人次/日）	高峰小时最大断面（万人次/小时）
3min	36.2～37.1	1.52～1.57						
4 min	34.9～35.6	1.47～1.51	2 min	87.9～88.5	2.51～2.58	3 min	110.2～112.3	3.45～3.51
6 min	33.2～33.8	1.38～1.40	5 min	78.1～80.6	2.31～2.35	5 min	107.2～109.6	3.39～3.47

3. 城市土地利用

城市土地利用和空间布局在轨道客流预测中主要体现在人口、就业岗位的数量和分布上(见表5)，从而影响出行总量和出行的空间分布。

人口规模变化与客流量敏感性分析　　表5

人口规模	远期全日客运量（万人次/日）	变化幅度	高峰小时单向最大断面（万人次/小时）	变化幅度
增加15%	125.3	8.50%	3.83	6.09%
增加10%	122.1	5.70%	3.75	4.43%
增加5%	118.8	2.90%	3.67	1.67%

4. 出行方式结构

居民出行方式结构对客流规模也有很大影响，如表6所示。

出行方式结构变化与客流敏感性分析　　表6

公交出行比例		全日客运量（万人次/日）	变化幅度	高峰小时单向最大断面（万人次/小时）	变化幅度
初期	25%	25.9	24.48%	1.12	21.68%
	30%	31.2	9.94%	1.31	9.16%
	35%	36.4	6.12%	1.48	3.49%
近期	35%	79.7	5.45%	2.34	5.64%
	40%	91.1	8.07%	2.66	7.26%
远期	45%	129.9	12.50%	4.01	11.08%

5. 客流推荐值

经过客流风险分析，结合青岛市交通发展现状，给出青岛市轨道交通2号线客流量推荐值域，如表7所示。

轨道交通 2 号线客流预测推荐值域　　表 7

	全日客运量（万人次/日）	高峰小时单向最大断面（万人次/小时）
初期（2019年）	25.9～37.1	1.12～1.57
近期（2026年）	78.1～91.1	2.31～2.66
远期（2041年）	107.2～129.9	3.39～4.01

七、成果特色

客流预测提出客流指标已经在初步设计、施工图设计中得到采用，同时客流预测的数据还将是下一步购置车辆、运营管理、后评价等多方面的重要参考。

2014青岛世界园艺博览会园区交通组织仿真

委 托 单 位：青岛世界园艺博览局

合 作 单 位：同济大学、青岛市市政工程设计研究院有限责任公司

参 加 人 员：高　鹏　万　浩　周志永　王田田

完 成 时 间：2013年

一、项目背景

2014青岛世界园艺博览会将于2014年4月至2014年10月举办，预计接待客流1600～1800万人次。根据《2014青岛世界园艺博览会园区交通设施与交通组织规划》的预测，超过90%的场内交通将通过步行方式解决，园区内参观行为的安全、有序对于此次世园会的成功举办至关重要。

目前，本届世园会的场地方案实施已接近尾声，展览设施和场地空间结构对参观人流造成的影响已经基本定型。具体就是要在世园会开园之前，对在不同条件下、不同时间可能出现的参观人流情况有着比较准确的预期和把握，在此基础上针对各种可能出现的情况制定科学的应对方案，以确保园区运营期间参观有序。

二、行人交通建模仿真与结果评估

将10万人次、16万人次、20万人次、30万人次四种客流规模条件下的客流分布数应用到2号口主出入口、主题景观广场两处局部节点，应用VISSIM、VR-GIS软件操作平台最大限度地模拟参观者的真实活动，并定量化分析不同客流规模对大型主题活动的所产生影响。

1. 主出入口行人交通模拟仿真与结果评估

（1）安检时间假定

参照上海世博会的安保经验，主入口局部仿真对安检时间做出如下假定：一般高峰日时，采用二级安检程序，平均服务效率为18秒/人；极端高峰时，采用一级安检程序，平均服务效率为10秒/人。

（2）2号口行人交通模拟仿真与结果评估

基于假定的行人交通组织方案及安检级别，对不同客流规模条件下2号口的游客入场行为进行仿真评估（以20万人次、30万人次为例），如图1～图3所示。

对仿真结果进行评估分析可知，在30万人次的极端高峰日高峰小时条件下，即便采用一级安检程序（平均服务效率为10秒/人），现有安检设施（76套）数量依旧明显不足，9点钟开园以后，排队区的队长会持续增长，9点30分到达2号口的游客，需要等到11点05分以后才能进入园区，无法满足《世园会出入口及停车场站交通衔接规划》对排队区最大等待时间≤60分钟的要求。对30万人客流高峰条件下2号口的安检设施需求进行仿真测算，经测算，现有安检设施的满足水平为85%，还需增加一定数量的安检设备以满足极端高峰日条件下的客流需求。

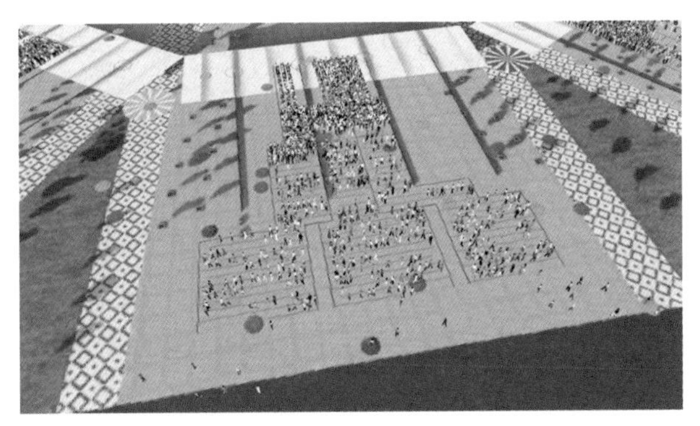

图 1 20 万人客流规模下 2 号口游客入场行为交通仿真

图 2 30 万人客流规模下 2 号口游客入场行为交通仿真

2. 主题广场行人交通模拟仿真与结果评估

（1）模拟仿真与结果评估

根据四种客流规模条件下主题广场范围在高温日和常温日的客流分布数据，进行主题广场行人交通模拟仿真与结果评估，以下着重以 30 万人的客流极端高峰进行说明。在 30 万人次的极端客流高峰状态下，高温日主题景观广场最大集聚人数为 10734 人，出现在中午 12 : 15 左右，广场人流密度为 2.18 平方米 / 人，达到 D 级服务水平、受阻状态（0.34 人 / 平方米≤行人密度≤ 0.54 人 / 平方米），行人可自由选择步行速度，但部分行人绕过其他行人受到限制，反向或交叉人流冲突的可能性较高，须经常改变步行速度和行走路径（见图 4）；常温日主题景观广场最大集聚人数为 8261 人，出现在夜间 19 : 30 左右，广场人流密度为 2.8 平方米 / 人（见图 5），行人服务水平为 C 级、受阻状态，广场有足够的空间用于正常的步行速度，或绕过同向人流中的其他行人，反向或交叉人流将引起轻微的冲突，速度和流量将有一定程度的下降。另外，由于主题广场南北两侧滨水，在高温日的客流总吸引量较常温日略高 30.0%。

图 3 主出入口的三维可视化表达

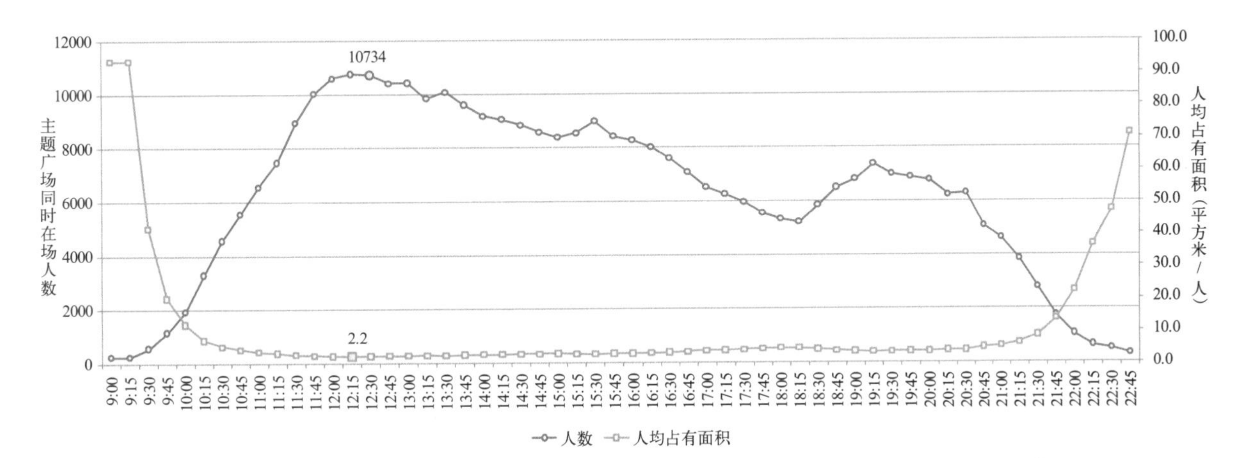

图 4 主题广场同时在场人数日客流变化情况（30 万人次，高温日）

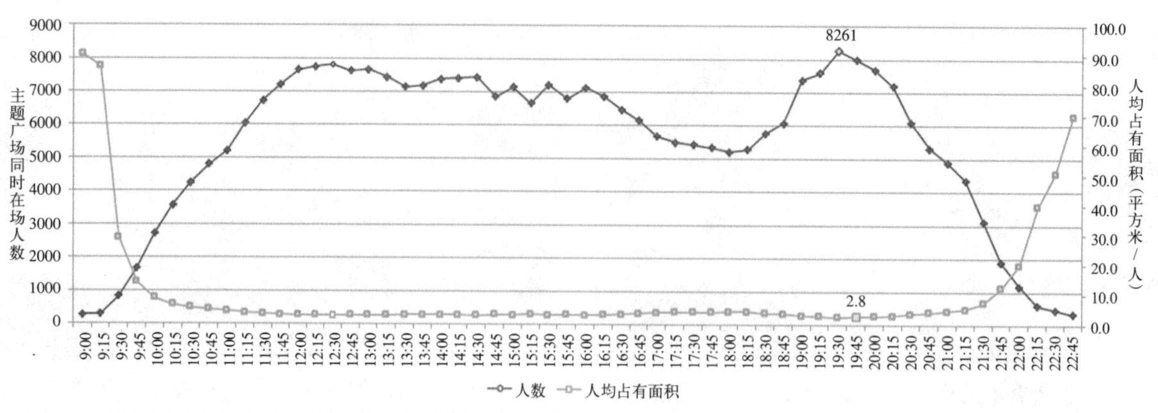

图 5　主题广场同时在场人数日客流变化情况（30 万人次，常温日）

高峰日四种客流规模条件下，游客感知水平的对比效果图如图 6 所示。

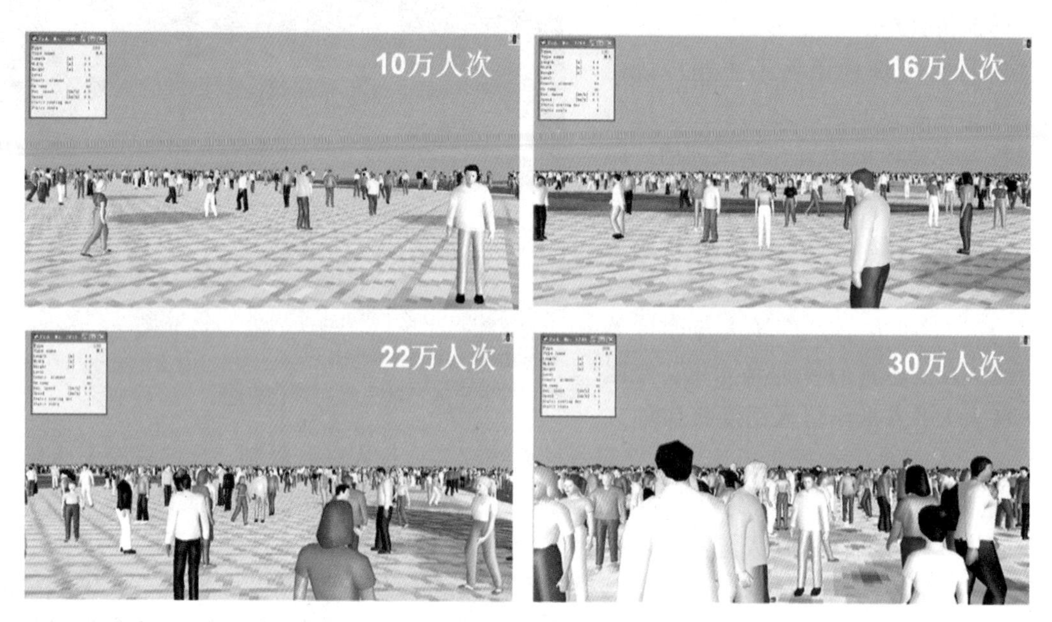

图 6　不同客流状态下景观主题广场行人感知水平示意图

（2）大客流拥挤预警及应对措施

基于以上仿真分析，当广场客流规模及服务水平达到不同拥挤预警级别时，需分别采取不同的保障措施，以保障该区域运行的安全、有序。

当广场人数达到 7000 人以上，2.94 平方米 / 人≤人均占有面积≤ 5 平方米 / 人时（略受阻状态，主要针对高温日条件下 20 万人次），采取 II 级橙色预警，采用分流拥堵措施实现参观游客在时间和空间上的分离、避免人群拥挤的大范围蔓延。主要包括：通过园区广播系统、电子显示屏等方式播报该区域的拥挤状态，避免人流高度密集；在滨水区域及较窄的通道处及拐弯处，增加交通管理人员，引导游客有序流动。

当广场人数达到 10000 人以上，1.85 平方米 / 人≤人均占有面积≤ 2.9 平方米 / 人时（受阻状态，主要针对常温日条件下 30 万人次），采取 I 级红色预警，具体措施包括：对花车巡游及大型演艺活动计划进行调整，需回避 12 : 00 ～ 14 : 00 的客流高峰时段；通过广播系统、电子显示屏引导游客避开人流高度密集区域；加强管理人员和志愿者的宣传引导工作，有序分离人群、引导游客有序流动；同时，科学合理布设休憩座椅、遮荫系统等设施，满足游客休憩需求，提供较高的服务水平。

3. 行人交通仿真结果可视化表达

基于 10 万人次、16 万人次、20 万人次、30 万人次四种客流规模条件下的客流分布数据，进行全局行人交通仿真结果的可视化表达。通过对全局仿真数据表现形式的技术对比（抽象的柱形表达和具象的人形表达），最终确定以行人面片结合色谱的方式实现对全园客流分布数据的可视化显示。部分节点的三维可视化结果如图 7 和图 8 所示。

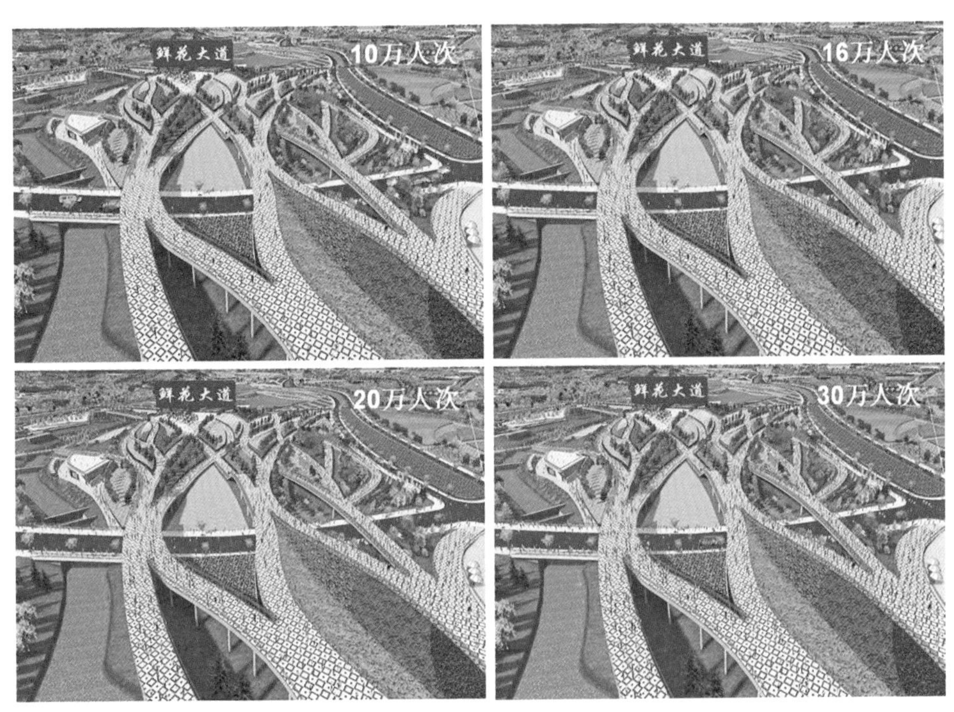

图 7　鲜花大道四种客流规模水平下行人交通仿真结果可视化表达

图 8　国际园四种客流规模水平下行人交通仿真结果可视化表达

注：草地部分在修建性详细规划中为展园区域。

三、成果特色

运用离散式的行人路径选模型及 VISSIM、VR-GIS 软件操作平台，对游客参观行为进行动态、直观的三维交通仿真，最大限度地模拟参观者的真实活动。所形成的方法能够定量化地分析不同客流规模对大型主题活动的所产生影响，为科学合理地规划布设服务设施及客流组织方案提供依据。

第六篇

交通详细规划设计

清平乐

欲穷海天，浪飞戏垂帘。帘下斜阳初绘算，岸边沙土忆实堪。
论议水北山南，定端标高红线。流线通贯枢纽，战略构想逐现。

青岛市青黄跨海大桥与交通组织衔接规划

委托单位：青岛市规划局

参加人员：马　清　万　浩　徐泽洲　刘淑永　李国强　李勋高　张志敏　董兴武　雒方明

完成时间：2006 年

获奖情况：全国 2007 年度优秀工程咨询成果二等奖

青岛市 2007 年度科协系统优秀工程一等奖

一、项目背景

青岛胶州湾大桥是国家高速公路网 G22 青岛到兰州高速公路的起点，是山东省“五纵四横一环”公路网的重要组成部分，是青岛市胶州湾东西两岸“一路、一桥、一隧”中的“一桥”。线路起自青岛主城区胶州湾高速公路（现环湾大道）至黄岛（中间设与红岛联系支线），大桥全长 36.48 公里，投资 100 亿元，全长超过我国杭州湾跨海大桥和美国切萨皮克跨海大桥，是当时世界上最长的跨海大桥。大桥于 2007 年 5 月开工建设，2011 年 6 月 30 日全线通车。2011 年上榜吉尼斯世界纪录和美国《福布斯》杂志，荣膺“全球最棒桥梁”荣誉称号（见图 1）。

图 1　胶州湾大桥实景图

胶州湾大桥接线工程分别位于青岛、黄岛和红岛（见图 2）。其中青岛端接线是最长、最复杂的接线工程，起于大桥，止于海尔路，全长 7.6 公里，与大桥同步建成通车。在大桥选线过程中，由于胶州湾内的港口锚地等因素限制，经过多次论证，大桥海上桥位比原规划桥位需要向北偏移，因此原总体规划确定的胶州湾大桥青岛端连接线工程需要重新进行论证。

图 2　大桥连接线位置图

二、技术路线

该项目设计技术路线如图 3 所示。

三、规划方案

1. 功能定位

（1）联系主城区青岛、黄岛和红岛，并增加主城区对外出口。连接线与海湾大桥构成的交通走廊，连接环胶州湾的三大城市区域，将促进大青岛城市框架的形成。大桥向西与青兰高速公路相接，将进一步增强青岛对外辐射能力。

（2）完善城市快速路系统。连接线是主城区城市快速路系统中重要的“一横”，将为主城区中部提供一条重要的东西向快速通道。

（3）方便主城东侧滨海组团与西海岸的交通联系。连接线向东与滨海公路相接，通过滨海公路将有效缩短东部滨海组团与中心城区和西海岸的时空距离。

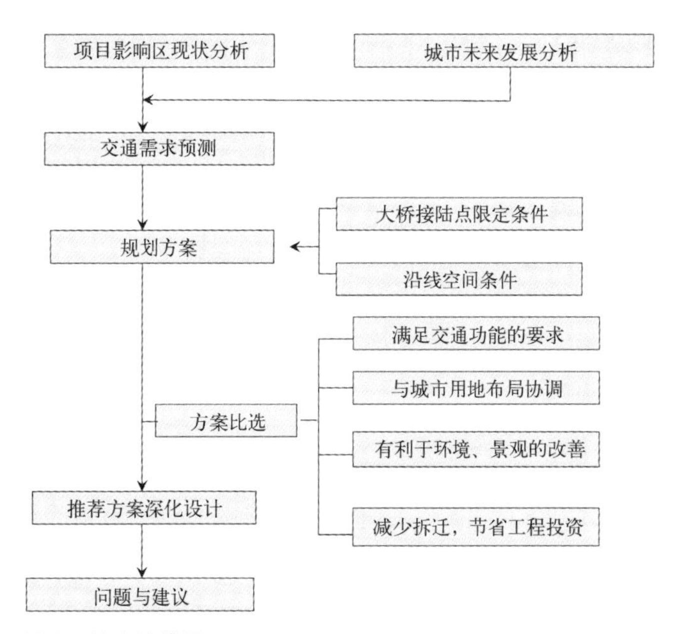

图 3 技术路线图

2. 青岛端连接线方案

（1）线位比选方案

根据海上桥位，结合陆地接线的空间条件，存在三种接线走向方案（见图 4）：

方案一是从李村河口接陆，沿李村河、张村河至规划长沙路，向东延伸至滨海公路；

方案二是从李村河口接陆，沿李村河至九水路，向东延伸至滨海公路；

方案三是从振华路接陆，沿振华路、升平路、金水路，向东延伸至滨海公路。

图 4 大桥接线方案图

按照有利于交通功能完善、与城市用地功能协调、减少对两侧环境景观的影响和征地拆迁的原则，对方案比选如下：

李村河—张村河—长沙路方案，线位适中。与大桥服务范围有便捷的交通联系，又可减少胶州湾隧道及老市区的交通压力，南隧交通量与振华路方案相比，可减少 8%，使大桥与南隧交通量趋于均衡。同时，由于该方案线位处在城市中心区和主要功能区的边缘，与用地布局相吻合。充分利用李村河和张村河较为宽阔的河道空间，有效减少了对两侧环境景观质量的负面影响和工程拆迁。

李村河—九水路方案存在的主要问题是线路穿越了李沧中心区，由于高架桥的分隔，影响了用地功能的完整，将对李沧中心区的商业氛围和环境质量产生严重影响，快速过境交通与中心区内部交通缺乏集散空间。

振华路—金水路方案存在的主要问题：一是线路位置偏北，不利于吸引大桥主要服务区域的交通和南部隧道的交通疏解；二是该方案穿越了沧口广场区和规划的李沧行政中心区，割裂了沿线相对完整的城市功能区；三是连接线主要是利用现有城市道路设置高架桥，道路空间局促，将对沿线生活、商业环境产生严重影响；四是该方案的拆迁量最大。

推荐采用李村河—张村河—长沙路方案。

（2）推荐方案介绍

大桥连接线在李村河口北侧接入后，与胶州湾高速公路采用定向立交形式相接（见图 5）；向东跨越胶济铁路，利用较为宽阔的河道空间与四流中路设置互通立交，实现四流路与连接线之间的客运交通联系（见图6）；沿河道中间高架，在周口路附近设一对上下匝道，以方便与大桥连接线的联系；在李村河与张村河汇合处，利用河道内的冲积地及既有的道路条件，与重庆路设置完全互通立交（见图7）；沿张村河往东，与308国道设置部分互通式立交，保证城区南部和北部与黄岛方向的快速联系，其他转向结合周边路网解决，既避免了对海尔工业园的影响，又保证了主要方向的快速联系；主线跨过308国道后，沿张村河南岸规划的海尔工业园外侧绿化带高架，在与海尔路交口处设部分互通立交。利用部分转向匝道与平面交叉口的有机结合，解决五叉口复杂的交通组织问题，保证崂山中心区与连接线的快速联系；连接线主线跨越李山东路后落地，与青银高速公路以互通立交连通；向东沿规划长沙路至滨海公路。

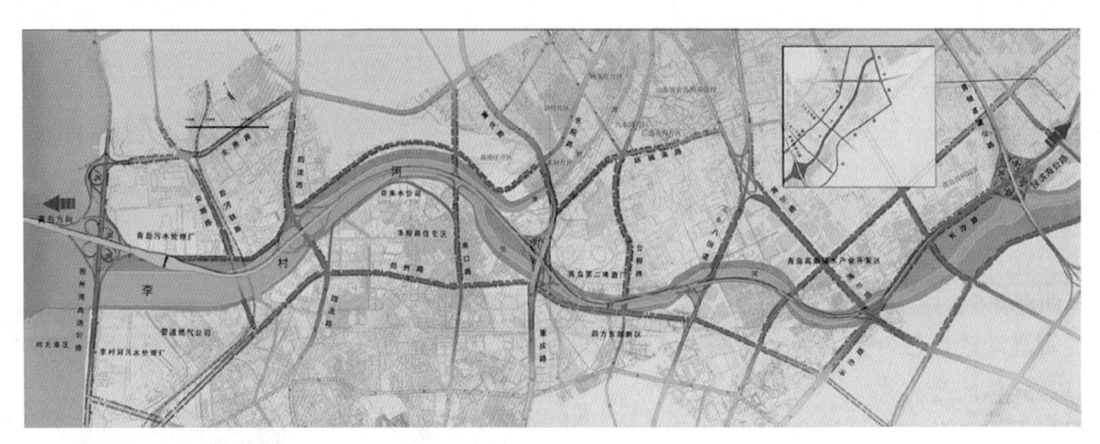

图5　大桥接线平面布局图

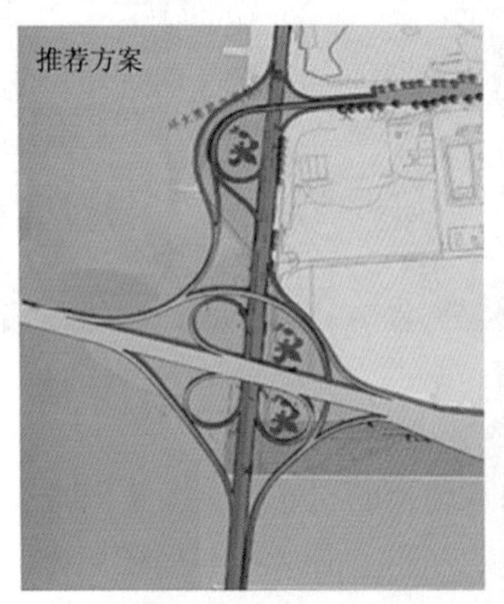

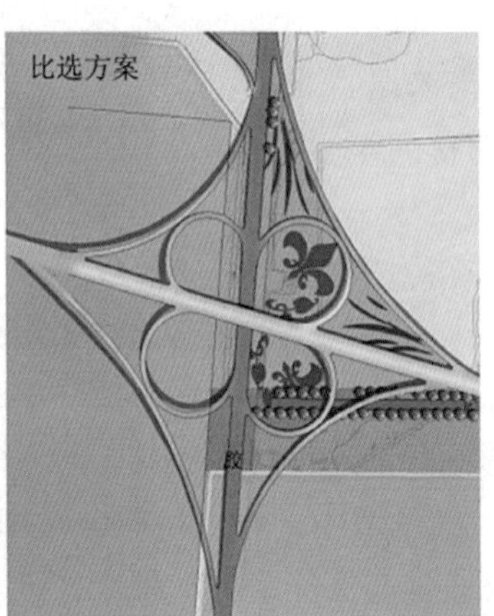

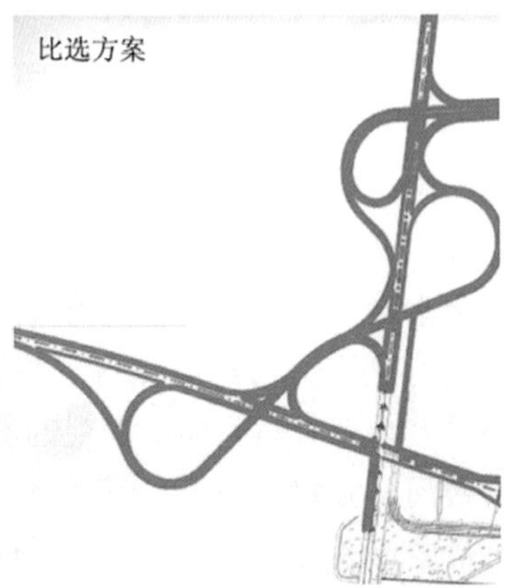

图6　大桥与环湾大道立交方案比选

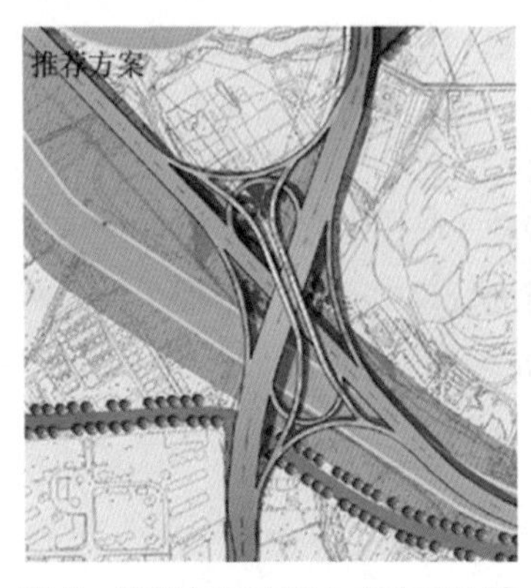

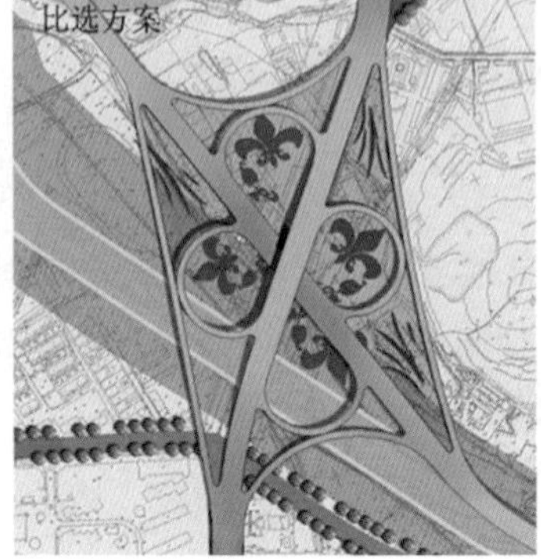

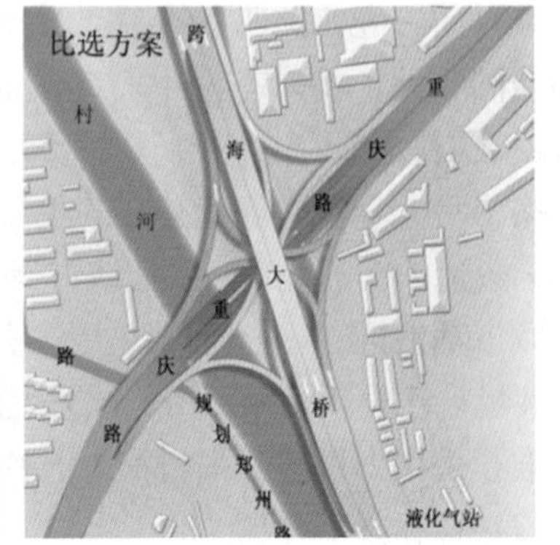

图7　接线与重庆路立交方案比选

线路全长13.8公里。其中高架道路段9.1公里，地面道路段4.7公里。不含长沙路打通工程，需拆迁5.7万平方米，拆迁费为2.85亿，工程费为17.71亿，总投资为20.56亿元。

3. 黄岛端连接线方案

线路接陆点设置在红石崖镇南侧，穿大殷家村与小殷家村中间向西接青岛至兰州高速公路，在与胶州湾高速公路、昆仑山路交叉处分别设置两处互通立交，与黄岛城区联系。

4. 红岛端连接线方案

连接线在红岛接陆后，不通过高架方式与外围高等级公路相连，而是采用地面道路与红岛区域的横向道路联系，主要服务红岛中心区，其他区域通过胶州湾高速公路及其复线与青岛城区和黄岛城区联系，减少过境交通和货运交通对红岛中心区环境的影响。

四、成果特色

（1）统筹城市未来发展和国家重点公路建设的关系，有效指导了项目决策。

（2）研究采用多因素综合比较分析法，探索了工程项目规划咨询工作的新途径和新方法。

（3）充分利用宽阔的季节性排洪河道空间，节省了大量的城市建设用地和工程投资，充分体现了可持续发展的指导思想（见图8）。

（4）突破传统交通预测模式，创新研究方法，对项目交通需求进行了科学预测，对项目周边区域进行了恰当的交通影响评价优化设计。

图8　胶州湾大桥连接线

青岛市胶州湾口部地区交通组织规划

委　托　单　位： 青岛市规划局

编　制　单　位： 青岛市城市规划设计研究院、上海市城市综合交通规划研究所

本单位编制人员： 宋　军　马　清　万　浩　王海东　刘淑永

李勋高　李国强　黄黎明　徐泽洲　张志敏

编　制　时　间： 2006 年

获　奖　情　况： 山东省优秀城市规划设计二等奖

青岛市优秀工程咨询成果一等奖

一、规划背景

胶州湾隧道是我国第一批开建的海底公路隧道，隧道全长 7800 米，总投资 40.08 亿元，建设工期为 47 个月。工程于 2007 年 8 月 22 日开工建设，2011 年 6 月 30 日竣工通车。建成时为国内最长、世界第三的海底公路隧道。

胶州湾隧道是已经青岛市政府批复的《青岛市城市综合交通规划（2002—2020 年）》中确定的青黄跨海通道之一，是充分发挥交通先导作用、构筑城市新格局的重大交通设施。青黄海湾隧道及连接线是投资规模巨大的重要基础设施，它的建设对城市交通、城市开发、旧城区更新、城市环境景观等都将产生重大而深远的影响。

胶州湾隧道青岛端处在已有百年历史的老城区，黄岛端处在省级薛家岛风景旅游度假区，对青黄胶州湾隧道及其连接线的线位和敷设方式等限制严格，要求较高。原青岛端接线方案为：隧道在团岛出洞后，沿四川路采用双向高架桥的方式向北与胶宁高架路和新疆路高架路衔接。原接线方案的主要问题是：采用高架桥方式会破坏团岛区域环境景观；与既有的路网特点（路网密度高、红线宽度窄）不匹配，导致交通流过度集中在四川路一线；拆迁工程量大；原胶宁高架路三期工程沿胶州路线位对中山路商圈分割严重，影响商圈活力。在此背景下，受市规划局的委托，编制本规划（见图 1 和图 2）。

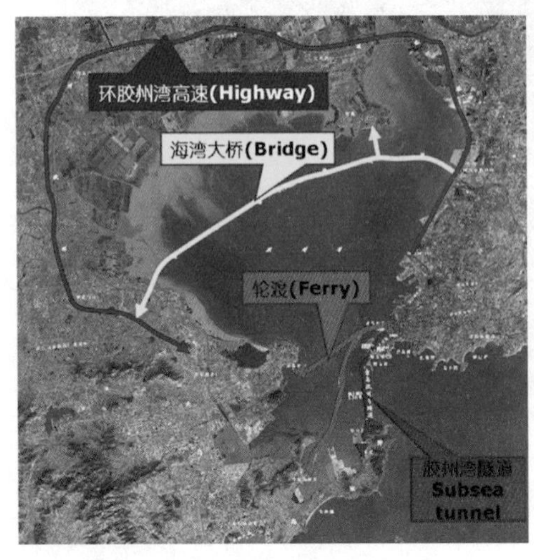

图 1　胶州湾隧道位置示意图

图 2　胶州湾隧道实景照片

二、规划原则与技术标准

确保主线畅通；充分发挥连接线对周边用地功能的支撑作用；改善环境和景观质量；保护历史街区；结合工程条件，减少拆迁，降低造价。连接线为城市快速路，为双向六车道（与东西快速路连接段为双向四车道），设计车速为 60 km/h。

三、交通系统规划方案

该规划在隧道接线的基本走向已经确定的情况下，通过对隧道接线所经区域与历史风貌保护、滨海景观塑造、与火车站和铁路线关系、中山路商圈的复兴、薛家岛旅游开发区的保护等重大问题的系统分析论证，确定了隧道接线的优化方案和交通组织。

1. 青岛端接线规划

分段介绍如下：

（1）团岛西镇区域

1）可能的方案

根据总体规划，该区域是未来的综合型城区，是胶州湾的海上门户景观区之一。由于该地区路网结构基本定型，因此必须结合已有的道路确定选线。四川路和云南路南北贯通，是隧道接线可以考虑的路线。

团岛西镇区域的用地功能主要是生活居住和旅游休闲。后海一线为旅游和商业服务用地，四川路、云南路一带为生活居住用地，两者紧密联系、相互支撑。如果隧道接线采用地面方式，将严重割裂用地功能，阻碍后海区域的开发。因此，可以考虑的只有高架或隧道方案。

从线路和敷设方式的可能性看，有四种选择。从地形上看，云南路两头低，中部高，不能满足高架方式的坡度要求，只能采用隧道方式。四川路地势较低，可选择采用高架、地下方式。根据以上条件，存在四种组合方案：沿四川路合线高架方案、沿四川路合线隧道方案、一桥一隧方案（四川路桥、云南路隧）、分线隧道方案（四川路下行、云南路上行）。

合线高架方案：隧道出口在贵州路以南，沿四川路双向 6 车道高架。

合线隧道方案：将跨海隧道继续延伸至东平路北出洞，接地面后同地面道路交织后开始双向 6 车道高架。

一桥一隧方案：隧道分线，一条在贵州路以南出洞，后高架；一条隧道沿云南路前行，在东平路北出洞，后高架。

分线隧道方案：线路基本同一桥一隧，四川路分线由高架改为隧道，在东平路北出洞（见图 3）。

2）方案比选

①景观风貌和城市用地要求采用隧道方式；

②区域的道路交通条件要求采用分线方式为宜；

③从拆迁角度和经济角度分析隧道方案优于高架方案，分线隧道优于合线隧道。

综合比较，推荐采用沿四川路、云南路的分线隧道方案。

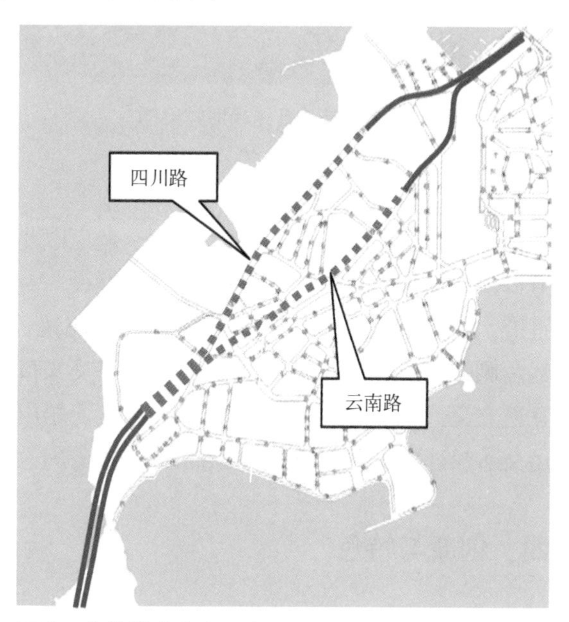

图 3　分线隧道方案示意图

（2）火车站、中山路和小港区域

该区域将发展成为青岛城区西部副中心、市级商贸区、富有历史内涵的滨水风貌旅游区。接线在该区域沿铁路西侧继续向北延伸，同时还需要通过跨越铁路与东西快速路衔接。

目前东西快速路已通到胶州路西端，与隧道接线的衔接有两个方向可以选择：胶州路方向和市场三路方向。根据分析，推荐市场三路连接方案。

在胶州路东段设置匝道口，连接东部地面道路和快速路系统，使中山路交通得到快速疏解；在胶澳海关附近设置匝道口，连接北部地面道路和快速路系统，兼顾疏解小港地区的交通。与西镇北部隧道出入口的一对上下通道相配合，三对接口形成“T”字形分布，既有效地引导了地区交通，又与商业核心区域保持了适当的距离，在改善交通条件的同时，避免了对购物环境的干扰和冲击。

（3）中港、大港区域

根据分析，港口的疏港交通通过现有地面道路直接连接杭州支路，对隧道接线影响较小。胶澳海关是具有历史价值的建筑，采用局部分幅错层方案对其予以保护。考虑到少占两侧用地、不影响昌乐河的泄洪功能，推荐接线在昌乐河两侧分线高架敷设。

在昌乐路和普集路各设置一对匝道口，其作用是服务台东商贸区、辽宁路商业区及周边区域，缓解快速路的压力。在杭州支路设置一对匝道口，解决北部端口的上下问题。

（4）规划方案总体描述

青岛端连接线全线总长7.3公里，其中隧道延伸段长度为2.1公里，东西快速路延伸段长0.8公里。分别在团岛一路—团岛二路、四川路—云南路、胶州路设3对上下接口。规划全线设东西快速路和杭州支路两处大型互通立交、7对上下匝道。分线隧道在东平路与观城路之间出洞，以地面形式向前约100米后高架。在火车站以北区域，保留莘县路地面道路功能，主线在铁路与冠县路之间合线高架。接线经市场三路与东西快速路连接，在冠县路桥洞上方跨越铁路设地上四层的全定向互通式立交。在胶澳海关附近地段，接线采用局部分幅错层形式，上下匝道处在铁路两侧。合线一段后，沿昌乐河两侧分线向北延伸。在北端杭州支路处设定向式全互通立交与规划的鞍山快速路连接（见图4）。

图4　胶州湾隧道接线规划效果图

2. 黄岛端接线规划

隧道接线在薛家岛长度约5公里。船厂以北至隧道口，主线两侧设置辅道。在瓦屋庄附近设一对上下匝道，连接旅游线路。船厂以西至嘉陵江路段：连接线两侧敷设辅道，在嘉陵江路、滨海公路交叉口设置互通立交。北海船厂节点采用分离式立交，船厂的货运交通经过接线两侧的辅道向西联系（见图5）。

图5　胶州湾隧道青岛端连接线

四、创新与特色

（1）从城市综合角度对隧道接线进行了多角

度多方案综合确定

结合隧道接线所通过的团岛西镇区域、火车站—中山路—小港区域、薛家岛区域的不同城市特点，规划从交通本身需要和景观风貌保护、地区更新发展、保护旅游资源、减少拆迁等多角度，提出隧道接线优化方案，避免了过去就交通论交通的弊端。

（2）对青岛市已建交通预测模型进行了功能拓展

规划在青岛市城市综合交通规划交通预测模型和交通数据库的基础上，根据新编控规对原有数据库进行了合理调整，运用Emme3交通分析软件，对隧道接线流量、匝道口设置及路网负荷进行了相关预测和评价，从定量分析上实现了宏观与微观的有机结合，使规划方案更符合交通的系统要求。

（3）开创了青岛市重大交通设施项目新的建设流程模式

该规划使项目流程在进入项目建设程序之前增加了对项目的综合研究，使项目决策依据更充分、更科学，该流程对本市和其他城市的重要建设项目有重要的借鉴和推广意义。

青岛火车站地区综合交通整治规划

委托单位：青岛市规划局
编制人员：刘淑永　张志敏　李国强　万　浩　董兴武　徐泽洲
编制时间：2007 年

一、项目背景

青岛市作为2008年北京奥运会的协办城市，承担奥运会帆船比赛的任务。为擦亮城市窗口，迎办奥帆赛，对青岛火车站进行改造升级，由原来的3台5线提升到6台10线，计划于2008年6月投入使用。为改善火车站地区的交通环境，高效集疏火车站交通，实现城市交通和对外交通的合理衔接，编制本规划（见图1）。

图1　青岛火车站改造后效果鸟瞰图

二、规划思路

（1）统筹安排东、南、西三个广场的功能布局，均衡各种交通衔接方式的集散空间，实现高效有序运行。

（2）以奥帆赛为契机，优化区域交通环境，加快实现以公共交通为主导的集疏运模式，结合周边区域的更新改造，完善道路停车、人行设施，彰显百年老站的风貌特征和人性化交通服务。

三、规划方案介绍

1. 道路系统改善规划

根据流量预测和相关分析，规划对火车站周边路网以下道路进行改善：(1) 费县路（郯城路—广州路段）拓宽为1＋5个车道；(2) 整治北京路、济南路；(3) 远期结合旧城改造整治泰安路，由现状的20米拓至24米红线宽度；(4) 远期广州路全线由现状的20米拓至30米。

2. 人行系统改善规划

完善地面人行系统，设置费县路、泰安路与火车站地下连接的人行通道，实现人车分离，方便乘客与华联西侧公交首末站联系，方便乘客进出火车站（见图2）。

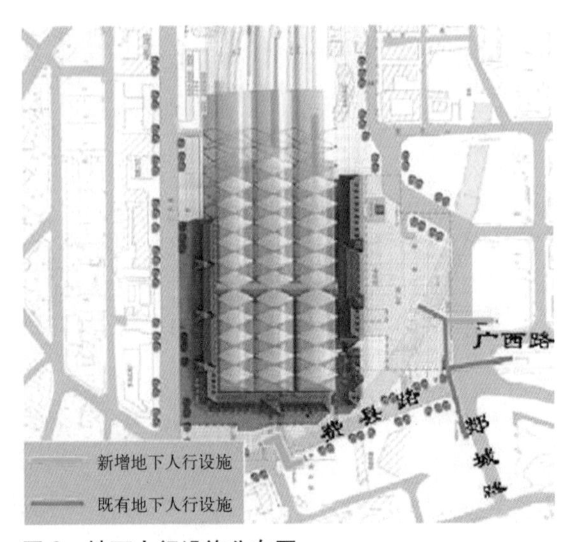

图2　地下人行设施分布图

3. 火车站广场交通组织与整治规划

在站前广场的东侧设一条长 100 米、宽 8 米，设 4 个发车位的公交车发车带，将现有停车场的地面层调整为出租车上客点和 16 个公交车停车位，地下一层、地下二层 198 个停车位全部用于社会小汽车的停放。原有的港湾式公交首末站调整为 5 个出租车和社会车的临时下客停车位。在广西路、泰安路新设 11 个港湾式出租车、社会车临时下客停车位。

南广场（费县路以北，站房以南）面积约 8500 平方米，在南广场中部设置配有自动扶梯的地下人行通道，联系地下候车室以及华联西侧公交站。

西广场是在火车站改建中由铁路站房退后形成的，宽度为 15 米、长度约 260 米，面积狭小，仅约 3900 平方米。该广场是旅客进出火车站的辅助广场，交通需求亦相对集中，规划在西广场增设可同时停靠 2 辆公交车的公交站点，并设置了 28 个临时停车位供出租车和社会车上下客。

火车站周边广场规划平面图如图 3 所示。

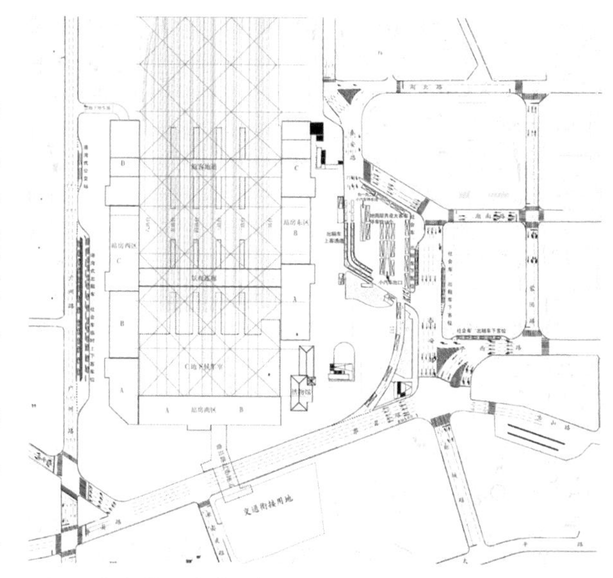

图 3　火车站周边广场规划平面图

4. 地面常规公共交通改善规划

为了加强火车站地区同市政府区域、交通枢纽、大型居住区和旅游景点之间的大容量快速联系，有利于实现旅游大巴在城市外围的停车换乘，减轻前海一线的旅游大巴停车压力，规划新增 7 条大站快速公交线路。分别为：青岛火车站—香港路—汽车东站、青岛火车站—鞍山路—辽阳路—浮山后—汽车东站、青岛火车站—东西快速路—江西路—麦岛、青岛火车站—威海路—308 国道—李村、青岛火车站—内蒙古路—四方汽车站—四流路—青岛新客站、青岛火车站—海底隧道—黄岛汽车站、青岛火车站—海底隧道—小珠山（旅游线路），如图 4 所示。

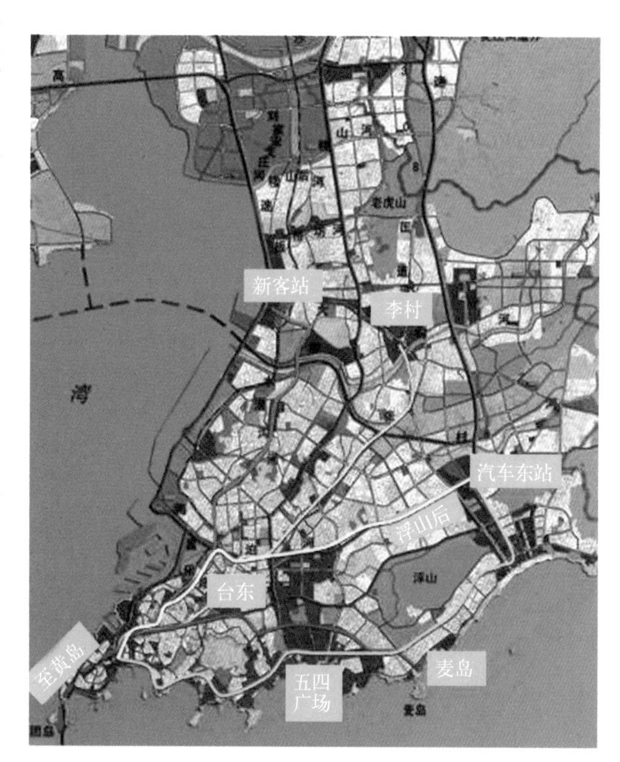

图 4　新增大站快速公交线路主城区布置示意图

5. 停车系统改善规划

外围停车场规划：取消广州路、单县路（广州路—太平路）、东平路、蒙阴路、湖北路（蒙阴路—泰安路）、湖南路（蒙阴路—泰安路）上的约 435 个占路停车位，以保证集疏通道的高效运行，提高这些道路的通行能力。近期规划建设以下三处社会停车场：（1）华联西侧地块社会停车场，地下小汽车停车泊位 300 个。（2）规划在湖北路—泰安路交叉口东北角，结合旧城改造，建设不少于 100 个车位的社会停车场。（3）规划将广州路西侧青岛皮鞋厂地块（面积约 3800 平方米）改为交通设施用地，建设不少于 100 个车位的社会停车场。

火车站停车规划：规划小汽车长时间停车位设在东广场地下一层、地下二层，提供小汽车停车泊位约 200 个；在广西路、泰安路共设置 16 个港湾式临时下客停车位供小汽车和出租车临时下客停车用；

在西广场共设置 28 个港湾式临时上、下客停车位供小汽车和出租车临时上下客停车用；在东广场地面层共设置了 24 个出租车临时上客的停车带。

四、创新与特色

青岛火车站处在老城区，是一座滨海的尽端式火车站，规划加强与胶州湾隧道和接线工程的衔接，合理确定火车站周边的 U 形道路分工，使火车站周边的交通组织更加便捷高效。规划重视落实公共交通的优化发展，为公共交通规划了首末站、中间站，公交专用道。同时，规划加强与滨海旅游系统的衔接，实现对外交通、旅游交通、城市公共交通的一体化衔接，提高了不同方式间的换乘效率，既为奥运会帆船比赛期间提供了高质量交通服务，又兼顾了未来城市发展的要求。

铁路青岛北站交通衔接规划研究

委托单位：铁路青岛北站区域项目建设协调推进小组
编制人员：万　浩　刘淑永　张志敏　马　清　董兴武　李国强　于莉娟　徐泽洲　李勋高
完成时间：2010 年
获奖情况：青岛市 2010 年度优秀工程咨询成果奖二等奖

一、规划背景

（1）国家铁路快速发展（青荣城际铁路已开工建设、胶济客专青岛市区以外段已建成），铁路青岛北站（以下简称青岛北站）建设在即，急需理清城市交通衔接设施与铁路青岛北站的关系。

青岛北站办理所有衔接方向的普速旅客列车的始发与终到作业、办理青岛至济南以远（除北京、上海）的动车组的始发终到作业、青岛至荣成间站站停动车组的始发与终到作业，共设 8 台 18 线。预测 2025 年旅客发送量 1800 万人次，日最高集聚人数 10000 人。

图 1　铁路青岛北站效果图

青岛北站站房总建筑面积约 6 万平方米。车站建筑部分为地上 2 层、地下 3 层，局部设置夹层。地面层为站台层，东西两侧为东西站房，内设售票厅、贵宾室；地上二层为候车区；地下一层为出站通道，东西两端设有换乘大厅（见图 1）。

（2）青岛市积极推进环湾发展战略，青岛北站工程周边成为重点区域。

青岛北站位于东岸城区北部西侧，临近胶州湾。临近环湾大道和跨海大桥连接线，处在填海形成区域，与东侧有较大的地形落差，交通衔接条件复杂。

青岛市将包含青岛北站在内的 1.9 平方公里区域作为李沧交通商务区的核心区，实施高强度开发，并与青岛北站一体化建设，利用核心区带动周边区域发展（见图 2）。

为实现青岛北站与城市交通的合理衔接，编制本规划。

图 2　铁路北站周边用地规划图

二、规划目标及原则

（1）规划目标

形成以青岛北站为核心，以步行系统为纽带，使铁路客运站与地铁、常规公交、出租车、小汽车、公路客运等多种交通方式高效衔接的综合交通枢纽。

（2）规划原则

综合换乘——形成以公共交通（轨道交通、常规公交、出租车）为主导的多方式综合交通衔接系统，给乘客提供多种选择，最大程度方便乘客；

加强辐射——充分利用靠近高速公路和大桥连接线的有利条件，扩大北站的辐射范围，便捷服务青、黄、红各城区及周边县市；充分利用轨道交通快速大容量特点，辐射中心城区主要客流走廊；

高度衔接——功能分工合理有序，衔接设施布局紧凑，减少换乘距离和换乘时间；

合理分离——结合青岛北站的进出站特点，充分利用地下空间解决出站旅客的交通方式选择问题，形成人车分离的衔接系统；核心区域应以客运交通为主，货运交通绕行外围，实现核心区客货有机分离；

促进繁荣——充分发挥青岛北站的区位优势和枢纽带动作用，建设交通商务区，促进青岛北站核心商圈的形成。

三、交通衔接规划

1. 交通需求预测

交通需求包括铁路客运站产生的交通需求和核心区用地产生的交通需求（见表 1）。

区域交通需求总量（pcu/h）　　表 1

分类	出行人次	折算标准车
青岛北站产生的交通需求	7740	1458
核心区用地产生的交通需求	129720	9643
交通需求总量	137640	11064

2. 配套设施整体布局

形成以站房和东西广场连线为轴线的对称道路疏解系统，以利于北站交通疏解，并更好地带动火车站商圈的发展。

规划在东广场的南侧设置公交枢纽站，在西广场南侧设快速巴士公交首末站，便于常规公交为北站客运提供方便服务。

规划在东广场北侧设置公路客运站，方便与铁路主广场和城市公共交通的衔接。

在东西广场分别布置出租车候车区，西广场布置在地面层，东广场出租车候车区布置在地下一层出站通道南侧。

东广场社会停车场布置在地下一层出站通道北侧，西广场社会停车场布置在西广场北侧（见图 3）。

3. 道路系统衔接规划

规划形成“三纵三横”的核心区主干路网络与外围环湾大道、大桥连接线和重庆路快速路快速联系（见图 4）。

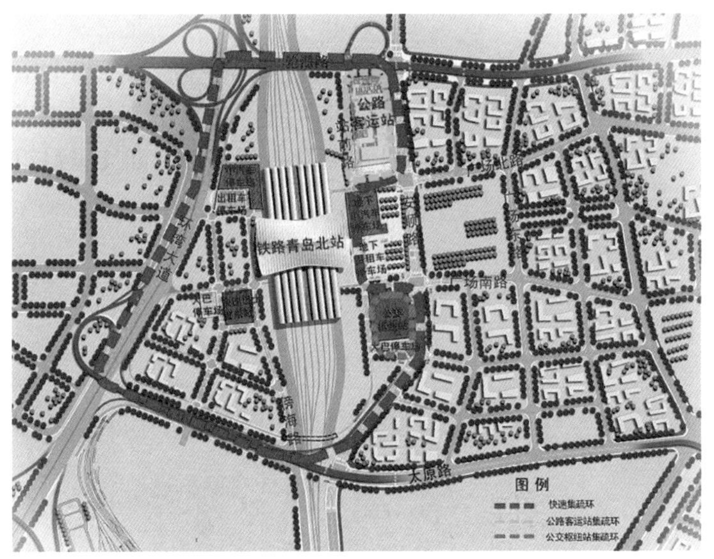

图 3　青岛北站交通设施布局规划图

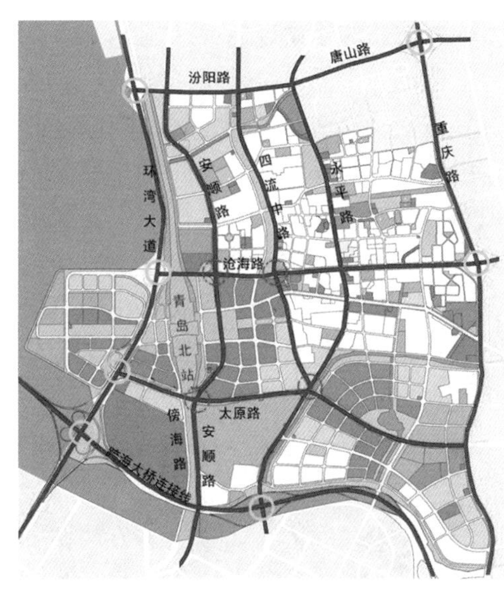

图 4　青岛北站道路系统衔接结构图

利用金水路高架段、金水路安顺路西向南定向匝道、铁路北站逆向循环道路、安顺路太原路北向西定向匝道、太原路高架、环湾大道形成逆向快速单向道路循环系统；同时形成围绕长途客运站和公交场站的逆向道路循环系统。形成大环套小环的交通组织模式（见图 5）。

4. 公共交通系统衔接规划

远期围绕铁路青岛北站，形成由轨道交通、地面常速公交、快速公交构成的多层次公共交通衔接系统，满足不同层次人群出行的需要。

规划有 M1 线、M3 线、M8 线三条轨道线经过青岛北站，可直接辐射主城区大部分区域及西海岸中心区、北部城区中心区等重点区域。

规划在东广场设置公交枢纽站一处，占地 2.3 公顷，设置常规公交线路 6 ～ 8 条。东广场公交线路以发往市南、市北、四方、李沧的公交线路为主。

西广场临近环湾大道、青黄跨海大桥及大桥连接线，规划在西广场南端设快速巴士首末站，占地 1 公顷，可满足 4 ～ 5 条快速巴士线路始发的需要。西广场公交线路以发往城阳、红岛和黄岛的大站公交快线为主（见图 6）。

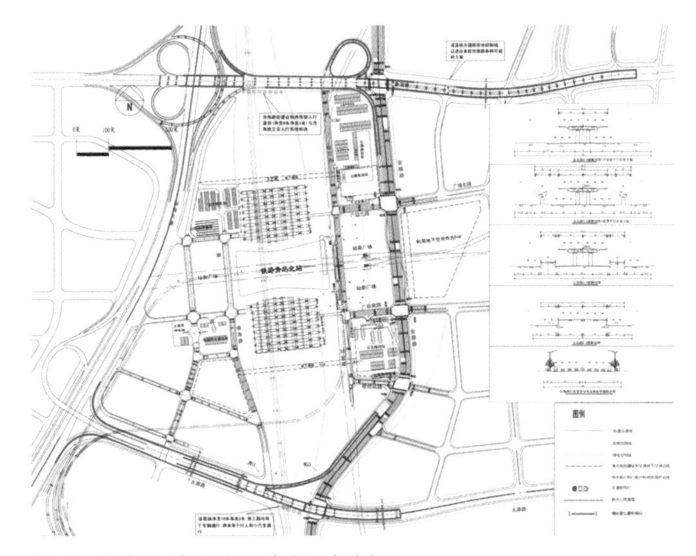

图 5　青岛北站道路系统详细规划图

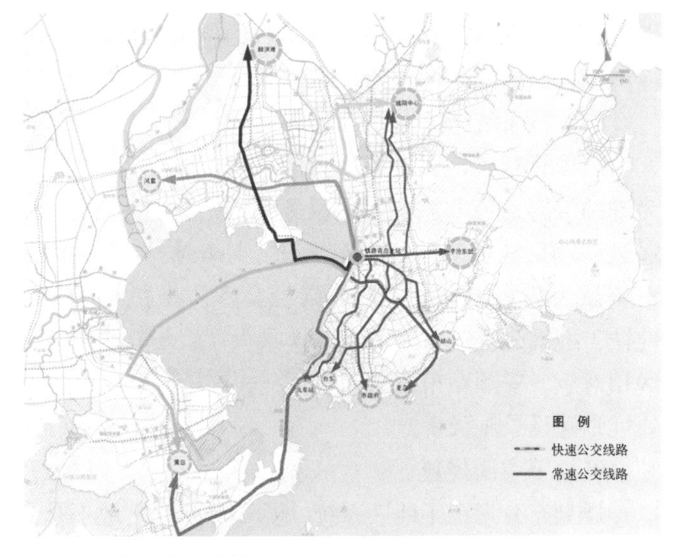

图 6　公交系统衔接规划图

5. 公路客运站规划

依据《青岛市综合交通规划》，结合本站布局，规划在青岛北站东北侧设置一处一级公路客运站，日发送能力2万人次，占地44000平方米。利用公路客运站紧邻道路和金水路—安顺路节点上下匝道组织逆向循环交通，利用地下空间和安顺路—金水路地面交叉口、安顺路—振华路地面交叉口组织人行交通（见图7）。

6. 出租车系统衔接规划

为分离主要的送站和接站出租车交通，规划将接站的出租车停车区和出租车上客车道布置在铁路青岛北站站房负一层，利用道路系统可两侧自由进出（见图8）。

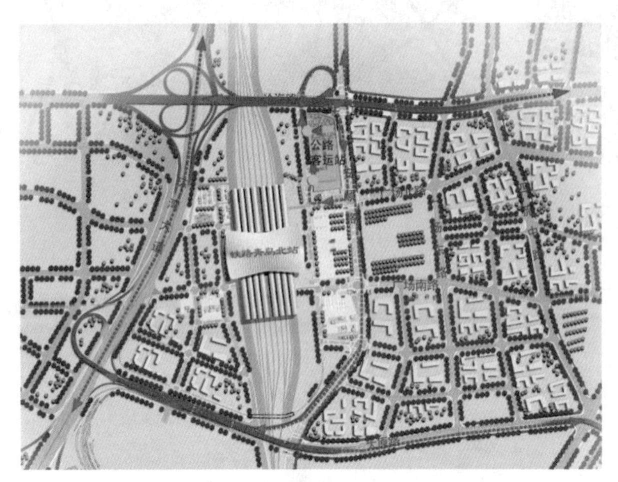

图7　公路客运站交通衔接规划图

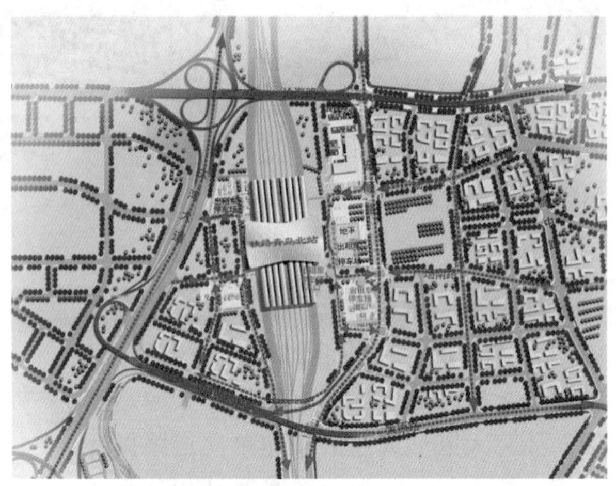

图8　出租车交通衔接规划图

7. 静态交通衔接规划

预测青岛北站需要配建1100个小型车车位。规划在东广场地下一层与地面的夹层配建约800个小型车车位；规划在西广场北侧设置社会车地面停车场，靠近出租车候车区位置，约300个小型车车位；规划在东、西广场各设置40个大型车车位。下客区停车带主要为送站车辆的临时停靠用，布置在站前路靠近旅客进站口的位置，采用港湾式，与出租车送客带共享。

8. 步行系统衔接规划

沿中轴线，地面设东西集散广场，主要功能为进站旅客通道和旅客休闲服务，出站旅客也可通过广场后在适当外围乘车离开；火车站站房地下一层为旅客出站通道及换乘社会车、出租车、地铁、地面公交、公路客运的换乘大厅；火车站二层为进站通道及东西广场的人行联络通道；与中轴线相对应，安顺路东西两侧设下沉式广场，并横穿安顺路；与中轴线相对应，西广场与环湾大道相交处规划建设景观天桥。

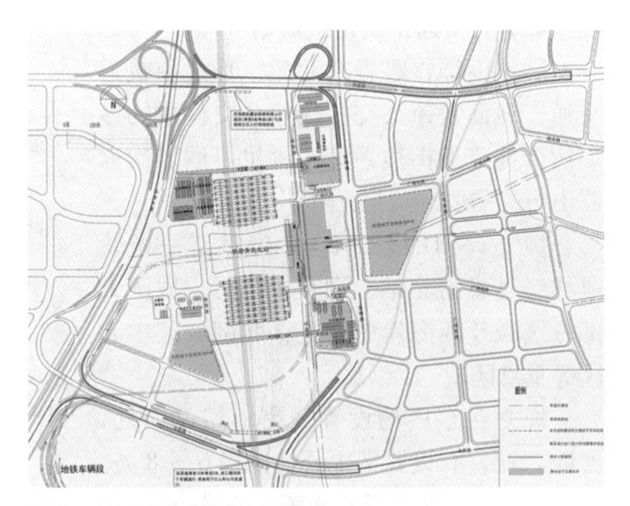

图9　地下空间规划意向图

9. 地下空间规划

规划充分考虑了地铁系统、地下人行交通、地下社会车停车场（含P+R停车场）、地下出租车候车、地下联络通道之间的衔接关系和空间预留（见图9）。

四、成果特色

（1）充分体现了枢纽带动城市发展的理念。为发挥以铁路客运站为核心的综合交通枢纽对其周边城市发展的带动和支撑作用，规划方案利用铁路北站周边区域旧城改造的机会，青岛北站交通衔接系统与周边用地开发紧密衔接，明确将“促进繁荣”作为衔接规划的重要原则。规划研究成果成为青岛交通商务区核心区（铁路青岛北客站周边区域）公共空间城市设计全球招标的基础性、控制性条件，实现了交通与用地的有机结合。

（2）该规划在青岛北站综合交通枢纽建设过程中起到了规划龙头作用，使建设高效换乘综合交通枢纽的思想得以落实。通过多渠道、多方式的沟通协调，促成了铁路客运站与城市衔接系统的一体化规划和工程设计，确保了交通衔接规划的落实。

（3）充分体现了综合换乘、公交优先和无缝衔接。规划合理布局公交场站、出租车候车区、公路客运站、社会车停车场、旅游大巴停车场、三条轨道线的空间位置，利用地下一层中央换乘大厅组织铁路客流与各衔接系统的高效衔接。

（4）采取多种规划措施克服了青岛北站所处位置离环湾大道（城市快速路）过近、老铁路线近期难以拆除、地势低洼、单侧面向城市（西侧为胶州湾）等衔接条件较差的问题，保证了道路系统的便捷性、方便性和近远期方案的有机结合。

铁路青岛北站工程沿线重要道路节点详细规划

委　托　单　位：铁路青岛北站区域项目建设协调推进小组

编　制　单　位：青岛市城市规划设计研究院、青岛市市政工程设计研究院有限责任公司

本单位编制人员：刘淑永　万　浩　于莉娟　董兴武

完　成　时　间：2009 年

获　奖　情　况：青岛市 2010 年度优秀城市规划设计奖一等奖

山东省 2010 年度优秀规划设计成果三等奖

一、项目背景

该项目规划编制主要为应对铁路青岛北站建设，一方面从交通规划角度出发，需充分研究铁路青岛北站客运交通疏解通道，理清铁路周边路网功能关系，适应北站及周边区域的发展建设需要；另一方面从工程设计角度考虑，由于铁路青岛北站的建设，铁路进线的位置和规模也发生了变化，其与相关道路的空间关系处理、相关桥梁墩柱与铁路进线之间的空间位置等都需要通过细致的多方案比选来确定。结合相关用地规划，考虑近期的实施和远期的预留，同时反馈铁路施工图设计，实现铁路交通和城市交通的共赢。

二、规划思路

处理好铁路青岛北站及其配套线路工程建设与城市道路系统之间的关系，预留铁路沿线城市道路建设条件，指导相关道路工程可行性研究和设计，对铁路建设提出相应的控制条件。

三、主要规划内容

规划范围为海泊河、杭州路、金华路、四流路、永平路、汾阳路、后海岸线所围合的范围，面积约25平方公里(见图1)。

在分析道路现状、铁路限制条件、拆迁条件、交通需求、规划要求的基础上，通过多方案比选和与铁路设计部门衔接，确定重要道路平面和竖向设计方案；确定与铁路青岛北站工程直接相关的所有跨铁路桥和下穿铁路桥洞的位置、宽度、竖向高程；确定重要

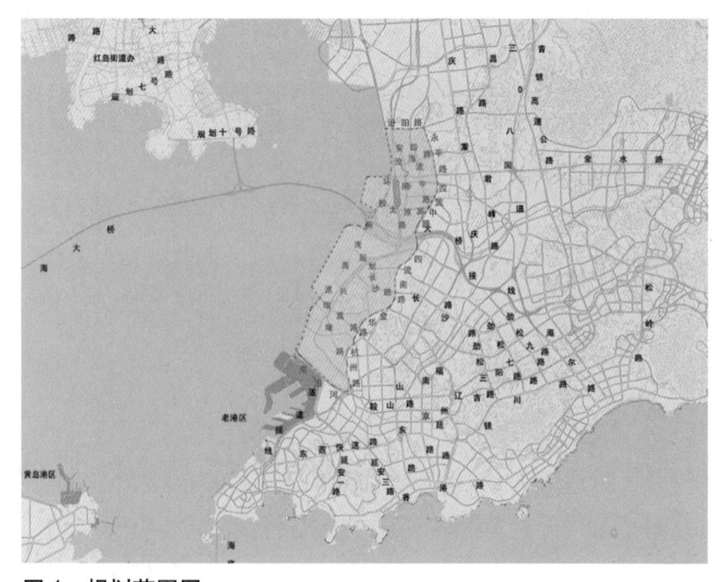

图 1　规划范围图

节点平面和竖向方案，在此基础上确定跨越铁路墩柱位置。

1. 主要过铁路道路及节点详细方案比选

对长沙路、太原路、金水路、汾阳路、安顺路及傍海路等主要跨铁路和临近铁路的道路线位和跨铁路节点进行详细的规划设计方案比选；对长治路、唐河路及宜昌路等主要下穿铁路桥洞进行详细的断面设计（见图2）。

下面以长沙路规划为例进行说明：

规划长沙路是青岛东部城区中部一条东西向贯通性主干路，有效衔接城区南北向主要通道。

线位规划：根据铁路沿线用地现状，本着避让特殊用地及重要建筑、减少拆迁、集约利用土地的原则，对开封路至大沙路段的线位进行多方案深入比选（见图3），最终选定可以有效避让特殊用地的东线方案，最大限度降低了拆迁成本。线路自西向东，通过苜蓿叶立交与环湾大道联系，向东高架跨越铁路线在开封路后落地，向南采用地面路形式接大沙路。在傍海路西侧设置一对西向东接地匝道，服务铁路线西侧地块。标准段红线宽度为40米、双向8车道。

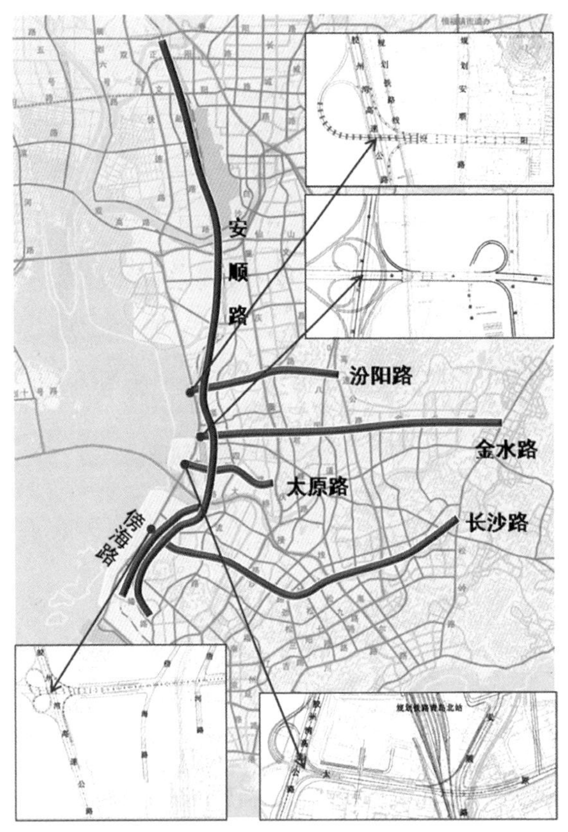

图2　规划研究过铁路道路线位及主要节点示意图

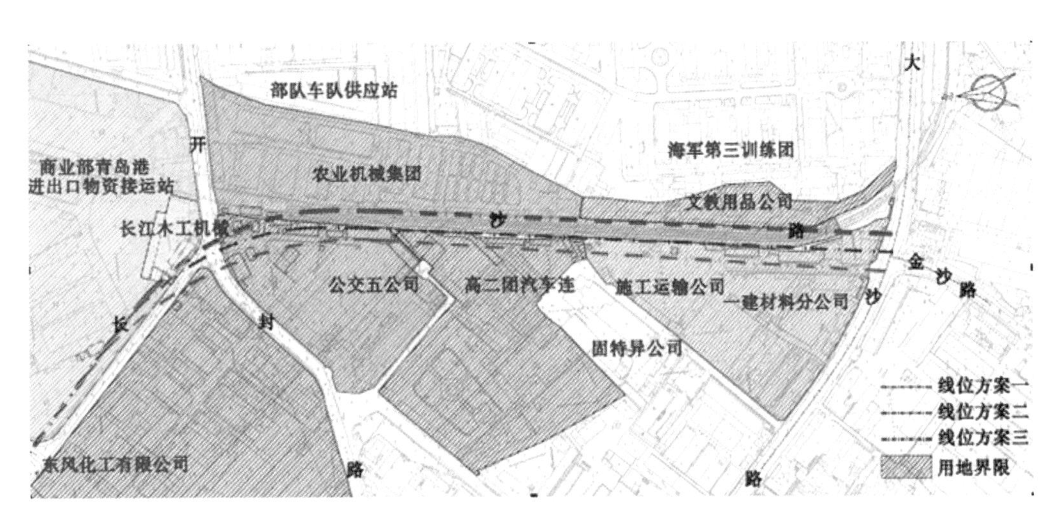

图3　长沙路（开封路至大沙路段）线位多方案比选示意图

跨铁路节点规划：综合环境景观及工程造价，选定跨铁路节点采用5跨方案（见图4和图5）。该方案最大跨径40米，梁高2.2米，利用铁轨之间的空间布置桥墩。联桥与相邻桥梁的梁高差别不大，整体景观效果较好，造价相对较低。

2. 规划设计方案交通负荷评价

从路网整体结构和区域用地、交通协调的角度对交通负荷进行综合评价分析，用以支撑选定的规划设计方案。

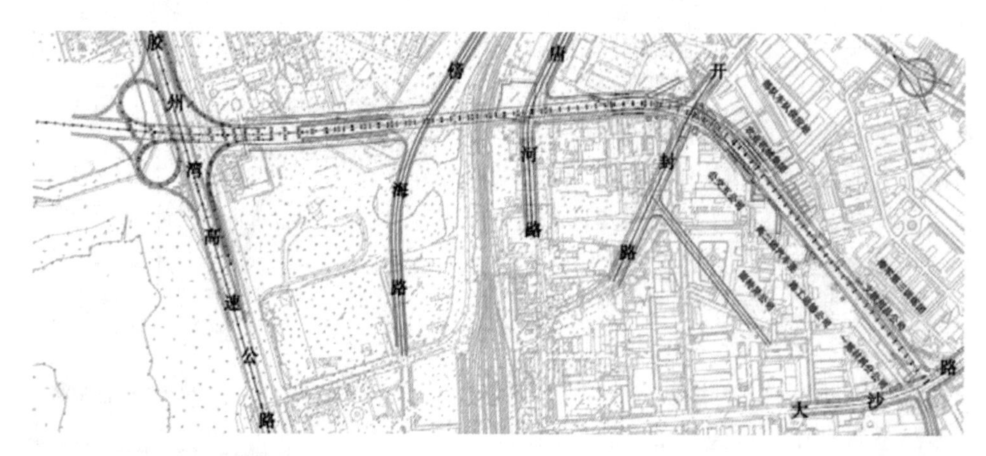

图 4　长沙路全线平面规划图

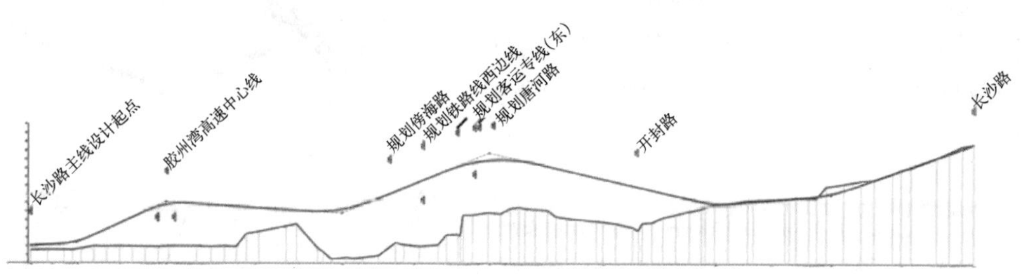

图 5　长沙路全线竖向规划图

详细规划方案对原方案主要路段流量调整效果　　表 1

	胶州湾高速	傍海路与兴隆路	四流路	重庆路
瑞昌路北断面	减少10.7%	增加151%	减少14.3%	减少5.5%
李村河以北断面	减少6.5%	增加116%	减少52%	减少1.2%
汾阳路南断面	增加0.6%	减少3.2%	增加4%	减少4.6%

详细规划方案体现了均衡交通流量的原则，分担了四流路、重庆路、环湾大道的交通压力，路网负荷更加均衡、合理，并能够很好地适应四方欢乐滨海城、青岛北站及周边用地功能调整后的交通需求（见表 1）。

3. 近期建设规划

由于胶济铁路线（火车站—李村河段）拆除时间不确定，为增强道路建设的可操作性，近期建设按照拆除和不拆除两种情况下，分别提出了方案，如图 6 和图 7 所示。

四、成果特色

该规划对铁路建设和城市道路的衔接进行了有益的探索。当前较普遍存在铁路工程规划设计难以与城市既有规划相吻合的问题，该规划将铁路规划设计、城市道路交通规划及沿线用地控制性详细规划统筹分析研究，提出推荐方案，并及时反馈到各项规划设计主管及编制单位，从而从整体系统上使方案得以优化。

图 6　既有铁路线拆除近期建设方案

图 7　既有铁路线不拆除近期建设方案

胶南市铁路站场及铁路沿线道路节点交通规划

委托单位：胶南市规划局
参加人员：李　良　房　涛　董兴武　李勋高
编制时间：2011 年

一、规划背景

青连铁路位于胶东半岛南部，线路自青岛引出，途经山东省青岛市、日照市到达江苏省连云港市，线路总长 193 公里。在青岛市域内经过的区域有李沧区、城阳区、胶州市、黄岛区、胶南市（见图 1）。本规划的研究范围为胶南市范围，青连铁路在研究范围内长约 76 公里。

图 1　青连铁路线位示意图

青连铁路在给胶南市带来发展机遇，提升其交通辐射能力的同时，需进一步考虑其沿线的规划衔接工作，使铁路与所经区域的路网体系相互衔接，避免或减少铁路对城市地块的分隔影响。

二、规划内容

1. 核心片区道路网衔接规划

核心片区是指青连铁路胶南市市区段的周边区域，在青连铁路线位目前基本稳定的情况下，对区域内的道路网络进行相关调整，调整内容如下：

（1）G204 线位调整。本次规划结合青连铁路线位，按照《胶南市道路网系统专项规划》的思路，将 G204 线路布置在青连铁路与高速公路之间的狭长地带。通过线路调整，将大大减少 204 国道的绕行距离，调整后新线路长度较原线路减少约 10 公里（见图 2）。

图 2　G204 线位调整示意图

（2）优化核心区通道走廊。本次规划调整了铁路沿线的通道宽度，在铁路两侧各控制 50 米。通道内设置绿化防噪林，减少对两侧用地的影响。

（3）优化调整青连铁路。在本次路网衔接中，进一步调整临港北工业园的路网，与铁路线有机衔接，根据铁路线位、桥梁以及所穿越区域地形情况，提出铁路两侧道路穿越的衔接方案。规划胶南中心区与青连铁路相交道路共计16条（见图3和表1）。

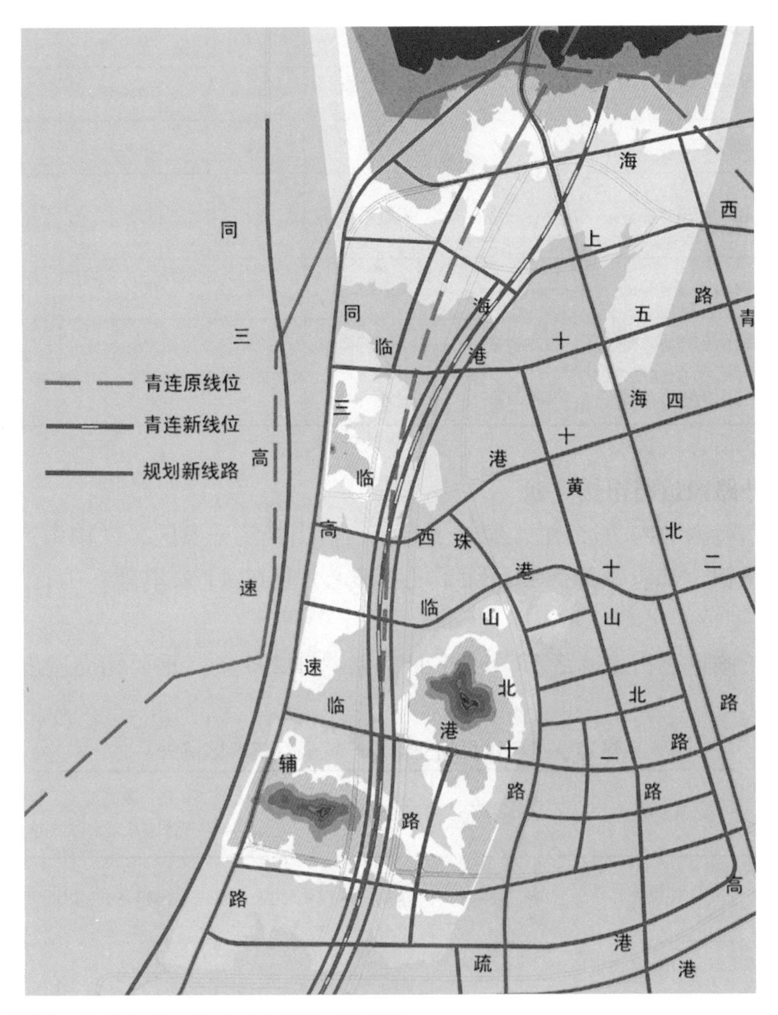

图3　青连铁路城区段周边路网调整图

核心片区相交道路规划一览表　　表1

序号	里程桩号	所属镇区	道路名称	道路简介	道路宽度（米）	净宽×净高要求（米）	铁路在上或下	备注
1	DK61+882	临港街道办事处	—	规划路	34	36×4.5	上	规划路下穿
2	DK62+161.5	临港街道办事处	上海北路	规划路主干路	40	68×5	上	桥下通过
3	DK62+746	临港街道办事处	—	规划支路	24	25×5	上	桥下通过
4	DK63+350	临港街道办事处	临港十五路	规划路	24	36×5	上	桥下通过
5	DK64+412	临港街道办事处	临港十四路	规划路	28	30×5	上	桥下通过
6	DK64+870	临港街道办事处	临港十二路	规划路	24	28×5	上	桥下通过
7	DK65+554	临港街道办事处	临港十一路	规划路	28	32×5	上	桥下通过
8	DK66+416	临港街道办事处	—	规划路	24	25×5	上	下穿隧道
9	DK66+800	临港街道办事处	—	规划路	24	26×5	上	桥下通过

续表

序号	里程桩号	所属镇区	道路名称	道路简介	道路宽度（米）	净宽×净高要求（米）	铁路在上或下	备注
10	DK66+982.4	临港街道办事处	琉港高速	—	27	30×5	上	桥下通过
11	DK67+420	临港街道办事处	临港十路	规划路	40	70×5	上	桥下通过
12	DK68+30	临港街道办事处	—	规划路	24	24×5	上	桥下通过
13	DK70+500	铁山街道办事处	中心三路	规划路	30	32×5	上	桥下通过，建议桥梁早起
14	DK71+200	珠山街道办事处	临港路	快速路	50	60×5	上	预留快速路
15	DK71+300	珠山街道办事处	S329省道	省道	24	46×5	上	桥下通过
16	DK72+377	珠山街道办事处	滨河公路	规划路	30	46×5	上	桥下通过

2. 胶南市区以外路段道路衔接规划

青连铁路在胶南境内共约76公里，穿越王台镇、黄山经济开发区、铁山街道办、张家楼镇、藏南镇、泊里镇、大场镇、海青镇等区域，除了规划核心片区的11公里外，仍有65公里需要进行相关的衔接规划。

本次规划共计衔接重要相交道路13条，其他道路共计294条，重要相交道路如表2所示。

青连铁路与重要相交道路一览表（核心区除外） 表2

序号	里程桩号	所属镇区	道路名称	道路简介	道路宽度（米）	净宽×净高要求（米）	铁路在上或下	备注
1	DK50+270.6	王台镇	青兰高速	高速公路	37	44×5	上	青兰高速公路K67+850
2	DK50+725.4	黄山经济区	—	土路	20	24×5	上	桥下通过
3	DK53+654.9	黄山经济区	398省道	沥青路	11	33×5	上	398省道
4	DK56+125.8	黄山经济区	—	土路	20	24×5	上	预留公路发展空间
5	DK79+584.53	张家楼镇	东西大通道	规划路	40	66×5	上	规划东西大通道
6	DK84+513.21	张家楼镇	—	水泥道	7	24×5	上	桥下通过，预留空间
7	DK90+046.3	藏南镇	—	水泥路	7	24×5	上	桥下通过
8	DK90+109.5	藏南镇	—	砂石路	10	24×5	上	桥下通过
9	DK99+242.9	泊里镇	省道398	沥青	10	24×5	上	地形标注G204为错误
10	DK100+869.3	泊里镇	省道334	沥青	20	50×5	上	桥下通过
11	DK112+214.3	大场镇	沈海高速	沥青	37	60×5	上	桥下通过
12	DK112+475.7	大场镇	省道398	沥青		30×5	上	桥下通过
13	DK119+195.7	海青镇	省道220	省道	20	30×5	上	桥下通过

3. 铁路场站交通衔接规划

青连铁路作为西海岸重要的综合交通枢纽，应对其用地空间进行充分预留，本次规划站房及无雨顶棚预留面积为10万平方米，临站布置公交设施用地及停车场用地，站前广场用地，东北侧预留公路客运场站用地约2万平方米，站房西侧作为车站备用地进行预留（见图4）。

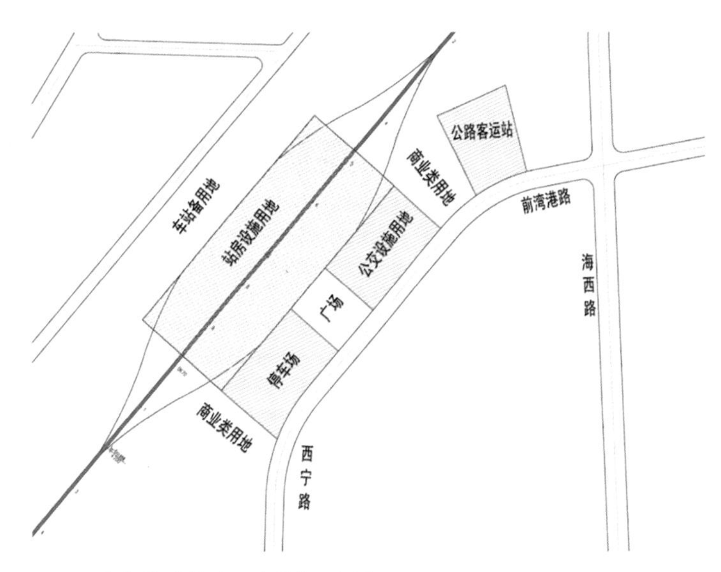

图4　火车站功能布局规划示意图

4. 近期建设规划

近期青连铁路沿线相交道路应按远期规划进行空间预留，相交位置应做好同步规划设计和施工，以利于远期控制。与青连铁路胶南站的衔接，应做到重点突出，主要安排与场站有紧密关系的道路和市政设施建设，应首先安排站场的配套设施建设，例如广场设施、公交场站设施、停车场设施等。其次应着重安排与铁路场站衔接紧密的道路，如前湾港路与西宁路接通（站前路）、临港路西延、临港七路、临港十路等相关道路。

三、成果特色

本次规划在铁路规划建设前期就及时介入，对铁路建设和城市道路的衔接工作进行了有益的探索，以前瞻性角度将跨铁路通道进行控制和预留，加强了铁路通道预留的科学性，具有较强的实用性和可操作性。

2014 年青岛世园会综合交通衔接规划

委托单位：青岛市交通运输委员会
编制人员：万　浩　李勋高　王田田　汪莹莹　高洪振　董兴武　夏　青　周志永
编制时间：2011 年

一、规划背景

2014 年青岛世界园艺博览会（以下简称世园会）将于 2014 年 4 ～ 10 月举办，会期约 180 天，级别为 A2+B1 级（参展国家不少于 6 个，国外参展单位不少于参展单位的 3%）。本届世园会是继 2011 年西安世园会之后在中国举办的第四次世界园艺博览会，也是青岛市继 2008 年奥帆赛以来承办的最大规模的世界性大型活动，备受国内外瞩目。园址在李沧区东部百果山南麓，世园会以“让生活走进自然”为主题,以“天女飞花,四季永驻”为整体理念,确立了“两轴十二园”的总体空间格局，园区总面积 2.41 平方公里（见图 1 和图 2）。

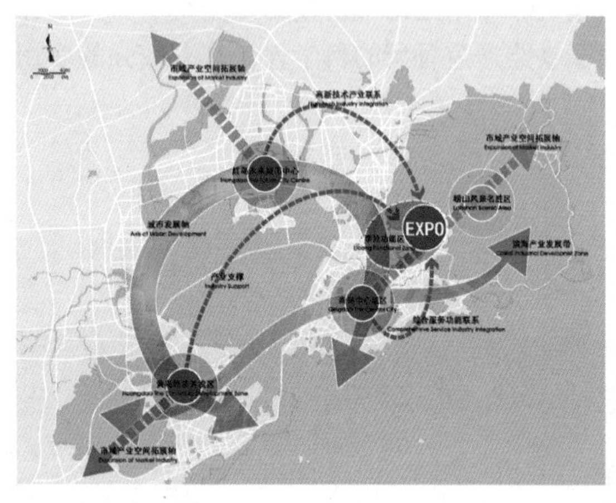

图 1　世园会区位分析图

图 2 园区规划鸟瞰图

世园会期间的交通安全、通畅对世园会的成功举办以及城市形象的塑造具有重大影响。世园会客流规模大、持续时间长、具有不确定性，且轨道交通在世园会期间不能投入使用，只能依赖地面公交来承担大规模客流，如何处理好日常客流与世园客流之间的关系、应对好交通总需求，具有相当大的挑战。因此，有必要对世园会综合交通体系进行系统规划，指导园区及周边交通基础设施建设，进行科学的交通组织管理，保障世园会期间城市交通与世园交通的有序运行。

本规划主要为世园会外围交通设施建设提供指导。在客流预测和交通策略研究的基础上，规划确定世园会交通保障体系，主要包含十大方面：世园会交通管控方案，道路系统保障方案，停车系统保障方案，公共交通保障方案，出租车、旅游大巴、小汽车系统保障方案，园区周边交通组织规划，交通应急组织与管理，世园会道路交通管理设施，智能交通规划指引，交通管理政策导向（见图 3）。

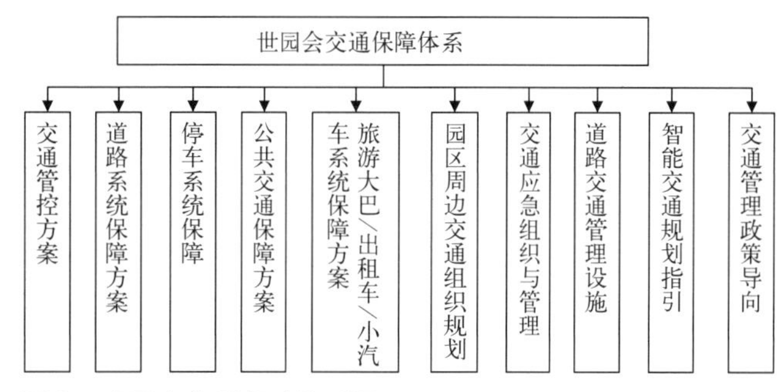

图 3　世园会交通保障体系图

二、指导思想与规划目标

1. 规划理念

规划以“生态世园，绿色交通”为理念，一方面从交通角度落实本届世园会“让生活走进自然”的主题；另一方面利用绿色、低碳的交通保障方案组织世园交通，促进城市交通可持续发展。

2. 指导思想

保障世园会外部交通的顺畅、安全、可控；便于游客安全方便入园、离园；利用游客参园过程，改变人们的出行观念，促进城市交通“转方式，调结构”，使绿色交通深入人心；借助世园会契机，改善城市交通环境，提升青岛城市交通的整体品质。

3. 规划目标

规划确定了“方便、有序、友好、环保”的世园会交通总体目标；核心目标为使集约化交通方式分担率（含公交、旅游大巴）达到 85% 以上，其中公共交通要达到 55% 以上。

三、交通系统规划方案

1. 客流预测

在常住人口、外地住宿客和外地一日客参园意向调查分析的基础上，考虑一定的鼓励政策，并类比其他大型活动的客流规模及特征，得到最终预测结果。预测世园会客流总规模将达到 1600 ～ 1800 万人次，最大日客流量将达到 30 万人次，最大入园高峰小时 12 万人次，最大离园高峰小时人流 7.5 万人次，园内最大滞留人数为 21 万人。

2. 世园外部交通管控措施

规划设置交通管制区、交通缓冲区和交通引导区三个管控圈层。交通管制区区域内禁止小汽车驶入，可通行公交、大巴、出租车、VIP 车辆，总面积为 8 平方公里；交通缓冲区区域内设置大型 P+R 社会停车场，并对重要道路和交叉口交通状况实行监控，适时进行干预，总面积为 34 平方公里；交通引导区为青岛中心城区范围，在重要对外公路出入口、城市内主要通行路径上设置交通引导标志引导世园交通（见图 4）。

3. 道路保障措施

规划在世园会周边区域形成相对完善的道路运行系统（见图 5），满足世园会期间的交通组织需要，带动该区域的快速发展。形成功能分明、层次合理的道路网络体系。世园缓冲区担负世园会交通集疏和调控功能，规划 2013 年末在缓冲区内需要建设道路 21 项、立交节点 3 项，并对若干处平面路口进行交通渠化改造。

4. 公共交通保障体系

规划形成以新增公交专用道为主要载体，世园公交快线为主导，与世园公交专线、世园大站快线和世园摆渡线共同构成多层次、智能化公交集疏运保障体系。根据青岛市及园区周边道路条件，选择主要的公交走廊建设公交专用道，形成“七横七纵”14 对公交专用道，与已有公交专用道形成网络。规划调配 1000 辆公交车并配置智能车载系统。规划新增 1000 辆世园会专用出租车并配置 GPS 系统（见图 6 和图 7）。

图 4　世园会交通管控方案

图 5　世园大道施工实景图

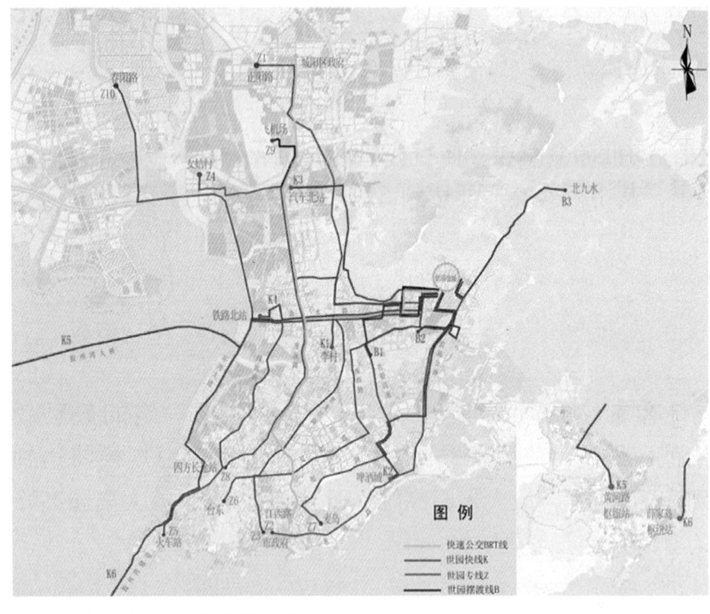

图 6　世园会公交保障体系图

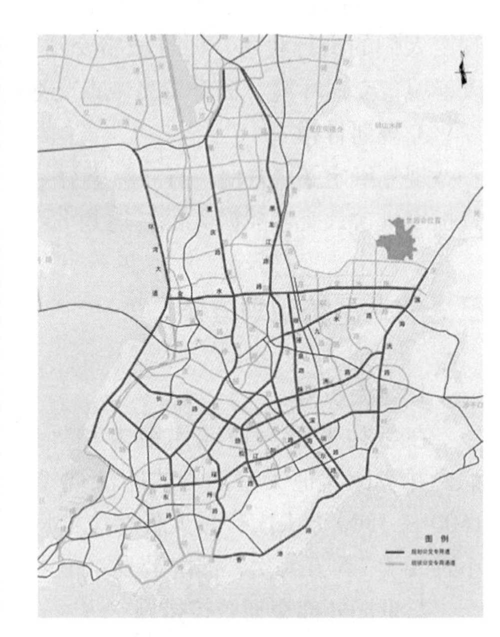

图 7　世园会公交专用通道规划

5. 周边配套场站规划

规划将公共交通枢纽站集中布置在世园园址南侧主要客流出入方向，规划共设置 9 处公交场站，停车泊位不小于 600 个；旅游大巴停车场集中布设在园区西侧，规划共设置 9 处，停车泊位不小于 2500 个；园区东西两侧布置 3 处出租车蓄车区，停车泊位不小于 1000 个；缓冲区内 P+R 小汽车停车场规划共设置 19 处，停车泊位不少于 17000 个；缓冲区外黄岛、城阳等与青岛城区之间重要的出入通道衔接处，规划设置 5 处外部区域（P+R）停车场站（见图 8）。

6. 园区周边交通组织规划

按照以人为本、人车分离、均衡布局、有机分离四大原则对世园大道周边区域以及各种交通方式进行交通组织，均衡布局交通流线，有机分离城市日常交通和世园交通。

7. 智能交通系统规划指引

规划提出智能采集系统的圈层布控要求：由外向内分层布控；引导区主要为引导、出入口保障、主要通道监控；缓冲区主要进行监控、调控及智能诱导；管制区为主要的效果区，检验外围措施的有效性，一旦出现特殊情况则在缓冲区外围采取管制措施。

图 8　园区周边配套交通场站用地布局规划图

8. 交通管理政策导向

从票务政策、汽车尾号限行、停车需求管理措施、施工统筹管理、特殊情况下的应急预案、公交定价原则、宣传手段等方面对世园会交通管理策略提出建议，引导世园交通高效运行。

四、成果特色

（1）通过确定一整套的世园会交通保障系统，突出“生态世园，绿色交通”的主题，利用绿色、低碳的交通保障方案组织世园交通，充分发挥了人性化理念及信息化管理的作用，有助于借助世园契机，使绿色交通出行理念深入人心，并提升青岛市城市交通的整体品质。

（2）在编制过程中形成多家设计团队和专家协同工作的机制，方案实施性强，并有助于辅助相关设计方案的落实，为大型节会的交通组织方案制定提供借鉴。

（3）基于面向本地游客、外地住宿客和外地一日客的意向调查及现状景区游客特征，确定了一套世园会客流预测的系统方法，为此后大型活动的客流预测积累了经验。

（4）规划按照集约化运输方式为主导的总体策略制定规划方案，一方面设置三个层面的交通管理方案对小汽车进行严格控制；另一方面，在轨道交通无法发挥作用的前提下，充分发挥常规公交的作用，通过开通世园公交快线、世园专线、世园大站快车、世园摆渡线、增设公交专用道等措施，大力提升集约化交通方式的运行效率，充分体现“生态世园，绿色交通”的主题。

（5）充分利用 VISSIM 和 AIMSUN 软件对车行交通和人行交通进行仿真验证，增强了规划方案的可靠性。另外，采取人行仿真验证各出入口客流集疏散情况，为设施设计和交通组织方案提供了依据。

2014年青岛世园会出入口及停车场站交通衔接规划

委托单位：青岛市世园会执委会
编制人员：万　浩　李勋高　高洪振　王田田　汪莹莹　申　新　刘　腾
编制时间：2012年

一、项目背景

为最大限度地整合世园会周边交通设施资源，为2014年青岛世园会服务，解决高客流下出入口广场的安全集散和服务质量，处理园区外部交通场站、交通工具及游客与出入口广场的衔接关系，协调世园会交通与城市日常交通之间的关系，为世园会出入口的方案设计及园区临近道路的交通工程设计提供依据，为世园会配套停车场站设计提出指导意见，编制该规划。

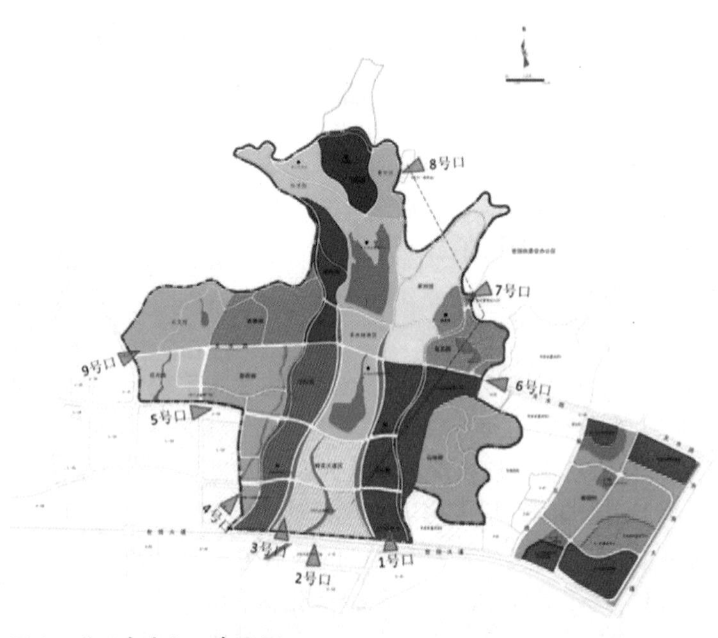

图1　世园会出入口布局图

园区开通了9个出入口可供游客进出园区使用。其中2号出入口为主出入口，4号口为VIP出入口，7号口为管理出入口，8号口为北部缆车出入口。1、2、3号口由东往西布置在园区南侧，4、5、9号口由南往北布置在园区西侧，6、7号口布置在园区东侧，8号口位于园区北侧崂山之上（见图1）。

二、规划思路

规划思路框图如图2所示。

三、规划内容

1. 规划目标

（1）最大限度地整合以世园会园区为核心的交通设施资源；

（2）解决高客流下出入口和集散广场的安全集散并保证一定的服务质量，出入口排队区最大等待时间不超过60分钟；

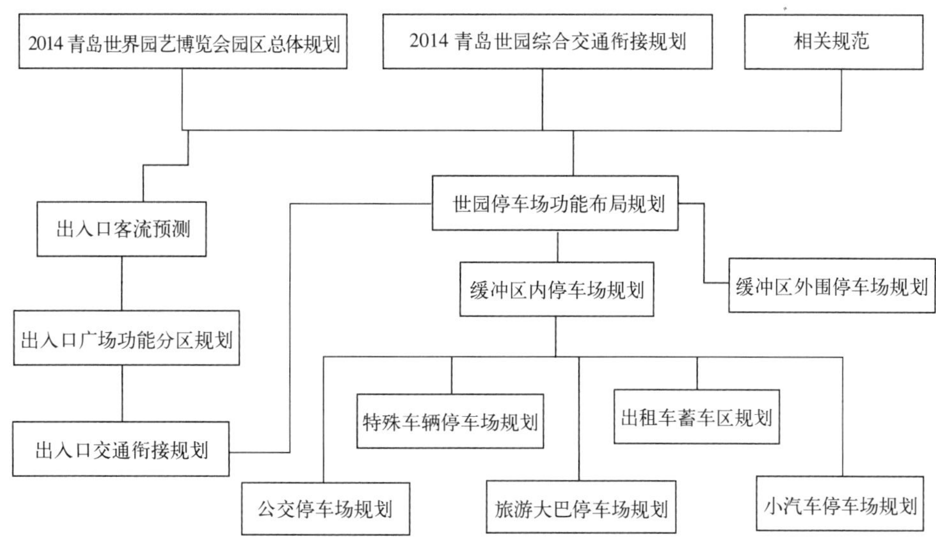

图2 规划思路路线图

(3) 处理园区外部交通场站、集散道路、交通工具及游客与出入口和集散广场的衔接关系；

(4) 为世园会出入口的方案设计及园区出入口相临近道路世园会期间的交通工程设计提供依据；

(5) 为世园会配套停车场站设计提出指导意见。

2. 园区出入口规划

根据世园会周边路网结构及其园区内部组织路线，世园会共设置8个出入口，其中1、2、3号口位于园区南侧，主要承担公交、出租客流，2号出入口为主出入口；4、5号口位于世园大道西侧，其中4号出入口为VIP出入口，5号出入口承担旅游大巴客流；6、7号口位于园区东侧，其中6号出入口主要承担出租车、公交车客流；7号出入口为管理口；8号口位于园区北侧。

园区出入口客流分布规划：根据问卷调查及类比分析等方法，预测极端高峰日入园客流规模为30万人。其中南侧3个出入口客流规模占世园客流总规模的60%；西侧5号出入口客流规模占世园客流总规模的30%以上；东侧6号出入口客流规模占世园客流总规模的6%左右。极端高峰日，入园高峰小时客流为12万人次，离园高峰小时客流为7.5万人次。

3. 出入口广场规模

出入口广场规模确定与行人空间规模大小息息相关。行人空间是指行人在排队或者行走中所占用的空间面积。行人空间的大小在一定程度上反映了人流聚集程度以及服务水平。行人排队等候、行走的服务水平分级情况，如表1和表2所示。

排队等待服务水平表　　表1

服务水平	人均空间（m^2/人）	描述
A级	≥1.2	可以站立和自由穿过排队区
B级	0.9～1.2	可以站立和不干扰队内他人做有限穿行
C级	0.6～0.9	可以站立，因干扰队内他人而限制穿过排队区，这种密度在行人感到舒服的范围内
D级	0.3～0.6	站立可以不接触他人，在队内穿行很困难，只能随着人群向前移动。在这种密度，行人长时间等待，不舒服
E级	0.2～0.3	站立时不可避免地接触他人，在队内行进已不可能。排队只能坚持很短时间，否则会感到极不舒服
F级	≤0.2	所有人都站着，人靠人，这种密度，使人极不舒服，在队内不能行动。在这种情况下，长时间拥挤，人群中产生潜在恐慌

行走服务水平表 表2

服务水平	人均空间（m^2/人）	描述
A级	≥5.6	自由选择步行速度，行人之间不会发生冲突
B级	3.7～5.6	有充足的空间可自由选择步行速度、超越他人、避免穿行冲突。此时，行人开始觉察到其他行人的影响，选择路径时，也感到其他人的存在
C级	2.2～3.7	行人有足够空间采用正常步行速度和在原来流线上绕越他人，反向或横向穿插行走产生轻微冲突，人均空间和流率有所减少
D级	1.4～2.2	选择步行速度和绕越他人的自由度受到限制，穿插或反向人流产生冲突的概率很大，经常需要改变速度和位置。该服务水平形成了适当的行人流，但是，行人之间还会出现接触和干扰
E级	0.75～1.4	所有行人的正常步速受到限制，需要频频调整步速。在该级服务水平的低限，只能拖着脚步向前行走。空间很小，不能超越慢行者。穿插和反向行走十分困难。设计流量接近人行道通行能力，伴有人流阻塞和中断
F级	≤0.75	所有行人步速严重受限，只能拖着脚步向前行走，与其他人产生不可避免地频繁地接触，穿插和反向行走实际上不可能。行人流突变，不稳定，与行人流相比，其人均空间具有排队的特点

本次规划除了4号口，各出入口广场面积按照极端高峰口高峰小时客流下的C级服务水平确定（排队区不少于0.6平方米/人，集散区不少于2.2平方米/人），4号VIP口按照A级服务水平确定（排队区不少于1.2平方米/人，集散区不少于5.6平方米/人）。经过测算，8个出入口共设集散广场总面积21.3公顷，详见表3。

各出入口广场面积 表3

出入口	比例	极端高峰小时入园设施能力要求（万人）	外广场面积（m^2）			安检—闸机间（m^2）	极端高峰小时出园设施能力要求（万人）	出口宽度（m）
			排队区	自由广场和预排队区	合计			
1号	13%～17%	≥1.8	12960	10400	23360	2000	≥1.125	≥15
2号	26%～30%	≥3.24	23800	19000	42760	3600	≥2.025	≥26
3号	16%～20%	≥2.16	14400	11520	25920	2400	≥1.35	≥16
4号	2%～4%	≥0.24	2160	6900	9060	200	≥0.15	≥5
5号	28%～33%	≥3.72	23760	19000	42760	4160	≥2.325	≥28
6号	5%～7%	≥0.72	4320	3456	7776	800	≥0.45	≥8
7号	管理口	≥0.12	1440	1152	2592	140	≥0.12	≥6
8号	1%～2%	≥0.12	1440	1152	2592	140	≥0.075	≥5
合计		≥12	85680	73728	159408	13280	≥7.5	

4. 出入口广场功能分区规划

各个出入口广场一般由自由广场、预排队区、排队区、安检区、内集散广场五部分构成；并设置适当的配套设施和休闲娱乐设施；各出入口均设置了人行和车行应急通道。

以2号口为例，详细介绍如下：

2号口入口安检设施宜平行于世园大道南北向布置，宜布置在世园大道南侧的设计路缘石外侧，应分散均衡布置，扩大与人流的接触面；排队区整体宜采用南北向，西侧宜采用“L”形布局，充分利用西侧较开阔的自由广场空间。中央高地西侧结合世园大道标高及园区内部标高，将李村河道与坡地之间进行削平处理，形成一处不少于 30 米宽的入园广场通道；中央高地东侧在 Z6 路与中央高地间，利用 Z5 路及周边绿化带，形成一处不少于 30 米宽的入园广场通道，形成环绕中央景观高地进出园区的通道，中央高地处设置爬坡通道，可直接登上中央高地后入园。出口宜在广场两侧布置 2 处，出口通道宽度不少于 26 米。西侧结合李村河东桥洞过街地道布置，有效宽度不少于 15 米；另一处在闸机东侧布置，有效宽度不少于 15 米。预留特殊情况下世园大道东西贯通的交通条件（见图 3）。

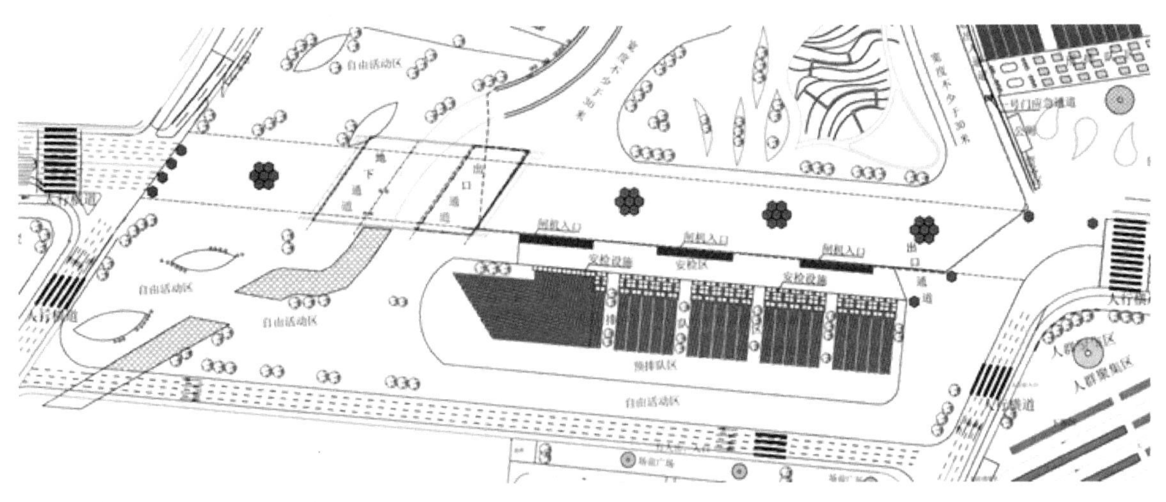

图 3　世园 2 号出入口广场功能区规划图

5. 出入口交通衔接规划

遵循以人为本、集约化运输方式优先、人车有机分离的原则。在园区南侧形成以 1、2、3 号口步行广场为核心、以毛杨路—广场南路—规划四号线公交单向通道和 3 个公交枢纽站为主体的公交客流组织流线。在园区西侧形成由东川路大巴专用通道、规划一号路二号路步行通道、旅游大巴停车场和 5 号出入口集散广场为主体的旅游大巴客流组织流线。4 号口 VIP 车辆进出主要通过规划三号路和世园大道组织。在园区东侧形成由纵五路和天水路、出租车蓄车区、公交车首末站、6 号出入口集散广场为主体的出租公交游客组织流线。其中天水路需在现状 12 米宽车行道中线北侧设置护栏，形成北侧 5 米人行道和南侧 7 米车行道的两幅断面，实现人车有机分离（见图 4）。

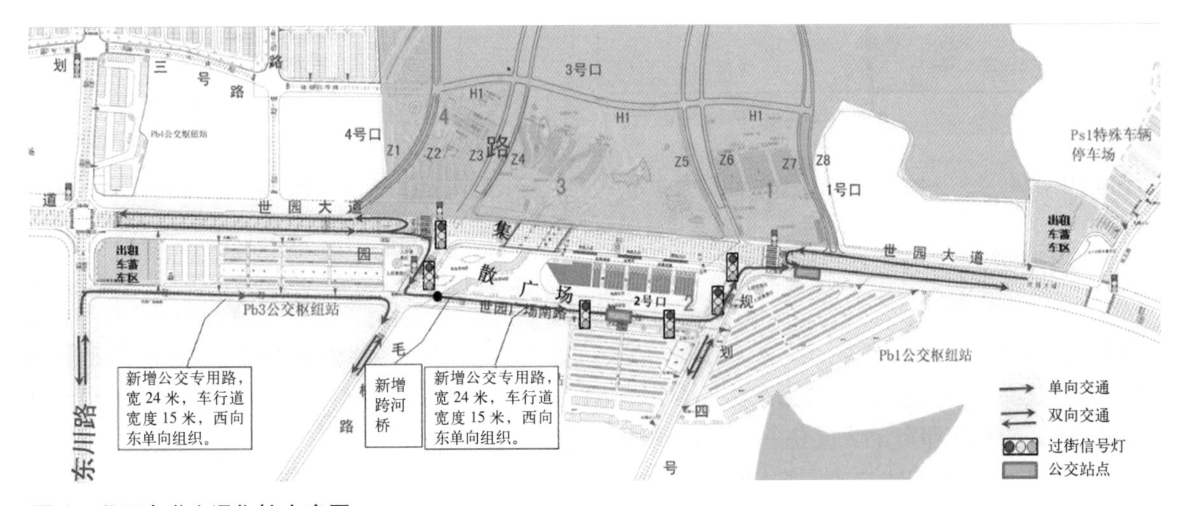

图 4　世园大道交通衔接方案图

在园区 6 号口附近、纵五路南端西侧、世园大道南侧靠近东川路处分别设置 3 处出租车蓄车区，在 6 号口、1 号口、4 号口附近设置出租车上客区，组织出租车客流。

利用纵五路、世园大道四号路以东段、广场南路逆向车道、世园大道毛杨路以西段、天水路及其他临近园区的东西侧道路组织交通管理和应急车辆运行。

物流交通避开世园交通高峰时间，以夜间通行为主；分别通过世园大道、天水路及世园内部纵向路组织货运交通进出世园会。

世园停车场内部功能布局规划：依据停车场设计规范，对公交首末站及停车场、旅游大巴临时停车场、小汽车临时停车场、出租车临时蓄车区等进行了详细的规划设计，其中包括结合现状路网确定各停车场的出入口，结合各停车场地块的形状合理布置停车位，并在停车场内部设置了人流集疏通道及集散广场，实现了人车交通组织适当分离（见图 5 ～图 8）。

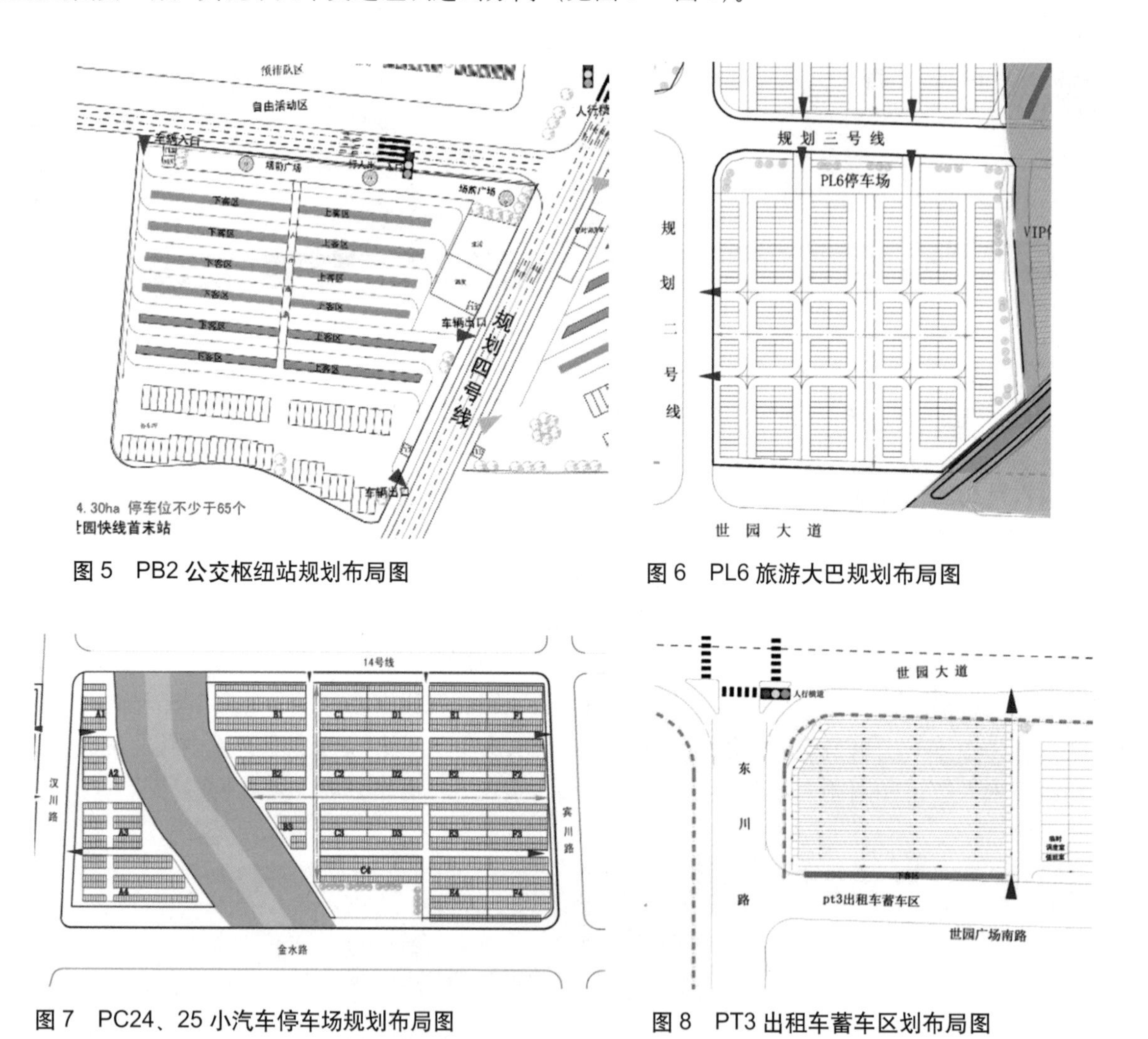

图 5　PB2 公交枢纽站规划布局图

图 6　PL6 旅游大巴规划布局图

图 7　PC24、25 小汽车停车场规划布局图

图 8　PT3 出租车蓄车区划布局图

四、成果特色

（1）充分体现了以人为本、公交优先的绿色交通的组织理念。具体措施包括：旅游大巴上下客区的设置、公交单行线的组织、出租车两端分散组织、合理布置人行出入口，实现集约型交通运行效率的最大化、出租车服务的人性化、人行组织的舒适化。

（2）通过 AIMMSUN 交通仿真技术，对园区周边出入口交通组织进行了不同客流和不同交通出行方式比例情况下的仿真验证，增加了出入口衔接规划方案的可操作性和科学性。

青岛信息谷道路交通专项规划

委托单位：城发投资集团有限公司

编制人员：李　良　秦　莉　董兴武

编制时间：2013 年

一、研究背景

项目位于开发区与胶南组团的衔接地带，西靠小珠山，东接昆仑山路，北邻生态智慧城，基地内有戴戈庄水库和荒里水库（见图 1）。项目规划打造以信息服务为核心，兼有办公、居住、配套等多种功能的产业园。项目规划总用地面积 2.51 平方公里，总建筑面积 219.5 万平方米，其中居住及相关配套建筑面积 136.6 万平方米。

信息谷的开发建设在西海岸经济新区发展过程中承担了重要的角色，由于项目地处小珠山脚下，地形条件较为复杂、内外路网设施缺乏，交通衔接不畅，公共交通服务范围狭窄等现状条件制约着项目的对外辐射和联系（见图 2）。因此，需要对信息谷区域及周边道路交通体系进行梳理，以指导区域及道路交通基础设施建设，实现交通与自然环境的有机协调。

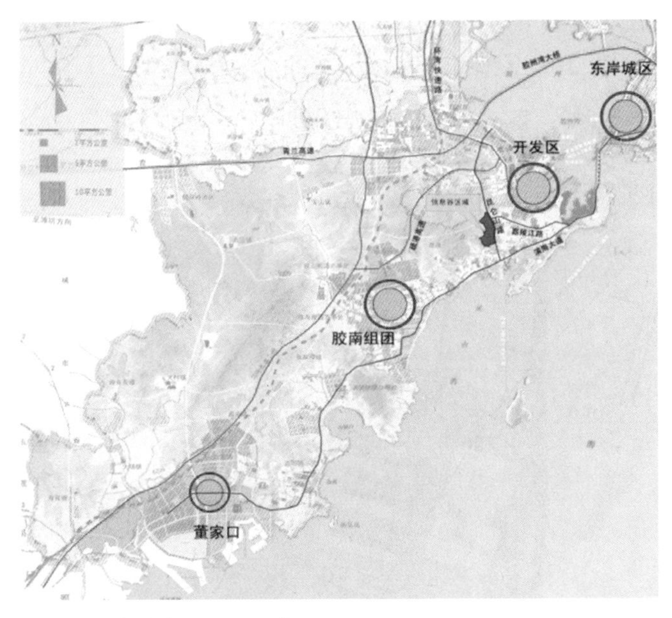

图 1　青岛信息谷项目区位图

图 2　信息谷现状详图

二、交通发展目标与策略

1. 交通发展总目标

以服务信息产业为中心，构筑对外高效、内部通连的便捷、安全、舒适、休闲、生态的交通体系。

2. 交通发展策略

（1）依托周边干道、实现便捷衔接

依托周边交通设施，实现对外快捷联系；加强交通节点及交通干道设施建设，保证区域对外衔接顺畅，增强区位对外辐射。

（2）打造集约通道，做好空间预留

优化内外部交通模式，加强公共交通对区域的服务；充分预留轨道交通的通行空间和建设条件。

（3）构造南北通连、特色鲜明交通

依山就势，建设结构合理的内部道路网络；利用山水景观优势，构筑休闲舒适的内部绿色交通系统。

三、规划方案

1. 路网体系规划

（1）对外路网衔接规划

区域对外规划衔接主要干道有嘉陵江路、昆仑山路、富春江路。本规划在《黄岛区城市综合交通规划（2010—2020）》的基础上结合区域地势情况，对主要干道未来的功能、线位及重要节点进行了平面和竖向分析。确定嘉陵江路为快速路，并预留向西穿越小珠山连接胶南临港快速路的条件，承担连接黄岛和胶南组团中心区功能；昆仑山路在嘉陵江路以北定位为城市快速路，以南为城市主干道，结合周边地势条件，与牡丹江路、嘉陵江路、香江路、钱塘江路、富春江路等东西向道路进行了衔接，充分利用竖向条件，优化了路网节点规划（见图 3 ～图 5）。

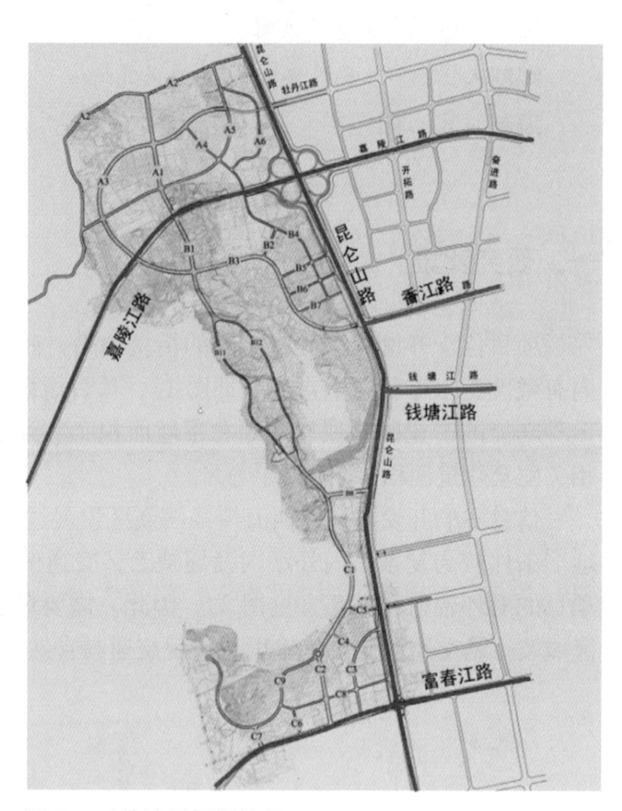

图 3　对外路网规划情况

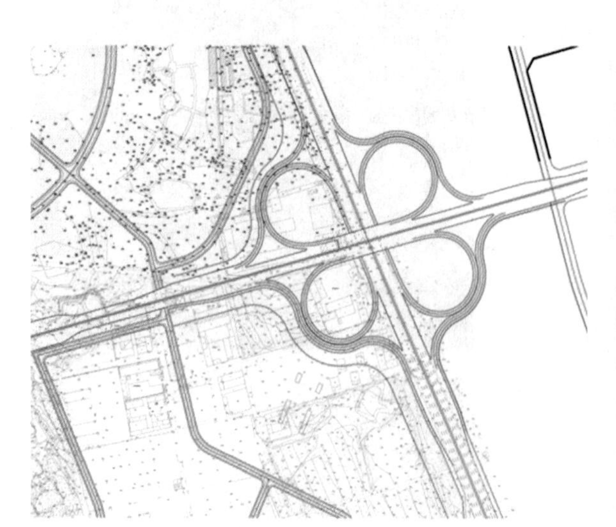

图 4　嘉陵江路—昆仑山路互通

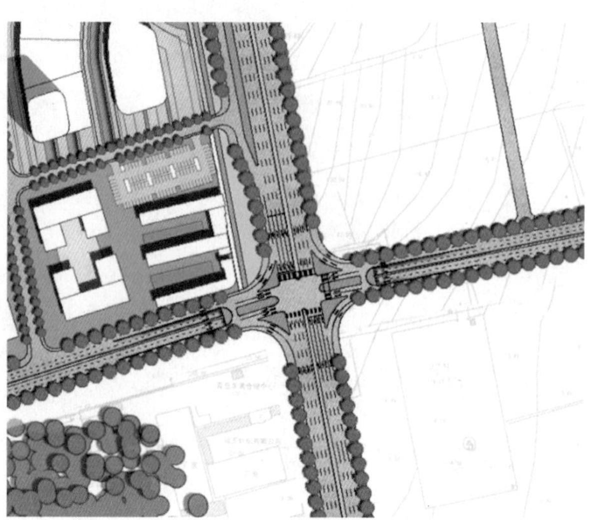

图 5　嘉陵江路—富春江路交叉口

（2）内部路网系统规划

规划结合 A、B、C 三个区域的地形特征，形成北部一环，南北一纵的连通性道路。北部一环主要承担嘉陵江路南北两侧地块车行出入功能，南北一纵主要承担 A、B、C 三区之间的交通联系作用。在横断面规划方面，以绿色交通理念为主导，将园区主要承担内外联系作用的 A1、A3、B1、B3、B10、C1、C2、C7 等 8 条道路规划为红线宽度 24 米，设双向 4 车道，其他道路主要提倡以慢行交通为主规划布设横断面（见图 6 ～图 8）。

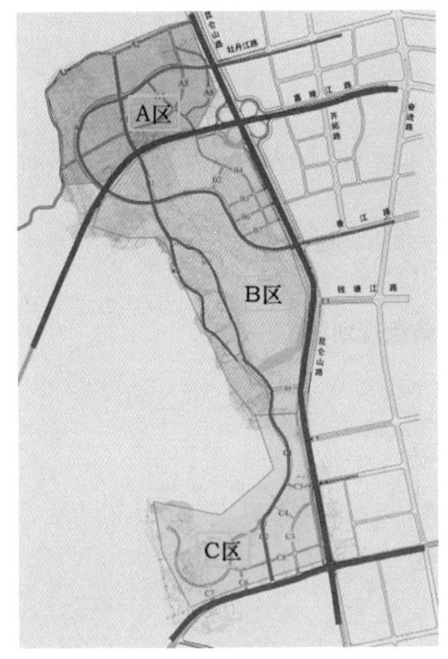

图 6　信息谷分区联系图

图 7　信息谷平纵规划图

图 8　道路交通效果图

2. 公共交通规划

公共交通规划基于区域多层次的需求，首先对周边规划轨道交通通道预留和站点衔接进行梳理；其次，在区域周边原有常规线路的基础上，结合信息谷的功能和需求，采取延长、改线、新开线的手段，实现信息谷对外公交联系。规划共形成对外联系公交线路共 10 条，其中新增 2 条公交快线、保留现状 1 条，延长 2 条、改线 2 条、新增 3 条实现区域与区政府、商业中心、唐岛湾客运枢纽、保税港区、海尔工业园、江山瑞城小区、黄河路枢纽站等客大型客流集散点（见图 9 和图 10）。

3. 慢行交通规划

充分结合区域自然条件和功能分布，实现通勤、休闲并重的慢行交通体系，满足区内以慢行交通为主导的交通理念。

根据自行车通道的设置条件，结合区域内部地势地形条件，选取坡度小于 3.5% 的道路设置普通自行车道，坡度为 3.5% ～ 5% 的道路设置运动休闲自行车道，并在有条件的道路设置自行车专用道，提高自行车的道路服务水平。结合区域功能分布，分别形成道路步行道、街区步行道及休闲步行道，保证行人足够的开敞空间，实现区域自然与灵动的结合（见图 11 和图 12）。

4. 停车系统规划

形成以地下为主导的停车系统，减少进出信息谷车辆在内部的行驶时间，合理引导静态交通组织，降低对内部交通的干扰，提升区域内部的环境和生态品质。

结合区域内部产业和建筑布局，本次规划采用合理的配建标准对停车供需进行平衡，并结合对外道路分布，整体考虑区域景观和生态品质，确定公共停车场位置、出入口进行选择等，实现停车资源共享。

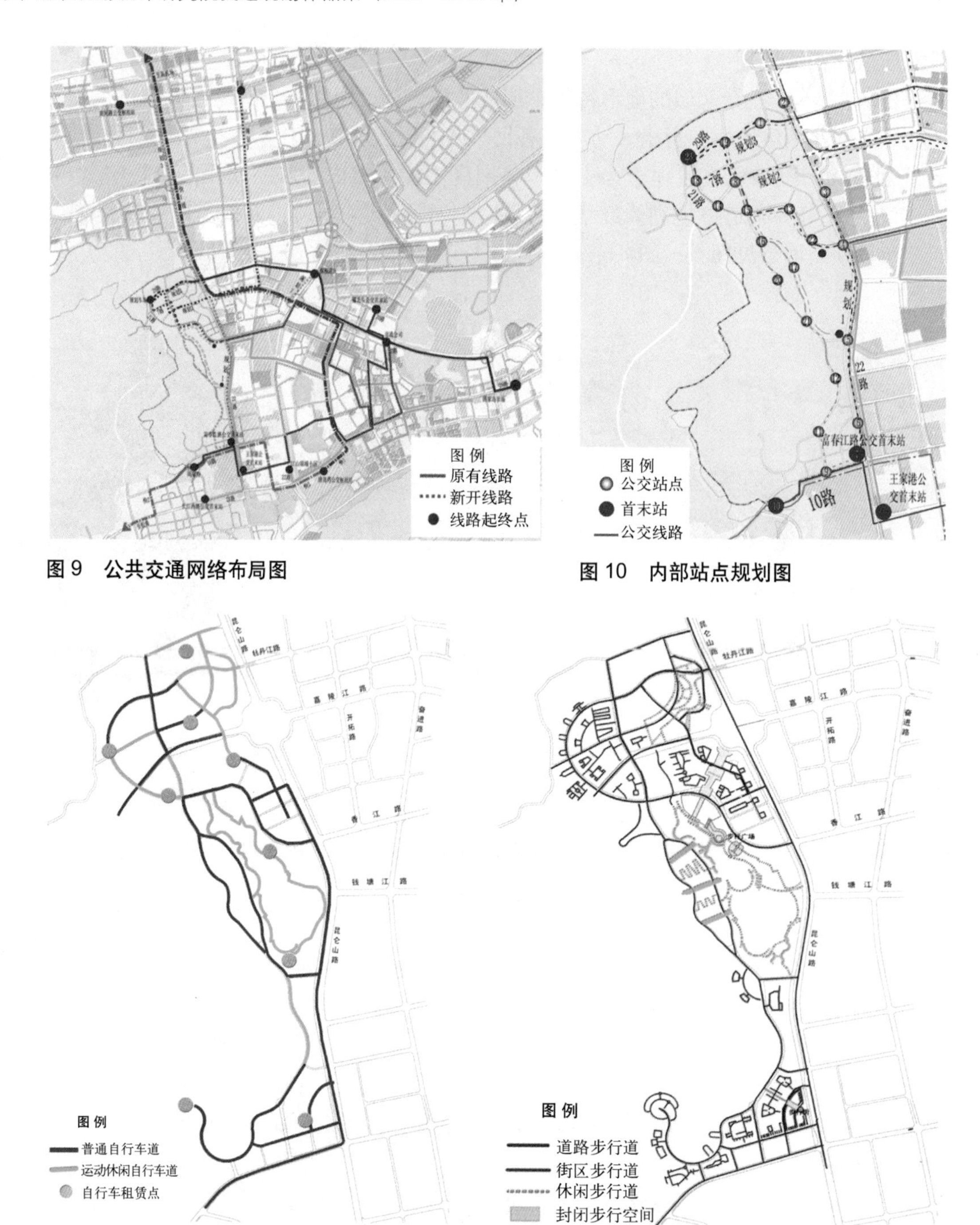

图 9　公共交通网络布局图

图 10　内部站点规划图

图 11　自行车系统规划

图 12　步行系统规划

四、创新与特色

（1）结合区域内部山、水特色，规划实现交通与景观的自然融合，着力打造绿色交通体系，形成以公共交通为主的对外交通联系方式和以慢行交通为主的内部出行方式，在路网布局及横断面布设方面充分体现了对绿色交通的理念。

（2）在处理对外交通方面，通过论证周边道路与昆仑山快速路的关系，主要采用主线下穿或右进右出的方式，既保证了区域对外联系的畅通，又避免了过多转向交通对快速路的干扰。

（3）在动静态交通关系处理方面，充分利用地下空间，鼓励设置立体停车设施，并通过规划的联络通道实现停车资源的统筹共享，提高设施的利用率。

第七篇

交通研究

蝶恋花

汇泉金波醉红嫣，花飞片片，烟柳惹筝弦。弦渡浮山夕霞短，晚香崂茗思窗前。
放眼全域三城联，东客西贷，海陆走深蓝。浪漫帆都书新篇，多少畅梦待了圆。

青潍日区域性综合交通体系协调发展研究

委托单位：青岛市规划局

编制人员：张志敏

编制时间：2011 年

一、研究背景

当今世界已经进入快速城市化阶段，城市发展已经突破既有行区划界限，以特大城市为依托，逐步形成了具有强辐射作用的城市群。机动化趋势加快了城市化进程，推动城市向大都市、城市群方向发展。以城市群（圈）的形式参与区域合作与竞争，已经成为城市化发展到一定程度的必然途径之一。

青岛、潍坊、日照是山东省东部三个紧邻且联系密切的城市，三个城市在产业经济交流、人口流动等方面越来越频繁，相互依赖程度日益增强，区域经济、城镇发展、基础设施一体化发展等方面的合作势在必行。

二、区域综合交通体系发展目标和战略

1. 区域综合交通体系发展目标

结合青岛、潍坊、日照区域未来空间结构及产业发展情况，确定区域综合交通体系的发展目标是：建成“能力充分、方式协调、布局合理、运行高效”的一体化综合交通体系。

运输能力：实现“20、30”发展目标。到 2020 年区域综合交通体系运力不足现象基本消除。到 2030 年综合交通体系运输能力适应并适度超前于经济社会发展需要。

运输结构：实现“15、25、35”发展目标。区域综合交通运输结构明显改善，公路、铁路、港口等交通方式比重日趋合理，其中铁路客货运比重力争超过 15%，中心城市轨道、公交等公共交通比重力争不低于 25%，区域核心城市至外围区域城际铁路承担的客运比重力争不低于 35%。

运输网络：实现“50、100”发展目标。区域内县（市）和重要乡镇至少有 2 条二级以上公路连接。50 万人口的城市通高速公路，重要城市通铁路；100 万人口以上的特大城市通高速公路、高速铁路。

运输效率：实现“30、60、90”发展目标。区域内县（市）内部 95% 的机动车出行不超过 30 分钟，中心城市内部 95% 的机动车出行不超过 60 分钟，中心城市到外围的县（市）95% 的公路、铁路出行不超过 90 分钟。

2. 区域综合交通体系发展策略

总体策略：有条件地发展轨道交通，加强区域中心城市的联系，完善对外通道，建设和管理并重。

随着青岛、潍坊、日照区域的发展，客货流会明显加大，在三市市区内部由于用地的限制，可以在主要的客运走廊上建设轨道交通，而三市与周边重点县（市）的联系可以考虑轻轨或者市郊铁路，而区域之间的联系则可以考虑城际铁路。

加强青岛、潍坊、日照市区之间的联系，完善三市之间高速公路网络，以及重要县（市）与中心城市之间的高速公路网络，满足区域交通联系发展目标。

区域交通与城市内部交通的融合（区域交通一体化）是区域快速系统成败的关键之一。区域一体化发展要求逐步打破城市交通与对外交通的条块分割和行政分割，综合交通网络规划、建设和经营融为一体，包括铁路与城市轨道交通的融合，长途客运与城市公共交通的融合，公路与城市道路的融合，不同行政区之间公路网络的融合等。

建设与管理并重的发展策略主要是指在保证交通设施投资适度超前建设的同时，加强交通运行管理和交通设施管理，提高运输能力和效益，保证运输安全。积极利用新技术，加快对传统交通管理技术的改造，发展智能交通系统。

三、区域综合交通体系协调发展规划研究

1. 区域高速公路发展规划研究

尽快建成潍日高速公路，加强日照、潍坊之间的快速交通联系；加快推进龙青高速公路的建设，完善山东半岛东部高速公路网络；建设岚曹高速公路，完善山东省南部高速公路网络。

2. 区域铁路发展规划研究

完善青岛、潍坊、日照区域铁路运输网络，构筑以青岛为中心，辐射潍坊、烟台、威海、日照等周边城市的城际铁路，提高客运能力，实现半岛城市群“1 小时经济圈”；建设货运专线及疏港铁路，提高铁路货物运输能力，促进区域经济合作和沿线经济社会发展；积极推进现有铁路电气化改造，实现客货分线运输，大幅度提高通道运输能力和运输质量。

3. 区域港口发展规划研究

青岛港突出体现我国重要的煤炭装船港、集装箱运输干线港的功能；日照港以大宗散货为主，并可以结合山西中南部铁路通道的建设，发展成为国家重要的晋煤外运港；潍坊港应充分发挥自身优势，以原盐、纯碱等出港为重点，发展专业化码头。

4. 区域航空发展规划研究

青岛新机场从带动区域综合发展的角度来看，更适宜选择在西海岸；潍坊机场规划为枢纽机场的支线，未来仍要突出货运功能。日照机场作为山东半岛重要的支线机场应该预留机场建设的条件，同时做好机场内外的交通衔接规划。

5. 区域城际轨道交通发展设想

设置线路基本体现了以青岛为中心向外辐射的布线原则，充分发挥了青岛在区域发展中的核心和龙头地位。

区域综合交通体系规划如图 1 所示。

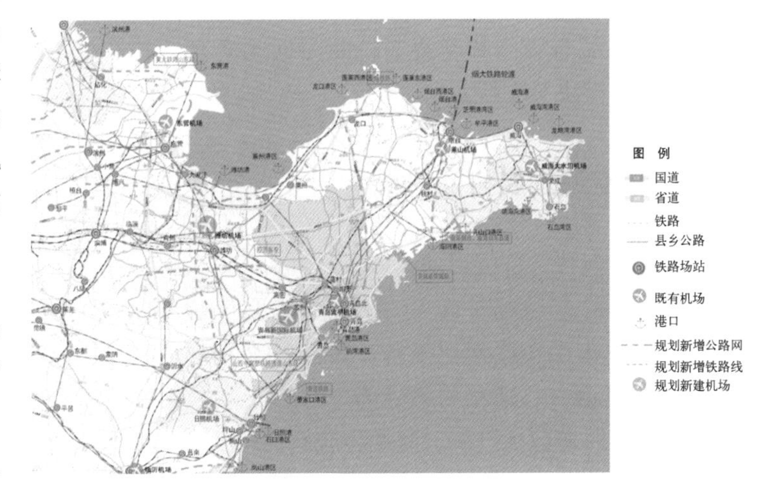

图 1　青岛潍坊日照区域综合交通体系规划

四、成果特色

(1) 借鉴长三角、珠三角等区域综合交通体系的研究，探索了新形势下区域综合交通体系规划研究的编制方法。

(2) 从区域协调和支撑区域发展角度，对与青、潍、日三个城市相关联的重大交通设施进行了分析论证，提出论证意见，对区域重大交通设施的协调布局起到一定的指导作用。

青岛市城市交通发展战略研究

委 托 单 位：青岛市规划局

编 制 单 位：中国城市规划设计研究院、青岛市城市规划设计研究院

本院参编人员：马　清　徐泽洲　于莉娟

完 成 时 间：2011 年

一、项目背景

2011 年 1 月 4 日，国务院正式批复《山东半岛蓝色经济区发展规划》，标志着山东半岛蓝色经济区建设正式上升为国家发展战略。青岛必将在更大的空间范畴内谋划远景发展蓝图，以承接半岛蓝色经济区所赋予的重任（见图 1）。城市交通系统的规划建设对城市发展具有巨大的先导作用，构建高效便捷的交通发展框架，是支撑和引导城市空间有序拓展的必由之路。基于以上背景，该项目与“青岛市城市空间发展战略研究”同步开展，城市空间研究和交通系统规划保持互动和反馈，以期在城市空间和交通系统两方面为青岛未来的发展提供决策支持。

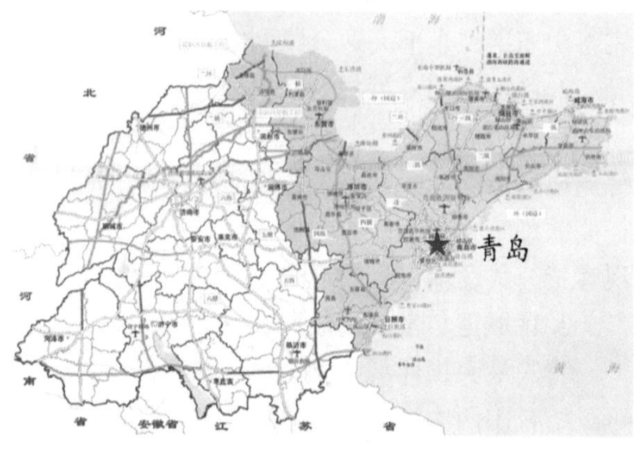

图 1　青岛在山东蓝色经济区中的位置

二、城市交通发展特征判断

1. 东客西货，价值识别

胶州—黄岛：货运门户枢纽地区。青岛区域货运设施主要集中在胶州—王台—黄岛一带，形成以胶州集装箱中心站和前湾港为中心的十字放射布局。货运通道包括胶济、蓝烟和胶新铁路。

即墨—城阳：客运门户枢纽地区。青岛区域客运设施主要集中在流亭—城阳一带，形成以流亭国际机场、铁路客站为中心的十字放射布局。客运通道包括：胶济客专、青荣城际和青连铁路。

青岛市客货运通道分布如图 2 所示。

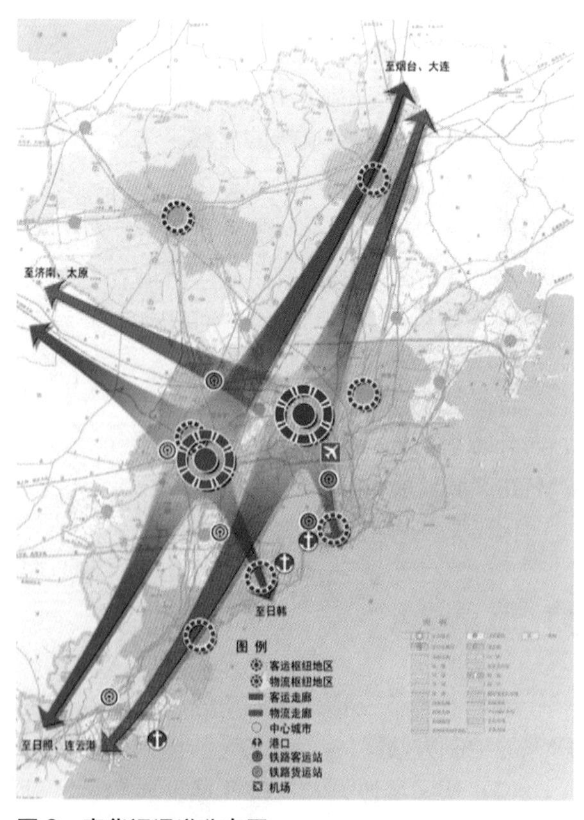

图 2　客货运通道分布图

2. 时空约束，尺度甄别

根据 2010 年的交通调查数据，东岸城区的李

沧与市南、市北、四方、崂山、城阳五区间的居民出行量基本相当，分别各为10%左右，这与其他区的特点显著不同。其他地区的区内居民出行比例显著高于区间出行比例，而李沧的区内出行比例基本与区间出行比例相当，这反映出李沧独特的地理位置。李沧区地处城四区与城阳区的中心位置，与南北两大组团的距离基本在15公里左右。由于以道路交通为主要载体的中心城区向外辐射至多能达到15公里左右，城四区对外辐射能力到李沧已经衰减殆尽，不能支撑城市蔓延式发展（见图3）。由此可以判断李沧区地处形成城市新组团的位置，具有发展城市新组团的有利条件。

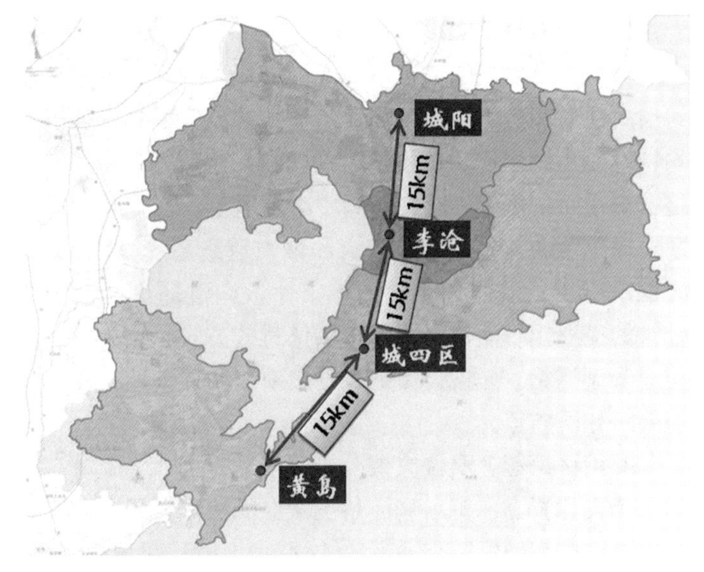

图3　东岸城区各组团空间尺度图

3. 交通效率，方式选择

在“环湾保护、拥湾发展”战略的推动下，青岛市环胶州湾城市空间格局已基本形成。但是，通过对比分析国际上同等尺度湾区的城市空间发展规律，发现青岛市环胶州湾区域基本上符合“城镇群尺度的大都市区”的发展规律。日本东京湾临近海岸线的环湾交通走廊长度约98公里，美国旧金山湾长度约108公里，青岛胶州湾约100公里，三大湾区的空间尺度具有一定的相似性，而前两者均形成了庞大的城市群。在城市空间布局上，青岛是组团发展式城市，组团间距在30～150公里不等，以45分钟为交通出行的合理时间指标，轨道快线将是支撑青岛空间拓展的必要手段，如图4和图5所示。

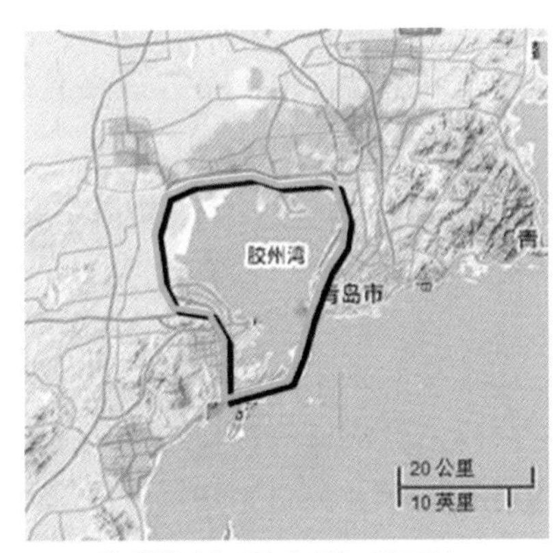

胶州湾（约100公里）400万人

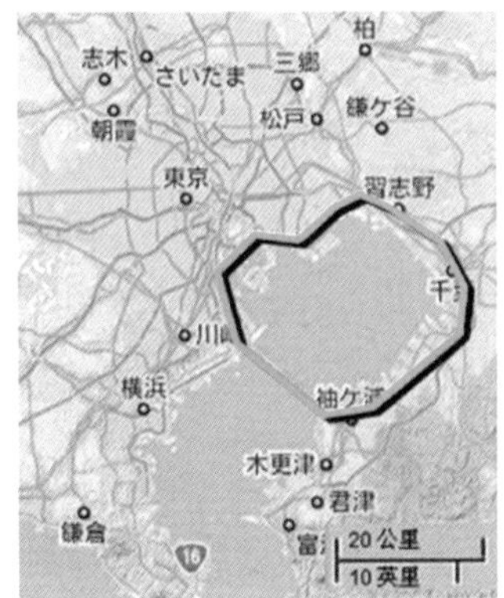

东京湾（约98公里）2600万人

旧金山湾（约108公里）700万人

图4　世界湾区与空间尺度对比图

备注：对比数据为临近海岸线的环湾交通走廊长度和城市人口规模。

三、交通发展策略

1. 设施提质，结构转变

抓住区域交通设施加快建设的机遇，整合相关交通廊道和枢纽，以高品质对外交通系统提升青岛区域核心地位。结合客运专线、城际铁路的建设，扭转铁路运输份额不断下滑的趋势，在支撑空间发展的同时力争实现对外交通结构的转型和优化。

2. 空间有序，圈层发展

结合青岛未来的城市空间发展布局，针对不同空间层次采取相应的交通发展策略，按照空间圈层发展的特点和不同圈层交通特征的差异性，构建圈层化的综合交通系统框架。研究认为中心城区层次交通方式主要采用城市轨道、常规公交和城市道路系统；都市区层次以出行时间为主要约束条件，构建都市区 45 分钟的交通出行圈，必须以市域快轨的方式构建轨道交通骨架网络；市域层次交通方式采用城际铁路、高速公路和国省道。

3. 湾区跨越，双快突破

为支撑青岛、黄岛和红岛三城之间协同发展，必须加强跨胶州湾快速交通系统的规划和建设，采取“快速路 + 轨道”的双快模式缩短跨湾交通时耗，推动都市区空间的跨越式发展。

4. 集约发展，走廊串联

依托高、快速路和轨道枢纽，构建走廊式多中心的发展格局，形成滨海蓝色经济发展带、济青综合发展带和烟青综合发展带三条空间发展走廊，在三条发展带上分别构建集约化、大运量、高效率的快速客运系统，重点发展都市区轨道快线系统，串联主副中心和外围新城，以适应长距离的快速出行需求。

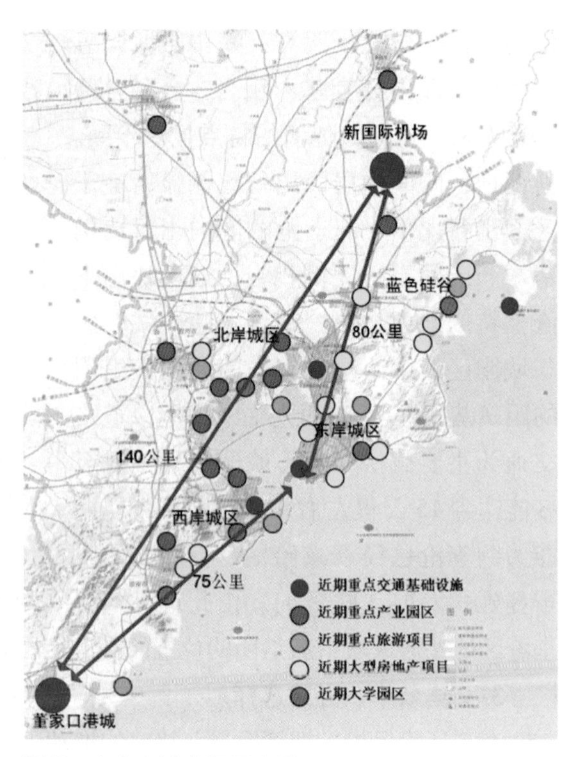

图 5　青岛市域空间尺度图

5. 交通引领，枢纽支撑

交通引领城市空间跨域发展，交通设施规划建设应主动向新区扩散，着重建设高等级、高标准交通网络，以轨道快线、高快速路和城际铁路建设支撑空间拓展，服务于城市空间轴向发展模式。交通枢纽建设促进城市组团发展，形成多级枢纽体系，提高城市空间可达性，组织多方式交通系统衔接集散，提升城市新区和外围组团的交通区位优势和吸引力。

四、市域交通系统发展框架

1. 机场

现有流亭国际机场设施满足不了发展需求，新空港选址应在充分考虑空域的前提下，距离不宜与城市中心过远，并考虑商务功能。建议新机场选址采用上海“虹桥模式”，使之形成面向山东半岛的区域枢纽机场。新机场选址理想方案是胶州一带，即墨普东、灵山和莱西姜山作为备选方案。

2. 铁路

铁路系统组织模式表现为扇形展开、客货分行和枢纽带动三个特征。在客运系统方面，胶济方向在现状 4 线的基础上规划建设胶济城际铁路；青烟方向在现状 4 线的基础上新增青岛—烟台高速客专；同时，增加青岛—日照城际铁路，与青连分线运行，增加青岛—东营城际铁路。最终形成青岛与济南、烟台、日照、东营 4 个方向的快速城际联系，基本覆盖蓝色经济区范围。客运枢纽方面，规划形成“三主两辅”铁路客运枢纽体系，确保铁路枢纽覆盖并服务于整个青岛都市区范围，提升铁路客运效率。“三主”分别为青岛北站、黄岛铁路枢纽和青岛站。“两辅”分别为流亭枢纽和胶南枢纽。

在货运系统方面，胶济通道按 6 线建设后，现胶济铁路运能释放，主要承担青岛港至山东省内及内陆货物运输。其他铁路货运通道还包括胶黄铁路、蓝烟铁路、青连铁路、胶新铁路、海青铁路，如图 6 所示。

3. 海港

青岛港区域定位为东北亚国际航运综合枢纽的核心（见图 7）。青岛港是核心港口，应专注于核心业务，加强与各港口的支线航班联系，大力推行“海上直通”模式，促进省内港口间的货物优先在青岛港进行转运。利用青岛港的核心地位，倡导港口联盟，引导各港口合理分工。未来港口的功能分工为：老港区的小港、中港将逐步弱化至完全取消港口货运功能，并以城市特色海上客运为基础，发展邮轮母港，结合港口岸线改造开发综合旅游项目；大港的货运功能也将逐步弱化，只保留部分城市物流功能，原有货运功能将转移至前湾港区，所置换出的港口岸线、用地将用于城市建设，扩展老城空间；前湾港区的前湾港将进一步加强集装箱货物集散功能，其原有的大宗干散货装卸功能将逐步转移至董家口港区；黄岛港的原油、液体化工集散功能也将逐步向董家口港转移，确保黄岛及胶州湾的城市安全和生态安全；董家口港将主要承接由前湾港区转移出来的液体化工、原油、大宗干散货的集散功能，并适当发展部分集装箱吞吐业务。

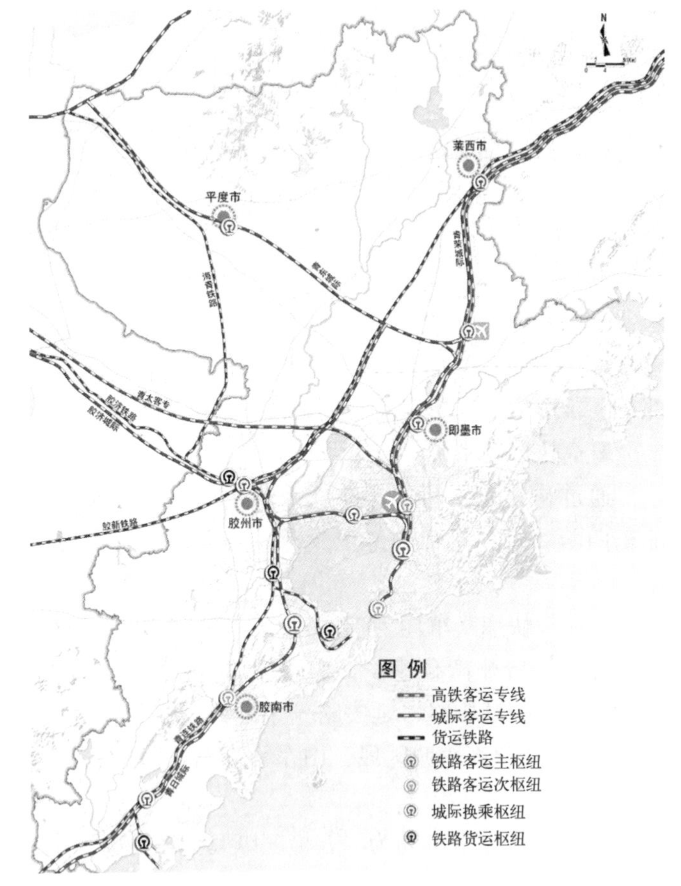

图 6　铁路系统规划图

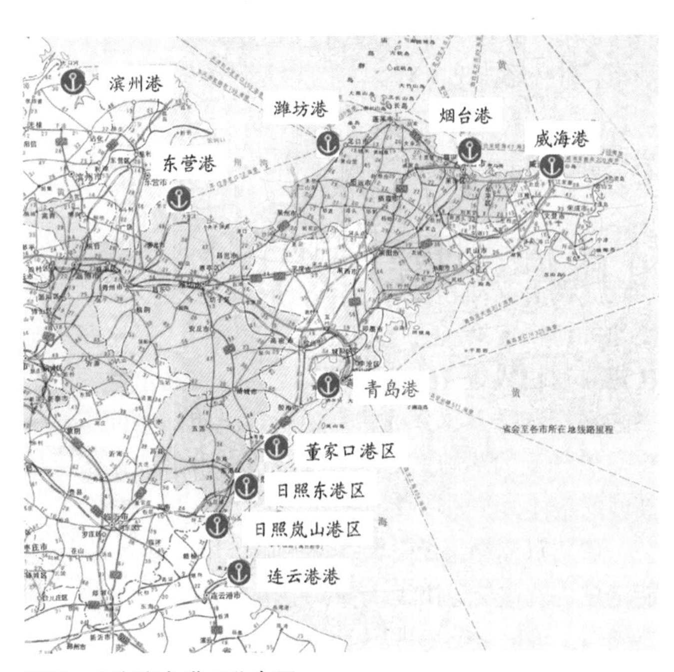

图 7　山东半岛港口分布图

4. 公路

构造“放射＋圈层”的公路骨架网络，强调放射性干道系统建设，避免青岛市区圈层蔓延的出现，支撑主要发展轴上城镇的发展，未来随着外围新城、功能区的建设，逐步完善环形道路建设。

客运出行时间目标：实现中心城区与市域范围的重点城镇之间 1 小时、青岛与半岛都市群主要城市之间 2 小时、与省内主要城市之间 3 小时内到达的通行目标。

货运出行时间目标：市域范围铁路物流枢纽（港）、公路物流枢纽（港）、航空物流枢纽（港）与主要物流园区、货运站场之间，依托规划物流通道，保障 60 分钟快速交通联系；物流枢纽（港）向外集散，依托规划物流通道，保障 30 分钟到达高速公路、国省道、干线铁路等区域交通网络系统。

五、交通系统发展框架

1. 轨道快线规划

以轨道交通建设支撑青岛都市区发展，轨道快线进入城市中心区，串联重要发展极核和组团；与城际轨道一体化规划，构筑多层次轨道交通线网，不同层次线网之间实现交叉服务，走廊适度重合，灵活组织运营服务。都市区规划形成3条都市区轨道快线，与空间发展轴带一致（见图8）。

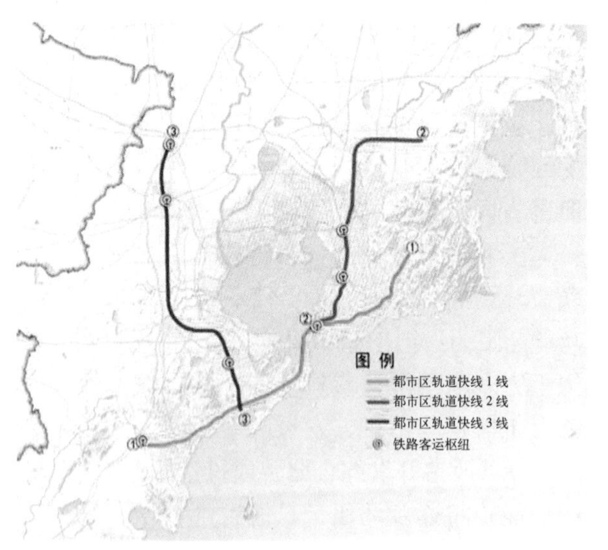

图8 轨道交通快线规划图

2. 高快速路系统

通过构建东西两翼轴向联系的快速通道，保证东西两翼轴向走廊内部至少有3条高快速路相连。

东海岸快速路布局为“五横三纵”，其中“五横”为外环路、胶州湾高速—仙山路、跨海大桥连接线、鞍山路—辽阳路、延安路—宁夏路—银川路；“三纵”为青银高速城区段、山东路—重庆路、胶州湾高速。

西海岸快速路布局为“五横三纵”，其中“五横”为外环路、胶州湾高速、青兰高速连接线、疏港高速、嘉陵江路—小珠山隧道—滨海公路；“三纵”为江山路—胶州湾高速—胶平高速连接线、胶南东环路、外环路（见图9）。

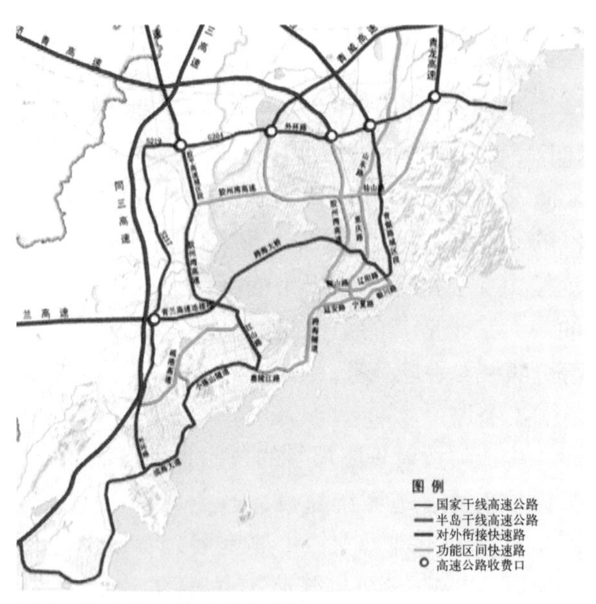

图9 都市区高快速路规划图

六、成果特色

（1）交通战略研究与空间战略研究同步编制，实现了两者互动和反馈，有效保持了土地利用和交通的协调发展。通过对城市空间识别，提出了轨道交通快线是支撑大尺度、海湾型青岛空间发展的必然选择。在分析东岸城区各组团间空间距离与出行量的基础上，认为李沧区具有形成城市新城的条件。

（2）研究突出了重大交通基础设施的规划布局。对铁路客货运的区域分布、港口发展政策及功能定位、轨道交通快线、青黄联系等都进行了深入分析研究，为2011版城市总体规划的编制提供重要支撑。

青岛市城市公共交通发展纲要

委托单位：青岛市交通委

参加人员：马　清　徐泽洲　董兴武　刘淑永　万　浩　李国强　李勋高　张志敏

获奖情况：2009 年度全国优秀工程咨询成果一等奖

完成时间：2008 年

一、项目背景

随着机动化水平的提高，青岛市城市道路交通拥堵程度不断加剧，城市道路资源日趋紧张，而青岛市公共交通在发展过程中面临着机遇和挑战。按照科学发展观的要求，优先发展公共交通，对青岛城市发展、土地资源节约、环境保护、居民日常出行等多方面都具有十分重要的战略意义。要处理好青岛交通发展与社会经济进步之间的关系，亟须制定目标明确、综合性强的纲领性文件——《青岛市城市公共交通发展纲要》（以下简称《纲要》），从全新的视角指导青岛在新形势下公共交通的发展。

二、研究方法

本研究采用指标分析法、交通“四步骤”预测法、交通调查法、趋势分析法、借鉴分析法、类比法等多种方法。其中，指标分析法是本纲要研究的特色方法。

研究中选取了最有代表性的公共交通评价指标，建立现状公交综合评价体系，包括 5 大类指标，22 项分项指标，涵盖与公共交通相关的各个方面，包括公交自身发展、城市社会经济发展和其他外部条件等（见表 1）。

公交综合评价体系　　表 1

综合评价体系	综合指标	1.公交出行比重	（1）市区公交出行比重
			（2）市内四区公交出行比重
			（3）通勤交通中公交出行比重
	分项指标	2.公交设施情况	（4）系统的组成
			（5）车辆的发展
			（6）线路情况
			（7）专用道设置
			（8）站点布局
			（9）车场建设
			（10）信息化、智能化
		3.公交客流情况	（11）总客运量变化
			（12）客流分布
			（13）交通枢纽现状
		4.现状服务水平	（14）公交出行平均时间及分布
			（15）准点率
			（16）站点覆盖率
			（17）运行速度
			（18）换乘系数
			（19）高峰拥挤程度
			（20）票制票价
		5.经营与管理	（21）经营情况
			（22）管理措施

三、主要研究成果

1. 成果框架

研究范围为市内七区范围，重点研究范围

为主城区。成果由总报告和四个专题报告组成，其中专题报告包括青岛市交通特征和公共交通现状研究、公共交通发展战略研究、公共交通近期发展对策研究、公共交通政策与管理研究。

2. 公交发展战略

（1）战略地位。青岛市公共交通的战略地位是“公交主导，优先发展”。“公交主导”指城市公共交通在城市居民出行方式中占主导地位；“优先发展”指将城市公共交通在城市规划、建设、管理、政策等诸多方面置于优先发展的地位，体现在“发展环境优待，发展时序占先”。

（2）战略总目标。战略总目标是打造和谐型、生态型的“公交都市”。构筑快速、方便、准时、舒适、安全、环保、节能的公共交通服务体系，确立公共交通的主导地位，适应不同人群的公交出行需求，以公共交通为城市品牌，促进城市品质和地位的提升。

（3）战略对策：

1）公交优先发展。表现在大容量快速公交优先、土地配置优先、公交路权优先、政策支持优先和科技投入优先。

2）公交与土地利用协调发展。表现为与城市紧凑型发展相适应、与城市格局的新变化相适应、满足旧城改造的要求、改善已建城区交通环境、引导城市发展、拓展延伸陆地资源（见图 1）。

3）公交与其他交通方式协调发展。表现为对小汽车发展进行适度控制、充分保证步行环境、合理使用自行车、严格管理摩托车。

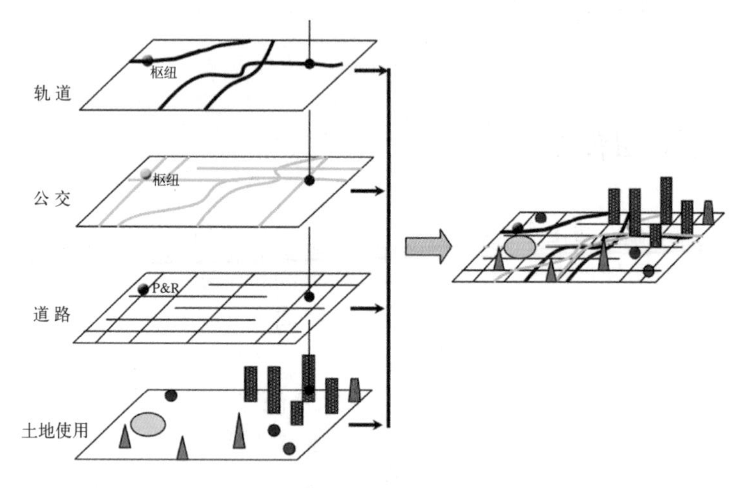

图 1 公交与土地利用的关系

3. 近期行动

（1）公交线网建设。加快轨道交通建设；建设高等级公交专用道；借用高速公路和城市快速路开辟快速公交线路；整合普通公交专用道；新增一般公交线路，形成多层次的公交线网。

（2）场站建设。继续完善公交保养场和夜间停车场的建设，加强公交白天运营期间的停车场建设。近期规划建设公交场站 37 处，占地面积约 51 万平方米。

（3）客运枢纽建设。结合对外枢纽建设、轨道交通建设、青黄跨海大桥和隧道建设，建成 8 处客运枢纽。客运枢纽与新建交通设施要遵循同时设计、同时施工、同时投入使用的原则。

（4）公交车辆发展。到 2012 年，新增公交车辆约 1370 标准车（折合约 1150 自然车）。2008 年奥帆赛前，欧Ⅱ以下排放标准的公交车辆全部更新改造为天然气汽车。新购置公交车辆应达到欧Ⅲ及以上排放标准；大力推广应用天然气汽车；新购置车辆应考虑一定比例的无障碍车辆。

（5）信息化与智能化建设。2012 年建成能够保障全市地面公共交通安全、高效运行、国内领先的公交管理设施。

（6）近期实施评价。通过近期建设（见图 2 和图 3），公交服务水平明显提高，具体表现如表 2 所示。

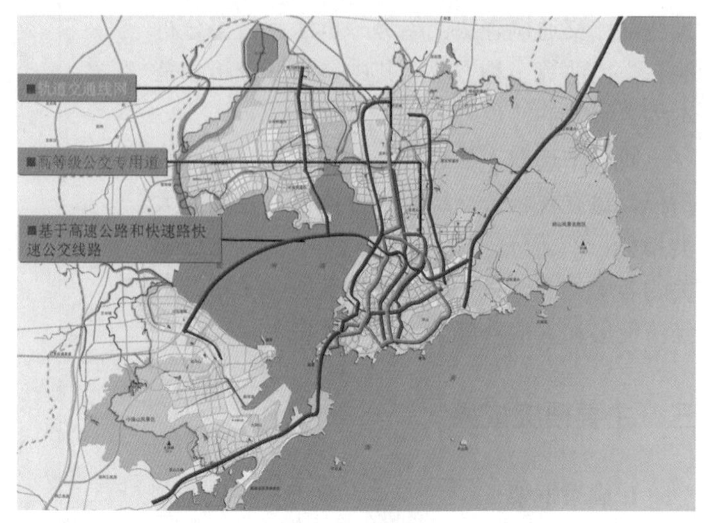

图 2 近期公交线路（含轨道）建设情况

有无方案主要指标对比 **表2**

	评价指标		现状（2007年）	2012年
公交设施水平评价	车辆拥有量（标台/万人）		13.7	14.3
	标台场站面积（平方米/标台）		57	124
	快速公交专用车道		无	有
	信息化与智能化设施		一般	相对完善
公交服务水平评价	公交分担率（%）		21.5	29
	线网密度（公里/平方公里）	市内四区	2.08	2.50
		全市	1.75	2.12
	站点300米半径覆盖率（%）	市内四区	54.4	70
		全市	49.6	55
	平均车速（公里/时）		17.3	20
	平均换乘率（次）		1.35～1.4	1.32～1.36
	准点率（%）（全日平均）		80	90
	南北向公交运行时间	市政府—李村（分钟）	34	24
		市政府—北站（分钟）	75	50
	东西向公交运行时间	火车站—崂山中心区（分钟）	55	45

4. 政策与管理

（1）加大对公共交通的投资力度，调整交通建设投资结构。未来5年若青岛市区GDP年均增长率为10%，按公共交通投资占同期GDP的1%计算，青岛市七区近期公交年均投资约25亿元。

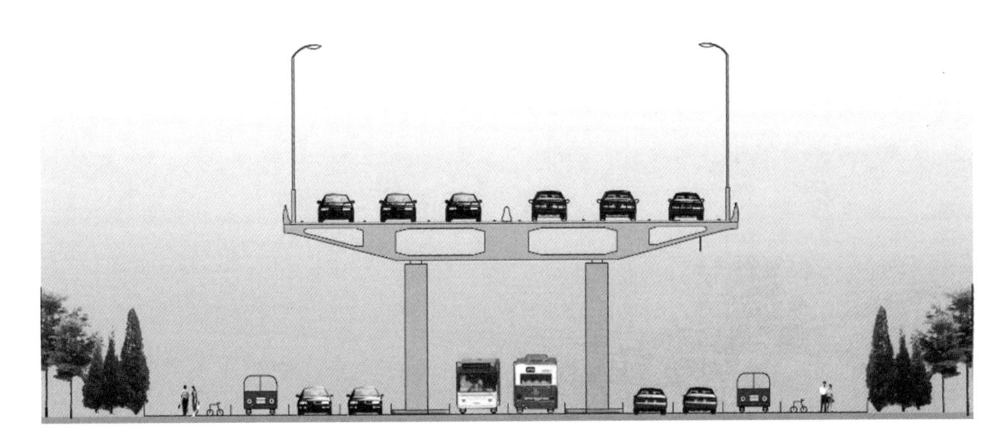

图3 重庆路高等级公交专用道断面示意图

（2）在对企业实施有效监督的基础上，继续实施税费减免等优惠政策。

（3）完善现有票制票价，组建独立的公共交通IC卡票务公司，进一步扩大公交吸引力。

（4）利用划拨方式落实公共交通设施建设用地。用地符合《划拨用地目录》的，一律按要求用划拨方式供地，并应尽早完成征地。未经法定程序，不得随意挤占公共交通设施用地或改变土地用途。

（5）切实推进公交路权优先。按规划落实高等级公交专用道、普通公交专用道和公交信号优先等设施的建设和管理。

（6）实现公交站场同公交运营相分离。

（7）对线路班车实行公交化、公司化改造。

（8）推进公共交通信息化、智能化建设。

（9）强化小汽车交通需求管理，控制和引导小汽车使用，特别是要削减小汽车通勤交通的出行量；研究制定小汽车交通需求管理政策；交通拥堵费和车辆拥有限制；调控城市交通流分配。

（10）加强宣传引导，树立绿色交通出行理念。

四、成果特色

（1）首次编制城市公共交通发展纲要，探索了贯彻落实国家“优先发展城市公共交通”政策的有效途径。

（2）统筹公共交通的规划、建设、政策、管理、投融资、运行等诸多要素，为城市公共交通的全面可持续发展奠定了基础。

（3）建立了城市公共交通综合评价体系，为国内城市公共交通发展水平比较和评价创立了平台。

（4）采用多种调查方式，搜集了大量数据，为科学评价和预测打下了良好的基础。

（5）建立全市道路交通和公共交通预测分析模型，对公交各种发展态势下的效果进行定量分析评价，确保各阶段发展目标设定科学合理 。

青岛市快速路（含主干道）沿线交通单元划分及道路节点衔接规划研究

委 托 单 位：青岛市规划局
编 制 单 位：青岛市城市规划设计研究院、青岛市市政工程设计研究院有限公司
本院参编人员：万　浩　刘淑永　董兴武　李勋高　汪莹莹　高洪振　房　涛
编 制 时 间：2010 年

一、研究背景

交通设施与土地利用在空间和时间上的不匹配，是导致区域交通问题的直接原因。本次研究希望通过对城市用地划分快速路单元，研究快速路单元的交通集疏能力及应对措施，提高中观层面用地与交通的联系，通过反馈中观层面交通及用地规划，指导微观层面城市用地规划与道路设计，使城市用地与道路交通协调，实现区域内部交通有序、运行畅通（见图 1）。

二、研究思路

本次研究技术路线如图 2 所示。

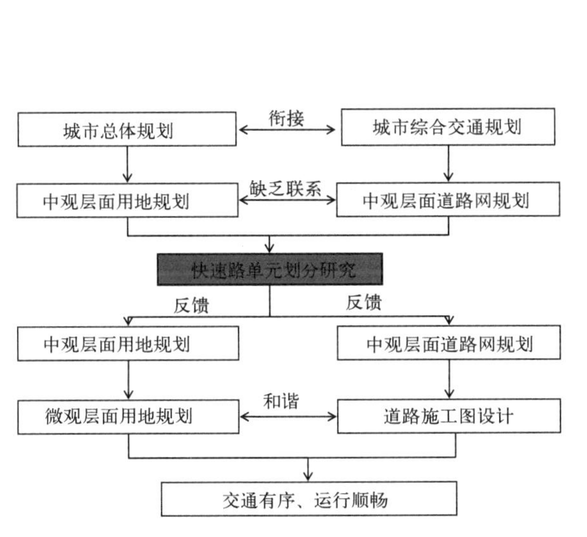

图 1　本次研究形成的交通规划与土地利用规划关系图

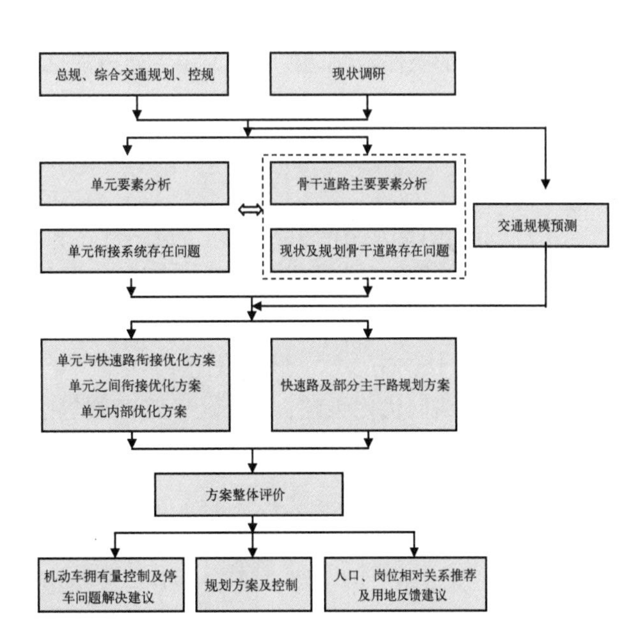

图 2　工作技术路线图

三、研究内容

1. 主要思路

对城市用地划分交通单元，以交通单元为单位，研究城市交通，通过优化道路网，尤其是优化快速路网和城市公共交通等措施，提高交通单元的交通服务水平。同时，通过各交通单元的交通设施反馈到用地的开发模式。

2. 交通单元划分

规划从考虑快速路分隔影响、单元衔接分析需要、慢行交通出行比较适宜的尺度、次干路和支路可以方便服务的有效范围，将研究区域划分为 15 个交通单元。分别为：市南西（1snx）、市南东（2snd）、崂山西（3lsx）、市北西（4sbx）、市北东（5sbd）、四方西（6sfx）、西方东（7sfd）、崂山东（8lsd）、李沧西（9lcx）、李沧中（10lcz）、李沧东（11lcd）、李城西（12lcx）、李城东（13lcd）、城阳（14cy）和北部新城（15xc），如图 3 所示。

3. 交通单元衔接规划

在分析各单元特点的基础上，对单元与快速路的衔接关系、单元之间的交通衔接关系进行分析，提出优化措施，并进行评价。以市北西单元为例，介绍如下：

（1）市北西单元的特点

1）人口与岗位均非常密集；人口密度在各单元中最大，人均岗位数低于平均水平。

2）单元西端受贮水山等山体及岸线的影响，地形起伏大，影响了东西向的联系。

3）拥有台东商业圈等一批商业气氛浓厚的商业区。

4）青岛市老港区位于单元西端，是重要的货源点。

5）单元内部道路网密度高，但西部老城区多数道路断面窄，线形曲折，仅能作支路网用。

6）已批的在建和未建大项目较多。

（2）市北西单元的交通问题

1）单元西端老城区干道系统缺乏，仅仅依靠支路网组成的单行系统组织交通。

2）受地形条件限制，单元东西联系通道缺乏，导致大量交通涌到东西快速路，东西快速路负担重。

3）为数不多的干道实行单向交通组织，造成绕行距离增加，同时也导致局部交通组织困难。

4）东西快速路、山东路及周边的海信立交桥、杭州路立交等处交通拥堵严重，影响了该区域与外界的联系。

（3）市北西单元路网引导指标及道路优化引导策略

1）单元路网引导指标：结合市北西单元现状用地特点，整合分析片区控规情况及土地利用的变化趋势，提出本单元规划引导指标为：道路面积率达到 15.0% 以上，道路网密度保持在 8.0 公里 / 平方公里以上，快：主：次：支比例宜为 0.59：1：1.1 ～ 1.5：5.0 ～ 6.0。

2）单元路网优化策略：结合辽宁路商圈等区域的地块改造，合理调整单行交通组织；对交叉口拓宽渠化；完善与快速路联系的节点及衔接道路；减少路内停车，交通组织如图 4 所示。

（4）单元对外联系道路负荷评价

本单元与市南西单元联系较为方便，平均道路饱和度为 0.84，道路交通压力较高，其中的登州路、延安二路、聊城路、中山路、延安一路等道路饱和度超过了 0.9；与市北东联系道路的平均道路饱和度为 0.7，道路交通压力一般；与四方西单元联系道路的平均道路饱和度为 0.74，道路交通压力一般，联系较为方便。

该单元衔接道路整体负荷偏大，路网资源已基本开发完毕，未来应发挥公共交通作用，加强交通需求管理，优化调整交通组织，尽可能实现交通流量的均衡分布。

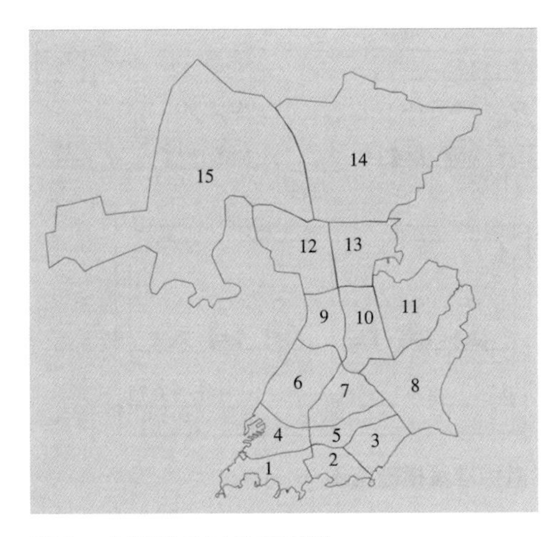

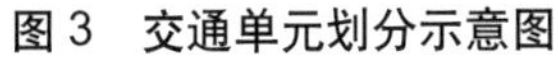
图 3　交通单元划分示意图

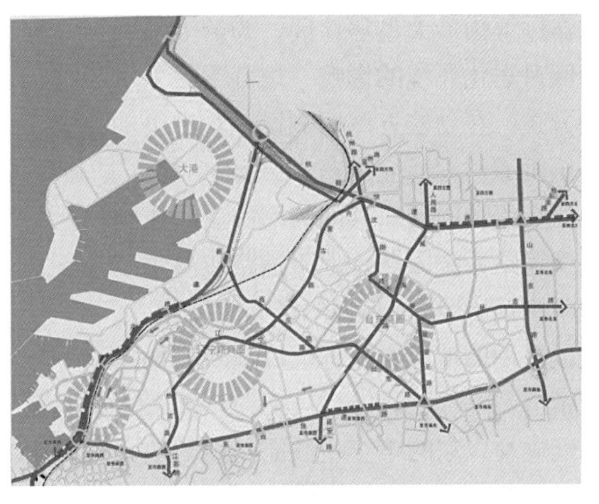

图 4　市北西交通单元交通组织示意图

对其他快速路单元也进行了研究，如李沧西单元、四方西单元等（见图 5 和图 6）。

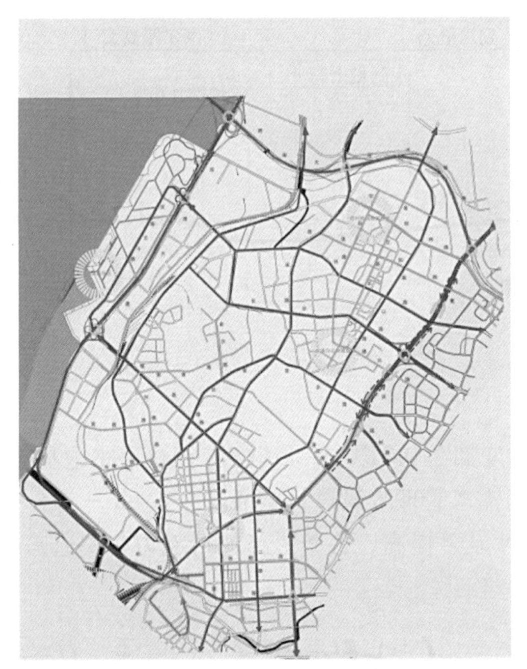

图 5　四方西单元交通组织

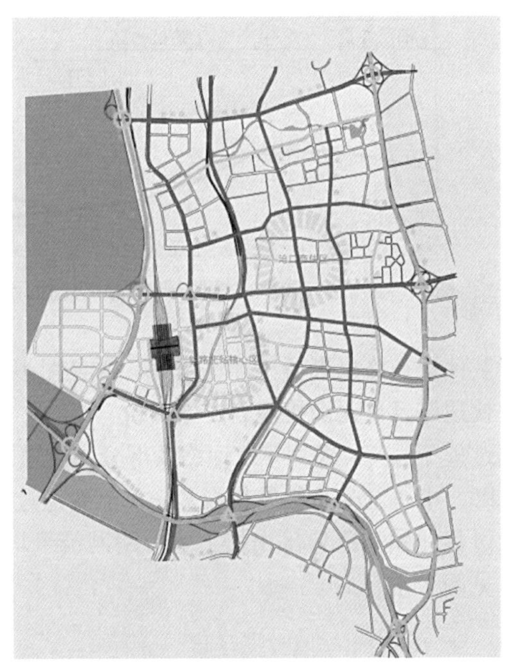

图 6　李沧西单元交通组织

4. 快速路及部分主干路交通规划方案研究

结合快速路单元分析，对东岸城区快速路和重要主干路现状方案、规划方案及上下匝道位置进行了详细研究，提出了优化方案。以杭鞍快速路（南京路—青银高速段）为例，介绍如下：

（1）南京路—福州路段：将快速路主线自南京路西侧抬起，上跨南京路、绍兴路后落地接福辽立交，并在南京路西侧设置一对西向东接地匝道联系南京路。标准段道路红线宽度 40 米，如图 7 所示。

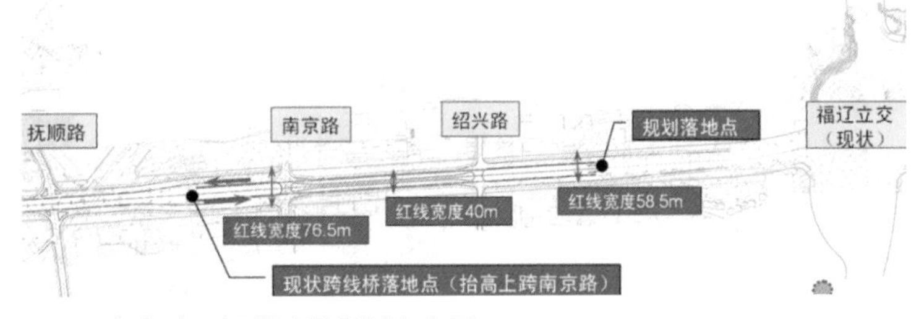

图 7　南京路—福州路段规划方案图

（2）福州路—海尔路段：该段快

速路需穿过浮山后大型居住区，为最大限度地降低对居住环境的影响，规划主线采用地道方式。在劲松五路西侧设一对进出匝道，该匝道与福辽立交东侧、海尔立交西侧地面交织段出入口共同为浮山后居住区进出快速路系统服务。地下道路在海尔路立交西侧钻出地面，与海尔路立交接通。

该段采用的地道方式标准段横断面如图8所示。

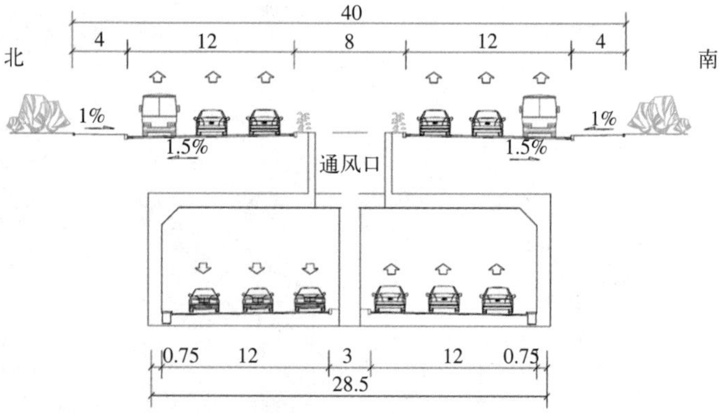

福辽立交以东的下穿主线需与规划地铁M4线处理好竖向位置关系。

图8 浅埋隧道标准段横断面图

（3）海尔路—青银高速段

主线自海尔路立交东侧下穿深圳路接青银高速—辽阳东路立交。

杭鞍快速路（南京路—青银高速段）纵断面如图9所示。

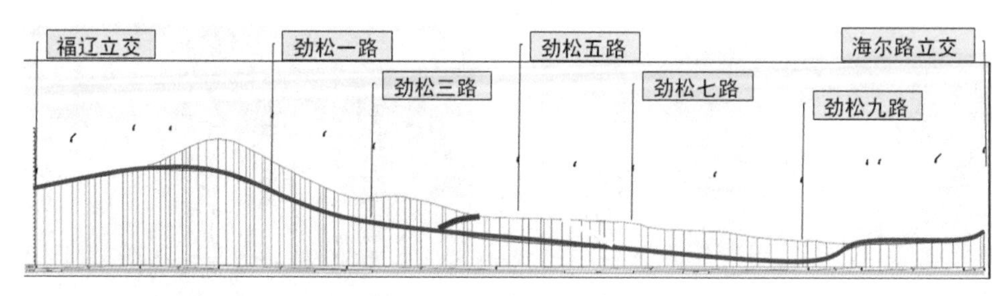

图9 福州路—青银高速段规划方案纵断面示意图

对其他快速路也进行了详细研究，详见图10。

5. 快速路及单元衔接规划方案评价

通过模型分析，规划年快速路及部分主干道饱和度都在0.6以上，其中，东西快速路饱和度最高，达到0.96，中心区交通仍然相当紧张，需要通过交通需求管理政策进行调节。

通过优化快速路口部衔接方案，路网流量均衡性显著提高，各条道路通行能力与交通需求基本匹配（见图11）。

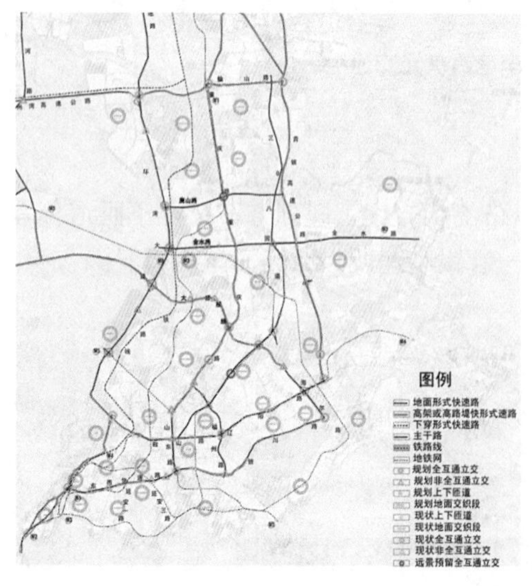

图10 快速路总体方案图

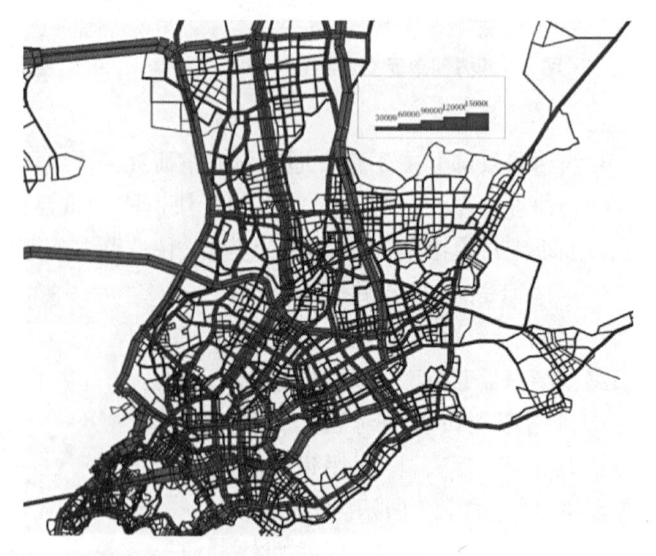

图11 快速路及主干路系统路网流量图

6. 主要政策建议

（1）优化土地开发模式

1）采用“多中心”和“一主多副”的城市空间布局模式，更易实现职住平衡，降低居民长距离出行比例，减少潮汐交通现象，从而降低对快速路和主干路道路供应的需求。

2）合理调整各单元用地功能，使单元内工作岗位与居住地有机结合，降低单元对外出行的比例，从而降低对单元之间道路供应的需求。

3）交通性主干路两侧不宜布置大量生活性设施，可有效缓解交通性道路与城市生活性设施之间的矛盾。

（2）小汽车需求管理措施

1）尽快编制《青岛市车辆发展规划》和《近期停车设施发展规划》，以行政区为界提出年度车辆发展计划和停车设施建设计划，做到小汽车发展和停车管理的有序化。

2）结合旧城改造，加强停车配建，首先解决对公共交通通道影响大、交通功能强的道路占路停车问题。

3）采取鼓励配建停车位对外开放的措施，使其转变为公共停车位，避免配建停车资源闲置。

4）结合各单元的车辆拥有密度情况和交通拥堵情况，制定不同的停车收费标准，适当提高停车收费，“以静制动”，利用停车泊位合理取费和严格管理，取缔非法停车，抑制车辆的过快无序增长。

（3）公共交通发展措施

结合轨道交通线网修编，尽快编制《青岛市公共交通发展规划》，加大力度发展多层次的一体化公共交通体系，优先发展公共交通，短期内形成多层次的公共交通体系。

主要措施包括：加大轨道交通的建设速度，尽快扩大轨道交通的覆盖范围；利用快速路和主干路的建设机会，建设快速公交（BRT）系统；优先建设对公共交通支持度高的道路，并同步建成公交专用道，改善常规公交的运行条件；提高机场航站楼、铁路客运站、公路客运站、地铁换乘点等客运枢纽的公交服务水平；积极发展海上公交等。

（4）既有道路系统挖潜

针对各交通单元，尽快编制各《单元内部道路交通综合整治规划》，采取改善交叉口，打通断头路，消除瓶颈路，结合项目建设完善路网等措施，提高单元微循环系统的通行能力和效率。

（5）纳入到相关控制性详细规划

在进行相关地块控制性详细规划编制时，应结合本研究优化交通和用地布局，以加强控制性详细规划的科学性、有效性。

四、成果特色

（1）本研究分析了各交通单元现状和规划人口、岗位特征，探讨了用地规划（控规、分区规划）与城市交通规划（道路网规划、公交规划、轨道网规划等）之间的关系，从而在中观层面促进了交通与土地利用协调发展，起到优化道路规划设计及控规成果的作用。

（2）利用快速路沿线控规用地指标对综合交通规划建立的青岛市交通规划模型进行修正，并利用EMME/3 软件对快速路系统和衔接系统的优化方案进行定量分析，使优化方案更具合理性和科学性。

青岛市“十二五”城市公共交通发展研究

委托单位：青岛市工程咨询院
编制人员：董兴武　万　浩　刘淑永
编制时间：2010 年

一、研究背景

“十一五”末，青岛市市区年公交运量已达到 8.21 亿人次，公交出行比例为 21.5%，公交营运车辆 4323 辆，折合标准车 5187 标台，公交万人拥有率为 12.97 标台 / 万人，指标比“十一五”初都有较大提高，但仍然存在公交出行比例增长缓慢、覆盖率不高、公交投资比例偏低等突出问题。

“十二五”将是青岛市经济快速发展的五年，也是交通迅速向前迈进的五年。随着小汽车的飞速发展，城市道路交通压力不断增加，大力发展公共交通将是缓解城市交通压力最有效的手段。“十二五”期间青岛市公共交通发展面临多方面突出形势和任务：七区在公交运营的模式及管理方面不统一，造成公交统筹管理存在困难；公共交通在与小汽车的竞争中，优先地位未充分体现；“环湾保护，拥湾发展”城市战略的实施，带来了空间格局的变化；青黄跨海大桥及海底隧道即将建成通车，跨海客运及更大的机动化冲击等问题亟须解决；轨道交通 M3 线已开工建设，“十二五”期间将投入运营，加强轨道交通与地面公共交通的衔接、优化地面公交线路是必须研究解决的问题。

二、发展目标

到 2015 年初步形成一个以轨道交通、快速公交、地面普通公交、出租车、海上公交构成的公共客运交通体系，基本确立公共交通在城市交通中的主导地位；加强青岛、黄岛、红岛之间的公交联系，快速公交初步形成规模；公交自有停车场进场率达到 65%；公交出行比例达到 24%，比 2009 年提高 2.5 个百分点；公交站点 300 米半径覆盖率达到 65%。

三、研究方案

1.“十二五”公交发展模式研究

将形成包括轨道交通、快速公交、地面常规公交、公交快线等相互统一协调的公交体系（见图 1）。

完成线路班车公交化改造，全面实现主城区与城阳及高新区间的公交联系；加强东西海岸公交企业的经营合作，实现主城与黄岛区的公交对接；加强公交的城乡联系，缩小城乡差距，实现居民出行的公平性；结合公交吸引点，研究设置公共自行车系统。

2.“十二五”公交场站规划建设研究

至 2015 年，青岛市公交车辆发展需求规模宜在 5210 ~ 5830 辆，约合 6250 ~ 7000 标台。主城区着力在现状公交覆盖率不高、居民公交出行困难的区域规划建设公交场站。利用公交场站建设，布设公交线路，引导城市开发建设和人口分布。依据“环湾保护、拥湾发展”战略实施和城乡公交一体化推进，以及跨海大桥、海底隧道等工程投入使用，应加快崂山区、城阳区、黄岛区公交场站建设。“十二五”期间，共建设25处公交场站，总面积439.16亩，比2009年新增公交场站29.28万平方米，可增加停车约1464辆。

3.“十二五”城市公交快速系统规划研究

为提高南北向客运总能力，结合重庆路高架快速路建设，开辟重庆路快速公交主线，构筑双快模式。带动沿线土地开发，服务沿线70万居住人口和38万工作岗位，优化调整交通出行结构，缓解交通压力（见图2）。

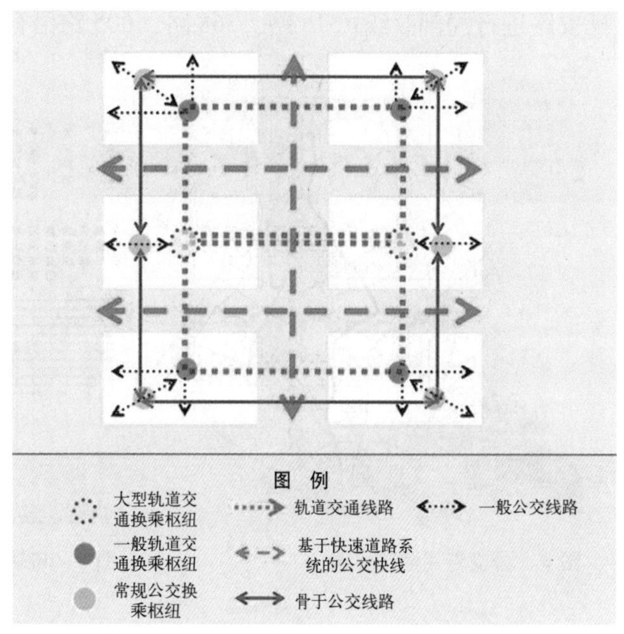

图1　各种形式公交功能定位及衔接模式图

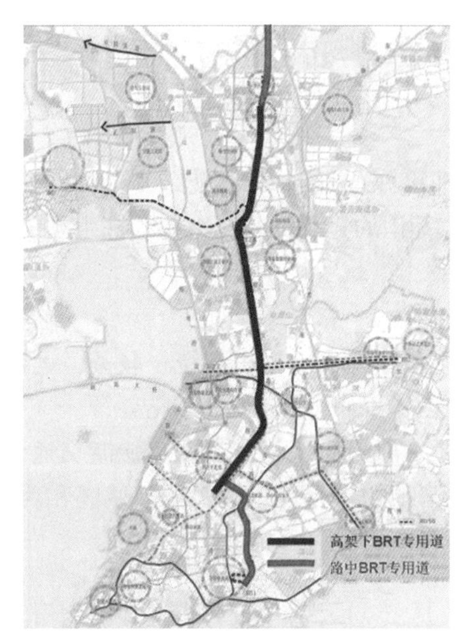

图2　重庆路快速公交主线及沿线服务人口岗位示意图

4.“十二五”普通公交专用道设置及线路调整研究

扩大公交专用道总长，结合新建主干路及已建尚未划设专用道的主干路，综合分析两侧用地规划情况、道路条件等因素，新增19条公交专用道，新增总长132.4公里，形成与高等级公交专用道有效衔接、覆盖范围广泛的普通公交专用道网络；优化公交线网，取消802路线，将车辆补充到其他线路，调整311路、312路前海段，提升公交整体运能及效率，避免线路间的竞争与重叠；新增55条公交线路，填补公交空白区域，加强与高新区等新开发区的公交联系（见图3）。

5.“十二五”轨道交通与常规公交协调研究

为了提高轨道交通客流量，保证其运营效益，调整前海一线及黑龙江路上与轨道交通存在明显客流竞争的8条公交线路：312路、316路、321路、26路、501路沿广西路、大学路、登州路、延安路进行局部改线；318 路、368 路、605 路沿台柳路或重庆路进行局部改线（见图 4)。

图 3　公交专用道布局图

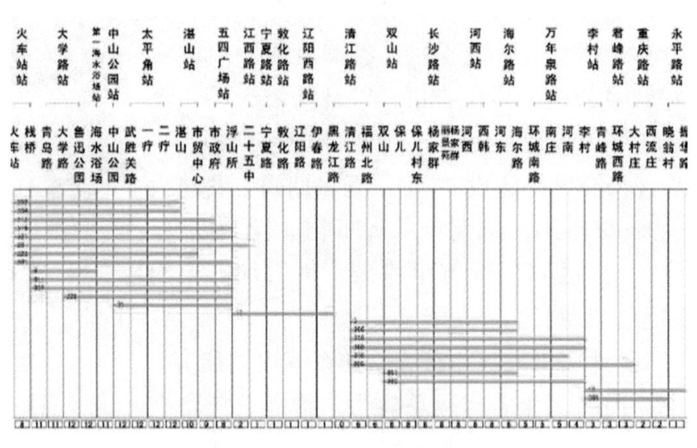

图 4　与轨道交通重叠超过 3 站的公交线路分布图

6.“十二五”公共交通政策及运营管理研究

从用地、建设投资、路权分配、政策扶持等方面优先保障公交发展；改善公交舒适性、便捷性和可靠性，提升公交服务的质量；对公交专用道实施严格管理，严禁其他社会车辆占用公交专用道；对公交换乘实行换乘折扣；实行集约、规范、科学的企业经营管理模式；利用不同字母、不同车体颜色区分公交线路等级类型，提高运营效率。

7.“十二五”公共交通智能化及安全体系研究

建成能够保障公交安全、高效运行、国内领先的管理设施；继续加强智能公交卡、公交等候报时系统；建立和健全长效的应急保障体系，加强乘车人应急知识的普及、公交车内的逃生系统、车辆及乘坐人员的安全检查，培训驾驶人员，提高安全管理水平。

8.“十二五”出租车及轮渡发展相关研究

加强出租车信息化建设，提高出租车里程利用率；逐步实现七区出租车统一服务、运营和管理，适时调整运价；大力加强出租车场站设施建设；加强品牌创建工作；倡导使用清洁能源。

结合奥帆基地、铁路青岛北站西侧填海地等区域发展，逐渐扩大海上公交化旅游交通专线规模；论证四方填海地等处建设青岛国际邮轮即海上交通集散基地的可行性，解决东部城区和西海岸之间的海上交通运输问题。

9.“十二五”公交建设投资估算研究

计划建设公交停车场 25 处，可提供泊位 1464 个；增加公交车辆 890 辆，更新车辆 1250 辆；继续推进轨道交通 M3 线及 M2 线的建设；建设 BRT 总里程单向 28 公里；进一步完善公交信息平台及必要的软件和硬件建设；公交建设总投资约 269.92 亿元。

四、研究特色与创新

（1）先进理念和地方特点充分融合。结合城市空间发展和用地布局，研究体现了滨海特点和跨海需求，提出了系统的、理念先进的研究方案，使成果内容具有较强的政策引导性和可行性。

（2）不同规划研究的有机整合。吸取各规划研究的精华，近远结合，以适应近期发展为重点，摒弃不合理的地方，增强研究方案的可操作性。

（3）多部门阶段性沟通咨询。全面及时掌握公交发展问题及趋势，吸收采纳各种合理建议，可以迅速、科学、准确地完成研究成果，适应“十二五”等中短期发展需要。

青岛市奥帆赛场及周边区域交通规划研究

委托单位：青岛市建设委员会

编制人员：万　浩　董兴武　刘淑永　李勋高　李国强　徐泽洲　张志敏

编制时间：2005 年

一、研究背景

青岛市是 2008 年奥运会的协办城市，是奥运帆船项目比赛地。奥帆赛场位于五四广场东侧，东海路南侧，与南京路、福州路、燕儿岛路相邻，面积 45 公顷，它将成为青岛新的旅游景点和市民休闲地。奥帆赛场处于青岛市中央商务区，其附近集行政办公、商务商贸、金融信息、生活服务、旅游休闲及居住等多种功能为一体，使该区域成为重要的交通吸引点（见图 1）。

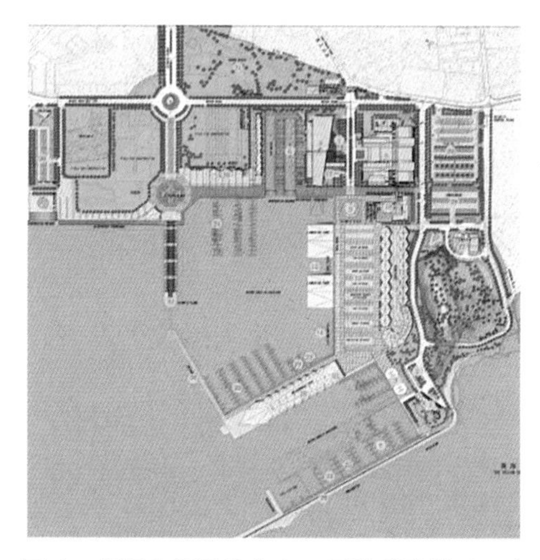

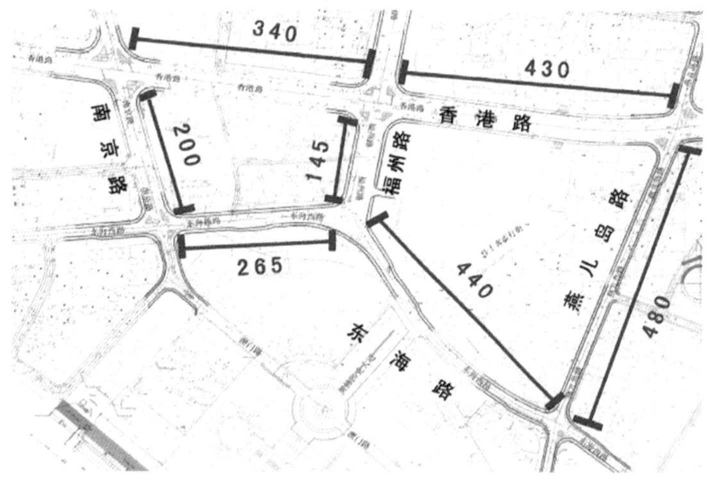

图 1　奥运赛场设施分布及周边道路关系示意图

研究区域周边东西向道路资源缺乏，香港路、东海路高峰时段已达到饱和；部分交叉口交通压力过大，车辆在交叉口延误时间较长；部分建筑物配建停车标准偏低，停车供需矛盾突出；公交运行条件呈下降趋势，急需改善，缺乏大容量、快速的轨道交通，人流集散速度受到较大限制；地下空间未得到充分利用。

二、研究指导思想与目标

1. 指导思想

有利于赛场及周边区域交通疏解；与外围路网能力匹配，使交通均衡分配；控制机动车交通总量；保持和塑造城市整体景观。

2. 研究目标

挖掘既有道路潜力，提升道路网整体通行能力，增强区域路网交通适应能力；优化交通出行结构，控制区域交通流量，减小交通矛盾；系统性利用地下空间，构建立体化交通；合理组织交通流线，实现多种交通方式有机分流。

三、基本方案研究

1. 道路改善方案研究

道路改善方案研究主要从路口展宽和路段拓宽两方面进行。

（1）路口拓宽

通过拓宽进口车道，分离直行公交车道与小汽车车道，改善公交运行条件，增加交叉口通行能力。研究主要对6处交叉口提出了详细的改造方案，分别为香港路—南京路、香港路—福州路、香港路—燕儿岛路、东海路—南京路、东海路—燕儿岛路、福州路—东海路交叉口（见图2）。

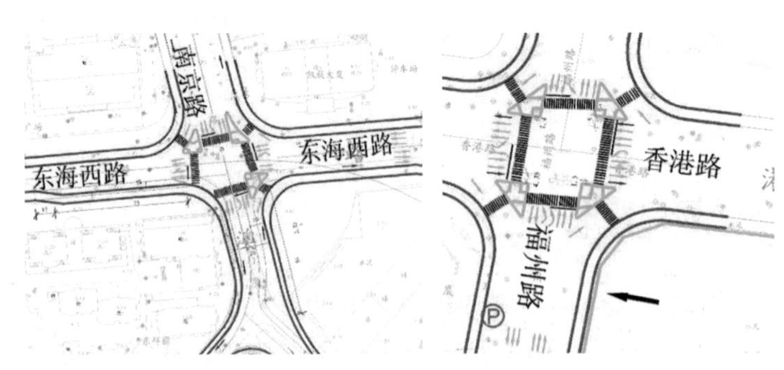

图2 东海路—南京路及香港路—福州路交叉口改造图

（2）路段拓宽

从道路条件来看，燕儿岛路拓宽具备实施条件。研究东海路以南燕儿岛路保持现状宽度；东海路至漳州一路段，道路东侧比西侧空间开阔，车行道向东拓宽2米，机动车道宽度达到14米；漳州一路至江西路段，道路西侧比东侧空间开阔，车行道向西侧拓宽2米，机动车道宽度达到14米。道路宽度24米，双向4车道，两侧人行道宽度各为5米（见图3）。

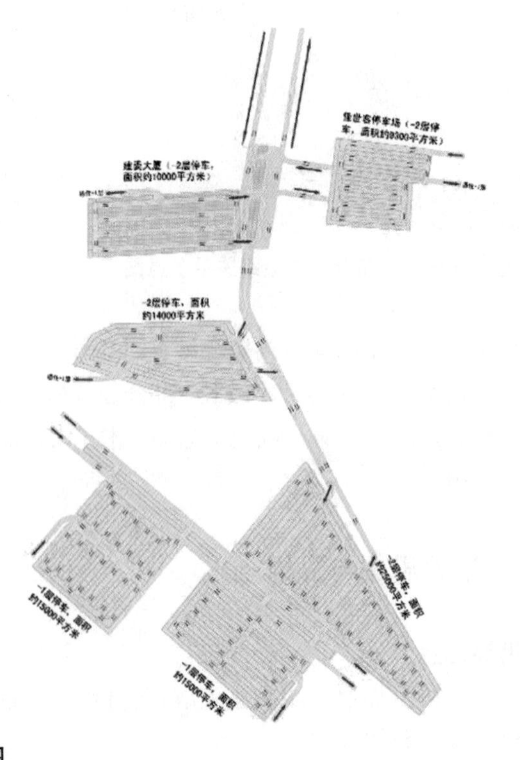

图3 燕儿岛路拓宽及地下空间利用交通组织图

2. 地下空间利用研究

区域地面路网已基本按规划建设完成，部分路口高峰时段饱和度已接近 1.0，且基本无扩容空间，而静态交通对动态交通的负面影响日益加重。

基于上述因素，研究提出在合理避让各种地下管线的条件下，应充分重视地下空间的开发利用，改变地下空间开发利用“规模小、功能单一、相互孤立”的现状：一方面提供停车泊位，实现不同地块内的停车泊位统筹利用，从而增加停车泊位的使用效率；另一方面为进出本区域内的机动车提供地下通道，通过地下通道，穿过香港路、东海路这两条东西向交通的动脉，使规划区域交通与过境交通实现有效分离，进而减轻东海路、香港路及相邻路口的交通压力（见图 3）。

3. 公共交通及公共停车场改善研究

（1）在赛场周边增设两处公交首末站，面积均为 1500 平方米，各提供公交停车泊位 20 个，增加公交直达性，便于乘客集散；改造香港路沿线的公交运行条件，消除公交专用线车站处和路口处的运行瓶颈；拓展东海路的公交港湾站台直线长度，满足公交车辆和部分出租车停靠。

（2）奥运赛场内规划两处公共停车场，提供大型客车停车泊位，共 270 个，主要方便旅游大巴及其他社会车辆停放。各办公、商业、居住等建筑均需按要求配建停车位，并应尽量利用地下空间和地下联络通道向外疏解。

4. 行人过街设施

在香港路的云霄路口处建设过街通道，降低人车干扰程度。

在东海路的佳世客步行街处建设过街地道，将佳世客步行街与奥林匹克大道连通，形成南北贯通的步行系统。

5. 周边交通组织研究

五条主要的集散道路均采用双向交通组织；利用新浦路与澳门路构成单向小环线，组织西侧社会停车场交通，避开中间最拥堵路段，增加一条区域直接向北的通道；利用燕儿岛路以东较好的交通条件，将珠海支路和澳门八路组成一对单行，增加区域向东北方向的集疏道（见图 4）。

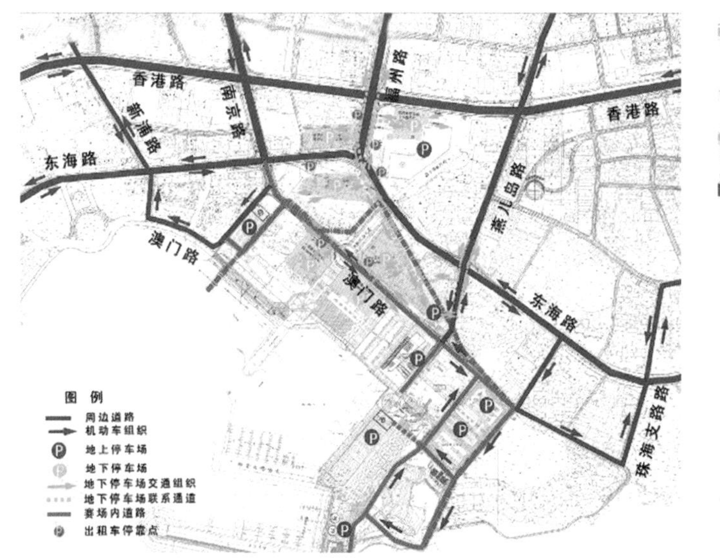

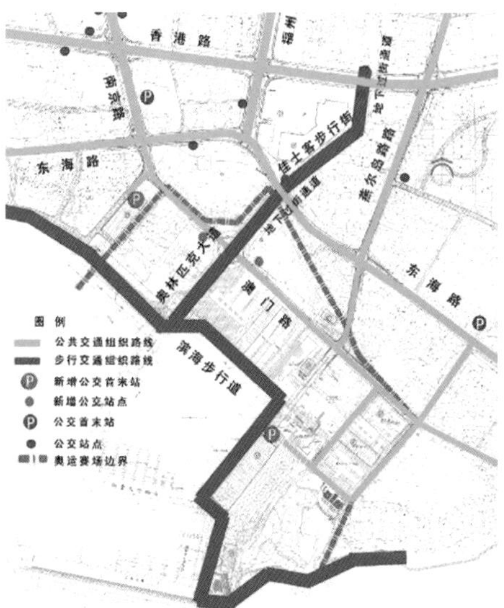

图 4　奥运场地机动车及人行、公交组织图

四、研究创新与特色

提出了地下停车设施连通和利用地下联络通道穿越拥堵区域的思路。为改变地下空间开发利用

“规模小、功能单一、相互孤立”的情况及奥帆基地周边主要的交叉口拥堵极为严重现状，规划提出建设进出本区域地下停车库的机动车地下连通通道，并穿过香港路、东海路这两条东西向交通的动脉，使规划区域交通与过境交通实现有效分离，从而减轻东海路、香港路及相邻路口的交通压力。结合旅游交通情况，规划布局了旅游大巴停车设施（见图 5）。

图 5　南京路旅游大巴停车场

青岛市交通体系现状评价及“十二五”发展预测

委托单位：青岛市工程咨询院
编制人员：刘淑永　董兴武　万　浩
编制时间：2011 年

一、项目背景

改革开放以来，青岛市在国内外的影响不断扩大，城市内外交流日益密切。在城市化人口不断增加、居民出行率提高等因素的综合作用下，青岛市交通需求总量大幅上升。随着城市规模的快速扩展、城市经济发展速度持续高速增长及国家汽车产业的大力发展，青岛市民出行机动化程度显著提高，机动车交通量急剧增加，对外客货运输量持续增长，现有对外交通设施及衔接系统面临的交通压力越来越大，有些方面已不适应发展要求。根据《青岛市城市总体规划（2006—2020 年)》（上报稿）和青岛市正在大力实施的“环湾保护、拥湾发展”战略，新的城市空间发展战略为“依托主城、拥湾发展、组团布局、轴线辐射”，这就要求城市交通运输体系必须与新的城市空间发展战略相协调，要充分发挥交通的引导作用，促进城市发展格局的形成。

“十一五”即将过去，“十二五”正向我们走来。“十二五”期间交通运输事业的发展对于青岛市“环湾保护、拥湾发展”战略的实施、青岛市龙头作用的发挥、半岛城市群整合成为区域统一体等都具有重要的意义。

二、主要内容

1. 现状评价

经过多年的发展，特别是“十一五”期间的快速发展，青岛市交通体系取得了可喜的成就，基本构建成了“海、陆、空”三位一体的对外交通运输系统，初步形成了以国际化空港、现代化海港、高速铁路、高速公路为骨干，并与城市交通系统紧密衔接的交通体系，对城市经济、社会的发展的支撑和带动作用越来越强。

在取得的巨大成绩的同时，也必须看到交通体系中存在的问题，主要表现在：

（1）现代化智能交通系统的建设才刚刚起步，已建成的行业应用系统之间不能互联互通，信息资源的共享和利用水平低。交通运输系统的基础干线网络和数据库没有建成，缺乏应用系统和决策辅助系统的开发。

（2）各交通行业的交通供给能力还不能完全满足经济和社会发展的需求。

（3）各对外交通方式之间、城市内外交通之间的衔接还要进一步加强，真正意义上一体化的交通枢纽还有待建设，交通运行的效率还有待进一步提高。

（4）疏港交通与城市交通的互相干扰问题还没有较好地得到解决。

2.“十二五”发展预测

（1）对外交通总量预测

为减少各种交通方式在自行预测时所得数据普遍偏大的弊端，本研究首先对“十二五”期间交通发展的外部环境进行了初步分析和研究，对对外交通的客运总量和货运总量进行多方法预测；其次，对各种对外交通方式的运输量进行预测；最后，以总量为控制量，对各运输方式的优劣势、分担比例和发展趋势进行分析研究，对各运输方式的运输量进行优化调整，得出推荐的各种交通运输方式的分担比例及运输量。

采用成长曲线法、回归分析法等预测方法，根据实际情况进行组合选择、取舍后决定最终结果（见表 1）。

目标年份交通运输总量预测表　　表 1

年份	客运量预测（万人次）			货运量预测（万吨）			港口吞吐量（万吨）
	成长曲线法	回归分析	预测结果	成长曲线法	回归分析	预测结果	
2015	28806	29750	29000	31400	32500	32000	40800
2020	33209	36335	35000	36730	37400	37000	43000

注：1. 港口吞吐量另行预测，表中所列数据为《青岛市港口“十二五”建设规划》的预测数值。
2. 由于一方面航空货运规模较小；另一方面，在历史统计数据中航空货邮量为吞吐量，而水运、铁路、公路等为发送量，统计口径不一致，故本次预测的货运总量不包括航空货邮量。

（2）各种运输方式运量的预测

1）公路运输量预测

公路运输的优势表现在中短途运输。由于公路的发展目前处于高速发展阶段，因此近期预测的公路运输量取高值，但是这种趋势不会长期保持下去，对于公路远景交通量，根据国外公路的发展经验，公路交通量的增幅应适当减缓，因此考虑取低值。公路交通量预测的结果如表 2 所示。

公路运输量预测表　　表 2

年份	2015	2020
客运量（万人）	24000	26500
货运量（万吨）	19000	21000

2）铁路运输量预测

铁路运输将长期占据重要地位，随着持续增加的社会发展需要和铁路交通设施运能的大幅提高，铁路运输的优势将会进一步突现，青岛市铁路运输量可望出现较大提高。

铁路运输量预测表　　表 3

年份	2015	2020
客运量（万人）	1740	1970
货运量（万吨）	4470	5980

3）水路运输量预测

从中国目前的总体情况来看，在客运交通方面，水路运输所占份额是逐步萎缩的，特别是随着青黄跨海大桥和海底隧道于 2011 年投入使用，将会使水路客运量进一步下降，这也使得目前的青黄轮渡必须进行适当的功能转变——向旅游功能转变，兼顾轮渡功能。随着经济全球一体化的发展，青岛作为全国重要的外贸口岸，水路货运交通量将会继续呈现增长的态势。但是，其与国际经济、政治形势密切相关，其增长将会是波浪式的增长（见表4）。

水路运输量预测表 表4

年份		2015	2020
水运客运量（万人）		500	708
水运货运量（万吨）		6700	8100
港口吞吐量（万吨）	回归法	35530	39720
	增长系数法	40880	52200
	弹性系数法	54000	61500
	通过能力法	45600	58400
集装箱吞吐量（万标箱）	回归法	1410	1740
	增长系数法	1820	2320
	弹性系数法	1870	2730

4）航空运输量预测

航空运输在旅客长途快速运输方面，具有其他交通方式不可比拟的优势，但是航空运输的成本也决定了它不可能成为大众化的出行工具。随着人们工作生活节奏的加快，飞机票价的逐步降低，航空运输将成为人们重要的出行工具，尤其在长途客运方面，将会快速增长，但是其占的比例将不会太高。货运方面，由于经济的发展，鲜活类和贵重物品的航空货运将会有一定增长。

航空运输量预测表 表5

年份		2015	2020
客运吞吐量（万人次）	回归法	1880	2910
	趋势外推法	1710	2760
货邮吞吐量（万吨）	回归法	18	21
	趋势外推法	24	39

5）推荐预测结果

根据前述的预测总量和各交通运输方式的交通量，最终提出推荐的预测结果，如表6和表7所示。

目标年份客运交通量以及各方式承担比例预测 表6

年份		2015年	2020年
客运总量（万人）		29000	35000
公路	运量（万人）	25300	29170
	百分比	87.24%	83.34%
铁路	运量（万人）	2275	3650
	百分比	7.85%	10.43%
水运	运量（万人）	500	760
	百分比	1.72%	2.17%
航空	运量（万人）	925	1420
	百分比	3.19%	4.06%

注：表中航空量为吞吐量，发送量近似取吞吐量的一半计。

目标年份货运交通量以及各方式承担比例预测　　表 7

年份		2015年	2020年
货运总量（万吨）		32000	37000
公路	运量（万吨）	20230	23300
	百分比	63.22%	62.97%
铁路	运量（万吨）	6070	7100
	百分比	18.97%	19.19%
水运	运量（万吨）	5700	6600
	百分比	17.81%	17.84%
航空吞吐量（万吨）		27	43
港口吞吐量（万吨）		45700	55600
集装箱吞吐量（万标箱）		1800	2400

三、成果特色

本研究采用多种预测方法，并进行了综合分析对比。借鉴国内外先进经验，结合青岛市发展实际，预测结果具有较高的科学性和可信度。研究成果已作为《青岛市“十二五”交通发展建设规划》的重要参考依据。

即墨市出租车规模近期扩容研究

委托单位：即墨市交通局

编制人员：王田田　万　浩　李　良

编制时间：2012 年

一、研究背景

近年来，随着即墨经济社会的发展和人们出行观念的改变，现有出租车无论在“数量”上还是“质量”上都越来越难以满足居民的需求。在上下班高峰时段，居民普遍反映打车等待时间过长。另外，由于出租车运力不足，导致部分出租车出现拒载、选客等现象，也使得非法营运客运车辆有机可乘。针对即墨市现状出租车服务存在的问题，即墨市人大、政协多次提交提案建议新增出租车规模。在此背景下，有必要组织研究、梳理即墨现状出租车的运营水平及存在的问题；研究不同城市发展阶段出租车合理规模；并提出相关发展保障建议。

即墨市空间发展战略和本次研究范围参见图 1 和图 2。

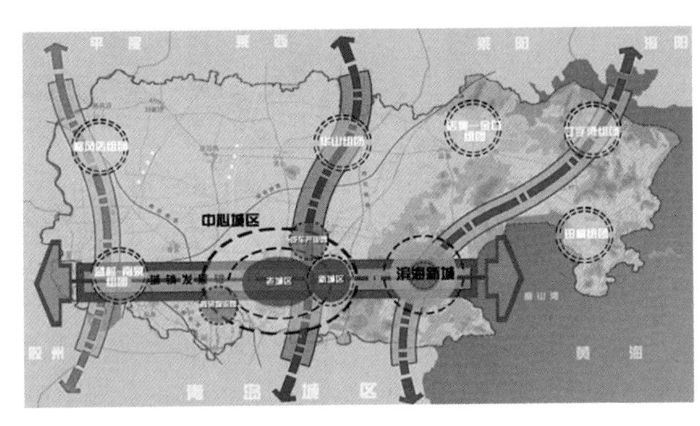

图 1　即墨市空间发展战略

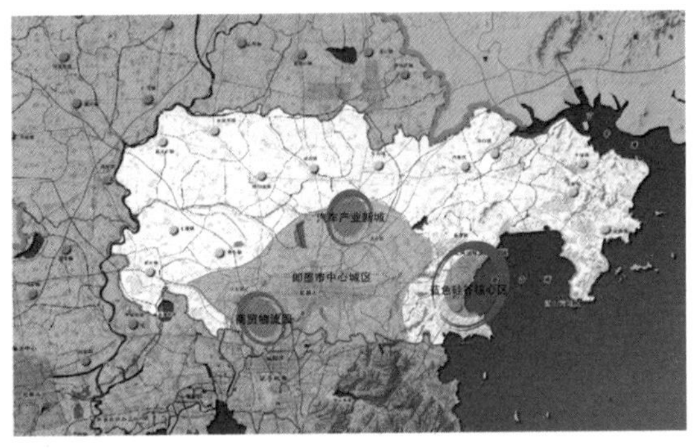

图 2 研究范围示意图

二、发展目标

（1）充分考虑居民出行需求，确保出租车供应量与交通需求量的平衡，合理配置出租车辆和运能。

（2）加强出租车运营管理和服务，提高出租车里程利用率；合理安排出租车停靠站点的位置，方便居民出行和出租汽车的临时停靠，降低出租汽车空驶率。

三、研究内容

1. 出租车现状运行水平及调查分析

（1）出租车现状运行水平

即墨市现有 3 家出租车企业，共有出租车 218 辆。近十余年来，即墨市无论城市规模、城市人口、经济水平还是机动车及公交车数量，都有了长足的发展。但出租车规模自 1997 年至今 15 年数量未增，按照户籍、流动人口的总量计算，出租车千人拥有量由 1997 年的 1.33 降至现在的 0.35，出租车发展严重滞后。

2012 年上半年，即墨市出租车车均日行驶里程达到 498.95 公里；里程利用率约为 70%；出租车日均载客次数为 53.39 次。根据我国城市出租汽车协会对国内外城市出租汽车交通供求关系的调查分析，城市出租汽车达到基本饱和利用时，出租汽车的空驶率在 30% 左右。因此，即墨市出租车市场已出现供不应求的局面。

通过 2011 年与周边地区的出租车运营水平进行对比可知，即墨市出租车里程利用率、日均载客次数、日载客里程等运营指标较周边市、区处于较高水平，日营运收入则处于最高的水平（见图 3 ～图 6）。

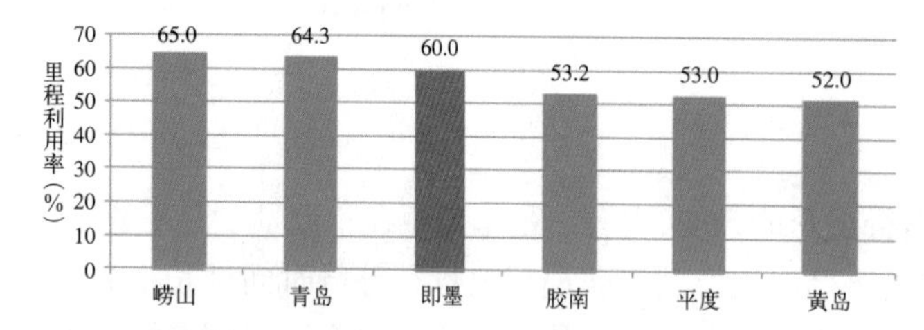

图 3　里程利用率对比图（未含不打表）

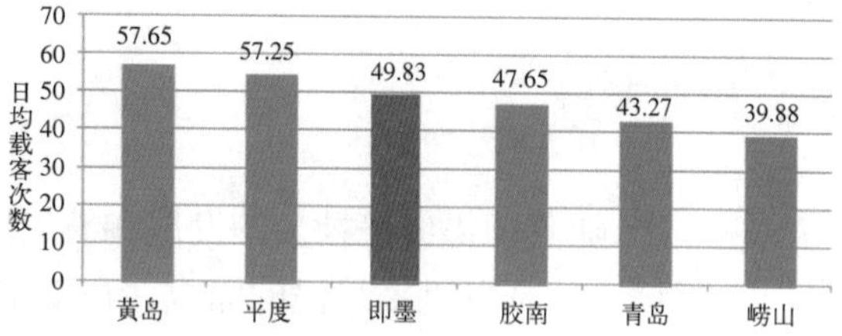

日均载客次数
57.65
57.25
49.83
47.65
43.27
39.88
黄岛
平度
即墨
胶南
青岛
崂山

图 4　日均载客次数对比图

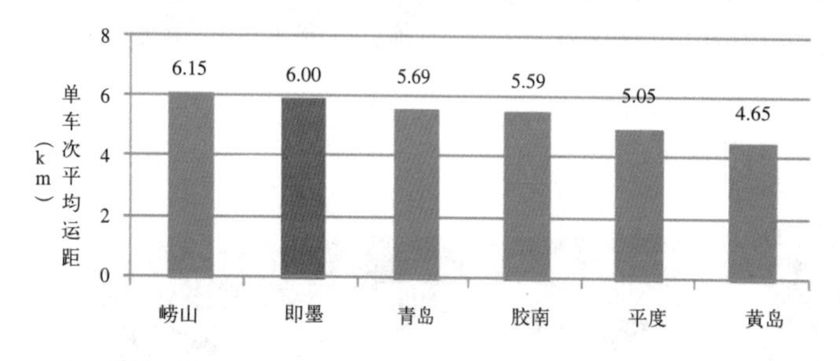

图 5　单车次平均运距对比图

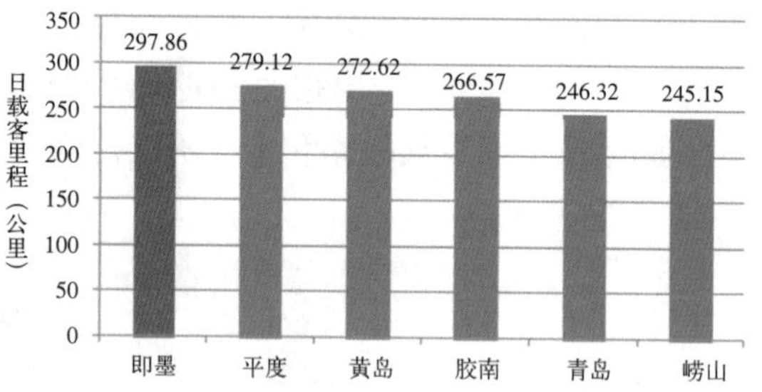

图 6　日载客里程对比图

（2）非法营运的客运车辆

2011 年，即墨市交通管理部门共查处非法营运的客运车辆 729 车次，2012 年查处非法营运的客运车辆 900 余次。根据某日上午 7：00 ～ 11：00 对即墨市非法营运客运车辆的摸底调查情况可知，该时间段内停车候客的非法营运客运车辆为 970 辆左右，车辆类型以面包车为主，其他车型主要为双排车、私家车、摩的等。估计即墨市非法营运的客运车总数量为 1500 辆左右，根据运力折算，非法营运车辆所承担的客流规模相当于 200 ～ 400 辆正规出租车。

（3）出租车问询、座谈、访谈调查分析

根据调查，77% 的受访居民认为打车方便程度一般或不方便；45% 的受访出租车驾驶员认为非法营运车辆抢生意是影响其收入的主要原因；大部分受访居民估计即墨“黑出租”、“摩的”数量均在 500 辆以下；大部分受访驾驶员估计“黑出租”、“摩的”的数量分别在 1000 辆以上和 800 辆以下；大部分受访出租车驾驶员和居民认为需要对非法营运现象进行严厉打击，且部分受访居民（45%）和受访驾驶员（11%）认为适当扩大出租车规模也是应对非法营运车辆现象的方法之一；大部分（52%）受访居民认为出租车规模再增加 300 ～ 600 辆较为合适，而受访驾驶员态度较为保守，所有车主均认为新增规模应控制在 300 辆以下。

2. 出租车规模需求分析

分别根据规范及标准法、供需平衡法、出行强度法、意愿分析法和回归分析法五种方法对即墨市出租车规模进行分析研究（见表 1）。

（1）规范及标准

根据《城市道路交通规划设计规范》GB50220—95，结合即墨市出租车现状发展水平（中心城区出租车千人拥有率为 0.38 辆 / 千人），近期出租车千人拥有率按照中心城区不少于 1.5 辆 / 千人、其他区域不少于 0.5 辆 / 千人计算；远期按照中心城区不少于 1.6 辆 / 千人、其他区域不少于 0.5 辆 / 千人计算。即墨市近期（2016 年）出租车发展规模约需 1010 辆，远期（2020 年）约需 1240 辆。

（2）供需平衡法

依据 2011 年《即墨市综合交通规划》开展的居民出行调查结论，根据即墨市人均出行次数，结合各阶段的人口规划值，测算出规划年份城市人口日均出行总量，考虑到居民出行过程中出租汽车可能承担的比重，即可推算出城市出租汽车日均客运量，进而推算出租车需求量。根据供需平衡法可推算近期即墨市出租车需求量为 650 ～ 800 辆；远期为 1440 ～ 1760 辆。

（3）出行强度法

在城市交通规划中，往往要进行城市居民与流动人口出行调查，结合出租车运营状况调查，可预测未来出租车拥有量。出租车的空驶率与城市出租车拥有量有密切关系，出行强度法从出租车所完成的城市居民和流动人口出行周转量入手，结合空驶率的分析，对城市出租车拥有量进行计算。即墨市近期出租车发展规模约需 925 辆，远期出租车发展规模约需 1650 辆。

（4）意愿分析法

根据针对即墨市居民、出租车驾驶员、出租车企业管理者、人大 / 政协代表等群体开展的多次问询调查、座谈和访谈结果，大部分受访居民认为即墨市出租车规模再增加 300 ～ 600 辆较为合适；而大部分驾驶员认为出租车增长规模宜控制在 300 辆以下。

（5）回归分析法

一般认为，城市出租车规模一般与城镇人均收入、常住人口数量、外来人口数量、旅游人口、辖区面积、公交车数量、公交车线网长度、出租车价格等因素相关。根据国内大城市的统计数据建立回归分析模型，计算的即墨市出租车规模近期约为 1600 辆，远期约为 2100 辆。由于此种方法是依据国内大城市经验，因此计算值偏大，但仍能在一定程度上反映出即墨出租车发展相对滞后、与大城市相比差距较大的现象。

（6）综合分析

综合五种出租车规模确定方法，并结合即墨市非法营运客运车辆摸底调查情况，认为即墨市中心城区近期出租车发展合理规模为 800 ～ 1000 辆，需新增出租车辆 600 ～ 800 辆；远期出租车发展合理规模为 1200 ～ 1400 辆，需新增出租车辆 1000 ～ 1200 辆。

不同出租车规模确定方法　　表 1

方法		即墨中心城区出租车规模（辆）		出租车千人拥有率（辆/千人）	
		近期（至2016年）	远期（2020年）	近期	远期
规范及标准		1010	1240	1.33	1.31
供需平衡法		650～800	1320～1580	0.86～1.05	1.39～1.66
出行强度法		925	1650	1.22	1.71
意愿分析法		518～818	—	0.68～1.08	—
回归分析法（仅用作定性对比用）		1600	2100	2.11	2.21
综合结论	合理规模	800～1000	1200～1400	1.05～1.32	1.26～1.47
	新增数量	600～800	1000～1200	—	—

3. 新增出租车对城市交通的影响

(1)相对于小汽车规模:2011 年即墨市机动车拥有量达到 28.6 万辆,小汽车拥有量达到 10.4 万辆。根据预测，2020 年中心城区小汽车规模为 16 万～21 万辆。因此，出租车规模的增加相比小汽车乃至机动车的增长量微乎其微。

(2)相对于路网容量:根据统计,现状实际路网运行里程为 185 万车公里,远期为 310 万车公里(路网能容纳约 45 万辆机动车出行)。新增出租车产生的运行里程为 14.2 万～19.0 万车公里，远期约为 28.5 万～33.3 万车公里。对于路网容量来讲，相当于增加了 7.7%～10.3% 的路网运行里程。因此，在加强出租车管理，平衡各区域出租车运力，避免运力过度集中或“冷点区域”严重缺乏的基础上，新增出租车规模对路网交通产生的影响较小。

4. 出租车系统发展保障措施建议

(1) 近期出租车投放保障建议

1）净化客运市场，保障出租车合法利益，集中整治非法营运现象，并持续跟进监督管理

2）鼓励新增出租车扩大服务范围，将服务延伸至既有出租车不愿去而居民存在较大需求的区域，一方面减少投放初期与现有出租车的竞争；另一方面很好地满足居民的出租车出行需求。

3）保障出租车驾驶员合理利益，加强驾驶员思想教育，确保出租车驾驶员群体的稳定性，从而保障出租车市场的顺利运行。

(2) 出租车系统发展保障措施

1）建议在即墨市设置出租车停靠站点，包括出租车候客站点、出租车上落客站点。

2）发展清洁能源出租车辆。

3）逐步实现出租车智能化调度与管理。

4）建议即墨市大力发展企业承包经营模式，同时对个体经营采取保留发展的态度。

5）制定并完善企业管理考核制度，并使之科学合理、有机持续。

6）完善道路设施，加强道路资源的管理，规范客运系统运营，改善城市整体交通状况，从而提高车辆运行速度，提高出租车周转率。

四、创新与特色

(1) 根据即墨市出租车运营情况及与相关地区出租车规模的对比分析，找出即墨市出租车供需现存问题；通过开展居民、驾驶员、出租企业问询调查及访谈，分析不同群体对于目前出租车服务及出租车规模的主观看法；通过对非法营运车辆的摸底调查，揭示现状出租车运力缺口及管理缺陷。

(2) 出租车规模扩容问题较为敏感，为进行合理预测，本项目依据规范及标准法、供需平衡法、出行强度法、意愿分析法和回归分析法五种方法研究即墨市出租车合理规模，并结合非法营运客运车辆摸底调查情况，确定即墨市中心城区近期、远期出租车发展的合理规模并提出相应保障措施。

五、实施及评价

依据本研究，即墨市交通局近期新增 600 辆出租车的指标已获政府批复。即墨市已分别于 2012 年底和 2013 年初分两批次投放了 400 辆出租车。目前，这些车辆大部分已投入运营，少部分车正在办理相关证件。其余 200 辆出租车计划将于 2013 年、2014 年两年内投入运营。新增出租车按照企业经营模式进行管理。

大港老港区及周边区域整体转型改造快速交通衔接规划

委托单位：青岛市规划局
编制人员：高　鹏　马　清　刘淑永
编制时间：2012 年

一、研究背景

为着力发展邮轮经济，加快青岛港整体转型升级，青岛市委市政府进行相关部署，组织相关部门进行多次研究论证，确定老港区 6 号码头及其腹地 29.5 公顷用地作为邮轮母港建设启动区，并将其周边 5 平方公里区域逐步打造成集金融商务、文化休闲、旅游度假于一体的邮轮母港经济区。

为促进大港老港区及周边区域整体转型改造，需加强该区域与周边区域的快速交通联系。

二、现状分析

（1）胶济铁路线对港区的内外交通联系形成了物理性阻隔，机动车辆可以通过冠县路、陵县支路、普集路、昌乐路和埕口路铁路桥洞进出港区，桥洞技术标准较低，对外交通不便。

（2）项目所在区域坐落于西部老城区，道路系统相对发达，但是路幅宽度较窄，路口间距较小，通行能力不高；大港区域范围内的道路系统应结合用地功能的调整进行优化和完善，特别要加强与外围城市道路系统的衔接。

（3）项目周边区域的公交线路相对发达，有利于居民乘坐公交车出行。大港范围内的公交盲区应在用地功能调整后与外围做好衔接。

三、规划目标与规划策略

1. 规划目标

（1）集约化：将交通建设重心转移到大运量、集约化交通设施上来，大力发展邮轮母港周边的轨道交通、市郊铁路等快捷的运输方式，加强该区域与周边区域的快速交通联系。

（2）体系化：实现各种交通方式在换乘枢纽的有效衔接和充分整合，发挥各自优势，形成有机整体。

（3）秩序化：优化交通组织、实现区域交通管理的信息化、智能化。

（4）舒适化：打造安全、连续、舒适、休闲的步行交通系统。

2. 规划策略

（1）结合项目周边的快速路系统，优化调整港区内外的道路衔接系统；

（2）调整轨道交通、地面公交站点布局，构建多功能旅游换乘交通枢纽，提高不同交通方式之间换乘的便利性，优化区域交通环境；

（3）改造利用港区内部既有铁路线，建设城际铁路客站，开通市郊铁路运营线，提高集约化出行比例；

（4）结合滨海景观道的走向，营造生态、舒适、休闲的行人步行景观系统。

四、交通规划方案

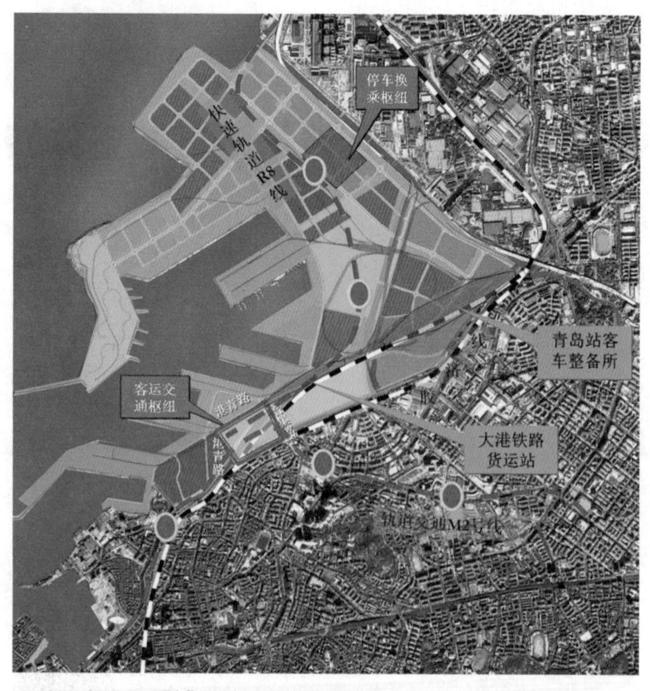

图 1　大港地区城际铁路线规划方案

1. 城际铁路

结合既有铁路和规划的城际铁路系统，实现与周边城市、市域主要组团、新机场快速联系。初步设想，结合大港货运功能的转移，充分利用既有的港口货运铁路线位，在港青路—普集路—新疆路高架桥之间，建设集城际铁路、城市轨道交通 M2 线、环湾快速轨道 R8 线于一体的客运交通枢纽，占地约 15 公顷，加大邮轮母港经济区的对外辐射能力（见图 1 和图 2）。

客站在胶济线、客车整备所及其联络线以外，从线路和用地条件分析设置客站具备一定的可行性，下一步要和铁路部门对接，并进一步论证。

图 2　大港地区客运交通枢纽规划方案

2. 城市轨道交通

在轨道交通 M2 线一期工程的基础上，延伸 M2 线至大港区域，通过 M2 线向东连接城市中心区、崂山金融商务区等核心区域；向西联系黄岛地区。

调整快速轨道交通 R8 线（环湾线）线位，沿港寰路穿越大港腹地，在港夏路、港寰路、港青路处设三处站点，为整个 5 平方公里大港区域提供快速的轨道交通服务。

3. 停车换乘枢纽

在港区的东北侧，杭州支路与港联路的交汇处设置大型旅游换乘枢纽一处，占地面积 15 公顷。由北部和东部行驶过来的机动车，可在此换乘旅游大巴车和电瓶车前往邮轮母港地区和中山路欧陆风情区。

4. 快速路系统

通过杭鞍快速路、新疆路快速路、胶宁快速路实现与城阳、李沧、崂山、黄岛等方向的快速交通联系。新疆路高架沿线共设有 6 对上下匝道进入大港腹地，分别为：

（1）环湾快速路匝道：连接杭州支路—港夏路；

（2）杭州支路匝道：连接杭州支路；

（3）昌乐路匝道：连接昌乐路；

（4）普集路匝道：连接普集路—青海路；

（5）冠县路匝道：连接冠县路、陵县支路；

（6）规划增设与杭鞍高架路相衔接的匝道，加强与东部区域的快速联系。

5. 主次干道系统

优化区域道路网路，通过旅游大巴、公共交通线路，联系周边历史文化街区、大型娱乐商业中心。

（1）环湾大道向5平方公里腹地延伸，与港青路—小港一路衔接形成大港区域内的滨海旅游次干路。

（2）将港夏路向东南方向下穿铁路与长春路相贯通，同时对次干路的结构布局进行调整。

（3）规划陵县支路至邮轮母港道路，与新疆路地面道路及高架匝道连接。

自岸线向陆域方向依次为：滨海步行道、滨海旅游次干路；城市主干路；城市快速路（见图3）。

图3　大港地区道路网规划方案

6. 海上旅游交通

以邮轮母港为重要节点，规划建设海上旅游交通线路，实现与胶州湾及两翼滨海区域主要客运码头联系。

（1）配合高新区和李沧、四方环湾地区的开发，建设红岛、西大洋、李沧、四方海上交通旅游码头。

（2）改造完善金沙滩、小青岛、浮山湾、中苑广场等海上旅游码头。

（3）结合沿海旅游景点和客运码头建设，逐渐扩大海上旅游交通专线规模。

7. 空中交通联系

在港区内设置直升飞机停机坪，加强与周边城市及市域主要组团的高端商务交通联系。

五、创新与特色

（1）结合大港货运功能的转移，改造港区内部既有铁路线，开辟市郊铁路运营线路，并建设集城际铁路、城市轨道交通线、市域轨道交通快线于一体的客运交通枢纽，有效地实现铁路与轨道两网统筹，进一步加强母港客流与市域主要组团、新机场及周边城市的快速交通联系。

（2）综合考虑区域对外交通及用地条件，在港区东北侧设置大型旅游交通换乘中心一处（占地约15公顷），用以提供旅游换乘、旅游信息咨询等服务，能够有效缓解旅游高峰时期前海一线旅游集散设施供应不足的矛盾。

（3）打造具有鲜明滨海城市特色的路网体系，自岸线向陆域方向依次为滨海步行道、滨海旅游次干路、城市主干路、城市快速路。首先，结合后海区域地块开发，开辟滨海旅游次干路，有效缓解西部城区新疆路、四川路、莘县路等南北向道路的交通压力。之后，结合滨海次干道走向，进一步完善后海区域的滨海步行道，为游客营造生态、宜居、休闲的步行系统。

第八篇

交通影响分析

忆秦娥

一栋栋，多少惊叹转瞬中。转瞬中，拥堵渐重，影响可行？
分析数据观总平，方案优化缜思中。缜思中，内外建管，供需平衡。

青岛市体育中心项目交通影响分析

委托单位：青岛国信体育产业发展有限公司
参加人员：徐泽洲　李勋高
完成时间：2007 年

一、项目背景

青岛是 2009 年第十一届全运会的协办城市。大型赛事能否成功举办，关键之一在于能否保证交通有序、快速和安全集散。根据一般同类赛事的经验，比赛结束后离场时间一般为 30 ～ 45 分钟，疏散时间为 2 小时左右。青岛体育中心位于崂山区，整个体育中心由主体育场、主体育馆及附楼、综合训练馆、游泳馆、全民健身中心、网球中心、新闻中心和备用馆构成（见图 1），规划总建筑面积高达 28.3 万平方米，比原先规模扩大了近 3 倍，对周边交通系统提出了严峻的考验。

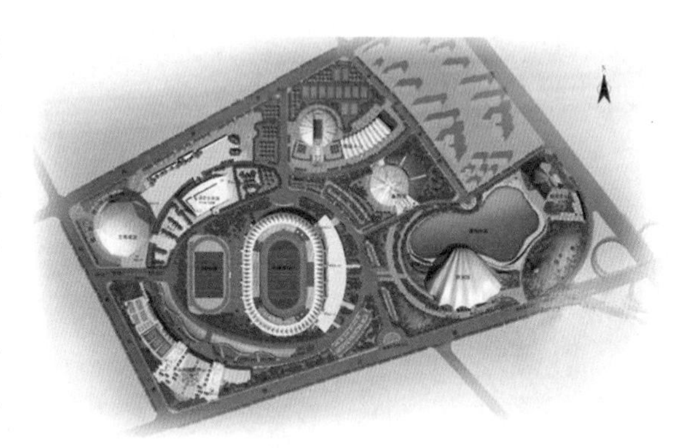

图 1　体育中心平面布局图

二、主要内容

1. 交通量预测

根据第十一届全运会青岛赛区安排，短道速滑、花样滑冰、乒乓球、花样游泳和主体育场不可能同时使用，项目最大交通流出现在容纳 6 万人的主体育场使用时。采用“四阶段法”进行预测，主体育场举办赛事时的高峰小时交通需求约为 10248pcu/h，加上平时常态下的交通出行量后，体育中心赛时最大交通出行量约为 12026pcu/h（见图 2）。采用圈层外推法进行交通量分配，将项目新增交通量与背景交通量叠加，得到周边主要道路和交叉口的交通量及饱和度。经分析，平时情况下项目对城市交通影响较小，而赛时对城市交通影响较大，必须采取交通管制措施。

图 2　周边道路交通量情况

2. 静态交通分析

对赛时各类车辆停车位进行了预测，公交车辆停车泊位需求 236 个、出租车停车泊位需求 520 个、大客车停车泊位需求 103 个、小客车停车泊位需求 4400 个。

3. 交通设施优化

（1）海尔路—银川路立交方案优化

项目方案中的海尔路—银川路交叉口按照标准苜蓿叶全互通立交控制，该方案仅考虑了项目自身，而没有考虑其他象限的万杰医院、恩马文景园和崂山区人力资源大厦等已建项目，存在重大问题。本研究结合了该区域的控制性详细规划、道路交通规划等上位规划，对立交方案进行了分析，最终确定按扁平苜蓿叶形式控制，合理避开了各个象限的既有和规划建筑物（见图 3 和图 4）。

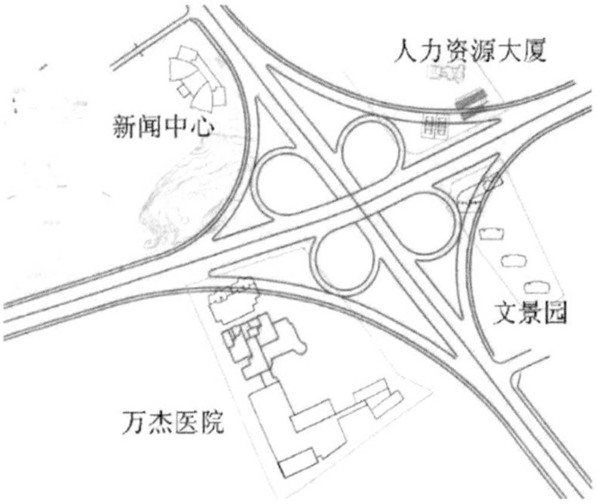

图 3 原立交形式

图 4 调整后立交形式

（2）出入口通道需求分析

按照最不利情况下 2067 个停车位 100% 被利用，要实现 45 分钟内完全疏散的目标，出入口需要设置 8 条机动车道。如果考虑 VIP 车道和消防车道，大约需要 10 条车道。项目方案共有 5 个机动车出入口，16 条机动车车道，能够满足交通需求。体育中心 6 万观众要实现 45 分钟的疏散目标，其出入口人行道总宽度需求为 $L=60000/[1800\times(45/60)]=44.5$ 米，而原设计方案人行道总宽度为 36 米，缺口为 8.5 米。

（3）赛时停车位布局

体育中心内部配建停车泊位 2067 个，原则上优先满足贵宾、运动员、新闻记者、体育中心工作人员等持有通行证的车辆停放。社会车辆的停放原则上不进入体育中心内部，而是采用外围的公共停车场和临时占路停车解决。

体育中心紧密层优先安排公交车辆和出租车临时停放，在体育中心外围设置了 4 处公交临时停车场，可供 100 辆公交车辆停放。规划 9 处出租车临时停靠点，可同时供 540 辆车停放（见图 5）。

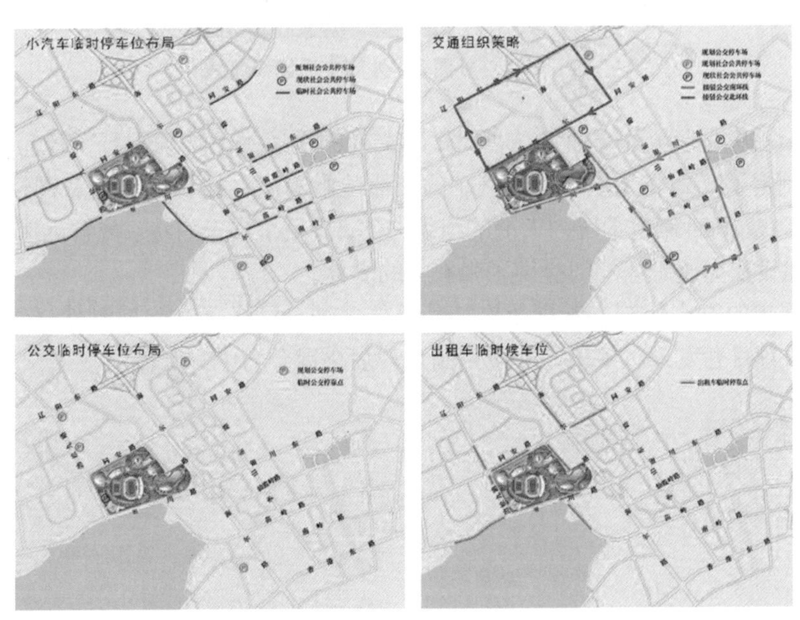

图 5 赛时停车位布局图

4. 交通组织

（1）内部交通组织

体育中心内部机动车交通组织主要采用单向交通组织，内环路和外环路均实行逆时针单行，有效缓解对向车辆的相互干扰，加快车辆的疏散速度（见图6）。人流首先集散到小内环路上，然后通过连接内环的疏散通道解决（见图7）。

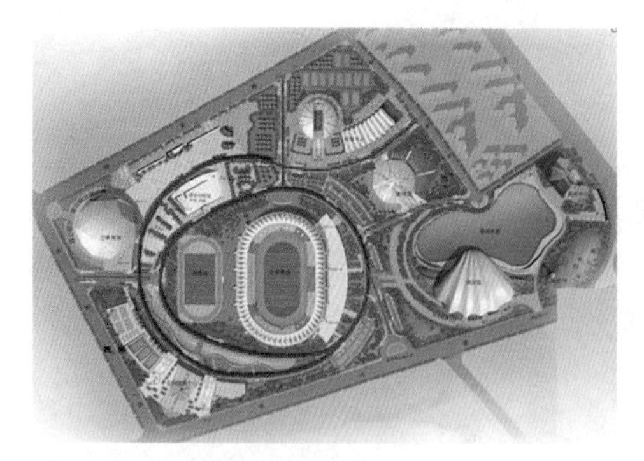

图6　内部车流组织流线

图7　内部人流组织流线

（2）外部交通组织

海尔路（辽阳路—香港路）调整为专用通道，只准公交车、出租车及持证人员车辆行驶；秦岭路—银川路—李山东路—同安路—劲松九路—银川路—李山东路组织为单向交通，其他各方向的交通进入该循环，实现车辆的进出。以上为海尔路、银川路快速路实施前的交通组织理念。快速路实施后，单向交通的方向恰好与实施前相反，各方向的车流进入小环，即可进行各方向的交通转换（见图8）。

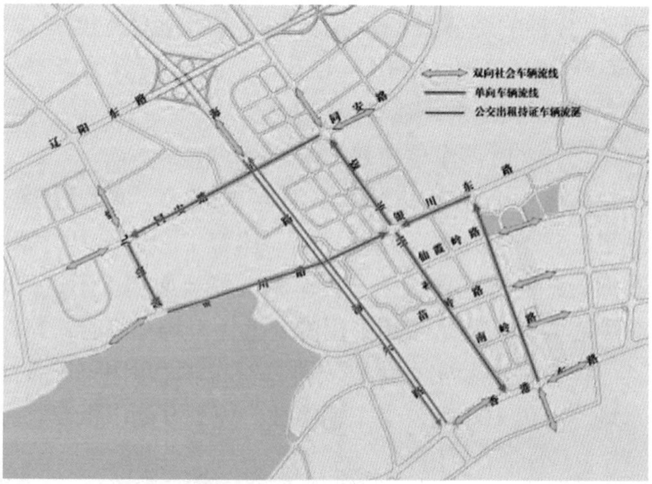

图8　外部交通组织流线

三、成果特色

本研究结合十一届全运会的交通特点，对短时突发的交通需求特征进行了较为准确的预测分析，并以此为基础，制定了以公交为主结合小汽车的交通疏解策略，结合地面道路网情况规定了小汽车管控措施和行使路线，同时制定了场内人流的组织方案，满足了安全有序、疏解迅速的交通管理要求，为周边交通设施建设及交通管理部门提供了强有力的支撑。

本研究成果提出的立交控制方案被政府相关单位采纳，已经落实到控制性详细规划当中，提出的交通组织方案被项目开发单位采用，并应用到十一届全运会当中，圆满完成了预期目标。

青岛李沧万达广场交通影响分析

委托单位：青岛万达广场置业有限公司

编制人员：徐泽洲　于莉娟

完成时间：2010 年

一、项目背景

青岛李沧万达广场是继台东万达广场、CBD 万达广场后的万达青岛第三城，是一座集合了大型 shopping mall、室内、室外步行街、高品质住宅、公寓、写字楼、风情商业街等众多现代商业和居住形态于一体的超大型、国际级城市综合体。项目占地面积 31 公顷，总建筑面积为 146.8 万平方米，地下停车位约 6900 个（见图 1 和图 2）。

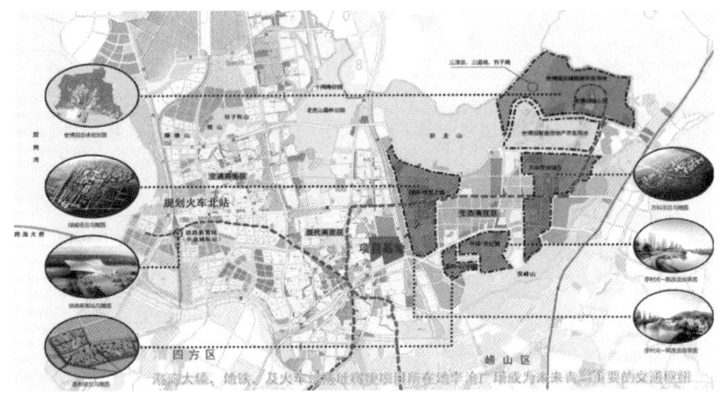

图 1　项目地块区位示意图

图 2　项目方案效果图

二、主要内容

1. 限制性要素分析

项目用地东临青银高速，西靠黑龙江路，南濒李村河，可以看出项目规划的主要限制性因素即对外交通联系条件（见图 3）。结合项目用地规划，对限制性要素进行分析如下：

项目东侧过青银高速有中崂路、大崂路两个下穿桥洞，现状分别为 11 米和 7 米净宽，尚未通车；青银高速东李收费站位于项目东南方向，最短直线距离 700 米；项目东侧中崂路东向西爬坡交黑龙江路为信控路口；南崂路在黑龙江路东西两侧存在错位，且受高架桥落地点影响，无法实现规划的平面

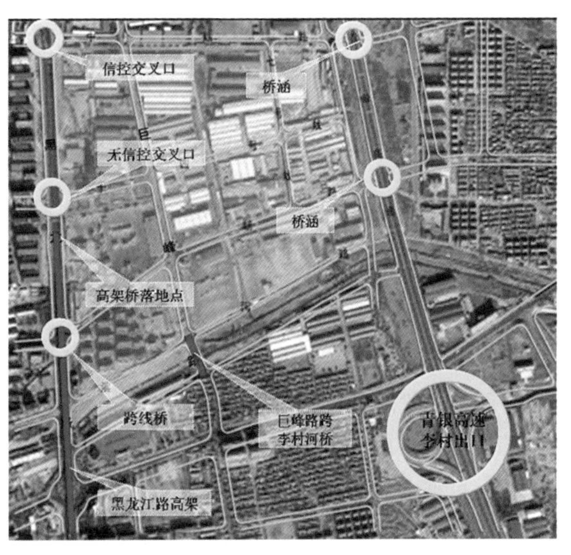

图 3　项目周边主要限制性要素图

交叉；滨河路（黑龙江路—巨峰路段）尚未贯通，受东李花园小区的影响，近期开通难度较大；项目周边公交线路集中在李村公园附近，黑龙江路上的公交线路相对较少，公交线路、站点的服务项目地块能力较弱（见图 4 和图 5）。

图 4　项目周边公交线路分布图

图 5　项目周边公交站点分布图

2. 动态交通预测分析

针对项目实施的限制性要素，预测并分析项目各条对外交通联系通道对背景交通量和项目交通量的交通负荷情况（见图 6 和图 7）。

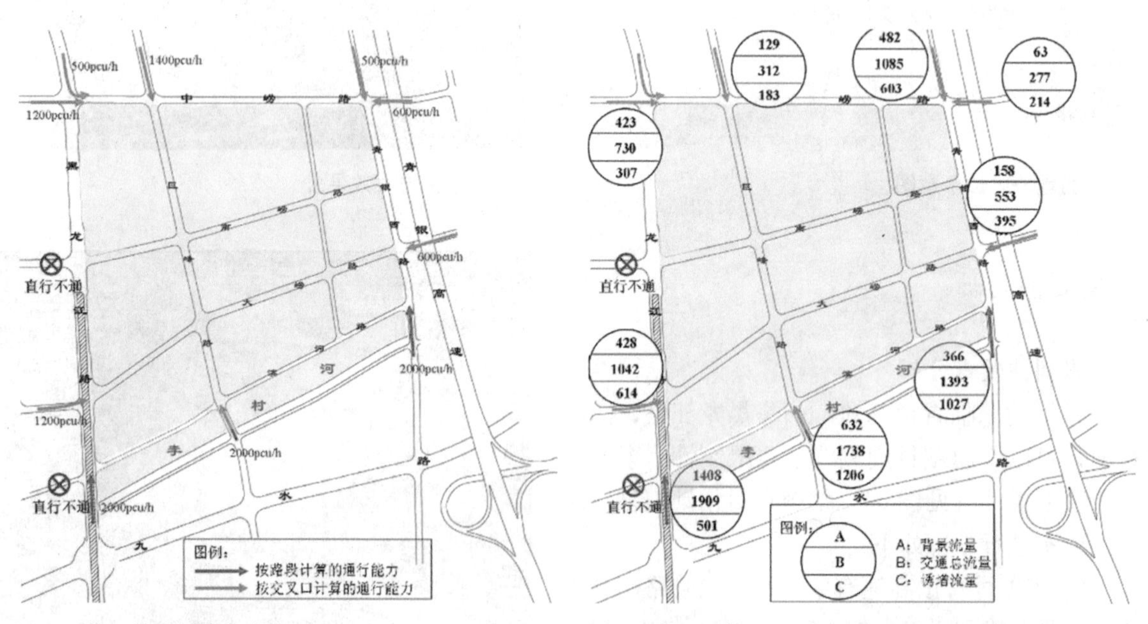

图 6　进口道通行能力分析图

图 7　进口道背景、诱增、总交通量分配图

3. 静态交通预测分析

通过对比分析，晚高峰是项目地块停车需求的高峰，泊位总需求 7475 个，项目规划 6900 个停车位，不满足高峰停车需求，应予补足。此外，通过标准化分析，项目部分车位出入口位置也不符合规范要求。

4. 道路设施优化措施

项目西侧中崂路、南崂路及大崂路与黑龙江路相交路口做展宽改造，为车辆进出黑龙江路提供右转待行空间，一定程度上可以降低项目地块交通流对黑龙江路的干扰，以保证其过境性交通主干道的功能；青银西路是项目地块南侧和东侧重要的出入口通道，远期交通量较大，建议中崂路—九水路段横断面由规划的16米拓宽为24米，实现双向4车道；中崂路车行道由原规划14米调整至16米，满足设置4车道的条件；项目方案规划滨河路受东李花园住宅楼影响，现状无法实现，应控制用地，进行预留（见图8）。

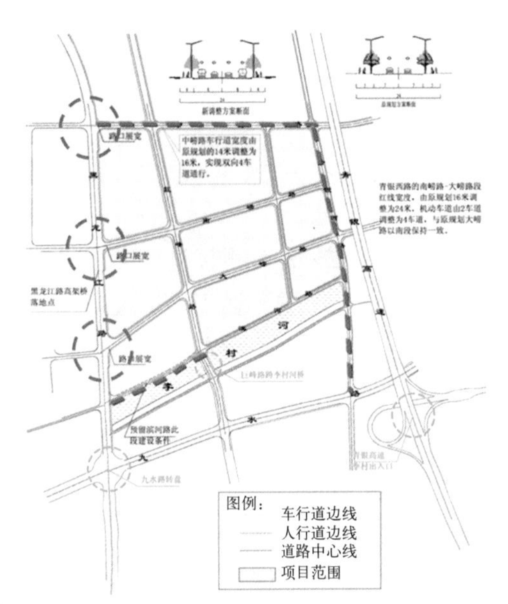

图8　项目道路设施优化图

5. 出入口优化措施

根据需求预测和相关规范要求，调整部分车行、人行出入口布局，有效解决了区域内部交通与过境交通的相互干扰问题，保证了黑龙江路上过境交通的快速穿越（见图9和图10）。

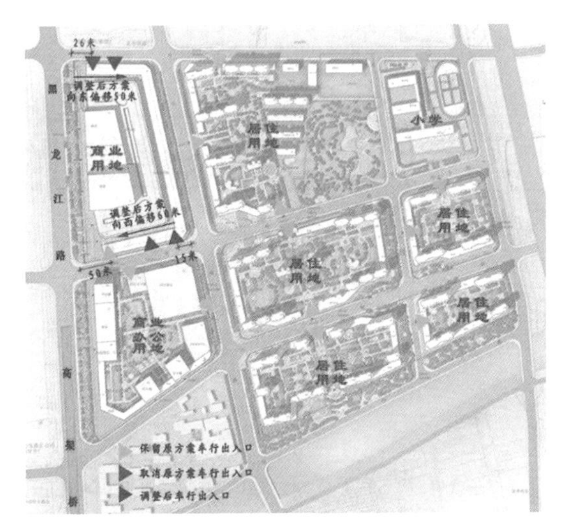

图9　项目车行出入口优化调整图

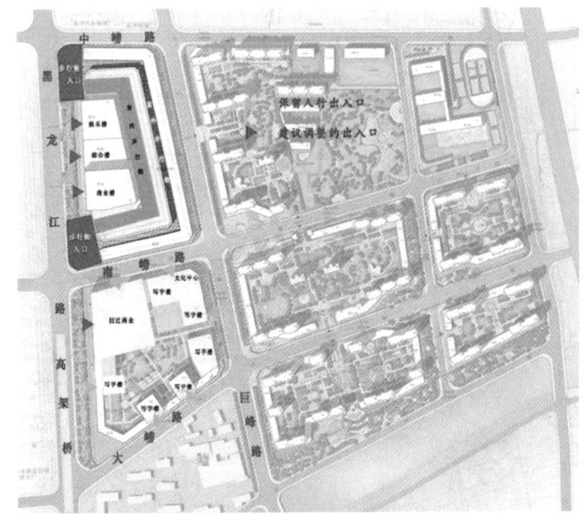

图10　项目人行出入口优化调整图

三、成果特色

建设项目规模较大，且紧邻城市交通性主干道，交通组织复杂。本研究方案较好地处理了地块车行出入口与过境性主干路的关系，有效解决了人行过街问题。

军区青岛一疗二区项目交通影响分析

委托单位：济南军区联勤部基建营房部

编制人员：董兴武　刘淑永　万　浩　高洪振

编制时间：2010 年

一、研究背景

青岛一疗二区项目（以下简称项目）处在青岛市中心区的核心位置，项目北连香港路，东北角隔路与青岛市政府相望，东与建设中的青岛国际贸易中心相邻，南靠东海路，西与青岛世界贸易中心为邻（见图 1 和图 2）。周边分布有大量办公、商务商贸、金融信息等公共设施，堪称“钻石地段”。

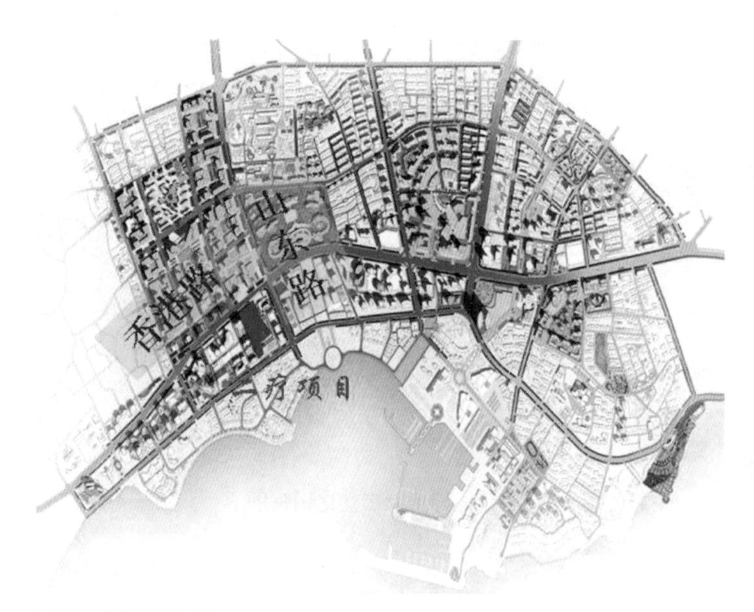

图 1　项目区位图

图 2　项目平面布局图

项目总用地面积约为 4.0 公顷，总建筑面积为 33.5 万平方米，其中地上建筑面积为 27.2 万平方米，包含高档居住、商业、酒店、宾馆等功能。项目周边路网条件相对较好，公交线路较多，有利于项目对外联系，但停车位缺乏，高峰时间道路交通压力较大（见图 3 ～图 4）。

二、交通动态分析

通过分析预测，在项目实施后周边主要道路受项目交通影响显著。道路平均运行速度下降约 33%，行车时间增加约 1.47 倍，各出入口拥挤排队现象将明显增加，进而将影响周边主路交通。

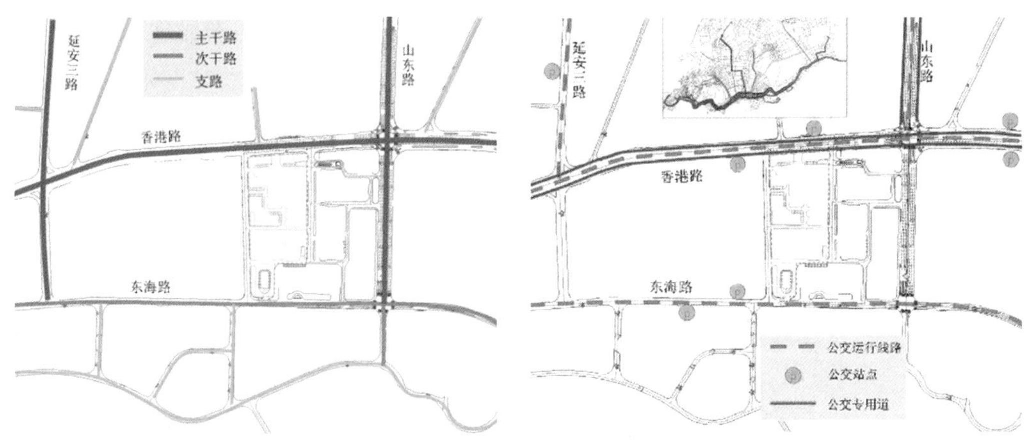

图 3　项目周边路网图　　图 4　项目周边公交设施分布图

三、交通优化措施

1. 支路系统优化

打通并拓宽内部通道，内部道路形成微循环（见图 5 和图 6），增强项目交通的灵活性，提高路网服务水平和可靠性，降低项目对城市道路的影响。

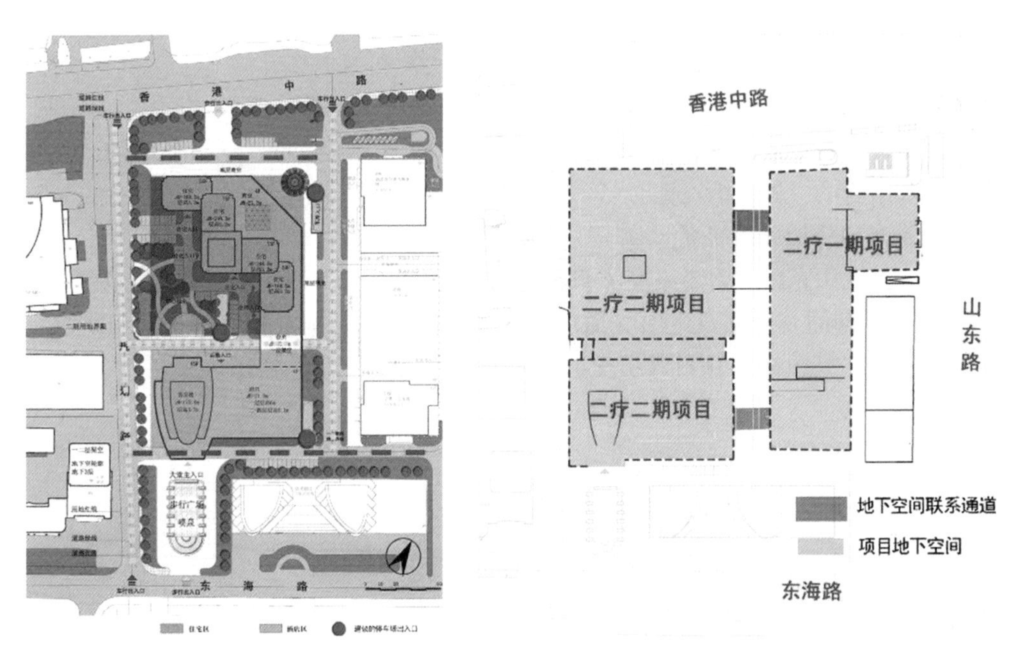

图 5　内部道路优化图　　图 6　地下空间连通示意图

2. 停车设施优化

在实现内部道路双向通行的前提下，利用项目东、西两侧的两条规划路，增设临时停车位；项目内侧调整地下停车场出入口位置，保证距交叉口至少 50 米，减少高峰时段进入车辆排队对香港路的交通影响；地下空间净高保证不小于 3.6 米，以满足立体停车需要；地下空间采用“区域连通、功能复合”的模式，与周边地块地下空间实现一体化连通；按比例设置货运停车位和无障碍车位。

3. 项目内外部交通组织管理优化

局部调整原设计方案的内部交通组织管理（见图 7 和图 8），主要如下：内部各条道路采用双向行驶，与外围城市道路衔接的出入口均采用右进右出的交通组织形式。机动车道两侧设步行道，并考虑无障碍车道设计。允许在项目东、西两侧的两条南北向道路进行出租车候客和其他车辆的临时停车上下客。

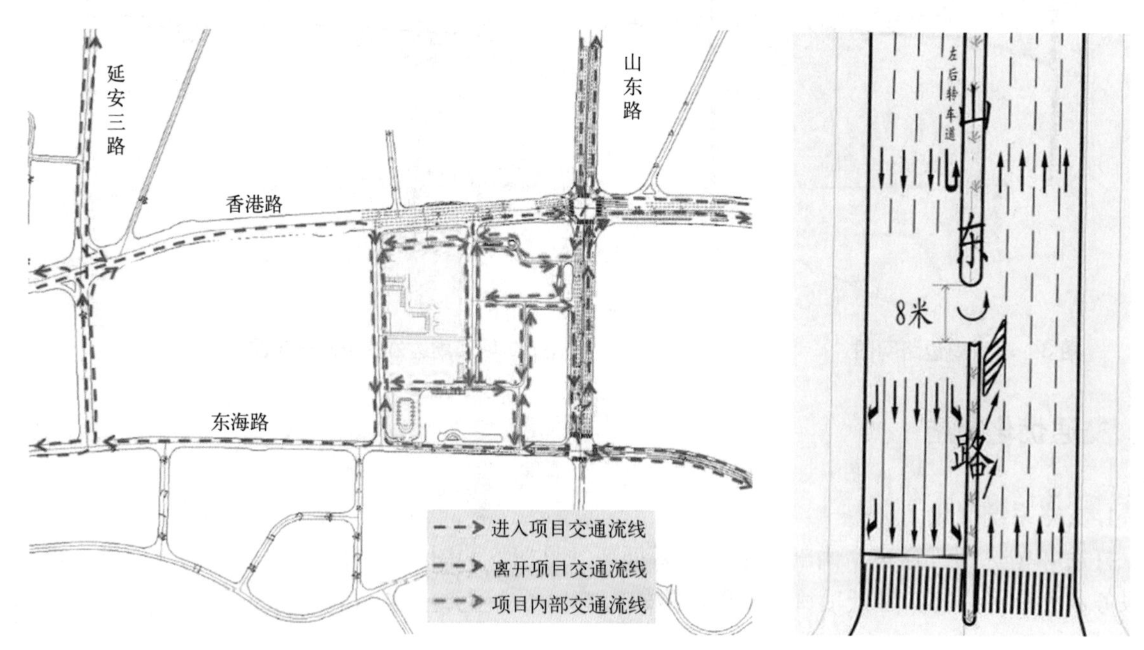

图 7　项目机动车交通组织管理图　　图 8　山东路局部调洗图

加强周边道路交通管理：将山东路绿化带局部打开，实现车辆提前调头；优化信号配时，增加香港路、东海路东西向直行绿灯时间；加强道路交通管理，取消山东路的占路停车；结合地铁站，实现地上及地下过街相结合的立体过街设施。

4. 项目与轨道交通协调关系研究

轨道交通 M3 线在山东路—香港路交叉口设置一处站点（五四广场站），施工方案基本已定，采用明挖方式。在施工期间将对项目进出交通产生明显影响。需要制定相应的交通组织及调流方案，便于项目交通的进出（见图 9）。项目进出交通主要通过山东路和东海路组织。

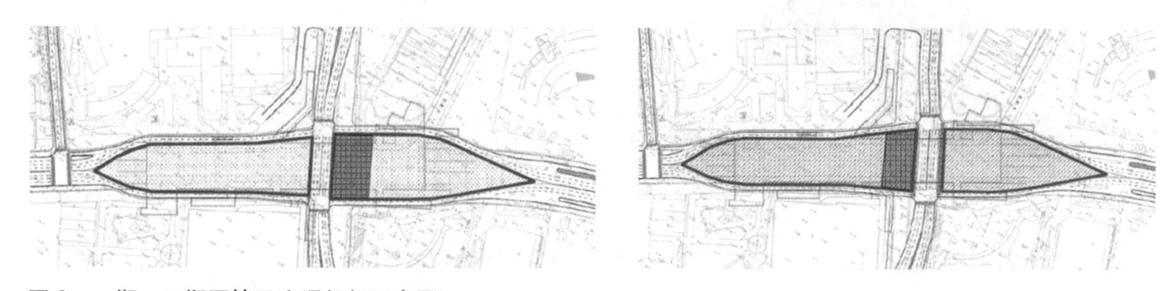

图 9　一期、二期围挡及交通组织示意图

四、成果特色

（1）充分考虑项目施工与地铁施工之间的矛盾，合理组织项目与周边交通的关系，减少项目实施的难度和对外部交通的影响。

（2）提出“区域连通、功能复合”地下空间利用设想，提高土地利用效率，减少对外部交通影响，统筹相邻地块的交通设施。

青岛长途汽车站改造工程交通影响分析

委托单位：青岛交运集团公司
编制人员：刘淑永　张志敏
编制时间：2008 年

一、项目背景

青岛长途汽车站是规划的五个综合性内外客运交通换乘枢纽（青岛火车站、青岛长途汽车站、汽车东站、铁路新客站、流亭国际机场）之一。随着社会经济的发展，人们对旅行的舒适性、便捷性、安全性等方面的要求不断提高，青岛长途汽车站的规模、内外功能、形象等已不适应现代化车站服务的要求。特别是停车设施、旅客到站设施的缺失更是加重了长途汽车站周边的混乱现象，加大了城市管理的难度。借助 2008 年奥帆赛契机，对青岛长途汽车站进行改扩建改造，是十分必要和迫切的。

青岛长途汽车站位于四方区温州路 2 号，现状占地 31.2 亩，设计旅客发送能力 250 万人次 / 年，2005 年车站旅客发送量为 330.1 万人次，日发班次 780 个，日进班次 980 个。现有发车位 20 个，其中候车室北侧有 16 个正式发车位、站前广场有 4 个临时发车位。在发车位北侧有停车场（只供长途大客停放），占地面积约 6200 平方米，停车泊位约 70 个（大客）。改造后的青岛长途汽车站占地面积不变，将大巴停车场由地面式改为地下 + 地上式，大巴停车位维持 70 个，新增小汽车停车位 41 个，同时在面向杭州路的位置设置了迎客厅，进一步提升了长途汽车站的服务水平（见图 1）。

图 1　汽车站改造后照片

二、主要内容

在分析现状青岛长途汽车站运行状况及周边交通的基础上，先对城市的对外客运总量以及出行结构进行预测，进而预测长途汽车站的客运总量。利用四阶段法预测路段流量，利用交叉口服务水平对动态交通进行评价，并对静态交通设施进行评价。对项目提出的两个方案进行相应的分析，并最终提出推荐方案。

在方案优化中，首先从长途汽车站出入通道尺寸、停车位的布置、出租车位的布置、站前广场的规模等方面对推荐方案提出改善意见，然后分车型提出交通组织方案（见图 2 ~ 图 5）。

长途汽车站发生吸引的交通量分配至路网中与背景交通量叠加，以判断长途汽车站发生吸引的交通量对道路的影响。通常道路延误发生在交叉口，因此为了判断长途汽车站产生的交通量对道路的影响，对与长途汽车站相关的主要交叉口服务水平进行评价（见表 1）。

2010 年交叉口高峰小时流量及服务水平 表 1

序号	交叉口名称	通行能力（pcu/h）	高峰小时交通量（pcu/h）	饱和度	服务水平
1	温州路—人民路（地面层）	2400	2480（西南象限）	1.04	四级
2	杭州路立交	15600	9910	0.64	二级
3	宁化路—温州路	4500	5370	1.19	四级

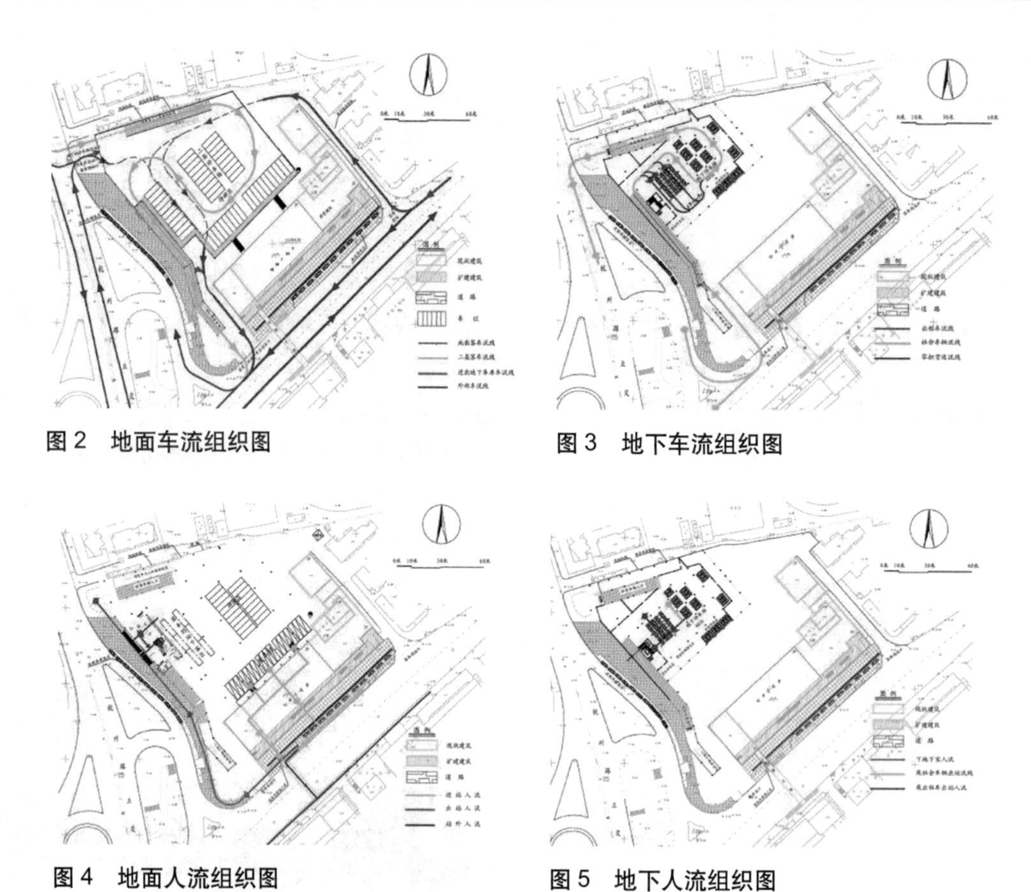

图 2 地面车流组织图

图 3 地下车流组织图

图 4 地面人流组织图

图 5 地下人流组织图

从表 1 中看出，长途汽车站对周围的道路交通影响较大，除了杭州路立交饱和度稍低外，温州路—人民路交叉口、宁化路—温州路交叉口已经达到饱和。因此，必须采取有效的交通改善措施缓解道路和交叉口的拥挤状况（见图 6）。

三、成果特色

青岛长途汽车站已于 2008 年北京奥运会开幕前建成投入运营，研究报告提出的交通优化措施在施工图设计中得到充分采纳，提高了项目运营效率和安全保障能力。

青岛长途站地处老城区，空间狭小，周边交通密集，通过定性、定量分析，精细化组织各种交通方式集散空间，实现了车站到发能力与交通集疏运能力的匹配，内外交通的有机衔接，为此类项目提供了有益借鉴。

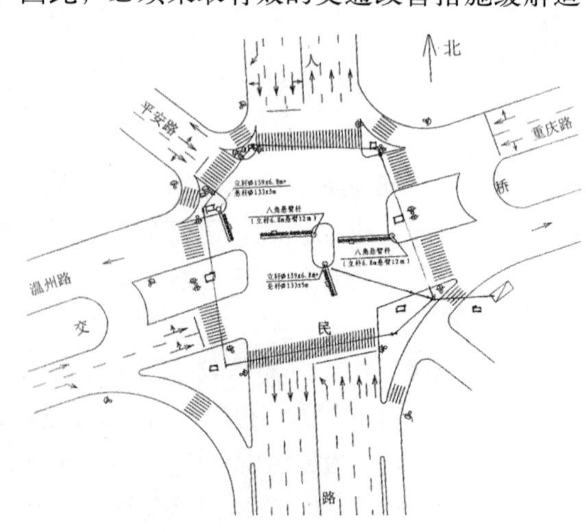

图 6 人民路—温州路交叉口改造示意图

青岛市蓝海新港城项目交通影响评估

委托单位：青岛蓝海新港城置业有限公司
编制人员：张志敏　刘淑永　高洪振
完成时间：2012 年

一、项目背景

蓝海新港城项目位于团岛西镇区域，该区域特殊的地理位置和铁路的阻隔，对外交通联系不便，主要道路交通量增长迅速，大部分道路高峰时段接近饱和，交通拥堵现象严重。特别是胶州湾隧道建成通车后，团岛、西镇区域成为青岛主城与西海岸经济新区联系的桥头堡，大量的人流、车流在此汇集，交通压力更大。

蓝海新港城项目是团岛、西镇区域开发的重要启动项目之一，对优化老城区用地功能结构、城市空间布局有重要的带动作用。但是由于蓝海新港城项目特殊的地理区位，其建成后与外部道路的衔接以及相关配套设施内部的交通组织需要详细规划设计，而且项目建成后对周边道路交通的影响也需要进行评估，因此需要对蓝海新港城项目进行交通影响的专题研究。

二、项目方案回顾及评析

早在 2008 年 11 月，项目有关部门就采取公开招标的形式对中岛组团及周边区域进行了概念性规划方案的征集，最终由日本 NIHON SEKKEI 株式会社设计的方案在众多方案中脱颖而出。其在规划设计上将保留的轮渡客运码头作为地区中轴线，纵向规划了南北滨海主干道，沿四川路界面设计商业、办公建筑带，形成连续的沿街界面。在交通系统规划方面，规划了南北向的主干道连接三岛的主要交通，利用中岛的中心广场和两组公共建筑的地下空间建设地区的交通枢纽及旅游集散中心。沿海岸线组织景观型自行车和步行道，形成特色滨海慢行系统。

概念规划方案中规划的南北滨海主干道连接三岛交通对项目本身以及项目内外衔接起到很好的支撑作用（见图 1）。由于项目南北狭长，不可能设置过多的南北向道路，因此项目与外部道路的联系更多地要依赖东西向的道路。概念规划方案中将观城路延伸至中岛内部，但是隧道连接线在广州路至东平路段属于桥隧连接区域，观城路无法向西打通，更无法与项目取得联系。

2010 年 4 月，有关部门又委托了上海现代建筑设计集团、美国 EEK 建筑师事务所等有关单位进行了《青岛蓝海新港城（中岛）修建性详细规划》（以下简称修详方案）的编制工作。项目在交通设计中本着人车分流的规划理念，将机动车交通通过地下公共通道进行疏导，地面保证机动车紧急出入功能的同时强调以步行环境为主，形成“人上车下”的立体交通体系。项目内地面道路均为区内道路，主要为地下车库车辆进出服务。服务于项目内部的主通道位于 -1.4 米标高层，并每隔一定间距设置回头车道。考虑到地下车库的设置，又规划了联络通道与主通道衔接。在四川路靠近项目一侧设置辅路，项目出入口主要放在四川路上。将 220 辆公交停车场和轮渡候车区放在 7.5 米标高和 1.5 米标高层。公交车辆和轮渡车辆出入口共用，均设置在四川路上（见图 2 ～图 4）。

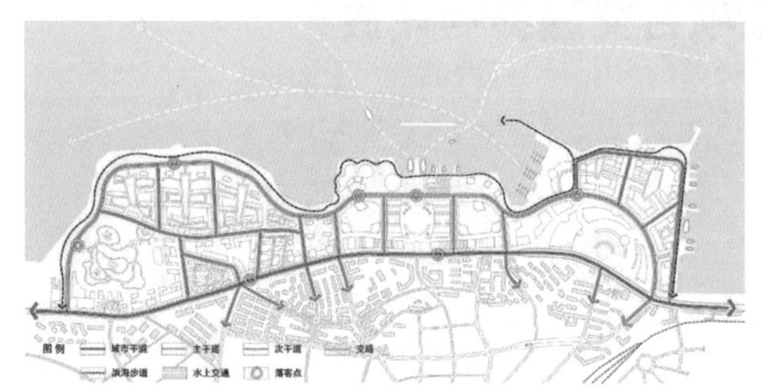

图 1　概念设计方案交通分析图

图 2　项目出入口分布示意图

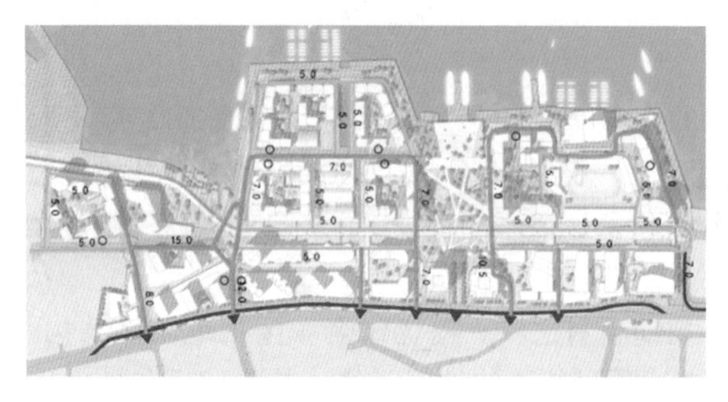

图 3　项目地面道路系统示意图

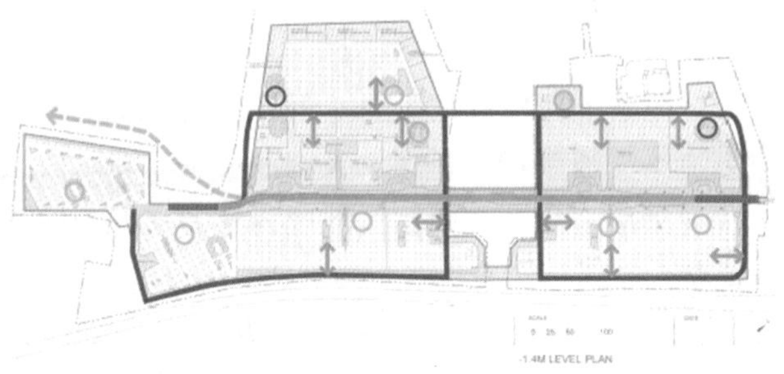

图 4　地下道路系统示意图

修详方案中为了解决人车分流的问题将项目主通道设置在地下，与外部的城市道路基本不发生联系。这样导致的后果是项目出入口过多地集中在四川路上，给四川路造成很大的影响和干扰。规划的南北路由于设置在地下，车辆只能采取右进右出的方式，如果掉头需要在中央分隔带的指定区才能实现，增加了车辆的绕行距离和无效交通量。项目内外衔接交通组织不合理，车辆只能北进南出，单进单出，未考虑项目东西向通道与外部路网的联系。

针对修详方案中存在的问题，建议将现状的东平路、西藏路延伸至项目内部并与规划的南北道路相交，与现状的四川路一起构成项目内外衔接的主要通道。另外，规划的南北道路应向北与北岛相接，向南连接南岛，构成与四川路平行的一条南北次干路。

项目委托单位和项目平面设计单位接纳了优化建议，对项目方案总平面进行了调整，调整后的总平面如图 5 所示。

项目占地面积 22.8 万平方米，总建筑面积约 80 万平方米，其中住宅建筑面积 44 万平方米，商业和商务建筑面积 33 万平方米。在用地功能上以轮渡站上盖的中心广场向两翼扩展，南侧以高档住宅为主，沿四川路设置商业、商务用地。中心广场两侧设置两栋超高层建筑，主体功能为商务办公。

图 5　新的修建性详细规划方案总平面

本次交通影响评估重点对新调改的蓝海新港城修建性详细规划方案进行评估研究。

三、项目主要内容

1. 项目区域地形条件分析

蓝海新港城项目所在区域总体呈矩形，南北长约 650 米，东西宽约 300 米，总体地势北高南低，东高西低。现状四川路地面道路路面标高 9.7 ~ 11.8 米，项目场地标高 4 ~ 5 米，存在 5 ~ 6 米的高差。地块东侧起伏较大，边界处标高以 11 米为主，地块西侧地形较平缓，以 4.0 米标高为主，与西侧海岸线标高基本持平（见图 6）。

项目场地内地形高差变化较大，东高西低（见图 7），因此要合理确定项目内部规划南北道路的标高，以便延伸至项目内部的西藏路、东平路、磁山路可以与之平面交叉。另外，要充分考虑公交停车场和轮渡候渡区的合理标高，以便车辆顺利进出。在设计时可以充分利用东西两侧的地形高差，合理设置地下停车场。

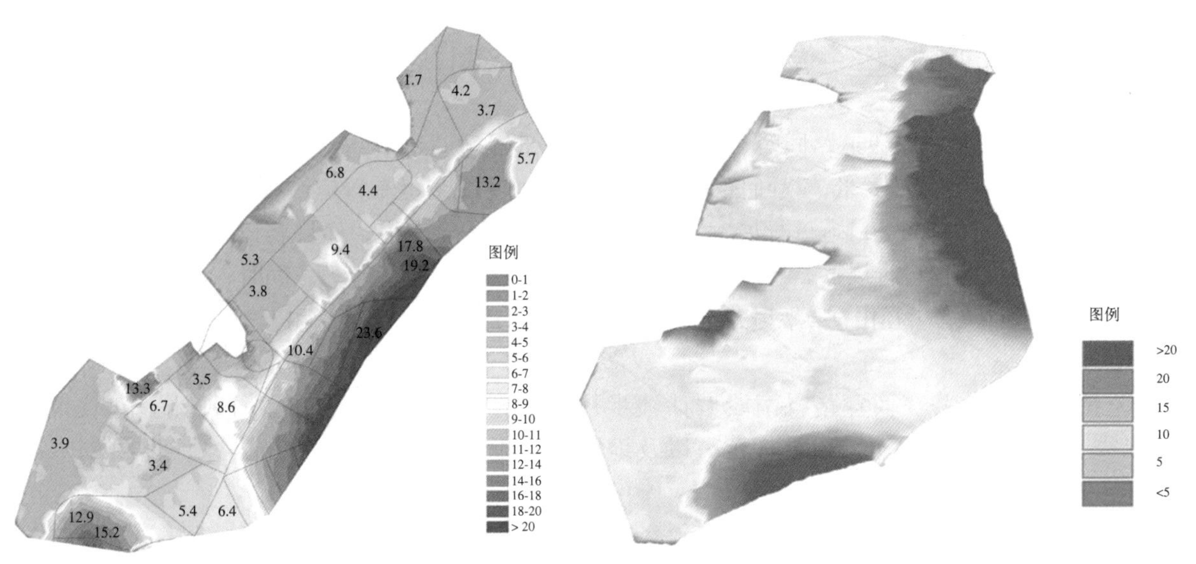

图 6　项目场地标高分析图

图 7　项目场地地形分析图

2. 交通需求预测

根据项目不同类型用地规模，分地铁开通和未开通两种可能性预测项目未来产生吸引的交通需求（见表 1、表 2、图 8 和图 9）。

地铁未开通时不同用地高峰小时交通量（pcu/h）表 1

性质	早高峰		晚高峰	
	吸引	产生	吸引	产生
住宅	259	2594	1945	519
办公	2905	363	73	2542
零售商业	1085	108	2892	1085
合计	4249	3065	4910	4146

地铁开通后不同用地高峰小时交通量（pcu/h）表 2

性质	早高峰		晚高峰	
	吸引	产生	吸引	产生
住宅	207	2072	1554	414
办公	2321	290	58	2031
零售商业	867	87	2311	867
合计	3395	2449	3923	3312

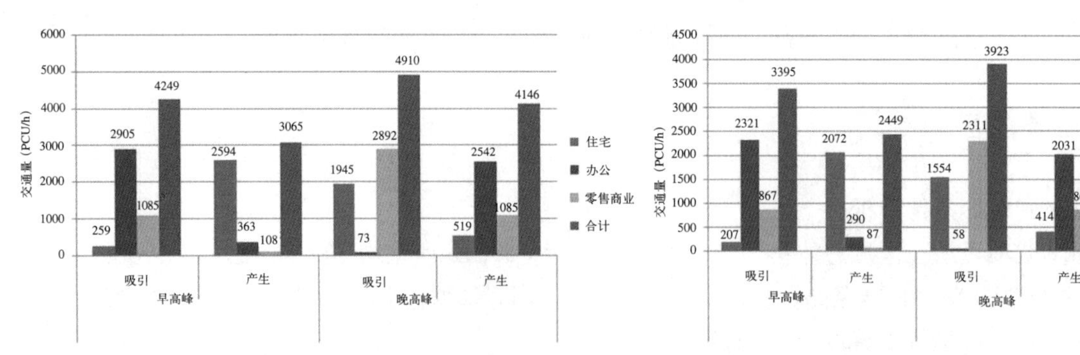

图 8　地铁未开通时不同用地高峰小时交通量示意图　　图 9　地铁开通时不同用地高峰小时交通量示意图

3. 项目交通优化方案

（1）道路系统优化

结合相关规范，并考虑相关已批项目和用地等情况，对道路系统提出如下优化意见：

1）西藏路西延段。该段道路作为与四川路及以东城市路网进行联系的主要通道，红线宽度为 18 米，横断面为 3 米（人行道）+12 米（车行道）+3 米（人行道）。西藏路—四川路交叉口西北角现有胶州湾隧道人员紧急逃生通道，位于西藏路西延段线位上，建议协调隧道主管部门将紧急逃生通道进行改建。

2）东平路西延段。该段道路同西藏路西延段一样，也是项目同四川路及以东城市路网进行联系的主要通道。红线宽度为 18 米，横断面为 3 米（人行道）+12 米（车行道）+3 米（人行道）。该段道路与四川路的交叉口的进口道进行展宽，可使进口道增加一个车道。建议将该段道路与南北向次干路交叉口的进口道也进行展宽，增加 1 个车道，以提高路口的通行能力。同时，将该段与四川路相交路口的路缘石转弯半径由 9.7 米提升至 15 米，以适应四川路的设计车速和大型车转弯的要求（见图 10）。

3）南北向次干路在西藏路以南段圆曲线半径优化。该段圆曲线半径为 100 米，建议调至 150 米或者更大，满足次干路设计规范，以及地块 A 在曲线段开设进出口的要求（见图 11）。

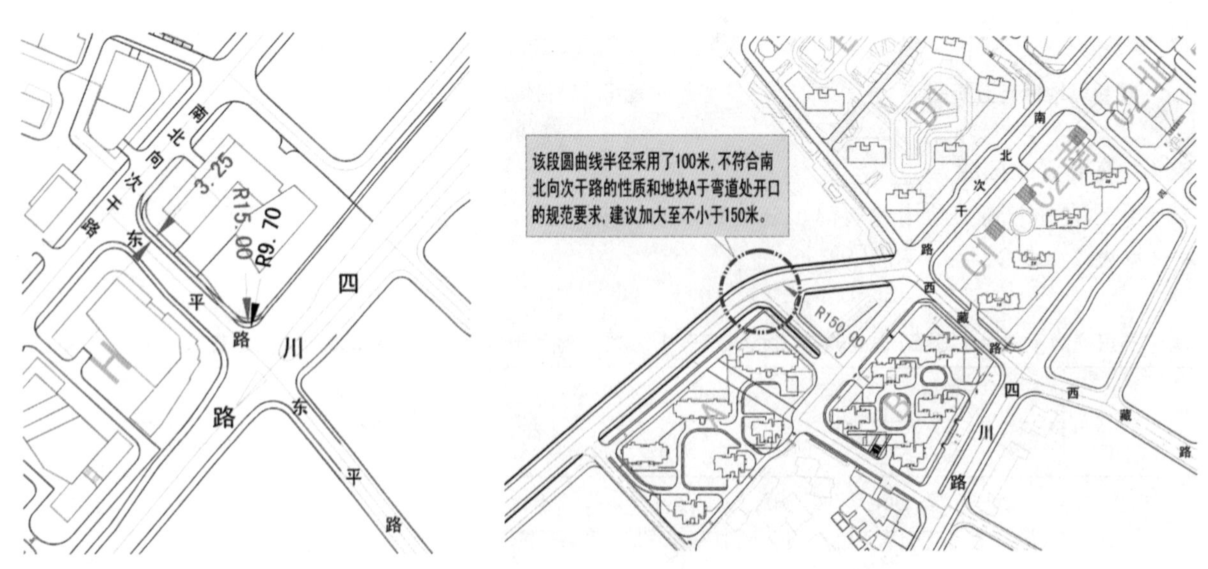

图 10　东平路西延段道路优化示意图　　图 11　南北向次干路圆曲线优化示意图

（2）主要交叉口平面设计

与项目关系最密切的交叉口有 4 个：西藏路—南北向次干路交叉口、西藏路—四川路交叉口、东平路—南北向次干路交叉口、东平路—四川路交叉口。本次优化设计的主要目的是通过渠化、增加进口道、设置调头车道等提高路口的通行能力，适应交通运行的实际要求。这四个交叉口均实行信号灯控制，其中四川路上的 2 个交叉口已有信号灯，需结合东平路、西藏路的西延进行路口信号灯的改建，南北次干路上的 2 个交叉口需新设信号灯。四个路口的平面设计如图 12 和图 13 所示。

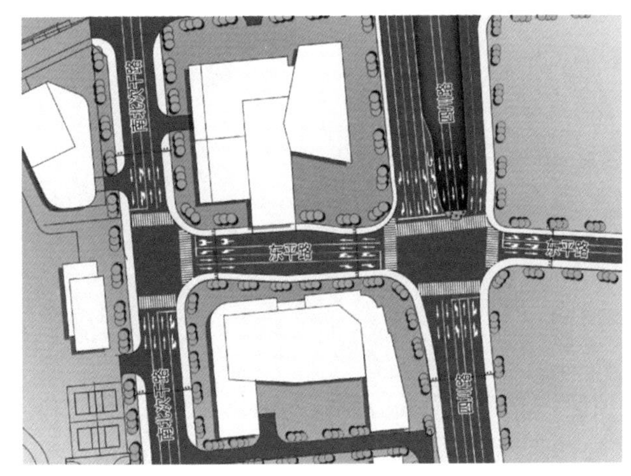

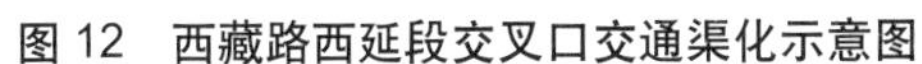
图 12　西藏路西延段交叉口交通渠化示意图

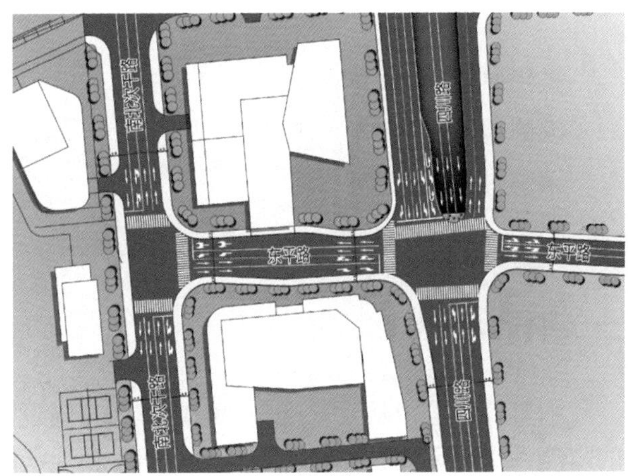

图 13　东平路西延段交叉口交通渠化示意图

（3）内外道路竖向系统规划研究

1）项目方案中相关道路的竖向标高设计均满足有关规范的要求，建议结合市政管网的规划设计对道路竖向设计进一步优化。

2）轮渡处人行天桥标高过低，人行天桥桥面标高为 6.6 米，天桥下轮渡车辆通行道路标高为 4.0 米，二者高差只有 2.6 米，如考虑人行天桥结构厚度及一定的安全净空，则轮渡车辆通行道路上方净空只有约 2.2 米，不能满足大中型车辆通行的净空要求。为满足净空（3 米）要求，建议将人行天桥标高由项目方案的 6.6 米提升到不小于 7.4 米。

四、成果特色

（1）开展了交通影响评估的新模式。在项目方案设计时介入，明确规划设计条件和合理的交通设计方案，减少项目在规划设计时方案的反复调整，缩短设计周期。

（2）评估中提出的项目内外衔接路网方案以及内部路网方案得到甲方以及规划主管部门的认可，已经按照规划方案实施。

青岛市服务外包及城市综合体项目交通分析及优化研究

委托单位：中联建业
编制人员：李勋高　汪莹莹　房　涛
编制时间：2010 年

一、项目背景

项目地块位于延安三路—太清路交叉口附近，该区域北面、南面分别受东西快速路和太平山麓的阻隔，交通区位不优越（见图 1）。同时，现状高峰时间海信立交桥、太清路均已经呈现拥堵现象，周边缺乏停车场，路内停车严重。

项目地块占地 29.67 公顷，总建筑面积达 101 万平方米。建筑功能主要包括商业、办公、住宅、托幼，规划建筑面积比现状增加 61.06 万平方米，其中住宅、商业类用地增加量最大，分别达到 23.66 万平方米和 23.12 万平方米，其次为办公类用地，达到了 14 万平方米（见图 2）。项目建设规模较大，将产生较大的交通流。因此，有必要对项目进行系统的交通影响分析，以指导项目方案的进一步优化和工程设计。

图 1　项目地块区位示意图

图 2　拟建项目效果图

二、规划思路

研究技术路线如图 3 所示。

三、交通影响分析

1. 动态交通影响分析

根据交通需求预测，晚高峰为项目的高峰时间，预测晚高峰项目产生交通流量如表 1 所示。

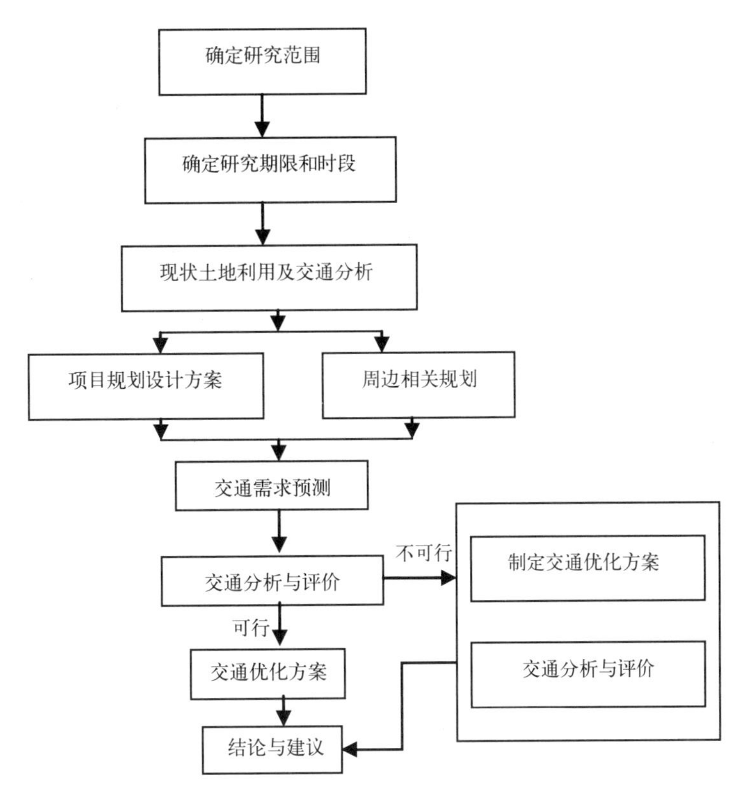

图 3　研究技术路线

不同用地各种出行方式高峰小时交通增加量（pcu/h）　　表 1

序号	用地性质	小汽车	出租车	其他客车	合计
1	商业	3340	1233	661	5233
2	办公	809	299	160	1268
3	住宅	684	252	135	1071
4	托幼	16	6	3	24
	合计	4848	1790	959	7597

使用圈层外推法进行交通量分配，将预测的背景交通量和项目交通量叠加，得到项目周边重要道路及交叉口的交通总量，并与相应通行能力对比，得到周边重要道路及交叉口的饱和度变化情况（见表 2 和图 4）。

2016 年有项目时进口道饱和度情况　　表 2

	背景交通饱和度	背景交通服务水平	叠加项目交通后饱和度	叠加项目交通后交通服务水平
延安路—延安二路交叉口	1.09	F	1.51	F
延安路—聚仙路交叉口	0.99	F	1.64	F
上清路（明霞路附近）	0.88	E	1.17	F
明霞路（延安路附近）	0.5	B	0.66	C
太清路（标山路附近）	0.92	E	1.4	F
太清路（驼峰路附近）	0.91	E	1.22	F

将有项目和无项目时各进口道饱和度进行对比，可以发现：叠加项目交通后，各交叉口、道路断面饱和度增长幅度较大，除了明霞路外，其他道路及交叉口均产生了显著影响。

2. 静态交通分析

项目内部尚未配建停车场，无法进行静态交通评价，提出如下几点要求：

（1）项目内部需要按照相应配建标准配建停车场；

（2）建议该项目内部地下停车场设置按照统一开发、统筹布置的原则设置；

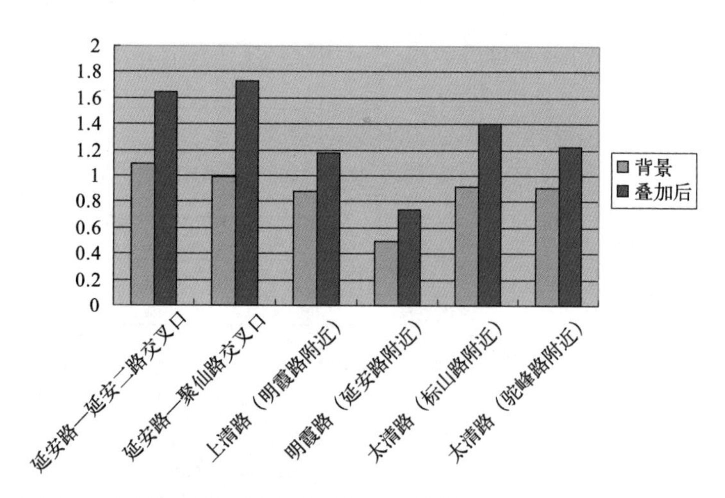

图 4　有无项目时重要交叉口饱和度对比图

（3）停车场出入口设置需要统筹考虑，并且禁止设置在重要的对外道路上，如明霞路、延安二路、聚仙路与延安路的交口附近等；

（4）停车场设置时注意配建无障碍设施；

（5）拟建项目在设置配建停车场时，应该一并考虑控规中规划的社会停车场。

3. 交通优化措施

由于项目产生交通量大，对周边道路及交叉口产生显著影响，需要进行相应的交通优化措施，才能满足交通需求。

（1）延安路高架落地段地面道路拓宽改造

延安路（聚仙路—延安三路）地面路向南拓宽，由现状的 1 车道拓宽为 3 车道，提高由西向东进入东西快速路的通行能力，增加两个离开项目的出口道；地面路同时向北侧拓宽出三车道，实现东西快速路由东向西交通进入高架桥下道路，增加 3 个进入项目的进口道（见图 5）。优化后，进、出口道的通行能力分别提高 2100pcu/h、1400pcu/h，延安二路、东山路进口道饱和度降至 0.80，东西快速路出口道的饱和度降至 0.87。

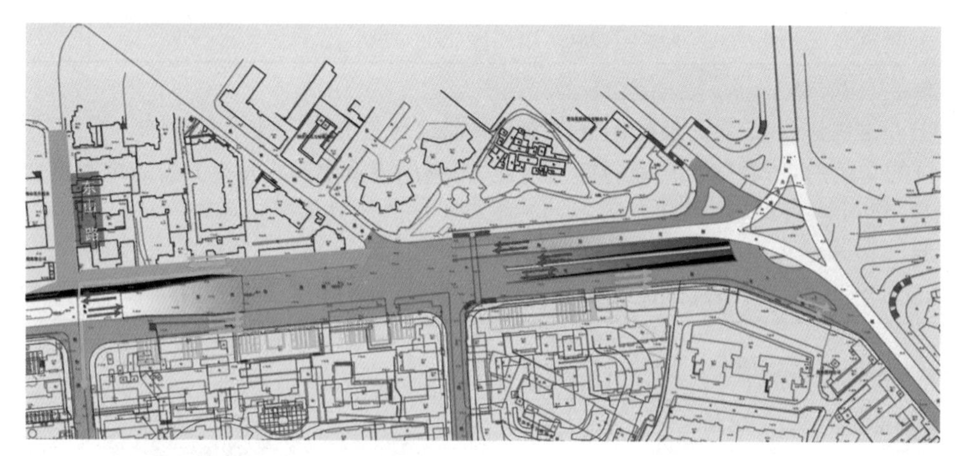

图 5　延安路高架落地段调整方案示意图

（2）延安路—延安二路交叉口优化方案

在交叉口的西北角、东南角各增加一个导流岛，使右转车道不受信号灯控制，提高右转车道的通行能力，同时也方便组织人行交通；通过拓宽道路、偏移道路中心线，将北进口道增加为 5 个车道，将西进口道拓宽为 5 个车道，将南进口道拓宽为 4 个车道，拓宽段长度按照 50 ～ 60 米控制（见图 6）。

(3) 延安路—聚仙路交叉口优化方案

在交叉口的东南角增加一个导流岛，使右转车道不受信号灯控制，提高右转车道的通行能力，同时也方便组织人行交通；拓宽完善东西快速路高架落地段，增加一个 3 车道东向进口道，将南进口道拓宽为 4 个车道，西进口道拓宽为 4 车道，拓宽段按照 50 ～ 60 米控制（见图 7）。拓宽后，共增加了 7 个进口道，2 个出口道，交叉口通行能力增加为 5000pcu/h，该交叉口的饱和度降为 0.82。

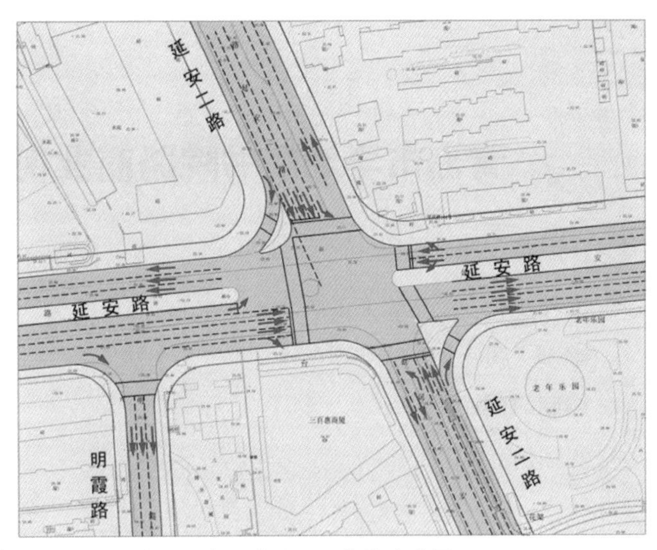

图 6　延安路—延安二路交叉口优化方案图

(4) 项目内部道路交通优化

为了提高道路疏解能力，拓宽项目内部重要道路的机动车道宽度，将标山路（明霞路—上清路）机动车宽度由规划 3 车道提高为 4 车道，延安二路（东西快速路—上清路）按照机动车 4 车道控制，明霞路（东西快速路—上清路）机动车道宽度由规划 3 车道提高为 4 车道，聚仙路（东西快速路—标山路）机动车宽度由规划 2 车道提高为 4 车道，上清路（标山路—明霞路）机动车道宽度由规划 2 车道提高为 4 车道，提高道路的通行能力（见图 8）。

结合延安二路—延安路交叉口、聚仙路—延安路交叉口优化，将延安路（明霞路—聚仙路）西向东机动车道由现状的 3 车道拓宽为 4 车道；提高延安路西向东的通行能力。

图 7　延安路—聚仙路交叉口优化方案图

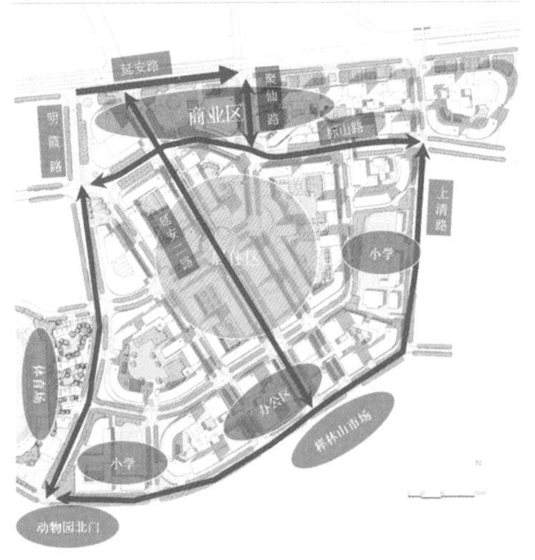

图 8　项目内部需拓宽道路示意图

四、成果特色

结合老城区改造，对道路交通系统进行综合整治，提出了一系列优化措施。如结合项目建设，实现了规划道路红线宽度，并对周边道路交叉口进行拓宽渠化，对局部道路进行拓宽改造，增设上下快速路匝道，实现了老城区与快速路的方便连接等。

青岛市李沧区书院路商业街人防工程交通组织方案

委托单位：李沧区人民防空办公室

编制人员：徐泽洲　李勋高

编制时间：2010 年

一、项目背景

书院路商业街人防工程位于李沧区中心位置，是李沧区标志性位置所在，也是李沧区人流最为密集、交通组织最为复杂的区域（见图 1）。

该项目总建筑面积 24943.10 平方米，位于书院路地下，峰山路与京口路之间，总平面呈"一"字形布置，工程总长 528 米，主体宽度 19.8 米。项目平时功能为地下商业街。战时为二等人员掩蔽部、战备物资库，可掩蔽人员 2000 人、物资 45000 立方米。

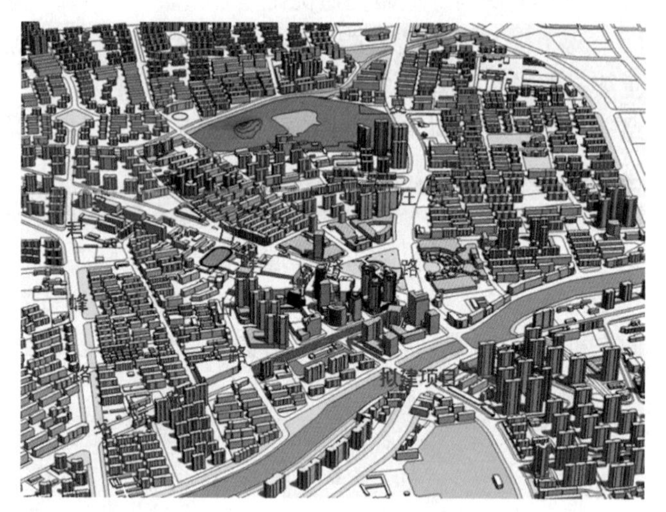

图 1　项目位置图

二、交通影响分析

1. 动态交通影响分析

根据交通需求预测，晚高峰为项目的高峰时间，预测晚高峰项目产生交通量如表 1 所示。

项目高峰小时各种车型交通出行量（pcu/h）　　表 1

方式	小客车	公共交通	出租车	其他客车	合计
吸引量	99	34	56	29	218
产生量	88	30	50	26	194
合计	187	64	106	55	412

使用圈层外推法进行交通量分配，将预测的背景交通量和项目交通量叠加，得到项目周边重要道路及交叉口的交通总量，然后与相应通行能力对比，得到周边重要道路及交叉口的饱和度变化情况（见表 2 和图 2）。

2016 年有项目时进口道饱和度情况 **表 2**

路口名称	背景交通饱和度	背景交通服务水平	叠加项目交通后饱和度	叠加项目交通后交通服务水平
书院路—京口路—夏庄路	0.91	E	0.95	E
峰山路—书院路	0.72	D	0.78	D
向阳路—书院路	0.86	E	0.91	E

项目建成后对周边主要交叉口有一定程度的影响，每个交叉口的饱和度都有一定程度提高，但是影响程度不大。

2. 静态交通分析

根据配建指标法测算，项目需配建停车位约 120 ～ 150 个。

书院路商业街人防工程的主体工程位于书院路道路红线范围内的地下，项目本身不适合设置停车泊位。对于此问题，建议采取以下三种方式的一种或几种进行解决：(1) 租用项目周边闲置或利用率不高的社会公共停车场；(2) 在项目周边自行建设社会公共停车场；(3) 提供部分资金建设政府或其他组织投资建设的社会公共停车场。

3. 项目方案与交通设施的关系分析

项目方案的出入口与规划的车行道和人行道出现了矛盾（见图 3）。其中，位于车行道上的出入口有 1 号、5 号、6 号、7 号、8 号、9 号、12 号、13 号和 14 号；位于人行道但阻碍人行道连续性的出入口有 3 号、4 号和 11 号；与道路没有产生矛盾的出入口有 2 号和 10 号。

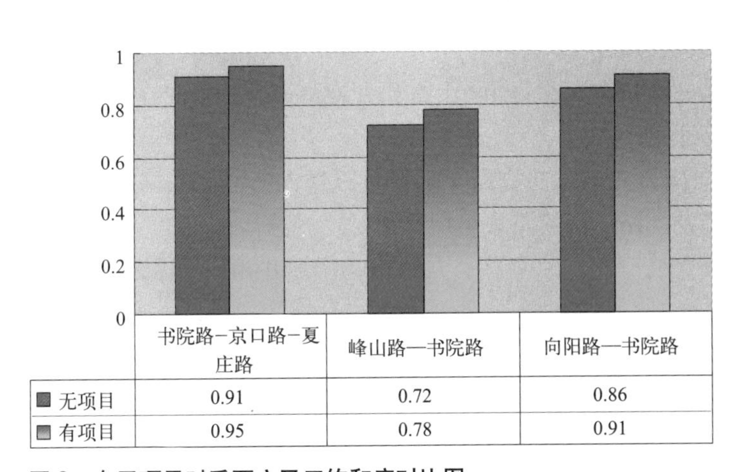

图 2 有无项目时重要交叉口饱和度对比图

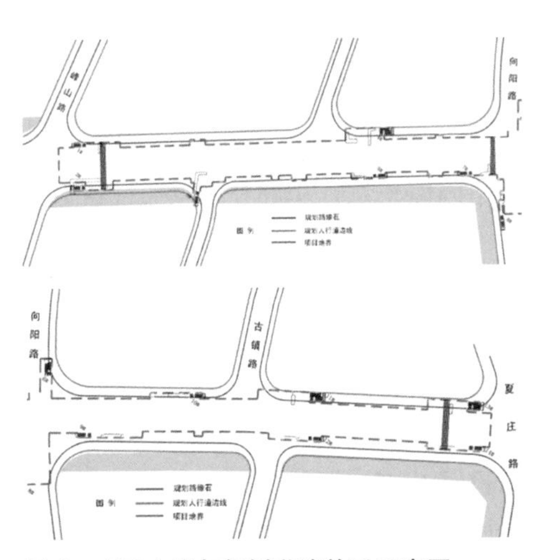

图 3 项目方案与规划道路关系示意图

针对以上矛盾，可采取以下措施予以解决：(1) 调整出入口位置，既适应现状道路要求，又满足未来书院路拓宽改造后的要求。(2) 适应书院路的改造要求，及时调整出入口的位置，保证车行道和人行道的连续性。

商业街应在向阳路、古镇路、夏庄路交叉口设置人行过街通道，并且通道宽度至少 3 米。同时，为了分散人流，宜在商业街内部尽量多设开口，让 14 个人行出入口均衡发挥人行过街的作用。

根据《青岛市轨道交通建设规划》等，地铁 M3 线和 M2 线在该区域设置枢纽站。如果地铁站能够与地下商业街连通，不仅能够为商业街提供客源，还可以将地铁站的人流扩散，避免形成人流集聚情况，并且可以减少人车相互干扰情况。轨道交通 M3 线于 2011 年全面进入施工阶段，因此建议项目方案能够与地铁站进行连通（见图 4）。

书院路北侧的三星数码大厦目前正在施工建设，其地下一层为商业，地下二层、地下三层为停车场，商业层的层高与书院路商业街的层高基本相当。因此，在满足人防工程的前提下宜实现书院路商业街与三星数码大厦的地下连通。

4. 施工期间交通组织方案

施工期间书院路的峰山路—京口路段实现全封闭，因此进入全封闭路段的机动车需重新进行调流，交通组织方案如下（见图 5）：

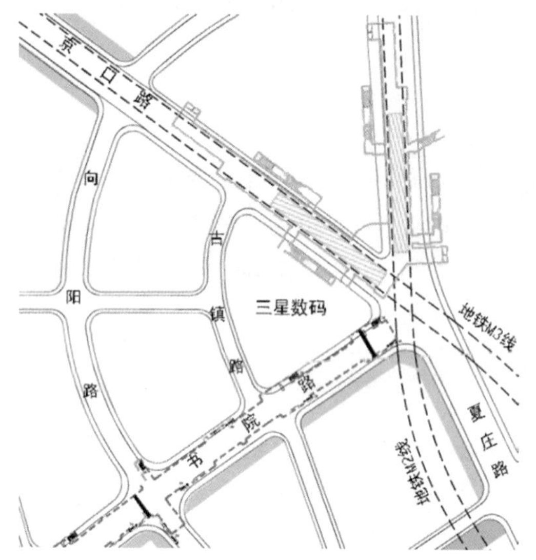

图 4　项目与地铁枢纽站的空间关系示意图

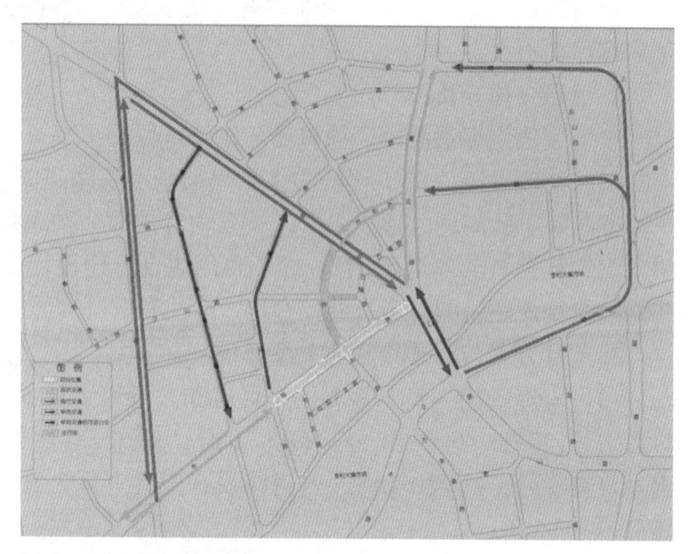

图 5　机动车调流方案图

大部分小汽车交通通过书院路—君峰路—京口路组织；将峰山路和青峰路调整为单向交通，并取消路内停车位，小部分车辆通过这对单向交通组织。

将夏庄路（书院路以南段）调整为北向南方向的单向交通，公交可以逆向行驶。南向北的小汽车通过九水路，绕行黑龙江路—大崂路或黑龙江路—南崂路来组织交通。

公共交通主要通过书院路外围的峰山路、青峰路、京口路、九水路绕行，并相应增减公交站点，如图 6 所示。

施工期间，应在向阳路交叉口处，设置临时过街天桥，连接向阳路南北两侧。在峰山路与书院路、京口路与书院路交叉口处的施工围挡应保证行人通行的要求。若书院路封闭段沿街两侧存在居住小区出入口或正常营业的商店，应在施工围挡外侧考虑行人通行的要求。

施工期间本区域共约 750 个泊位需要重新寻找停车地点。为了解决以上问题，采取如下措施（见图 7）：

（1）充分发挥已有停车场的潜力。利用向阳路（李村广场北侧）的路外停车场，南崂路、大崂路路内停车，维客广场等大型商业设施的地下停车场。

（2）新增临时停车场。施工期间，向阳路（书院路以南段）不能通行车辆，可作为双排竖向临时路内停车场，可提供 80 个停车泊位。在征得防洪部门和其他相关部门的同意后可考虑利用李村河集市空间。同时，项目东侧原监狱地块已拆迁完毕，正待建设，可考虑借用该地块作临时停车。

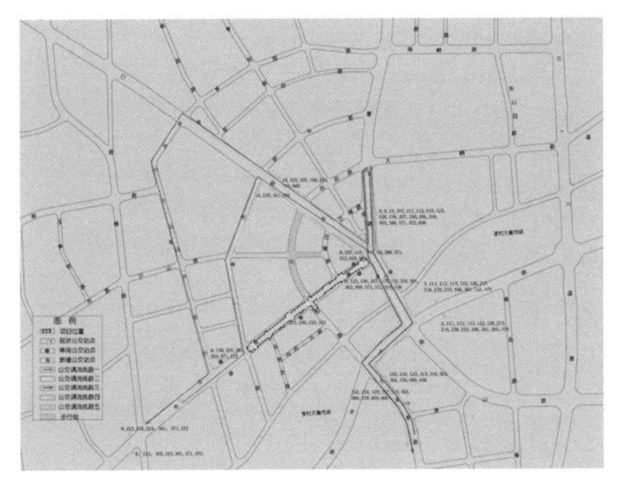

图 6　公交调流方案

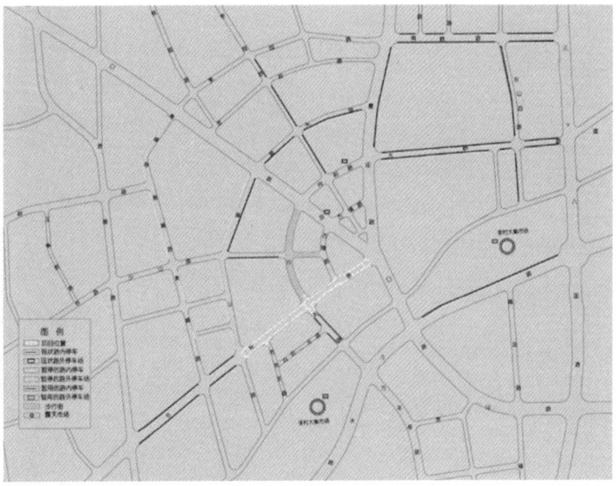

图 7　施工期间临时停车场配置方案图

三、成果特色

项目结合已有规划，将地下人防工程与周边重要的商业及地铁站等交通设施进行了连接。在交通调流中，充分利用道路网密度高的特点，设置配对单向交通组织，提高了交通运行效率。在临时停车场的设置中，充分考虑城市中已经拆迁的待建用地，节约了城市空间。

第九篇

工程咨询和勘察设计

生查子

设计与咨询，行业循规范。
规划明晰后，工程开工前。
效优造价省，比选需全面。
设计审慎行，咨询心莫偏。

浮山香苑道路设计

委托单位：青岛市市北商贸区指挥部
编制人员：万　浩　顾帮全　李勋高
编制时间：2010 年

一、项目背景

浮山香苑道路工程位于青岛市市北区浮山香苑规划范围内，道路性质为公园道路。该路沿线有多个建设项目，又担负一定的城市支路功能。该工程建设一方面为提升公园配套服务水平；另一方面也是为满足浮山香苑内项目建设需要。

工程共分为两段：第一段自山顶现状路至银川西路，全长 930 米，车行道宽度分为 7 米段和 4 米段；第二段自第一段起点至农博园，全长 161 米，车行道宽度为 4 米。

二、设计要点

1. 设计原则

该工程设计位于山体之上，设计时遵从了以下 4 个原则：满足沿线项目建设的功能需要；满足相应的技术规范要求；合理利用地形等自然条件，节省投资；适应公园道路的景观要求。

2. 道路选线

在保证线形流畅和相关技术要求的前提下，线位尽可能贴近山体、利用现状道路，尽可能避开沿线林木、天然山石等（见图 1）。

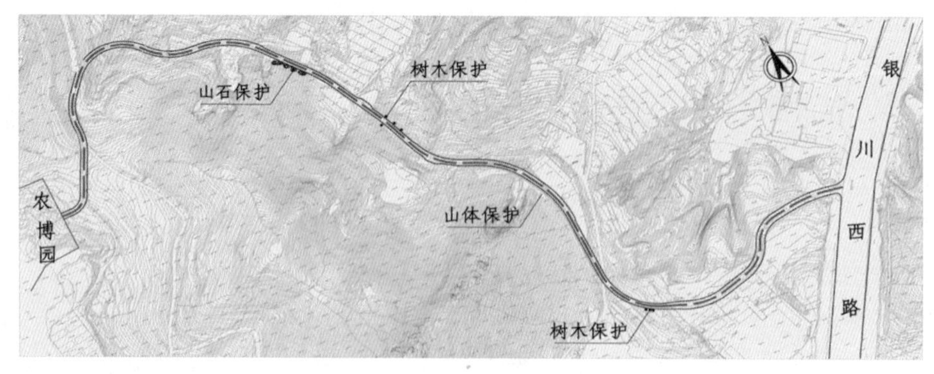

图 1　道路线位图

3. 道路高程控制

由于原路路基多为石方，并分布有多处电缆，为降低路基施工难度、保护电缆，设计时尽可能在原有路基上适当填方，道路最大纵坡为 12%，位于第二段 KII0+060 附近，最小纵坡为 0.3%，位于 KI0+280 附近，均满足规范要求。

纵断高程与两侧单位用地及出入口相协调，与两端原有道路相顺接（见图2）。

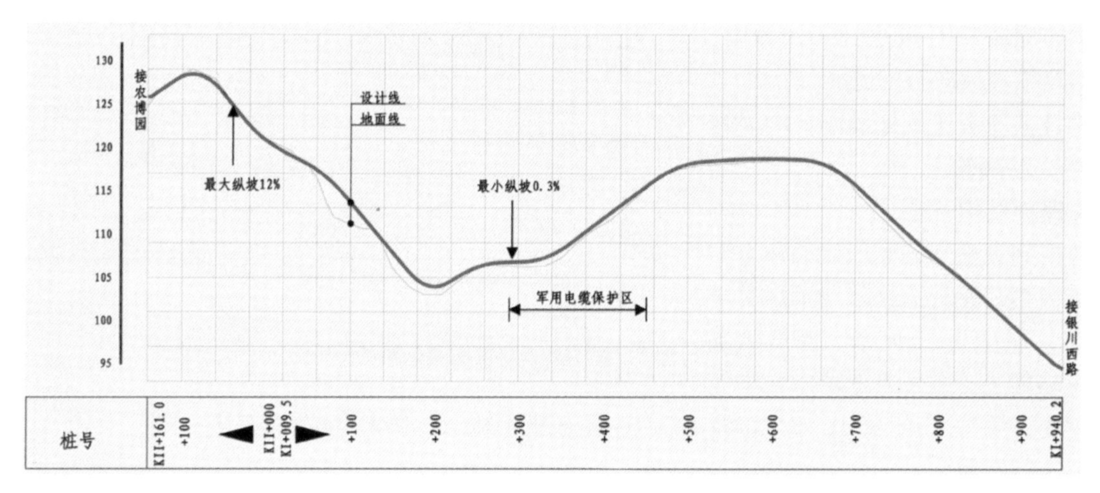

图2　道路纵断面图

4. 道路横断面设计

KI0+705.113至终点KI0+940.194段，为满足大型车辆的进出需要，车行道宽度采用7米，如图3所示。

起点KI0+9.484至KI0+705.113段，考虑减少对山体的开挖、保护林木、利用既有土路等因素，采用4米车行道断面，为单车道，沿路布置错车道，以方便错车需要，如图4所示。在弯道处考虑道路适当加宽，满足道路施工和农博园建设期间大型运输车辆的通行需要。

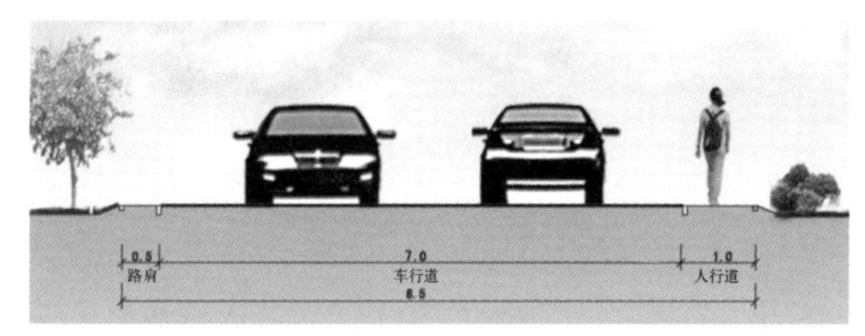

图3　标准横断面一

图4　标准横断面二

5. KI0+440至KI0+640处山体处理

此段山体侧为路堑形式，设计采用低矮的景观挡墙结合绿化的处理方法，利用景观挡墙和绿化消除高挡墙对人心理产生的压抑感和生硬感（见图5）。

6. 路基及特殊地段路基强夯处理

一般地段路基采用分层碾压处理。在KI0+9.484至KI0+160段采用强夯方法处理（见图6）。路基顶面设计回弹模量值宜大于或等于20MPa。

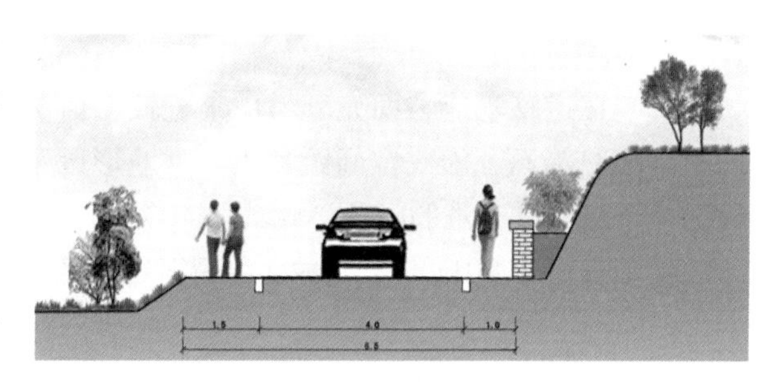

图5　山体处理示意图

7. 道路排水设计

该道路紧靠山体，排水需同时考虑山体排水和道路自身排水，设计采用以边沟排水为主、路面横向排水为辅的排水方式，为园林水库收集雨水的需要。

根据道路自身特点以及沿线地势状况，边沟形式以土质边沟为主，石砌边沟布置在KI0+440至KI0+640段，该段道路横坡坡向石砌边沟。

设计共布置了 5 处涵洞，均为管涵，管径为ϕ600。

8. 路面结构

考虑到大坡度的碾压效果和施工难度等因素，设计道路基层采用二灰渣基层，厚度为 22 厘米。面层除满足行车功能外，主要考虑防水和路面防冻需要，采用 10 厘米（6 厘米粗粒 AC-25 + 4 厘米中粒 AC-16-I）沥青混凝土。

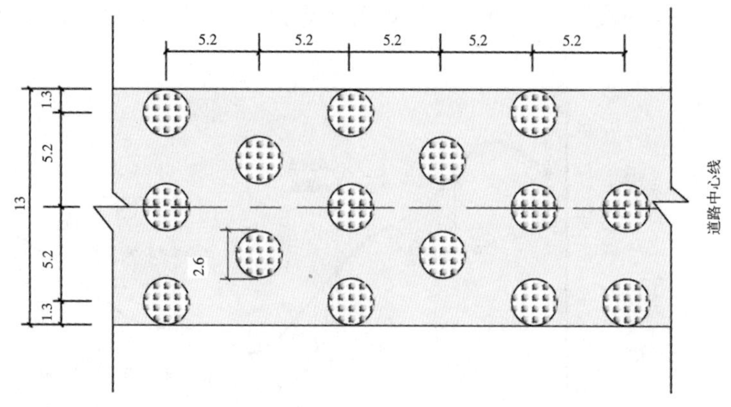

图 6　强夯处理平面布置示意图

9. 人行空间

在道路两侧,利用石质马牙石铺装,为行人提供通道(KI0+440 至 KI0+640 段靠山侧除外),见图 7。

图 7　人行道铺装

三、创新与特色

道路设计与山体公园高度融合，实现了功能与景观的统一。

（1）本设计从道路选线开始，充分结合山体地形和坡势、盘山土路、山石、冲沟等要素，道路选线和竖向上顺坡就势；断面处理上“就软（绿化）避硬（高挡墙）”，实现了道路与山体公园景观的有机结合。

（2）在道路功能方面充分考虑车道较窄情况下的错车和人行空间问题，采取了嵌入式界石代替高出路面路沿石、沿一定间距利用有利地形设置错车位、利用马牙石铺装兼顾步行与错车等手段有效弥补了路窄错车难的问题。

该项目已于 2011 年底建成，取得了很好的效果，得到了甲方、周边单位及居民的好评。

蓝色硅谷道路工程可行性研究

委托单位：青岛国信（集团）有限公司

编制人员：李勋高　万　浩　刘淑永　高　建　宫常青

编制时间：2012

一、项目背景

青岛市政府批复的《青岛蓝色硅谷发展规划》确定：青岛蓝色硅谷实施“一区一带一园”的总体布局。科技创新启动区主要为鳌山卫镇区域，规划面积108平方公里。该区域是蓝色硅谷的智慧中枢、高技术产业发展的动力源。青岛蓝色硅谷启动区近期实施道路为创业路、科技路、凤凰山路、南泊河西路及南泊河东路等5条路（见图1）。

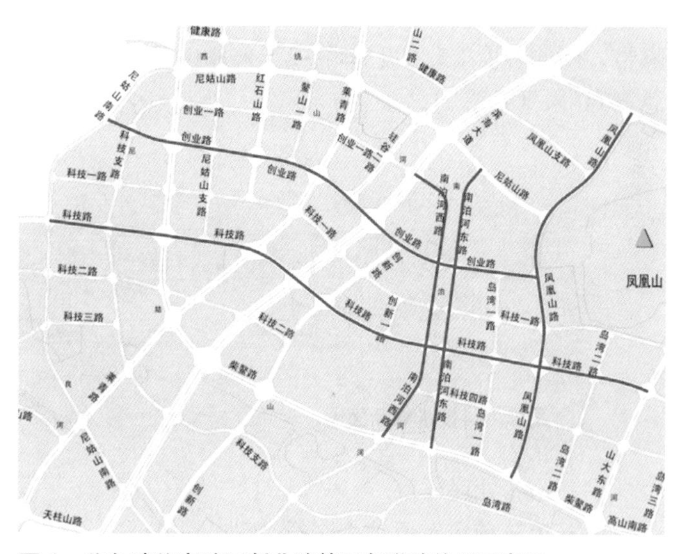

图1　蓝色硅谷启动区创业路等五条道路位置示意图

二、规划思路

（1）在蓝色硅谷发展规划的指导下，结合城市道路建设和发展，进行工程可行性研究报告的编制工作。

（2）贯彻“稳中求快、快中求省”的原则，坚持科学的态度，积极采用新工艺、新技术、新材料，以节约投资。

（3）道路与景观协调一致，使工程成为城市景观构筑物，塑造城市美景。

（4）保证道路的网络性、系统性，以有利于交通的集散和疏解、均衡道路交通分布、发挥路网整体运行效率。

（5）坚持以人为本，妥善处理道路建设与居民出行、环境的关系。注重可持续发展，为未来发展留有余地。

三、方案介绍

1. 建设的必要性

项目建设是打造蓝色硅谷的需要；是打造附近滨海旅游休闲度假区，建设面向国际的旅游度假海岸的需要；是建设世界一流、国际标准的生态宜居新城的需要。

2. 建设的可行性

青岛市政府批复的《青岛蓝色硅谷发展规划》在政策支持上使项目具备了实施的可能性；蓝色硅谷的建设是青岛市政府和公众关注的焦点，从战略支撑和拉动内需的层面，工程具备了实施的可能性；道路周边环境并不复杂，工程在建设基础条件上具备了实施的可行性。

3. 道路工程

（1）平面设计

道路平面按照已有规划的路网平面布局确定，以科技路为例，科技路道路中心线总长约 3599 米。全线共设 5 处平曲线，最小平曲线半径 500 米，最大平曲线半径 3000 米。

（2）道路竖向设计

根据“蓝色硅谷启动区路网竖向规划”，结合现状地势地形及排水需要等进行控制。以科技路为例，科技路全线共设置 13 处主要变坡点（8 处凹形竖曲线、5 处凸形竖曲线）。道路最大纵坡 3.607%，最小纵坡 0.278%，最小竖曲线半径为 3000 米。

（3）横断面设计

以科技路为例，科技路采用两块板形式，车行道宽度 20 米，为双向 4 车道，中间设 5 米中央分隔带，两侧各设 1.5 米设施带 +2.5 米非机动车道 +3.5 米人行道。道路两侧绿化带各 12.5 米宽，道路总宽 60 米（见图 2）。

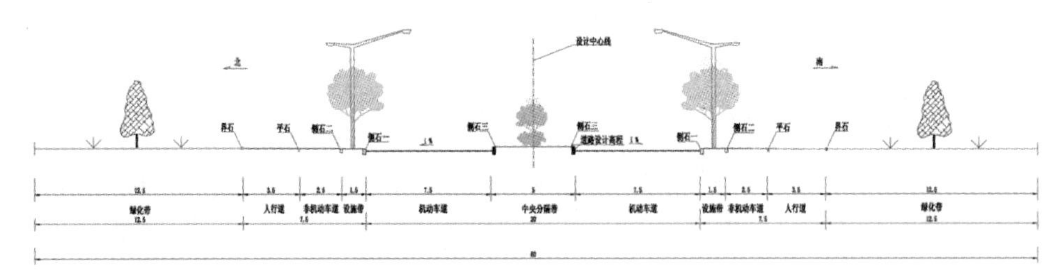

图 2　科技路横断面图

（4）路基处理

路基填筑前应对原地表进行清理，一般路段清表厚度为 30 厘米，清表后进行压实，达到各条路的压实度要求后再填筑路基。以科技路为例介绍如下：

根据现场踏勘情况并参照地质调查报告，表层素填土结构较松散，强度较低，力学性质一般；第 6 层含有机质粉质黏土，强度较低，力学性质一般，压缩性较高；含有机质粉质黏土层以下的土层性质均很好。

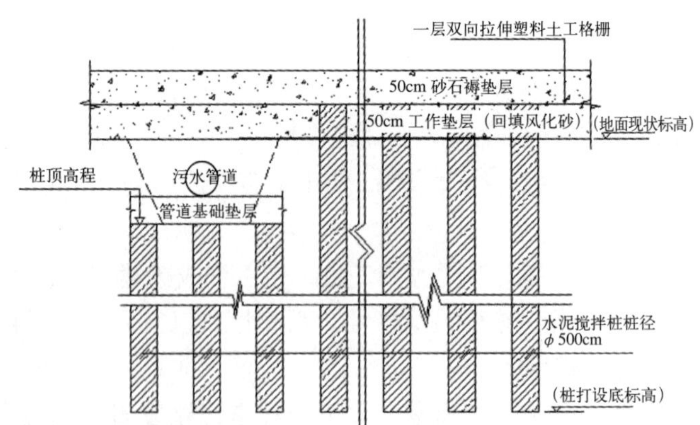

图 3　水机搅拌桩断面图

根据现场踏勘报告中的地质情况，经方案分析、论证，经济比较，确定处理方案，K1+600 ~ K2+700 段采用水泥搅拌桩处理，处理宽度为 48.8 米（见图 3）。

4. 景观设计

（1）采用自然式种植方式，通过常绿与落叶、乔木与灌木、观花与观叶搭配，突出景观特色，同时强调视觉和嗅觉的相互统一，其背景用榉树与枫林相搭配，前面用紫叶李和碧桃相配合，绿化带下层以花石榴、红叶石楠为主，可以闻香和观叶，增添道路的情趣。种植搭配：枫杨＋榉树＋垂丝海棠＋碧桃＋花石榴＋红叶石楠等地被（见图 4）。

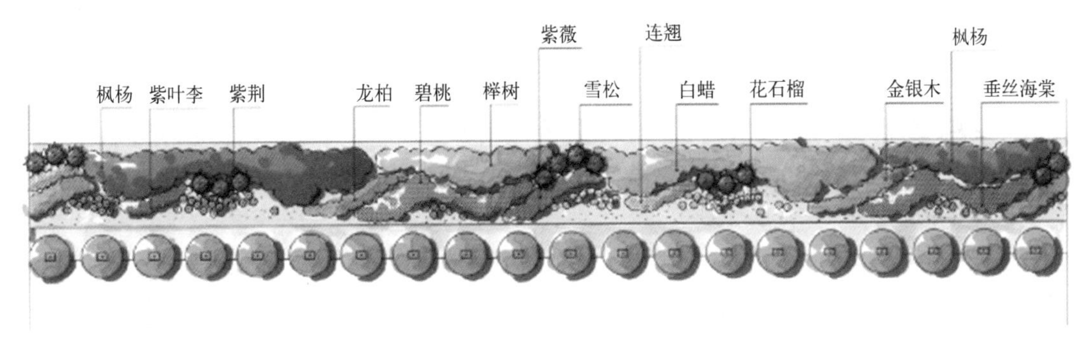

图 4　道路绿化平面图

（2）采用规则式设计，为周边各办公场所提供舒适、现代的休憩空间。绿化带背景林为黄山栾和榉树，前面以各种模纹为主景，线条流畅，花纹精致。在立面上配合飘逸的紫薇和整形的火棘球等进行配置。模纹采用月季、瓜子黄杨和不同色调的拼栽植物共同组成。种植搭配采用黄山栾＋榉树＋紫叶李＋紫荆＋木绣球等地被。

（3）中央隔离带设计结合两侧用地性质和环境特点，主要以模纹为主，构图采用流畅的曲线，明快、大方，注重色彩的搭配；在 100 米的间隔段搭配不同品种的灌木球，使其在竖向的层次更加丰富，同时保证了车辆的防眩光需求（见图 5）。

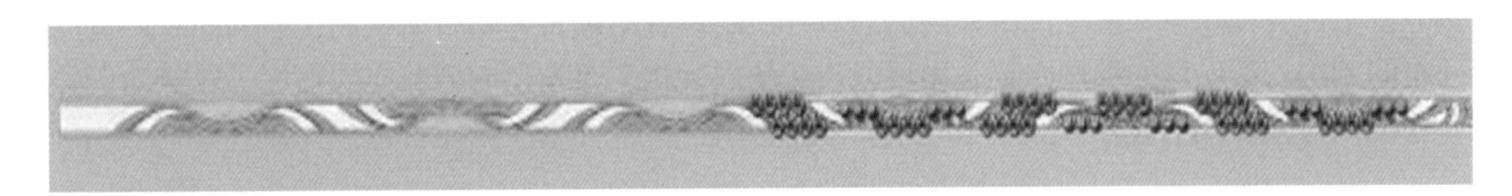

图 5　道路中央隔离带平面图

5. 投资估算

该工程总投资估算约为 82832.4 万元。其中，建安工程费 67355.7 万元（不包括共同管沟，如果设置共同管沟，需另增加费用）。估算投资未包含拆迁征地费。

6. 工程建设周期

科技路、凤凰山路、创业路、南泊河东路、南泊河西路是蓝色硅谷启动区重要道路，是区域开发的重要前提条件，工程进度计划安排如表 1 所示。

工程进度表　　表 1

2013年03月	完成项目建议书、可行性研究报告编制并进行评审
2013年05月	完成施工图设计
2013年08月	完成路基、桥涵施工
2014年02月	完成管线施工
2014年05月	完成路面施工
2014年06月	完成道路附属设施及景观绿化

四、创新与特色

项目注重景观和人文环境的塑造，体现以人为本的理念。在道路横断面设计时，充分考虑非机动车的通行空间，并在车行道与慢行系统间设置绿色隔离带，提高了慢行系统的环境与安全品质。

李沧万达广场商业综合体及住宅 C1 区交通设施、地下停车场设计

委托单位：青岛李沧万达广场投资有限公司

参加人员：徐泽洲　高洪振

完成时间：2012 年

一、项目背景

项目位于李沧区东李片区，西侧临近李沧中心商圈、东侧临近 2014 年世界园艺博览会会址、南侧靠近李村河，周边商业气息日渐浓郁，区位优势显著（见图 1）。但是，项目南临李村河，东、西两侧分别临近青银高速和黑龙江路，发达的对外道路系统给项目地块带来便利交通的同时，也产生了一定的制约。该项目的编制主要是体现万达广场国际化、人性化的公共空间环境，较好地引导车流和人流，构造公共区域有序、便捷的交通诱导系统。

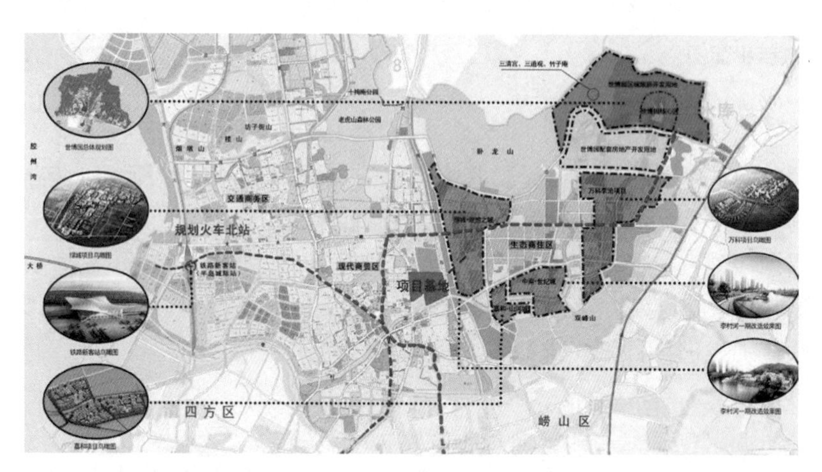

图 1　项目地块区位示意图

二、设计原则

（1）科学合理地布设地下停车场出入口、公交车及出租车停靠站，有利于项目与周边区域的交通疏解；

（2）结合出入口位置，尽量将交通产生、吸引量平衡分配到各出入口，同时也使停车场内部车辆平衡地分配到不同的出入口；

（3）结合机动车进出项目停车场的交通组织设计思路，采用“内部道路逆时针循环、外部道路顺时针循环”的策略，使机动车流线更加合理，方便机动车进出停车场；

（4）停车场出入口的坡道处尽量避免冲突点，且满足驾驶员二次寻找车位的机会；

（5）根据驾驶员的驾驶习惯，进行人性化设计，使驾驶员更加清楚停车场内部的路径选择模式。

三、设计方案

1. 项目周边公交设施布置优化

根据相关规范要求及设计原则，优化公交车及出租车停靠站设置位置，提高道路运行条件，减少交通冲突（见图2和图3）。

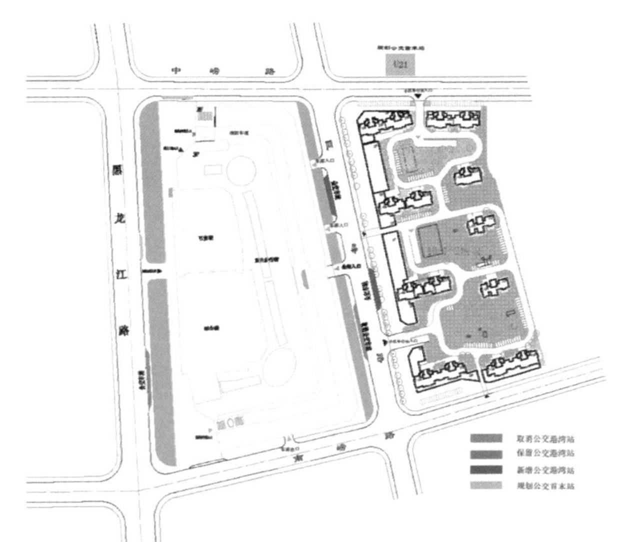

图2　李沧万达广场周边公交站点分布图

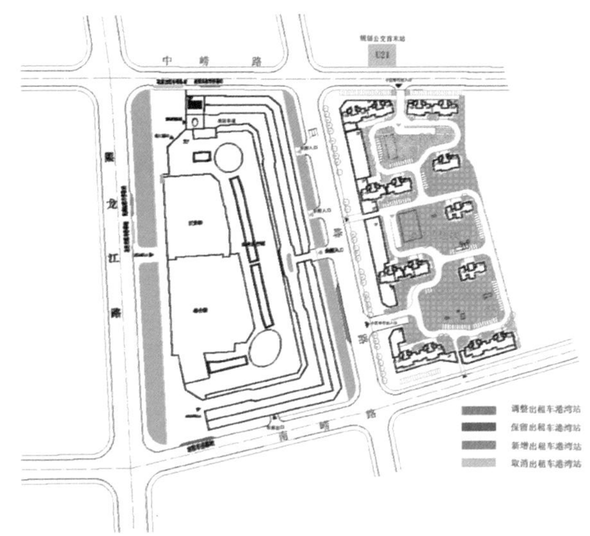

图3　李沧万达广场周边出租车停靠站分布图

2. 机动车进出项目停车场的交通组织

李沧万达广场交通组织的合理与否将会影响区域交通系统的通畅性，清晰、合理、顺畅的交通组织方案是地下停车场交通系统通畅、高效运行的基础。停车场的交通组织原则是：既要保证不对外部交通环境产生干扰和冲击，又要保证停车场内部交通的安全与通畅。因此，外部交通组织原则上采用顺时针方式，可以保证大多数车流右转进、出地下车库，从而减少车辆的绕行距离、减少对周围市政道路正常运行的干扰，最大限度地维持市政道路交叉口较高的服务水平（见图4）。

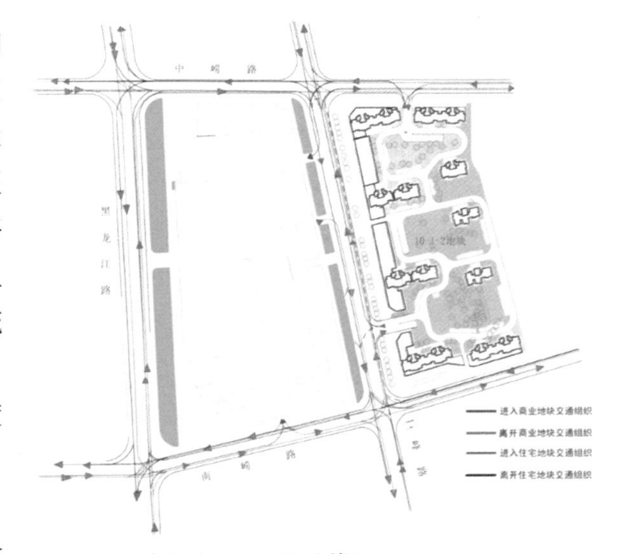

图4　机动车进出项目交通流线图

3. 商业地块停车场内部交通组织方案

根据出入口位置及其功能，结合停车位分布的特点以及内部交通组织采用“逆时针循环”原则，设置“一横一纵”的双向主通道，其余通道设置单向交通，形成一个整体大循环呼应局部小循环、主动脉引导毛细血管的整体交通组织模式，将停车场内的“血液循环”流动起来，方便车辆快速找到停车位和返回出口（红色为主通道，蓝色为次通道）（见图5、图6）。

4. 商业地块停车场内部设施优化

地下一层停车场设施优化：按照商业地块地下一层停车场动线设计，新增6个停车位；为体现人性化，在无障碍电梯附近设置 3 个无障碍停车位，并在客梯边设置 1 个中央收费站，方便顾客办理停车缴费（蓝色是新增停车位，绿色是无障碍停车位，红色是中央收费站）（见图 7）。

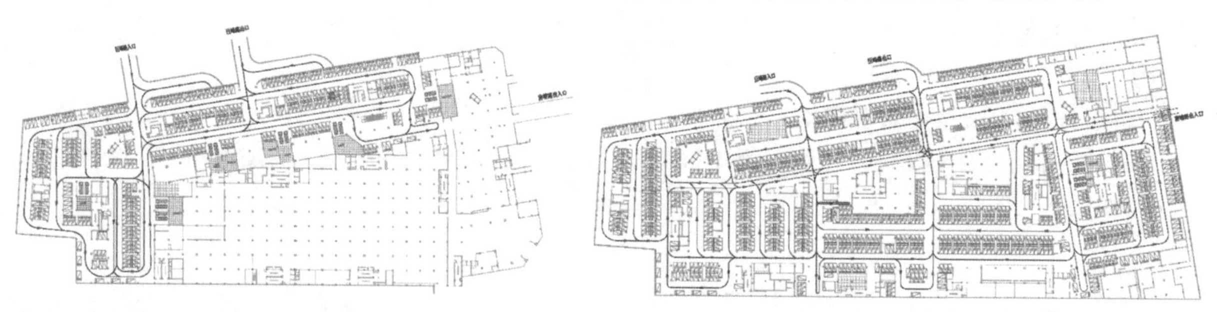

图 5 商业地下一层停车场车辆流线

图 6 商业地下二层停车场车辆流线

地下二层停车场设施优化：在无障碍电梯附近设置 7 个无障碍停车位，并在主要客梯边设置 2 个中央收费站，方便顾客办理停车缴费（绿色块是无障碍停车位，红色是中央收费站），另在右上角处增设一处非机动车停车区，供万达员工使用（见图 8），建议在地面合适位置设置 2 处非机动车停车区，巨峰路和南崂路上各一处。

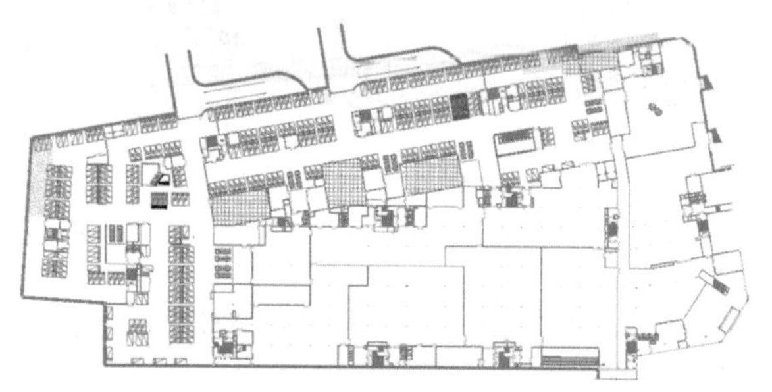

图 7 商业地下一层停车场设施优化

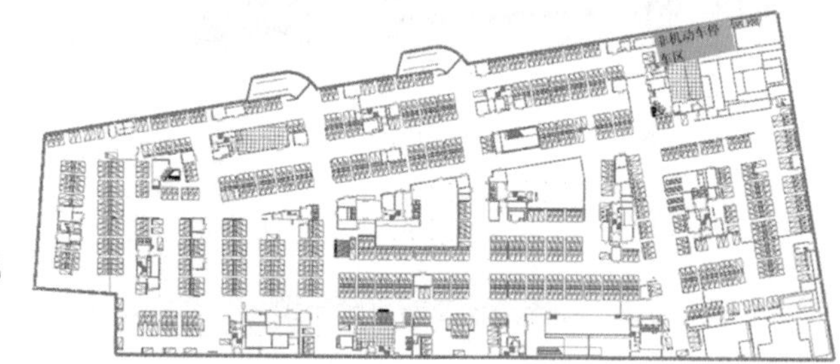

图 8 商业地下二层停车场设施优化

5. 停车场出入口收费站设计

停车场收费岗亭、闸机及停车领卡机布设尽量方便车辆驶入驶出，且尽量节约空间；应尽量布设在地下停车场内，可以利用停车场出入口通道容蓄排队车辆，减少外部车辆排队对市政道路的影响；应尽量布设在地下停车场出入口通道的平直段处，避免直接布设在停车场出入口坡道纵坡段上，以免给驾驶员停车取卡及缴费后，车辆上（下）坡起步造成极大的不便，同时也避免了安全隐患；单向双车道进（出）口在通道宽度有限的情况下，收费设施采用错位式布置形式，增加车行道宽度（见图 9）。

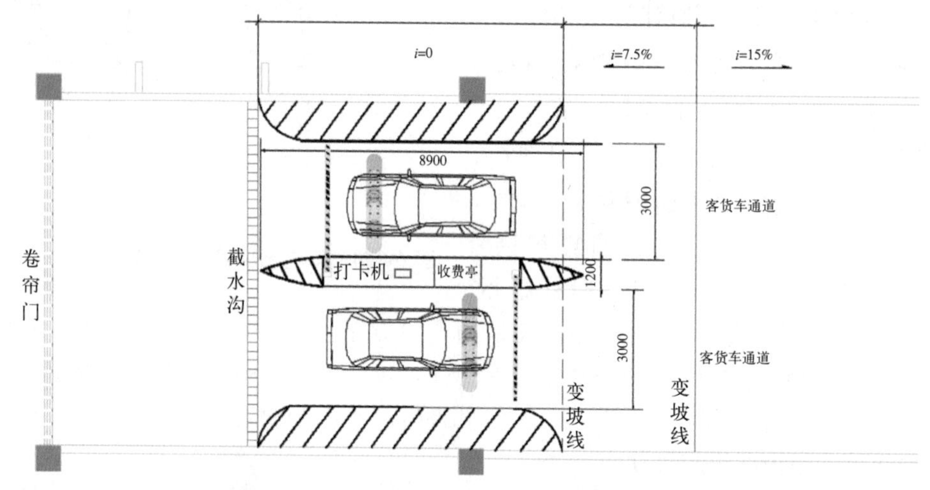

图 9 南崂路出入口收费岛设计图（单位：mm）

6. 停车场诱导系统设计

停车诱导系统有利于驾驶员迅速找到项目所在位置，并且便利地找到停车场内的可利用车位，节约时间，减少无效交通。分为设置在广场周边市政道路上的一级诱导标志、停车场入口处的二级诱导标志以及地下停车场内部的三级诱导标志（见图10）。

在李沧万达广场项目中，设置一级停车诱导标志的市政道路包括万达广场周边的金水路、重庆路、九水路、黑龙江路、滨海大道、巨峰路及青银高速等主要道路上，共设计16块一级诱导标志；二级停车诱导标志均位于停车场周边的道路上，共设计8块。

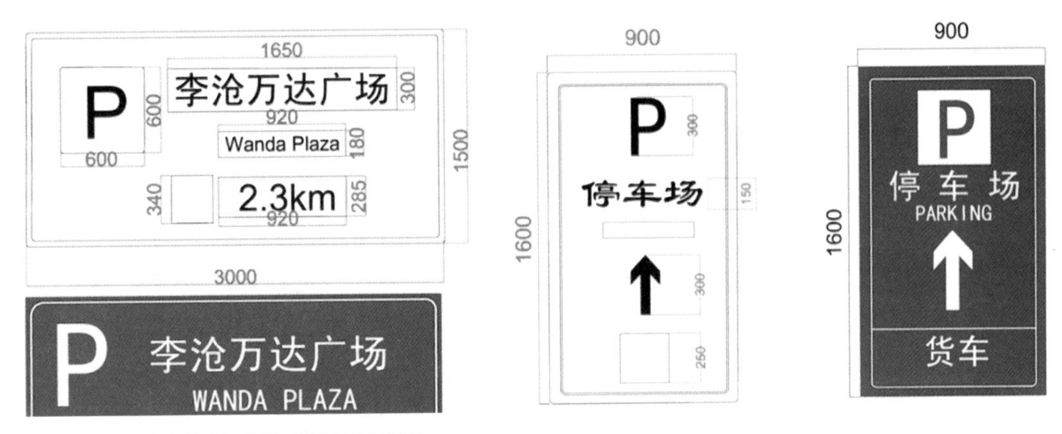

图10　一二级诱导标志样式设计示意图

四、成果特色

（1）结合项目所处地理位置及项目特点，对项目周边公交设施的设置提出合理方案，方便顾客乘坐公交出行，减少了公共交通与进出项目机动车之间的交通冲突。

（2）充分考虑进出停车场车辆与道路行驶车辆容易产生冲突等问题，采用“停车场内部逆时针循环，外部道路顺时针循环”的策略设置交通组织流线，有效减少了进出停车场车辆与道路车辆的冲突，提高了进出停车场的安全性。

（3）充分考虑商业停车场停车位周转率高等因素，停车场内部采用大循环嵌套小循环的单向交通组织模式，将停车场内的“血液循环”运行起来，方便车辆快速找到车位，且很好地为驾驶员提供二次寻找停车位的机会。

（4）充分考虑停车场收费站的实用性、安全性、人性化等因素，合理设计了收费岗亭、闸机及停车领卡机，方便车辆驶入驶出，减少驶入车辆排队过长对市政道路的影响。李沧万达广场已经完全按照本设计方案实施，效果良好。

城阳区宝龙广场公交枢纽站项目建议书

委托单位：青岛市城阳区交通局

编制人员：刘淑永　万　浩

编制时间：2008 年

一、项目背景

近年来，随着青岛市社会经济的不断发展，城阳区已经成为青岛市区城市建设空间拓展的重要战略要地，城阳区同主城区之间的交通需求日益加大。虽然近几年城阳区公交线路和运力等都有了明显增长，公交发展取得了较大进步，但是远未能满足实际需求，这也成了市民反映的热点问题之一。与此同时，城阳区内部的交通需求也对城市公交的发展提出了迫切的要求。为提高公交服务水平，城阳区政府决定建设宝龙广场公交枢纽站。该站位于长城路 161 号的城阳区园林环卫处办公场所，占地面积 10465 平方米（见图 1）。

图 1　宝龙广场公交枢纽站位置图

二、主要内容

1. 建设必要性和可行性分析

（1）建设的必要性

宝龙广场公交枢纽站位于区城中心，该站的建成可以填补区城中心无公交场站的空白，解决区内公交车辆的停放问题，方便市民出行换乘，实现区内公交和市内公交的有机衔接，有效改善城阳区公共交通环境，对完善城市公共交通体系和公交客运的发展具有重要意义。

宝龙广场公交枢纽站的建设是进一步优化城阳区客运网络的需要。一是以宝龙广场公交枢纽站作为始发站，将环城 7 路进行调整，对城阳区的两大商圈、九大购物中心进行有效连接，形成以旅游、休闲、购物为一体的特色公交线路。二是协调市交通主管部门将 103 路、306 路公交线路进行适当调整，通过环城 4 路、7 路线路在宝龙广场公交枢纽站实现城阳区区内和市区公交的便利换乘。三是以宝龙广场公交枢纽站为依托，协调市交通主管部门开通城阳至市区快速公交线路。四是根据《城阳区公共交通及公路客运站规划》，以宝龙广场公交枢纽站为依托，适时开通始发或途经的公交线路，使城阳区的公交线网日趋合理。

（2）建设的可行性

由于宝龙广场公交枢纽站现址是城阳区园林环卫处，场地、办公条件良好，上水、下水、电力等市政公用设施配套，所需投资较少。随着城阳区竞争力的不断提升，工业及服务业的不断发展，财政收入大幅提高，有了较充裕的财政投资。因此，宝龙广场公交枢纽站从基础条件、政策支持、资金保证等各方面都具备了实施的可行性。

2. 方案指标

（1）占地面积：10465 平方米。

（2）停车泊位数：近期 51 个（其中 10 个为 18 米超长停车位），远期建设 2 层立体停车场，可新增地下停车面积约 6000 平方米，共可提供公交车停车位 117 个（其中地面一层 52 个、地上一层 65 个）。

3. 工程投资估算

近期方案（推荐近期实施方案，利用既有建筑）投资估算为 517 万元。其中，工程费为 392.1 万元，其他费用为 77.9 万元，基本预备费 47 万元。

4. 平面方案

（1）近期方案

为实现公交车的进、出分离，优化交通流线组织，减少进入枢纽站的车辆同长城路上的其他车辆的相互干扰，将站场南门作为公交车辆的入口，西门作为公交车辆的出口（见图 2）。

为减少对长城路交通的不利影响，在枢纽站西门出口以北改造长城路，设港湾式公交车上客站。进出港湾的半径采用 15 米，站台长度采用 30 米（可同时供两辆公交车停车上客）。

（2）远期方案

远期为充分利用土地，提高公交停车位供应能力，规划建议将该枢纽站停车场改造成立体式（见图 3）。该方案需新建 5417 平方米的立体停车场，共可提供公交停车位 117 个，其中地面层提供 52 个（含 10 个 15 米长公交停车位）、地上一层提供 65 个。

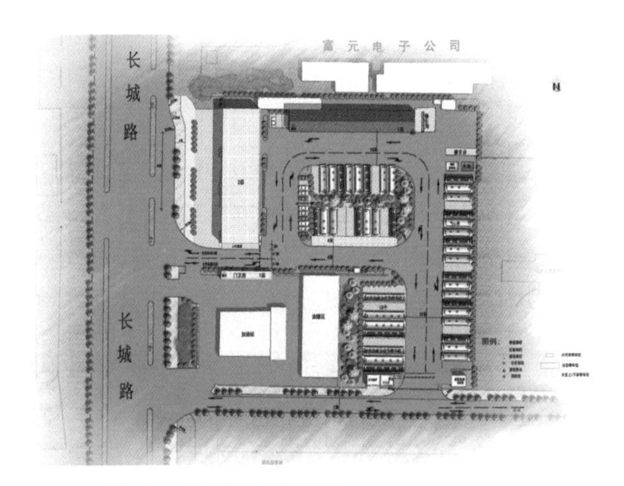

图 2　近期方案站场平面效果图

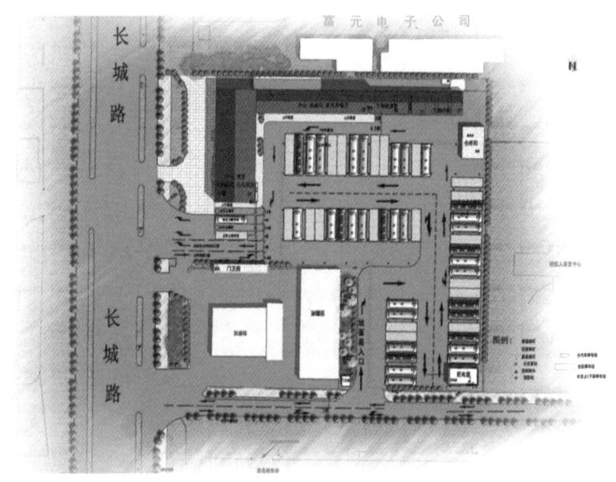

图 3　远期地面层平面效果图

三、成果特色

项目新增设施本着高起点、高水平的原则，合理利用了既有的场地和建筑，降低了投资，缩短了建设工期。在本报告的指导下，目前项目已建成投入使用，并已利用该枢纽站开设了城阳区至市政府的公交线路，加强了城阳区与中心城区的公交联系，促进了城阳区交通出行方式的结构优化。

青岛市城阳区仲村综合交通枢纽站预可行性研究

委托单位：青岛市城阳区交通局
编制人员：刘淑永　万　浩　李勋高
编制时间：2007 年

一、项目背景

《青岛市城阳区国民经济和社会发展第十一个五年规划及到 2015 年远景目标纲要》确定在“十一五”期间“探讨实施城市公共交通市场化，完善全区公共交通体系。建设城区客运综合汽车站和红岛汽车站，在其余各街道驻地设置卫星车站，使城区与各街道实现客运网络相互衔接。”以青岛国际服装城的兴建为契机，有必要结合城阳区“十一五”规划和其他规划的要求，加快建设城区客运综合汽车站。该综合站为一处综合性的交通枢纽站，实现对外交通和城市内部交通的有机衔接。

二、主要内容

1. 项目建设的必要性

仲村综合交通枢纽站工程项目是《青岛市城市综合交通规划（2002—2020 年）》中确定的城阳中心组团的客运辅站，也是《青岛市公路运输枢纽总体规划（修编）》（送审稿）确定的二级汽车客运站。它的建设是构建城阳区内外交通合理衔接枢纽的需要，是完善城市对外客运设施布局的需要，也是支撑青岛国际服装城等具有极辐射作用的大型批发市场正常运转所必需的配套设施，同时它的建设对有效改善城阳区公共交通发展后劲不足、站场缺乏严重的局面也是十分必要的。

2. 客运组织量预测

该项目长途客运组织量预测：2010 年为 150 万人次，2020 年为 360 万人次。

3. 项目的选址

仲村综合交通枢纽站位于青岛市城阳区内，青威公路和青银高速公路交叉口东北角，地面海拔高度约 14 ~ 16 米，规划用地面积约为 108 亩（见图 1）。

图 1　仲村综合交通枢纽选址位置图

4. 项目建设规模及时序安排

仲村综合交通枢纽站为二级客运站，同时配备 4 ~ 5 条公交线路的首末站（含公交停车场）。规划总建筑面积 9345 平方米（含司乘公寓 4000 平方米）（见图 2 和图 3）。

仲村综合交通枢纽站项目计划建设期为 6 个月。

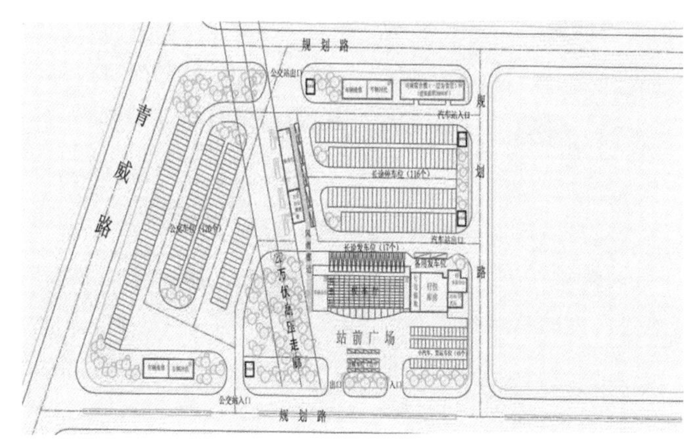

图 2　枢纽规划方案平面图

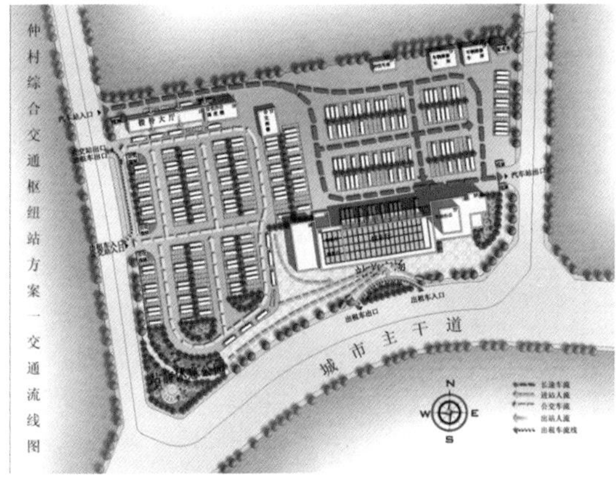

图 3　长途客运站交通流线图

5. 项目总投资

参考青岛汽车东站、汽车北站等工程项目的建设投资情况，估算仲村综合交通枢纽工程总投资 4183 万元，其中工程及设备费用 2393 万元，其他费用 1410 万元，预备费用 152 万元，建设期利息 228 万元。

6. 项目初步财务分析

通过对项目现金流量分析，规划方案（只计算长途站投资部分）项目税后财务内部收益率为 12.75%，投资回收期 10.9 年。

另外该枢纽站建成后，将会带动青岛国际服装城等商品市场、餐饮住宿等相关产业的发展，其间接经济效益更为可观。

该枢纽站建成后，将极大地提高城阳区的公交服务水平，提升公交出行的比例，具有极大的社会效益。

三、成果特色

该项目根据现状用地，将公路客运站和公交站场进行了合理布局，形成综合交通枢纽。公交站场和公路客运站之间利用 22 万伏高压走廊进行分离，二者既相对独立又紧密衔接，提高了对外交通和城市交通之间的转换效率。公交车、长途客车、行人（乘客）三者之间的流线相分离，减少了彼此的冲突和干扰，提高了交通效率和安全性。

第十篇

青岛交通规划展望

水调歌头

恋恋别往事，呜呜续征帆。点点陈迹远去，清清入心田。依稀剑风浪雨，
几度鲸舞豚鸣，云落九霄蓝。樯橹劈波进，海边天外天。
今瞭望，开广域，壮学苑。轨网枢核，群英妙思荼趣间。城市交通触媒，
暗渡港风航韵，海空五洲连。交通情不老，引梦化婵娟。

回顾过去走过的路程，城市交通规划始终是以特定的历史时期为基点，逐步提高和更新对未来的认识和判断，适时修订和深化细化交通规划成果，以期更有效发挥交通规划指导城市交通建设的作用。在取得成就的同时，我们也必须清醒地看到存在的问题：城市交通拥堵呈现了有增无减的趋势，大量道路及公共空间被停车占用，交通出行时间可靠性下降，机动化交通对城市空气质量的不良影响加剧，公交优先战略并未得到有效落实，轨道交通建设任重道远。

未来十年仍是城镇化快速发展时期，城市空间发展战略的实施需要交通的强力支撑，以小汽车为主的机动化交通出行还将持续快速增长，缓解居民出行难问题的任务依然艰巨。为此，交通规划工作者需要不断分析和总结经验教训，把握好城市交通规划的正确方向，不断破解制约交通可持续发展的难题，用更系统的思维、更科学的手段、更坚定的信心勇于探索和创新。

一是交通规划要进一步与土地利用规划相融合。这是做好交通规划首要的先导性要求。目前的交通规划与土地使用规划衔接的不够紧密，往往是城市规划专业人员先出用地布局规划图，之后再由交通工程专业人员编制综合交通规划。新加坡的规划搞得好，其中一个重要的经验就是交通规划和土地利用布局规划的高度融合。首先将全域版图划分成若干个单元，单元中心布置公共服务设施；连接各单元中心的道路一般为生活性道路，布置公共交通线网；分布在单元边缘的道路一般为交通性道路，为机动车提供快速通行空间。在路权的划分上，生活性道路以行人为优先，交通性干道以车行为优先，这样布局可以最大限度地避免大量人流和车流的相互干扰，城市道路功能自然十分清晰。其次是在一定区域内的职住平衡，有效地减少了中长距离的通勤交通，同时在跨区域交通高峰时段双向交通相对均衡，利于交通设施的布局和公共交通运行组织的安排。

二是要加强城际区域交通规划。青岛作为山东半岛蓝色经济区的龙头城市，在全域规划的基础上，还需要从更大区域研究重大交通基础设施的布局以及综合运输体系的组织。青岛新机场定位为华东地区的枢纽机场之一、面向日韩的门户机场，需要在半岛区域统筹考虑区域机场的布局及其功能分工，并在铁路、高速公路等方面，加强与机场的快速交通衔接；青岛港与烟台、日照等周边港口同样需要在功能分工、集疏运体系上统筹布局，加强协作；山东半岛区域的城际铁路线网密度目前远低于长三角和珠三角地区，青荣城际铁路、青连铁路等项目建设需要与城际间交通网络统筹安排，城际间的客货运交通运输组织需要协同；公路系统以及与市政基础设施线网走廊的整合也需要在区域层面统筹规划，节约用地，减少对土地的分隔。探讨建立区域主要城市间交通管理的统筹协调体制机制，促进区域交通基础设施的协调发展，提高机场、港口、铁路等重大基础设施的区域共享。

三是要持续开展交通调研和数据分析。交通调查数据是交通规划的第一手资料，是把握一段时期内交通变化状况的基础数据，也是评价上一期交通规划的唯一标准。青岛市1988年就进行了交通调查，2002年、2010年又进行了两次更加系统的交通调查工作，为城市交通积累了重要的基础数据，包括了居民出行调查、机动车出行调查、外来人员调查、交通流量观测、交通吸引点调查、公交跟车调查、核查线调查、货运调查等。由于调查工作涉及面广、调查难度大、调查经费高等方面的客观实际，也存在调查数据人为因素误差、抽样样本量偏低、数据处理周期长等问题，所以往往综合交通调查工作间隔时间过长，难以适应交通状况快速发展的需要，因而需要在调查方法和数据处理等方面逐步创新，特别是要利用逐步发展的信息技术，为及时、准确、高效、经济地开展交通调查工作提供技术手段。此外，还需要持续不断地更新城市规划基础资料。在此基础上，修正和完善交通分析预测模型，并做好动态维护，通过多角度定量分析，总结交通特征变化，把握未来发展趋势，为城市交通规划和政策制定提供基础数据支撑。

四是要加强交通规划科技人才和队伍建设。2002年，结合当时正在着手编制的城市综合交通规划，青岛市规划院组建了交通规划研究所，经过10年的发展，目前交通规划研究所专业技术人员达到20余人。近年来，通过积极与上海市城市综合交通规划研究所、中国城市规划设计研究院交通规划所、北京市城市交通规划研究院交通所、北京交通研究中心、同济大学等高水平交通规划科研单位的合作，为人才素质的提高奠定了良好的基础。从未来发展角度看，青岛交通规划科技人才和队伍建设方向为：(1) 注重专业领域的纵向延伸和横向拓宽。在交通规划技术、交通分析预测模型应用、交通设计、轨道交通、交通政策研究、交通影响评价等方面已有基础的前提下，继续向技术进步和经验积累上延伸发展。同时，交通规划涉及土地、经济、环境、产业、信息等相关领域，交通规划师需要熟悉和掌握土地使用规划、经济与财政、产业发展、生态环境、信息技术等方面的知识，增强综合分析解决问题的能力。(2) 将自身发展与寻求外部智力支持相结合。按照世界眼光、国际标准的要求，广泛并有针对性地与国内外先进科研院所和单位开展项目合作、技术交流、人员培训，及时掌握先进理念和科技的发展方向，并适时加以推广应用。(3) 逐步完善有利于人才成长和队伍建设的体制机制。将人才队伍建设、技术质量提高、经济收入增长作为长期持续发展目标，加强学习型组织建设，营造干事创业的良好氛围。结合交通规划研究领域逐步向规划、建设、管理、运行、信息化等全方位拓展的趋势，适时组建城市综合交通研究机构，为市政府交通发展政策制定、重大交通建设项目决策支持、基础数据平台建设、一体化交通运营组织等提供技术支撑。

通过对近三十年城市交通规划的实践总结，交通规划从制定到实施，在许多方面还存在问题和障碍，这不仅需要规划技术水平和成果质量的不断提高，还需要建立一体化的交通建设管理与运行体制，以及与一体化、可持续发展的交通体系相适应的政策保障，需要加快交通管理体制一体化的步伐。

交通行业的良性发展，需要在政策、规划、设计、投资、管理、服务等环节进行系统整合，建立专业部门的“一条线”管理。新加坡的一体化交通管理经验值得借鉴。新加坡陆路交通管理局负责道路、停车场、公共交通、轨道交通、陆路运输等的规划、建设、管理、运行等，在技术服务与研究层面，组建了道路电子收费中心、智能交通中心、交通学院和一卡通公司等，形成了完善的交通管理服务体系构架，为打造世界级一流的交通都市提供了制度保证。目前，青岛市城市交通规划、建设、管理、运行分属多个部门管理，如城市道路与公路的二元化管理、城市道路车行道与人行道的多元化管理、停车场多元化管理等，造成各种交通运输方式缺乏协调，缺乏系统的交通规划管理运营机制，难以实现一体化交通的发展要求。2013 年，《国务院机构改革和职能转变方案》提出，将铁道部拟定铁路发展规划和政策的行政职责划归交通运输部，交通运输部统筹规划铁路、公路、水路、民航发展，推动各种交通运输方式协调发展和有机衔接，优化布局结构。因此，从国内外先进城市的经验，以及国家机构改革和职能转变的要求考虑，应当加快改革青岛现有的交通管理体制，适应城市交通发展的新要求。在一体化交通管理运行体制的基础上，制定公交优先发展、停车产业化发展、交通需求管理、交通信息化智能化等发展政策，推动城市综合交通体系规划的落实，全面实现综合交通发展目标。

附　录

青岛部分交通建设项目回顾

【公路和城市道路】

1891年6月，清政府议决胶澳设防，至1897年德国侵占青岛，青岛仅有通往崂山、即墨等地的骡马车道4条，共37.5公里；独轮车道6条，共30.5公里。

1901年，汽车输入青岛，属奔驰厂家最早的产品。

1903年，台东镇至柳树台的公路开工，1904年修通，全长30.3公里。此路为山东省第一条公路。

1907年，青岛首条汽车客运线开通，由市区到崂山柳树台。

1907年，德国胶澳督署颁布《行驶各样船车及各样领照铺户章程》，是青岛市涉及城市公共交通管理的第一个章程。

1914年，德占时期，青岛共有道路75条，多以德国皇族和德国地名命名，均用德文书写，共修建市内道路80.65公里，乡村道路210多公里。

1924年，连接云南路和天津路、大沽路的安定天桥落成。1991年拆除。

1925年10月，青岛市区首次采用汽车运输垃圾。

1926年7月，俄国人拉富林切夫与中国商人王相英等在太平路开办“青跃汽车公司”，划定路线，设站售票，形成比较完整的公共交通运营体系。

1931年8月，青岛市开始使用交通信号灯。

1933年，青岛市政府勘测开辟青岛至威海汽车公路及环胶州湾公路线。

1934年7月，青岛市公共汽车股份有限公司正式成立。

1961年1月，青岛市第一条无轨电车路线（火车站至东镇）正式通车。

1975年8月，青岛市第一座大型双曲拱桥——胜利桥建成。

1983年9月，山东路正式建成通车。

1983年12月，小白干路改建工程竣工通车。

1984年3月～1986年10月，铁港—杭州路立交桥建成，形态为变形苜蓿叶形立交桥，这是青岛市区第一座城市立交桥，中国第一座预应力混凝土连续曲梁桥。

1984年7月，宁夏路、威海路、台柳路拓宽改造工程正式动工。1985年12月，三条道路拓宽工程竣工。

1989年4月～1991年6月，流亭立交桥建成通车，为苜蓿叶形三层互通式立交。

1990年2月～1993年12月，济南—青岛高速公路建成通车，全长318公里，是贯通山东省东西的综合运输大通道。

1990年6月，湛流干路拓宽工程主车道完工。

1990年9月，小白干路山东路立交桥竣工。

1990年10月，西元庄公路立交桥建成。

1991年6月，烟（台）青（岛）一级公路通车。

1991年12月，环胶州湾公路奠基动工。

1995年9月，女姑山跨海大桥（环胶州湾高速公路的组成部分）主体工程竣工。

1995年12月，环胶州湾高速公路竣工通车，全长68公里，路基宽23米，双向四车道，设计时速为100公里/小时，设计通行能力为每日2万～3万车次。

1995年12月，海信立交桥（宁延立交桥）建成通车。

1998年，青岛双（埠）流（亭）高速公路全线竣工通车。

1999年9月，香港路综合改造工程竣工。

2000年4月～2002年10月，滨海大道一期工程（胶南东部新城区至青岛经济技术开发区段）建设完成并通车，全长15.2公里，路基宽45米，双向8车道。

2000年11月，沈海高速公路（莱西市李家泊子至孙家庄段）竣工通车，全长22.7公里，路基宽28米，路面宽 23.5 米，双向四车道，设计时速 120 公里 / 小时。

2000 年 12 月，青岛—银川高速公路（市区至即墨马山段）竣工通车，全长 39.8 公里，设计车速 120 公里 / 小时。

2002 年 3 月～ 11 月，完成滨海步行道建设一期工程，全长 6 公里，西起汇泉路、沿山海关路海岸、第二海水浴场、花石楼前至东海路海涛园（除太平角部分）。

2003 年，滨海步行道二期工程建成，全长 16.6 公里。东段海涛园至小麦岛，西段为团岛至第一海水浴场。

2004 年 10 月～ 2006 年 4 月，完成滨海步行道三期工程，西起小麦岛，东至石老人海水浴场，全长 9.32 公里。

2003 年 12 月，沈海高速公路（莱西市西北邵庄村至青日交界处）竣工通车，全长 201.4 公里，其中主线长 175.2 公里，前湾港疏港连接线 26.2 公里。

2004 年 11 月，青岛滨海公路南北两段开工建设。2009 年 12 月，青岛滨海公路南北两段贯通。滨海公路北起即墨市丰城镇栲栳大坝，止于胶南市泊里镇柳树底附近，主线新建、改建总计长度 169 公里。

2002 年 11 月，东西快速路一期工程全线竣工通车。该工程西起胶州路与聊城路路口，东至徐州路，全长 5.3 公里，总投资约 11.4 亿元。

2002 年 10 月～ 2003 年 9 月，东西快速路二期工程建成通车。二期工程西起徐州路，过福州路后呈 90° 的“Y”形拓展，东北方向沿银川路至安庆路，全长 3022.7 米，工程全线分为高架桥和桥下地面辅路，其中高架桥段设双向 6 车道，桥下地面辅路设双向 4 车道。

2009 年 6 月，东西快速路三期工程开工，2011 年 6 月，与胶州湾海底隧道相连的部分建成通车，工程东西全长约 900 米，南北向全长约 1.1 公里，工程内容包括东西快速路高架、莘县路立交和莘县路高架三部分。

2007 年 12 月，荣（成）乌（海）高速支线青岛段正式建成通车。

2009 年 5 月，董家口港区开发建设全面启动。董家口港区是国家枢纽港—青岛港的重要组成部分。

2011 年 6 月 30 日，青岛胶州湾大桥和胶州湾隧道实现通车。胶州湾大桥主桥加引桥和连接线全长为 41.58 公里，是世界上最长的跨海大桥。胶州湾隧道跨海段长约 3.95 公里。

【铁路】

1898 年 3 月，中德签订《胶澳租界条约》。德国强租胶州湾 99 年，获准在山东修建两条铁路，并在铁路沿线 30 里享有开矿权。

1899 年 6 月，德国在柏林设德华山东铁路公司，青岛设分公司。

1899 年 9 月，胶济铁路动工兴建。

1901 年 4 月，胶济铁路由青岛修至胶州。1903 年 4 月，胶济铁路通车至青州。1904 年 6 月，胶济铁路全线通车，干线全长 395.2 公里，支线长 45.7 公里，建筑费用 5290 万马克。

1901 年，青岛火车站建成。

1926 年 12 月，青岛—济南间首次开行旅客快车，铁路全程运行时间为 9 小时 45 分钟。

1935 年 9 月，胶济铁路四方车站新站大部建筑竣工，开始营业。

1956 年 1 月，新建蓝村至烟台铁路全线通车。

1958 年，铁道部批准修建胶济铁路双线，并开始勘测设计，后因故停建。

1978 年，胶济复线列为铁路重点工程再度复工。

1984 年 7 月，胶济铁路双线蓝村至济南间开通。

1984 年 11 月，胶济铁路复线二期工程开工。

1984 年 3 月～ 1985 年 3 月，建成沧口至沙岭庄间双线并通车。

1990 年 12 月，胶济铁路复线全线通车。

1994 年，胶（州）黄（岛）铁路投入运营，是连接胶济铁路与黄岛港的唯一铁路运输通道。

2001 年 12 月，胶（州）新（沂）铁路开工，2003 年 12 月建成开通，全长 306.6 公里，是连接胶济铁路与陇海铁路的一条铁路线。

2003 年 2 月，胶济线电气化工程被列为国家重点工程开始建设，改造内容为“电气化、提速、扩能”。

2004 年底，胶黄铁路开始复线电气化改造，改造工程全线长 39.437 公里，新建特大桥 1 座，大桥 7 座，铺轨 34.24 公里，2007 年 8 月改造完成并通车。

2006 年 8 月，胶济电气化铁路进行了全程送电开通试验。

2006 年 11 月，青岛火车站按照奥运配套工程的标准进行封闭改造，2007 年 1 月，青岛铁路客站改造工程正式动工。2008 年 8 月，改造后的青岛火车站正式开通运营。

2010 年 3 月，海青铁路（昌邑市海天至高密市芝兰庄）开工建设，总长 90.3 公里，设海天、新河、平度、兰底、高密东、芝兰庄共六个车站。

2010 年 3 月，青（岛）荣（成）城际铁路正式开工建设，连接青岛、烟台、威海三个主要城市，线路长度 298.971 公里，其中桥梁 164.696 公里，占正线长度的 55.09%。全线共设 17 个车站。预计 2014 年 9 月竣工。

2010 年 4 月，铁路青岛北站正式动工建设。该站位于青岛市李沧区，车站站房建筑为地上二层、地下三层和局部设置夹层，总建筑面积为 59879 平方米（不含地下二层、地下三层），将建 8 个站台、18 条股道、61400 平方米站房以及 70700 平方米无站台柱雨棚。铁路青岛北站建成后将会成为一个现代化的综合交通枢纽。

【港口和海上运输】

1892 ～ 1893 年，修建青岛前海铁码头——栈桥，以供清水师停泊船只，运载货物。

1897 年 2 月，清政府批准，在山东胶州海口建设船坞，屯扎兵轮，以资扼守。

1898 年 9 月，德国宣布青岛港为自由港，向世界各国开放。

1898 年冬，大港防波堤动工，长 2690 米，宽 5 米。

1901 年 5 月，小港工程竣工，栈桥大修，大港工程开工。

1901 年 8 月，德国亨宝轮船公司的货轮首航青岛，开辟至德国的第一条远洋航线。至年底，共有 16 艘货轮抵青。

1903 年，英商印度—中国海船运输公司开通青岛至上海定期航线。

1904 年 3 月，建成大港一号码头北岸 5 个泊位，胶济铁路和港口专用铁路相接。

1904 年，大港一号码头建立验潮井，是中国最早进行潮汐观测的港口之一。

1905 年 4 月，青岛港改自由港制为自由地区制，仅以大港之水域、码头、仓库、堆栈机器附属地为自由地区，货物出港即需纳税。

1908 年，青岛港开始接纳油轮。

1909 年 3 月，印度—中国航运公司在青岛设立代办处，经营青岛—上海定期航班。

1910 年 9 月，北德意志—劳埃德公司（即北德邮船公司）的船舶开始直航青岛。

1931 年 7 月，青岛大港三号码头动工兴建，长约 1140 米，1936 年 2 月完工。

1931 年 9 月，改筑前海栈桥工程动工，1933 年 6 月竣工。由钢筋水泥取代南段木桥，在桥南端建造三角形防波堤岸和增筑八角亭（即回澜阁），桥长由 420 米增至 440 米。

1935 年 4 月，青岛小港兴建第二浮码头，1936 年 6 月完成。

1935 年 7 月，四川路后海栈桥竣工，长 183.5 米，宽 2.5 米。

1975 年 9 月，青岛港六号码头新建主体工程完成并靠船通航。

1985 年 12 月，青岛港八号码头工程竣工投产。

1987 年 10 月，前湾一期工程开工，1993 年 10 月通过国家验收，共建设 6 个万吨级深水码头泊位，年吞吐能力为 1700 万吨。

1995 年 12 月，前湾二期工程开工建设，是国家沿海一类口岸中“九五”期间唯一的重点项目，1999 年 9 月通过国家验收并交付使用。

1995 年 10 月，青岛—欧洲国际集装箱周班航线正式开通。

1997 年 12 月，青岛港集装箱吞吐量突破 100 万箱。

1997 年，前湾矿石码头工程开工，2001 年正式通过国家验收。

2009 年 3 月，交通运输部与山东省人民政府联合批复了《青岛港董家口港区总体规划》。

2009 年 5 月，董家口港区开发建设全面启动。

【航空】

1933 年 1 月，青岛沧口机场正式投入运营，是青岛首次开通空中航线，该航线由上海通往北平，途径南京、海州、青岛、天津，全程 1427 公里。

1958 年 7 月，中国民用航空青岛站组建。

1980 年 12 月，国务院、中央军委批准开辟北京至青岛的民用航线。

1982 年，青岛流亭机场建站复航。

1985 年，完成流亭机场扩建工程。

1988 年 2 月，青岛民航站流亭机场候机楼交付使用。1989 年 1 月，民航青岛流亭机场正式对外开放。

1992 年 9 月，流亭机场辟为国际空港。

2003 年，青岛流亭机场一期扩建和民航建站工程建设启动。

2005 年 1 月，民航流亭机场二号航站楼开工建设，2007 年 12 月投入使用，总投资 9.98 亿元，工程总建筑面积 11.5 万平方米，其中地上建筑面积 7.1 万平方米，地下停车场面积 4.4 万平方米。

2010 年 11 月，青岛机场旅客吞吐量突破 1000 万人次大关，跨入大型空港行列。

2011 年，青岛新机场建设纳入国家民航“十二五”规划，开始了规划选址论证研究。

【交通运输】

1914 年 11 月，日本第一次侵占青岛后，继续利用胶济铁路和港口掠夺中国资源并向山东各地倾销日货。1921 年，货物发送量已达 197.1 万吨。

1957 年，青岛铁路旅客发送量突破 1000 万人次，货物发送量达 716.8 万吨；公路客货运量分别达 149 万人和 548 万吨；海上客运量 13.3 万人次，货运量 118 万吨。

1965 年，青岛铁路客货发送量达到 1424 万人次和 1257.5 万吨；公路客货运输量完成 230 万人次和 690 万吨；海上客货运输量为 19 万人次和 126 万吨。

1974 年 9 月，东营—青岛长距离输油管线建成投产。

1978 年，铁路、公路、水运的总客货运量分别达到 2309 万人和 5006 万吨。

1986 年底，全市共有各类营运机动车 7965 辆，比 1978 年增长 9.5 倍，公路客货量分别完成 1972 万人和 4741 万吨。

1990 年，青岛公路货运量 6433 万吨，铁路货运量 3741 万吨，海运货运量 1556 万吨，港口吞吐量 3968 万吨。

2000 年，青岛市公路货运量 17234 万吨，铁路货运量 4256 万吨，海运货运量 2998 万吨，航空货运量3.44万吨，港口吞吐量8661万吨，集装箱吞吐量212万标箱。

2000年，全市各级公路通车里程5607.7公里。

2005年，青岛公路客运量17212万人次，水路客运量1026万人次，铁路旅客发送量552万人次，航空旅客吞吐量588万人次。

2005年，全市各级公路通车里程6436.6公里。

2011年，青岛公路客运量21560万人次，水路客运量791万人次，铁路客运量1693万人次，航空旅客吞吐量1171.6万人次。

2011年，青岛市区公交运行总里程为25669.2万车公里，市区公交客运总量89614万人次。

2011年，全市各级公路通车里程16234.92公里。

2011年，青岛市全社会完成货运量29277.75万吨，货运周转量3819.45亿吨·公里。其中：公路货运量19367.7万吨，公路货运周转量408.86亿吨·公里；铁路货运量5297.1万吨，铁路货运周转量173.19亿吨·公里；水运货运量4220.2万吨，水路客运周转量3237.4亿万人·公里；航空货邮吞吐量16.65万吨。

2011年，港口吞吐量（不含地方港务局）38042万吨，列全国第五位（港口总吞吐量排在前四位的港口分别为宁波—舟山港、上海港、天津港和广州港），世界第七位；外贸吞吐量26726万吨，列全国第三位；集装箱吞吐量1302万标准箱，列全国第五位（集装箱吞吐量排在前四位的港口为上海港、深圳港、宁波—舟山港和广州港）、世界第八位。

【地铁】

1935年初，《青岛施行都市计划方案初稿》中提出青岛建设地铁的构想，当时把地铁交通叫做“市内高速交通”。认为青岛发展到一定程度，必须有地铁与地面交通相互配合。规划地铁网布局采用从市中心向四处放射，互相环绕的“8”字形。地铁线北连沧口、李村，中经台东，西达中山路，沿前海东抵浮山所，总里程42公里。在市中心区为地下铁，市中心区之外，则采用高架轻轨，机车则全部用电力机车。

1987年，青岛市开始筹建地铁工程。

1991年，国家计委对青岛地铁一期工程批准立项，即老“三线一环”规划的一号线，规划起于火车站，止于胜利桥。

1993年9月，《青岛地铁一期工程可行性研究报告》通过国家评审。

1994年，正式组建青岛市地下铁道公司。

1994年12月，地铁一期工程试验段项目和青岛火车站地铁站点开工建设。

1995年，受国家政策影响，青岛地铁项目搁浅。

2000年，青岛地铁一号线工程试验段竣段工验收。

2008年2月，青岛轨道交通建设规划编制、报批工作正式启动。

2008年9月，《青岛市城市快速轨道交通建设规划》及相关附件正式完成并上报国家发展改革委，并于同年12月通过国家发展改革委组织的专家评审。

2009年6月，青岛地铁一期工程（M3线）试验段开工。

2009年8月，《青岛市城市快速轨道交通建设规划（2009—2016）》顺利获得国家批复，成为青岛地铁建设的重要依据。

2009年11月，青岛地铁M3号线工程建设正式开工。起点为青岛火车站，终点为铁路青岛北站，线路总长24.9公里，设22座车站。

后 记

该书作为我院规划成果集系列之一，对我院十年来完成的交通规划设计作品进行汇总和系统梳理，并结集出版。为了让读者对青岛交通发展脉络有更清晰的认识和了解，书中增加青岛交通发展历程及规划展望等内容。

马清、万浩负责全书的整体策划、结构和内容审定、全书统稿等，在规划编制、成果集编纂过程中，带领项目组和编写组进行了数次研究、讨论。本书中的前言、青岛市交通规划展望由马清撰写；第一篇青岛市交通发展历程、青岛部分交通建设项目回顾由李传斌撰写；项目成果介绍部分由交通所万浩、徐泽洲、刘淑永、张志敏、董兴武等项目负责人或相关成员撰写；各篇的篇头语由董兴武撰写；全书图纸由卢鑫进行修改完善；封面照片摄影由李传斌完成；周宏伟、张相忠对相关内容的完善提出了调改意见。

我院交通规划设计业务的快速增长和提高，得益于青岛市规划局领导和部门多年来的指导与支持；得益于青岛市发展和改革委员会、青岛市交通运输委员会、青岛市城乡建设委员会、青岛市地铁工程建设指挥部办公室、青岛地铁集团有限公司、青岛新机场工程建设指挥部、青岛市公安局交警支队、青岛港集团、青岛国信发展（集团）有限责任公司、青岛城市建设投资集团、西海岸经济新区管委会、红岛经济区管委会以及各区市政府等单位及领导的信任与支持；得益于上海市城市综合交通规划研究所、北京市城市规划设计研究院、北京市交通发展研究中心、中国城市规划设计研究院交通所、交通运输部科学研究院、上海市政工程设计研究总院（集团）有限公司、同济大学建筑设计研究院有限公司、南京市交通规划研究所有限责任公司、深圳市城市交通规划设计研究中心有限公司、杭州市综合交通研究中心等兄弟单位长期给予的帮助和支持；得益于青岛理工大学、青岛市勘察测绘研究院等单位在交通调查工作中的鼎力相助。值此付梓之际，向他们表示衷心感谢！

在本书出版过程中，得到中国建筑工业出版社姚荣华、张文胜编辑的大力帮助，为了使本书能够进一步完善，他们提出了许多宝贵意见，在此，对他们的辛勤工作表示感谢。

虽然我们尽心尽力，努力使本书内容尽量完善，但限于时间和水平，难免有不足之处，恳请读者批评指正。

编者

2013 年 7 月 31 日于青岛